21 世纪高等院校教材

普通物理教程之四

光　　学

吴　强　编著

科 学 出 版 社

北　京

内 容 简 介

本书以“光是什么”为主线，以“h-λ”判据对光学现象进行分类，分别介绍了光的波动性、电磁性、量子性和非线性. 全书注重物理思想的阐述，注重基本概念、基本原理和基本方法的介绍；叙述力求逻辑严谨、深入浅出.

为了加强普通物理学与近代科学的有机联系，本书还在基础理论层次上略作延伸：在光的干涉部分介绍了光学薄膜，在光的衍射部分介绍了傅里叶光学、全息术及其应用，在光的电磁性部分介绍了扫描隧道光学显微镜，在光的量子性部分介绍了激光知识、多普勒冷却与原子陷阱技术，这些介绍为本书增添了现代气息.

本书适用于大专院校非物理类专业，也可作为理工科院校、师范院校光学专业的教材或参考书，对课时少的专业，带 * 的章节可以略去不讲，并不会影响光学知识的完整性.

图书在版编目(CIP)数据

光学/吴强编著. —北京：科学出版社，2006

21 世纪高等院校教材 · 普通物理教程之四

ISBN 978-7-03-015691-4

Ⅰ. 光…　Ⅱ. 吴…　Ⅲ. 光学-高等学校-教材　Ⅳ. O43

中国版本图书馆 CIP 数据核字(2005)第 062615 号

责任编辑：昌　盛　王日臣 / 责任校对：张怡君
责任印制：张　伟 / 封面设计：陈　敬

科 学 出 版 社 出版
北京东黄城根北街 16 号
邮政编码：100717
http://www.sciencep.com

北京虎彩文化传播有限公司 印刷

科学出版社发行　各地新华书店经销

*

2006 年 1 月第　一　版　开本：720×1000 1/16
2022 年 1 月第十五次印刷　印张：18
字数：339 000

定价：49.00 元

序

今年是世界物理年．中国科学技术大学的几位教授编写的这套普通物理教材即将与读者见面，是对物理年的一份厚礼．

物理学是整个近代科学技术的基础，它是培养和提高学生科学素质、创新思维方法和科学研究能力的重要基础课．中国科学技术大学创办几十年来，培养出了大批的优秀人才，他们基础厚实、思维活跃、具有开拓精神、后劲足，受到了国内外用人单位的称赞．科大办学的成功经验之一就是科大自创办以来一直十分重视数学、物理等基础课教学．几十年来科大积累了丰富的基础课教学经验，编写这一套普通物理教材的几位教授他们都已在科大执教几十年，他们一边从事教学，一边从事科研，这一套教材是他们几十年教学成果的结晶．在这套书中作者较好地处理了下面几个关系：

一、较好地处理了经典物理和近代物理的关系．在书中他们强调经典物理的基本理论和基本规律的系统性和完整性，但尽量砍去枝蔓、压缩篇幅，同时对内容结合紧密又较易延伸的有关近代物理内容增加了有关章节和段落．

二、较好地处理了理论联系实际的关系．在保持物理学基本规律和基本理论的系统性的同时，在选择例题和习题时，作为基本原理和基本规律的应用，尽可能联系实际，特别是增加与近代高技术相联系的内容．

三、较好地处理物理和数学的关系．作为普通物理，他们既重视了物理图像、物理概念的阐述，同时也具有一定的数学深度，以提高学生解决实际问题的能力．

四、较好地处理传播知识和培养学生素质之间的关系．在书中他们注重了培养学生的科学素质和创新力思维方法的培养，使学生逐步领悟和掌握物理学中每解决一个关键问题时，如何提出问题、建立模型、发现规律、创立理论等一整套思维方法和实验分析手段，使学生既要看到物理学发展史中科学家的作用，又要懂得科学的发展是一个继承和积累的过程．在书中介绍了一些重要科学家在为科学做出重大贡献时所表现出来的特殊品格和献身精神，使学生得到启迪．

今天，这套书与读者见面了，我对科大几十年来物理教学的这一成果感到由衷的高兴，盼望今后更多的好教材层出不穷．

杨国桢

2005年11月

前　言

本书由中国科学技术大学编写的《基础物理教程之四：光学》改编而成. 编者采用本校郭光灿院士的提议，全书以“光是什么”为主线，以“h-λ”判据对光学现象进行分类，分别介绍了光的波动性、电磁性、量子性和非线性. 全书注重物理思想的阐述，注重基本概念、基本原理和基本方法的介绍；叙述力求逻辑严谨，深入浅出. 为了理论上更严谨，在讲述双折射时增加了双折射的电磁理论解释；为了强调光的波粒二象性，全书增加了量子光学部分的分量. 同时编者也十分注意在基础理论层次上略作延伸，为现代科技提供窗口和接口，以加强普通物理学与近代科学的有机联系. 因此本书在光的干涉部分介绍了光学薄膜，在衍射部分介绍了傅里叶光学、全息术及其应用，在光的电磁性部分介绍了扫描隧道光学显微镜，在量子光学部分介绍了激光知识、多普勒冷却与原子陷阱技术以及非线性光学. 这些介绍为本书增添了现代气息.

本书对几何光学的内容不作详述，只对几何光学的基本定律及费马原理作一个简单的概括和论述，而着重讨论物理光学的内容. 第二至第五章主要讲波动光学，第六章开始主要介绍光的量子性. 光的波动性主要表现在光的干涉和光的衍射两方面，本书中分两章讲述.

考虑到非物理类专业多没有相关的后继课程，本书内容在深度和广度上具有丰富的层次，这样即可以因材施教，扩充学生的知识面，又层次分明不失重点. 对于课时少的专业可以将带“ * ”号的章节略去不讲，也不会影响光学知识的完整性.

本书适用于大专院校非物理类专业，也可作为理工科院校、师范院校光学专业的教材或参考书.

吴　强

光学知识框图

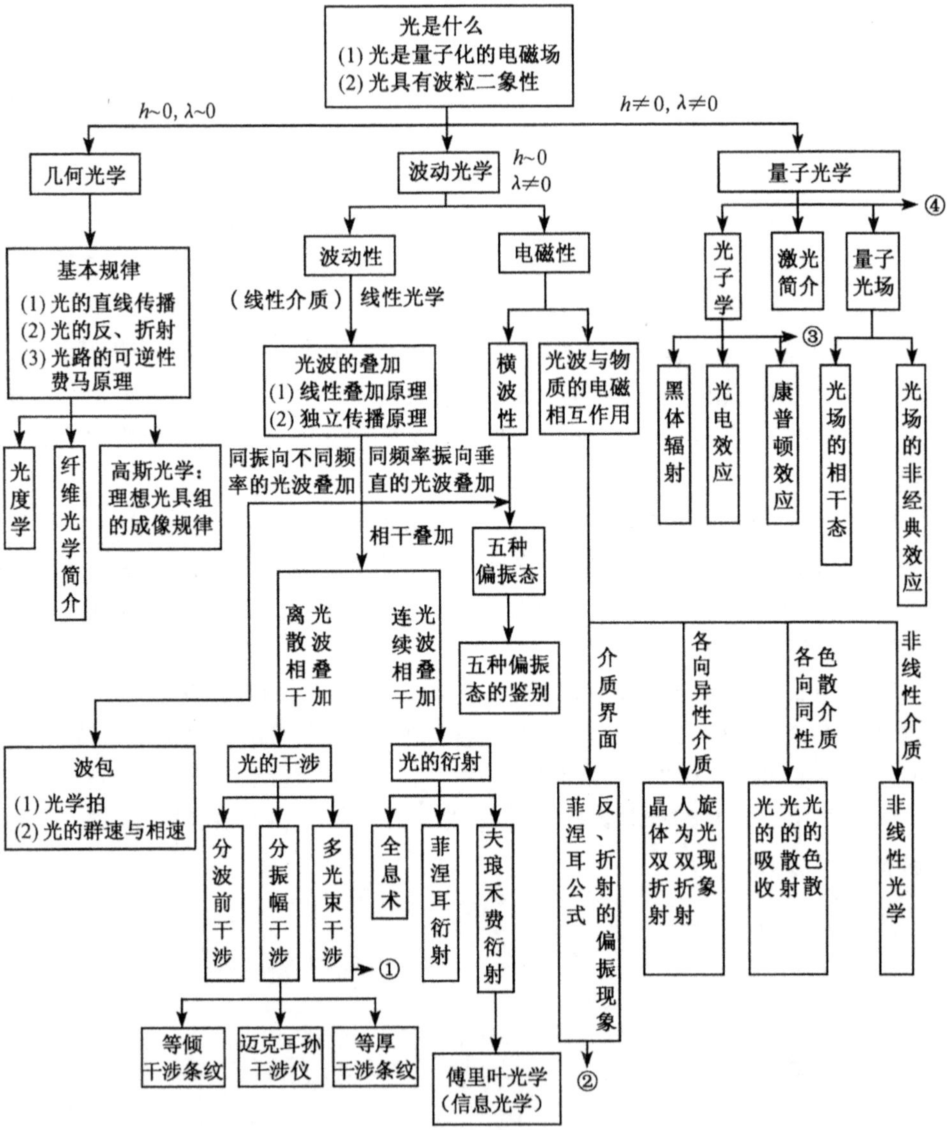

注：①光学薄膜

②扫描隧道光学显微镜

③电子对的产生与湮灭

④光的多普勒效应

目　　录

第一章　光是什么

本章首先通过光学发展简史的介绍，对光的本性是什么和光有哪些特性作一简要的阐述，让读者对光的本质有个正确的理解和整体的概念；然后，从光在不同层次上表现出来的不同特性出发，对光学现象进行分类. 在以后的各章中我们正是以“光是什么”为主线，对光的本性分不同的层次，逐步深入地加以介绍. 读者在阅读过程中应牢记这一主线.

1-1　光是什么

自从有了人类以来，人们的社会生产和社会生活活动就离不开光. 灿烂的阳光照亮了地球，给地球带来了生命和活力. 人们所以能看到五彩缤纷、瞬息万变的世界，是因为眼睛接收到物体发射、反射或散射的光. 据统计，人类感官收到外部世界的总信息中，至少有 90%以上通过眼睛. 正因为如此，人们对光学现象和光的本质引起了极大的兴趣，那么光到底是什么呢?

一、光是粒子还是波

光究竟是什么，即光的本性是什么，一直是学者们注意和探讨的中心. 到了 17 世纪，由于光学特别是几何光学得到了一定的发展，因而关于光的本性问题引起人们越来越大的兴趣. 在探索中逐渐形成了两种相互对立的理论，即光的微粒说和光的波动说.

首先提出光的微粒模型的是笛卡儿，后来牛顿成为这种观点的代表人物. 促使早期学者们相信光的微粒说的主要原因可能有两个：一是在均匀介质中，光似乎是沿直线路径传播的，这就是所谓直线传播定律；二是那时人们认为光能够在真空中传播，而任何波的传播都必须有传播介质，因此，光应当是微粒，而不是波.

牛顿试图用经典力学理论来解释光微粒的运动规律. 他用光微粒的惯性运动很容易地解释了直线传播定律. 他把光在界面上的反射看成是与弹性小球在光滑桌面上反射一样属于同样的力学过程，来解释光反射现象. 在解释光的折射时，他是这样分析的：假设一个光微粒在 xy 平面(入射面)内入射，在两种介质的界面($y=0$ 平面)上发生折射，如图 1-1 所示. 由于所受到的力垂直于界面，所以光微粒在平行界面方向

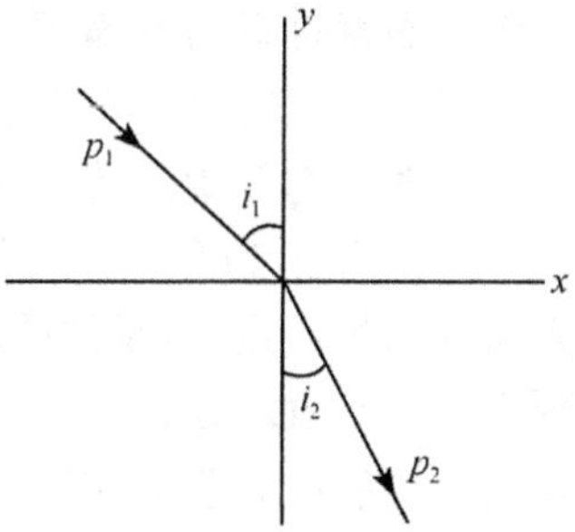

图 1-1

的动量分量(x 分量)守恒. 设光线入射角为 i_1,折射角为 i_2,动量 x 分量守恒将给出如下方程:

$$p_1 \sin i_1 = p_2 \sin i_2 \tag{1-1-1}$$

牛顿认为光微粒在介质两边的质量不变,所以光在折射时应满足下列规律:

$$\sin i_1/\sin i_2 = p_2/p_1 = mv_2/mv_1 = v_2/v_1 \tag{1-1-2}$$

将上式与荷兰科学家斯涅耳(W. Snell)在1618年发现的折射定律

$$\sin i_1/\sin i_2 = n_2/n_1 \tag{1-1-3}$$

相对照可见,根据牛顿的结果,光在较密介质(n 较大)中有较大的速度,但这被后来发现的事实证明是错误的.

牛顿在用微粒说解释"牛顿环"时,是很牵强和难以令人信服的. 他不得不假定,光线在牛顿环实验中能"发生容易的反射和容易的透射". 虽然以牛顿为代表的光微粒说解释了当时发现的一些光学现象,但对实验中相继发现的干涉、衍射和偏振等现象,都无法给出令人信服的解释.

与光的微粒说同时,光的波动说也在渐渐地发展,格里马迪(F. M. Grimaldi,1618~1663)首先观察到光的衍射现象. 他在一个小光源照明的小棍阴影中观察到光带. 后来胡克(Hooke,1635~1703)和玻意耳(R. Boyle,1627~1691)各自独立发现了第一个干涉现象,即薄膜产生的彩色. 胡克首先提出了光是由快振动组成,并以非常大速度传播的观点. 惠更斯(C. Huygens)后来发展了这种观点. 他根据光的独立传播原理认为,光不可能是微粒子流,如果光是微粒子流,那么从不同的方向射向同一点的光线就不可能相互独立地穿过. 1678年他在《论光》中写道:"光最不可思议的性质是,从不同甚至相反方向射来的诸光线互相穿过,一点也不妨碍彼此的行动."他注意到光的这一性质与声学现象相似,从而提出了光本性的波动学说. 他从机械波的观点出发,接受了笛卡儿的"以太"思想,认为宇宙间(包括物体内部)充满了一种弹性介质——以太. 光源在以太中产生一个扰动后,以太的振动传播过程就形成了光波.

为了解释光的传播问题,1690年惠更斯提出一个假设:在波的传播过程中,波阵面上的每一个点都可以看作是发射次波的次波源,在其后的任一时刻,这些次波的包络面就是新的波阵面. 这个假设后来被称为惠更斯原理. 他用这个假设不但成功地解释了光的反射和折射现象,还解释了晶体的双折射现象.

下面我们看看他是如何解释光的折射现象的:如图1-2所示,设想一束平面波以入射角 i_1 射到介质1,2的分界面上,过 A_1 作波阵面与入射光线垂直,A_1 点最先与界面相遇,随后是波阵面上其余各点(图中只画出 A_2,A_3,A_4 三点)陆续传播到界面,当通过 A_4 的波线经过一段时间 $\Delta t = A_4B_4/v_1$ 后到达 B_4 的同时,由 A_1 点发出的透射次波已形成半径为 $v_2\Delta t$ 的半球面. 这里 v_1,v_2 分别为介质1,2中的波速. 与此同时 B_2,B_3 各点先后发出的透射次波也形成不同大小的半球面. 根据惠更斯原理，这时刻折射波的波阵面是所有这些次波面的包络面. 不难证明，折射波的波阵面是通过 B_4 而且与 A_1 发出的球面次波相切的直线，设切点为 C，则连接 A、C 即得到折射光线. 由图 1-2 不难看出，$\angle A_4A_1B_4=i_1$，$\angle A_1B_4C=i_2$，因此，有

$$\sin i_1 = A_4B_4/A_1B_4,\quad \sin i_2 = A_1C/A_1B_4$$

于是，有

$$\sin i_1/\sin i_2 = A_4B_4/A_1C = v_1\Delta t/v_2\Delta t = v_1/v_2$$

同样对照斯涅耳定律（$\sin i_1/\sin i_2=n_2/n_1$）可知，光在不同介质中的传播速度与介质折射率成反比，即光密介质中光速较小，这与粒子说的错误结论正好相反，这也为后来光的波动说战胜光的机械微粒说设下伏笔.

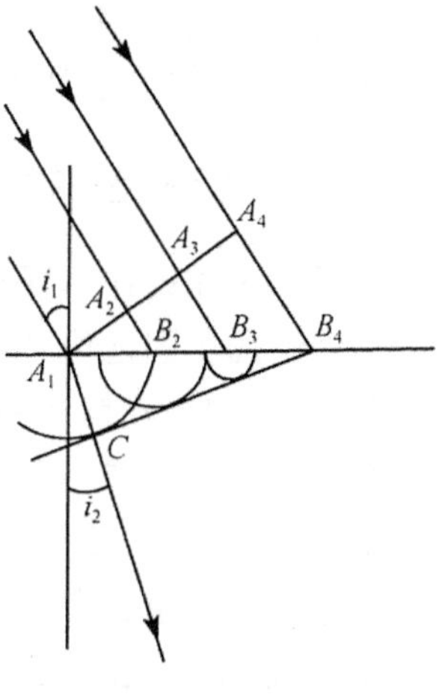

图 1-2　光的折射的惠更斯解释

由于这一时期光的波动说还很不完善，另一方面，由于牛顿在力学上的杰出贡献，使他在科学界有巨大的权威. 而这种权威像一件殓衣罩在波动说上，使它的拥护者透不过气来，使波动说几乎停滞了一个世纪之久. 但即使在这个时候仍有许多物理学家坚持光的波动说，其中较著名的科学家有罗蒙诺索夫和欧拉.

第二个时期，可以说是光的波动说初步确立的时期. 1801 年杨氏（T. Young）最先用干涉原理令人满意地解释了白光照射下薄膜颜色的由来和用双缝显示了光的干涉现象，并第一次成功地测定了光的波长. 1808 年马吕斯（E. L. Malus）偶然发现玻璃窗反射阳光的偏振现象. 随后菲涅耳（A. J. Fresnel）和阿喇果（D. Arago）对光的偏振现象和偏振光的干涉进行了研究. 1816 年他俩一起完成了线偏振光的叠加实验. 为了解释这些现象，杨氏在 1817 年提出了光波和弦中传播的波相仿的假设，认为光是一种横波. 菲涅耳进一步完善了这一观点并导出了菲涅耳公式.

光学史上富有戏剧性的一幕是光微粒说的拥护者拉普拉斯（P. S. Laplace）和毕奥（J. Biot）提出将光的衍射问题作为 1818 年巴黎科学院悬奖征文的题目，期望对这个题目的论述最终使微粒说取得胜利. 但结果事与愿违，奖金授给了以波动理论为其论述基础的菲涅耳. 自此之后的一系列研究很快地就使光的微粒理论声誉丧失殆尽. 菲涅耳将惠更斯原理与干涉原理结合起来，成功地解释了光的直进和光的衍射现象，并计算了直边、小孔、小屏产生的衍射. 特别令人印象深刻的是，泊松（S. D. Poisson）从菲涅耳理论推出一个结论，即在小圆盘阴影中心应该出现一个亮斑点，而阿喇果由实验证明了这一论断的正确性. 这一事实给光微粒说一沉重打击.

1850 年傅科（L. Foucault）、斐佐（H. L. Fizeau）和布雷格特（L. Breguet）进行了一项由阿喇果首先建议的仲裁实验. 微粒说用“光粒子在界面上受到向光密介质这边的吸引”来解释折射，这就要求光在光密介质中的光速比较大；相反，波动说根

据惠更斯作图，要求光在光密介质中光速较小. 傅科等直接测量了空气和水中的光速，结果判定了波动理论的胜利.

二、为什么说光是电磁波

虽然波动说在解释光的干涉、衍射、偏振现象时获得了巨大成功，从而确立了波动理论的牢固地位. 但这时的波动论者仍认为，一切波动必须在某种介质中才能得到传播. 如果光是一种波动，而且能在真空中传播，那么光波赖以传播的介质是什么呢？他们不得不假定存在一种特殊的介质——"光以太". 为了与光传播的实验事实相符，必须赋予"以太"种种异乎寻常的甚至互相抵触的特性. 例如，光既然能在真空中和透明介质中传播，那么"以太"应该充斥整个空间，渗入到一切透光物质中；光速是如此之大，"以太"就必须具有极大的弹性，但它又必须非常稀薄，因为天体的运动显然并未受到阻碍. 为了解释光在各种不同介质中有不同速度，又必须认为"以太"的特性在不同的物质中是不同的；在各向异性介质中还需要有更复杂的假设. 此外，还必须给"以太"更特殊的性质，才能解释光波中没有纵波的现象. 这种密度无限小、弹性非常大，并且还有许多附加性质的"以太"是令人难以想像的. 于是就暴露了光弹性理论严重的内在困难. 此外，这个理论既没有指出光学现象和其他物理现象间的任何联系，也没有能把表征介质特性的各种光学常数和介质的其他参数联系起来. 19 世纪初，电磁学得到了发展. 1846 年法拉第(Faraday)发现了光的振动面在磁场中发生旋转，这表明光学现象与磁学现象间存在内在联系. 这一发现使人们获得新的启发，即必须把光学现象和其他物理现象联系起来考虑，而不能孤立地研究光的本性.

到 19 世纪中叶，麦克斯韦(J. C. Maxwell)成功地把电磁学领域内所有前人发现的规律总结为一个完备方程组. 从这一电磁方程组出发，导出了电磁场所遵从的波动方程，从理论上预言了电磁波的存在，并证明了电磁波的横波性. 麦克斯韦在研究电磁波动方程时发现，电磁波在真空中的传播速度等于静电单位电量(或电流)与电磁单位电量(或电流)的比值. 只要在实验上用这两种不同的单位制测量同一电量值，就能计算出电磁波在真空中的传播速度. 1856 年科耳劳希(Kohlrausch)和韦伯(Weber)完成了这些测量，麦克斯韦根据他们的数据计算出电磁波在空气中的传播速度为 3.1074×10^8 m/s，并发现这个数值非常接近于斐索在 1849 年测得的光速值 3.1485×10^8 m/s. 以此为主要依据，麦克斯韦认为光波是一种电磁波. 这就是著名的光的电磁波理论. 1888 年，赫兹(H. R. Hertz)用实验直接产生和探测了电磁波，测出电磁波的波长和频率，并由此计算了电磁波的传播速度与光速相同；并证明电磁波和光一样，能产生反射、折射、干涉、衍射、偏振等现象. 后来的实验又证明，红外线、紫外线和 X 射线也都是电磁波，它们彼此的区别只是波长不同而已. 现代实验还告诉我们，对于波长为毫米的电磁波，既可以用光学方法产生(称红外线),也可用电磁学方法产生(称微波),这就更进一步证明了光波和无线电波在电磁本质上完全一致. 光的电磁理论以大量无可辩驳的事实赢得了普遍的公认.

光波是电磁波的一种,它与其他电磁波并无本质的不同,只是所处的波长范围不同而已. 光波的波长通常用纳米(nm)或埃(Å)来表示,$1nm=10^{-9}m$,$1Å=0.1nm=10^{-10}m$. 图 1-3 是电磁波谱图,从图中可以看到各种不同电磁波的频率分布情况.

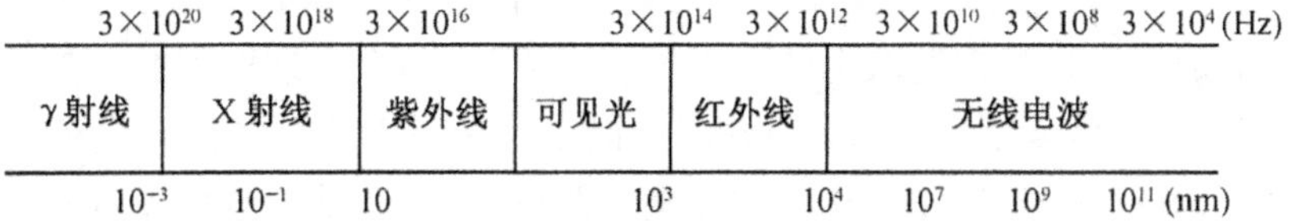

图 1-3　电磁波谱图

但光电磁理论的建立并没有动摇存在"以太"的信念,它只是以电磁"以太"代替了弹性"以太".

1896 年洛伦兹(H. A. Lorentz)创立了电子论,他把物质的宏观电磁性质归结于物质中的电子效应. 他不仅解释了发光和物质吸收光的现象,也解释了光在物质中传播的各种特点,特别是对色散现象作了较合理的解释. 同时,在他的理论中,洛伦兹认为,电磁"以太"是一种广袤无限的不动的介质,其唯一的特征是,在这种介质中光振动具有一定的传播速度.

根据洛伦兹的理论,人们意识到,如果洛伦兹关于"以太"的概念是正确的话,即存在着静止不动的宇宙"以太"的海洋,那么将"以太"选作参考系,就能使人们测量出一切物体相对于"以太"的运动——物体的绝对运动.

在这种观点指导下,出现了测量"以太风"的热潮. 其中著名的实验有 1851 年的斐索实验,1881 年的迈克耳孙-莫雷实验(Michelson-Morley),还有英国布拉德利(J. Bradley)在 18 世纪 20 年代所发现的"光行差"现象. 在用"以太"理论分析这些实验和现象时,得到了截然相反的结论,使"以太"理论陷入了绝境. 1905 年爱因斯坦在他的"关于运动介质的电动力学"这篇论文中,提出了著名的狭义相对论的基本原理. 从根本上抛弃了"以太"的概念,圆满地解释了运动物体的光学现象. 正是否定了"以太"的存在,才促使人们最终认识到电磁波的传播并不需要任何介质,电磁波本身就是一种特殊的物质,它携带着能量并以波的形式传播着,所以电磁波是一种物质波.

三、光的波粒二象性

至此,经典光学的发展已达到十分完善的程度,它几乎可以解释所有当时人们已经知道的有关光传播的现象(干涉、衍射、偏振、双折射等)的规律性.但也存在着用麦克斯韦电磁理论无法解释的一些“例外”现象,其中最著名的是关于光的黑体辐射、光电效应、原子的线状光谱等.这些现象当时虽然看来是个别的,但实际上,正是对这种关系重大现象做深入研究与大胆探索,才导致了一场意义深远的光学革命的发生.

1900年德国物理学家普朗克首次提出了关于物质体系与电磁场交换能量过程中的量子化假定,并且成功地导出了与实验相符合的、以他的名字命名的黑体辐射定律.这一突破,意味着经典光学的发展至此已告一段落,而新的现代光学开始诞生.这也是现代光学初期取得的第一项重大成就.这个时期取得的第二项重大成就,是1905年前后爱因斯坦(A. Einstein)提出的光在本质上是由光量子(光子)组成的假设以及狭义相对论的假设.用光量子假设,可以成功地解释光电效应和黑体辐射;而基于狭义相对论假设,则可成功地解释迈克耳孙-莫雷实验和其他有关光在运动坐标系中传播的现象.这以后不久,在普朗克假设和爱因斯坦光子假设的基础上,并受到他人研究成果的启发,丹麦物理学家玻尔首次提出关于原子中电子运动轨道量子化的假设,从而成功地定性解释了原子的线性光谱.到此为止,人们不得不承认这样一种事实:一方面,在与光的传播特性有关的一系列现象中(干涉、衍射、偏振等),光表现出波动的本性并可由麦克斯韦电磁场理论完美地描述;另一方面,在光与物质作用并产生能量和动量交换的过程中,光又充分表现出分立的量子化(粒子性)特征,并可由爱因斯坦的光子理论加以成功地描述.受到光的这种波动-粒子双重性的启发,德布罗意(de Broglie)于1924年前后首次提出关于一些基本粒子(如电子)也同样具有波动-粒子双重性的大胆假设,从而导致量子力学(波动力学)的诞生.相对论和量子力学的相继创立,宣告了整个经典物理学的终结和现代物理学的开始,并且成为构成现代物理学的两大根本支柱.

四、现代光学

现代光学最重要的标志是20世纪20年代末和30年代初,由狄拉克和费米等人在量子力学基础上创立的量子电动力学理论.在这种理论体系中,将光场(电磁场)与物质体系(原子或分子等)作为一个统一的整体而加以量子力学式的处理,从而导致量子化电磁场量子化物质体系的同时存在.量子电动力学理论能够对所有光学现象给出严格的、合理的说明.

现代光学的理论基础是量子电动力学.然而在20世纪60年代之前,光学领域并不采用量子理论来描述光学现象,因为光的电磁理论就足以解释光学的大部分实验结果,只有少数现象,如黑体辐射、光电效应、康普顿散射、原子自发辐射、原子能级的拉姆位移等,需要计及到光场的量子效应,无法用经典理论来解释.结果出现这样的局面:量子理论诞生于光学,而且对其他学科产生不可估量的影响,但对光学学科本身的影响却甚微.光学仍然在经典理论支配下发展,光学领域的物理现象并未出现重大的突破.这种局面一直持续到激光诞生才宣告结束.激光是光的量子理论的产物.早在20世纪初,爱因斯坦就指出,光与原子相互作用有三种基本过程,即自发辐射、受激辐射和受激吸收.后来量子电动力学严格地证明了这三种过程.激光是基于受激辐射过程而产生的相干光.尽管早在20世纪30年代人们已在实验上观察到了光的受激辐射,具备激光产生的理论背景和实验条件,但激光延迟到60年代才诞生,其原因在于当时社会发展更感兴趣的是无线电波段的相干辐射.在第二次世界大战之后,随着通信事业的迅速发展,人们将相干电磁辐射向着更短的波长推进,一旦迈进光波领域,传统产生相干电磁辐射的电子器件就不再适用,必须深入地研究原子(分子)体系的辐射过程,于是量子理论又重新被用来研究光学问题.人们在量子理论框架内研究光与物质的相互作用,探讨如何设计合适的光发射装置,使受激辐射能占主导地位,相干光能由真空态逐渐建立起来.激光就是这种研究的结晶.激光是人类获得的新型光场,它使光学领域发生翻天覆地的变化,许多新的物理现象、物理效应不断涌现,尤其是80年代以来人们发现光场的许多新的量子效应,使人们对光场的量子特性有了更深刻的认识,量子光学因而获得异常迅速的发展.与此同时,诸如激光生物、激光化学、激光医学等交叉学科也应运而生.光学学科进入到一个新的、更加繁荣的历史发展阶段.

1-2 光学现象的分类与应用

光学是研究光的本性、光的产生、光的传播、光与物质的相互作用,以及光在科学研究和技术中各种应用的科学.由于光学现象非常丰富,光学教程的内容往往显得繁杂,学生学完之后常常感到抓不住要领,理不出纲要,颇有杂乱无章之感.主要的原因在于,光学不像普通物理的其他教程那样,能用若干基本的物理定律将有关的现象给予统一的阐述.我们知道,支配着力学现象的是牛顿定律,支配着电磁现象的是麦克斯韦方程组,支配着热学现象的是热力学三定律.那么,什么定律能统一地支配着所有光学现象呢?在现有的光学教科书中光学本身不存在统一的基本定律,正是因为缺乏这样一根能阐明所有光学现象的中心主线,导致光学教程不如力学、热学、电磁学教程那样系统和完善.事实上,不同类型的光学现象遵从不同的自然规律:在几何光学中,光学现象本质上服从经典力学的规律;在波动光学中,光学现象由电磁场理论所支配;在统计光学中则是统计力学的规律起支配作用;光的量子现象则遵从量子理论的规律.光学现象本身似乎不存在独立的运动规律,而是受制于其他学科的基本规律,因此,以往的光学教材多数侧重于分门别类地阐述各种不同范畴的现象,然后对现象进行相应的解释.于是,光学现象越丰富,就越令人感到杂乱.

现代自然科学业已证明，自然界本质上是量子的，光场也不例外，因此在某种意义上讲，支配着所有光学现象的基本规律是量子理论，换句话讲，采用量子理论原则上可以统一地解释一切光学现象. 当然在普通物理教程中，我们不可能这样做，因为在学习光学课程之前学生尚未学过量子力学. 实际上也不必这样做，因为许多光学现象不用量子理论也能得到满意的解释. 事实上，采用两个物理量：普朗克常量 h 和光场的波长 λ 就可以将所有的光学现象进行分类. 普朗克常量 h 是表征体系量子特性的物理量，当 h 与光学体系的相应特征量相比可以略去不计时，光学现象的量子特性很不显著，以致经典理论就足于描述该体系的光学现象. 因此，h 是否可以近似地看成为无穷小量是区别光学的量子现象和经典现象的判据. 另一方面，光场的波长 λ 是描述光场波动性的特征量，当波长 λ 与光学体系的特征尺寸相比可以忽略不计时，光场的波动性就不显著，几何光学便足以解释体系的光学现象. 因此，λ 是否可近似地看成为无穷小量是区别波动光学（有时又称物理光学）与几何光线（或称射线光学）的判据.

可见，借助于 h 和 λ 可以对光学现象进行分类，然后采用相应的理论来处理相应的光学现象. 应用这种 h-λ 的分类法既合理又清晰，其物理本质是采用不同的理论观点来处理光学问题. 不同范畴的光学现象之间的区别就在于对"光究竟是什么"这个根本性问题所做的不同回答. 这就给我们一个重要的启迪，既然普通物理光学内容无法用一些基本规律统一来阐述，那么我们就以"光究竟是什么"这个根本性问题的论述作为主线，将光学的现象分层次加以讲解.

在 $h=0$ 和 $\lambda=0$ 近似成立的场合，光的量子性和波动性均可忽略，此时光学现象遵从几何光学的规律，其理论基础是费马原理. 我们可以将光看作为牛顿的光微粒，它遵从经典力学的基本定律.

在 $h=0$ 近似成立，但 $\lambda\neq0$ 的场合，光必须看成是一种波动，只要不计及光的电磁性质，光作为波动应遵从经典力学的规律，它将呈现出所有波动（包括机械波）现象具有的共同特征，如干涉和衍射. 所不同的只是光波的波长很短，只有当系统的特征尺寸（如光孔、光阑等）与波长同量级时，光的波动现象才能被观察到.

在 $h=0$ 近似成立，但 $\lambda\neq0$，且必须考虑到光的电磁性的场合，光必须看成为电磁波，它遵从麦克斯韦方程组. 电磁波也是一种波动，因此光的电磁场理论原则上包括诸如干涉、衍射等波动的共同特性. 光的电磁性（光的偏振特性等）是光波区别于诸如机械波等其他波的重要特征. 光与无线电波、微波等不同波段的电磁波具有相同的电磁特性. 光场的特殊性在于其波长很短，因而光场的产生机制与长波电磁场有着根本性的差异. 光场必须借助于原子（分子）体系作为振荡器，其工作原理完全不同于真空管、微波管等电子器件.

在 $h\neq0$ 的场合，光的量子特性显著，光是量子化的电磁场，必须采用量子理论来描述，这是描述光学现象最正确的理论. 前述各种理论都可看作是光的量子理论在某种条件下的近似. 采用量子理论来阐述光学现象，着重在于揭示光场的量子效应. 这已经成为现代光学的重要发展方向.

光学的应用十分广泛. 几何光学本来就是为设计各种光学仪器而发展起来的专门学科. 随着科学技术的进步，物理光学也越来越显示出它的威力，例如，光的干涉目前仍是精密测量中无可替代的手段，衍射光栅则是重要的分光仪器. 光谱在人类认识物质的微观结构(如原子结构、分子结构等)方面曾起了关键性的作用，现在它不仅是化学分析中的先进方法，还为天文学家提供了关于星体的化学成分、温度、磁场、速度等大量信息. 近 30 年来，人们把数学、信息论与光的衍射结合起来，发展起一门新的学科——傅里叶光学，把它应用到信息处理、像质评价、光学计算等技术中去. 激光的发明，可以说是光学发展史上一个革命性的里程碑. 由于激光具有强度大、单色性好、方向性强等一系列独特的性能，自从它问世以来，很快就被运用到材料加工、精密测量、通信、测距、全息检测、医疗、农业等极为广泛的技术领域，取得了优异的成绩. 此外，激光还为同位素分离、催化、信息处理、受控核聚变，以及军事上的应用展现了光辉的前景.

1-3　几何光学的基本定律

一、几何光学的三个基本定律

几何光学的三个基本定律是人们从观察和实验中总结出来的，它们是几何光学的理论基础，是各种光学仪器设计的依据.

几何光学又称光线光学或射线光学，因为在几何光学中可用一条表示光的传播方向的几何线来代表光，并称这条线为光线. 借助于光线这个概念，可将几何光学的三个基本原理表述如下：

(1) 光的直线传播定律　在真空或均匀介质中，光沿直线传播，即光线为一直线.

(2) 光的独立传播定律　自不同方向或由不同物体发出的光线相交，对每一光线的独立传播不发生影响.

(3) 光的反射和折射定律　如图 1-4 所示，当光线由一种各向同性、均匀介质进入另一种各向同性、均匀介质时，光线在两种介质的分界面上被分为反射光线和折射光线. 对于这两条光线的行进方向，可分别由反射定律和折射定律来表述.

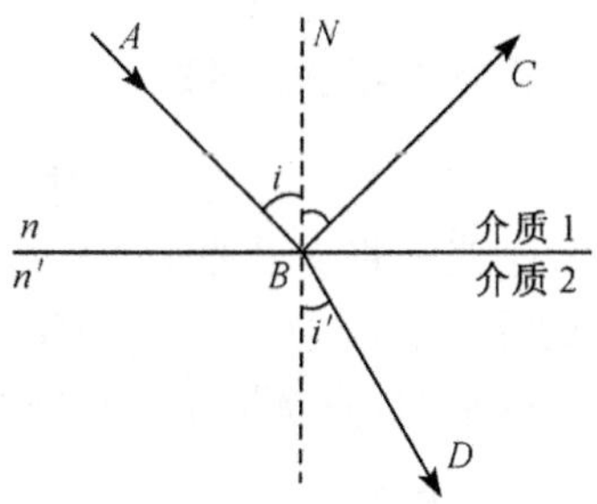

图 1-4　光的反射和折射

反射定律　入射光线 AB、过 B 点所引的分界面法线 NB 和反射光线 BC，三者在同一平面内(入射面)，并且反射光线与法线间的夹角 r(反射角)等于入射光线与法线间的夹角 i(入射角).

折射定律　入射光线 AB、过 B 点的分界面法线 NB 和折射光线 BD，三者在同一平面内，并且入射角 i 的正弦与折射角 i'(折射光线与法线的夹角)的正弦之比等于第二介质的绝对折射率 n' 和第一个介质的绝对折射率(以后简称折射率)n 之比. 即

$$\frac{\sin i}{\sin i'} = \frac{n'}{n} \tag{1-3-1}$$

n、n' 的定义是

$$\left.\begin{aligned} n &= \frac{c}{v} \\ n' &= \frac{c}{v'} \end{aligned}\right\} \tag{1-3-2}$$

其中 c 为光在真空中的速度，v 和 v' 分别为光在第一介质和第二介质中的相速度. 折射定律是荷兰数学家斯涅耳(Snell)于 1621 年发现，故又称为斯涅耳定律.

表 1-1　几种物质的折射率

介　质	折射率(D线)
空气	1.00028
水	1.333
各种玻璃	1.5～2.0
水晶	1.54
金刚石	2.417

表 1-1 列出了几种常见的透明介质对钠黄光(D 线 5893Å)的折射率. 由表可见，空气的折射率很接近 1(常温常压下一般气体的折射率也都与 1 相差不多)，而一般液体和固体介质的折射率都明显大于 1. 折射率大的介质通常称为光密介质，折射率较小的介质被称为光疏介质.

三个实验定律可以根据光的波动性导出. 但必须强调，它们是近似的规律，有一定的适用范围. 只有当光波波长远小于空间障碍物或反射、折射界面的尺寸时，才能由上述定律得出符合实际情况的结果，所以几何光学可看作是波长 λ 趋于零这一极限情况下的理论. 虽然几何光学只是一种近似理论，但在许多实际问题中已足够精确，故几何光学仍有很大的适用意义.

二、光路可逆性原理

依据光的反射和折射定律，如果光线逆着原来反射线的方向入射到界面上，则反射光线将逆着原来入射线的方向射出去；如果光线逆着原来折射线的方向入射到界面上，则折射光线也将逆着原来入射线的方向传播. 更普遍情况是，当光线逆向传播时，它将沿正向传播时的同一路径反向传播，这个结论称为光路可逆原理.

三、全反射、光学纤维

当光线由光密介质射到光疏介质的界面上时，根据折射定律，折射角一定大于

入射角，而且折射角随入射角的增大而增大．当入射角增大到某一临界值 θ_c 时，折射角将达到 90°．如果入射角再增大，就没有与它对应的折射角了．这时光线全部反射回到光密介质，这种现象称为全反射，θ_c 称为全反射的临界角，其数值可根据斯涅耳公式求得．

在式(1-3-1)中，令 $i=\theta_c$，$i'=90°$，得

$$n\sin\theta_c = n'\sin 90°$$

$$\theta_c = \arcsin\frac{n'}{n} \tag{1-3-3}$$

例如，水的折射率 $n=1.33$，空气的折射率 $n'\approx 1$，则从水到空气的临界角约为 49°．

全反射能使入射的能量全部反射，比起一般的界面反射来更为优越，因此它被广泛地应用于各种光学仪器中，新型光学器件——光学纤维，就是全反射原理的一个重要应用．光学纤维是一种传光的细玻璃丝，这种玻璃丝分内外两层，内层折射率高，外层折射率低．当光线从玻璃丝的一端入射后，可通过在两层界面上接连不断的全反射而传到另一端(图 1-5(a))．

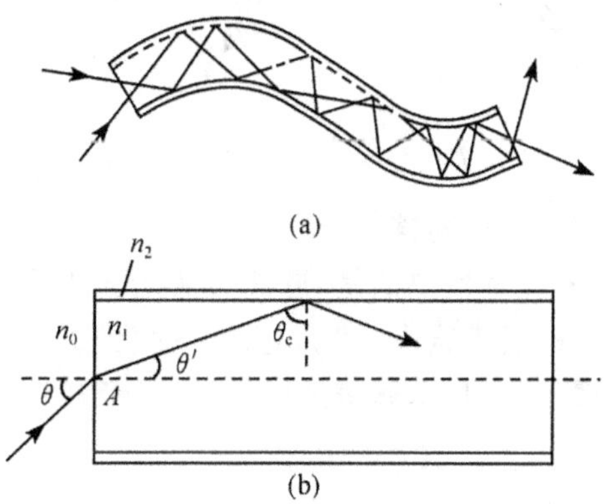

图 1-5 光学纤维

设有一光学纤维，其内、外两层的折射率分别为 n_1 和 n_2，端面外介质的折射率为 n_0(图 1-5(b))．入射光线从介质射到端面的 A 点，经折射后射到光学纤维内外两层的界面上，当光线在界面上的入射角等于或大于临界角 θ_c 时就发生全反射．设与临界角 θ_c 对应的入射角为 θ(图 1-5(b))，则入射角大于 θ 的那些光线到达界面时，因不发生全反射而部分地透过外层漏掉，只有在介质中其顶角等于 2θ 空间锥体内的入射光线才能在纤维中发生全反射，因而能无损失地(若不考虑吸收和散射等造成的损失)从一端传到另一端．θ 角的值可由临界角公式和折射定律求出

$$\sin\theta_c = \frac{n_2}{n_1}$$

$$n_0\sin\theta = n_1\sin\theta'$$

因 $\theta'+\theta_c=90°$(图 1-5(b))，故得

$$\begin{aligned} n_0\sin\theta &= n_1\sin\left(\frac{\pi}{2}-\theta_c\right) \\ &= n_1\cos\theta_c = n_1\sqrt{1-\sin^2\theta_c} \\ &= n_1\sqrt{1-\left(\frac{n_2}{n_1}\right)^2} = \sqrt{n_1^2-n_2^2} \end{aligned}$$

所以

$$\theta = \arcsin \frac{\sqrt{n_1^2 - n_2^2}}{n_0}$$

由此可见，为了使更大范围的光束能在纤维中传播，我们应选择两折射率 n_1 和 n_2 差值较大的材料制造光学纤维.

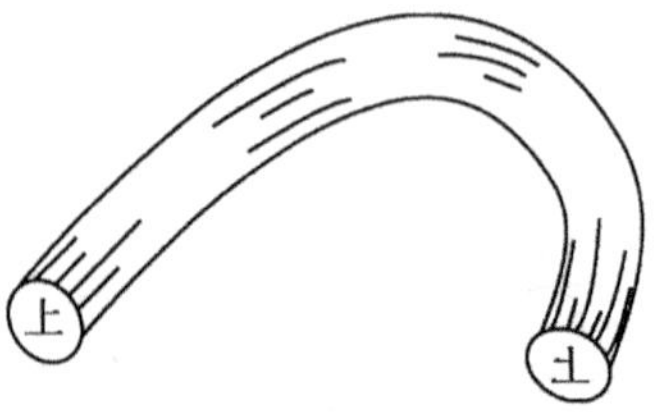

图 1-6　光学纤维束传送图像

如果用大量光学纤维构成一光学纤维束，并对纤维束中所有光学纤维作规则排列，使得它们的端点在两端面上的位置有严格的几何对应关系，则纤维束不仅可以传光，还可以把图像从一端清晰地传送到另一端(图 1-6).

光学纤维质地柔韧，可以弯曲，而且能做得很细. 它可以进入构造复杂的机器部件中以及人体内部(如胃、膀胱等)照明或窥视，目前在国防、医学、自动控制等领域有日益广泛的应用. 尤其重要的是，近几年来光学纤维已成功地应用于通信系统. 光学纤维用于通信的优点很多，如抗电磁干扰性强、频带宽和通信容量大、保密性好、能节省有色金属等. 在技术先进的国家里，已经开始用光导纤维逐步取代现用的各种通信电缆.

1-4　费马原理

几何光学三个基本定律可以用一个统一的物理原理概括起来，这个原理叫费马原理. 费马原理的优越性还在于，用它不但可描述光在均匀介质中的传播情况，还可以描述光在不均匀介质中的传播情况.

在说明费马原理之前，我们先来分析一些情况，看看从中能得到什么启发. 先看光在均匀介质中的传播. 我们已经知道这时光是沿两点间的最短路线——直线传播的，即在给定两点间，光沿着费时最少的路径传播. 形象地说，好像光在传播时也力图节省时间一样. 那么，我们自然会想到，光由一种介质进入另一种介质时(即在分界面发生反射和折射时)是否也是选择费时最少的路径呢?

先看反射现象. 图 1-7 中，自 A 点发出的光线经分界面上 D 点反射后到达 B 点，可以证明，光遵守反射定律，沿路径 ADB 传播所需的时间最少.

为此，我们任选一其他路径 $AD'B$(图 1-7)，只需证明 ADB 的长度小于 $AD'B$ 的长度即可达到目的.

由 B 点作分界面垂线 BE，并延长到 B' 点，令 $B'E=BE$，由图可见

$$DB = DB', \quad D'B = D'B'$$

因此

$$ADB = AD + DB = AD + DB' = ADB'$$

$$AD'B = AD' + D'B = AD' + D'B'$$

其次,从图中容易看出

$$\angle ADB' = i + r + (90° - r) + (90° - r)$$

这里 i 和 r 分别为入射角和反射角,按反射定律,$i=r$. 由此得:$\angle ADB'=180°$ 即 ADB'是直线,因此当 D'点不与 D 点重合时,$AD'B'$必为折线. 因为两点间的任一折线都要比两点间的直线长,所以,$ADB'<AD'B'$. 即 $ADB<AD'B$.

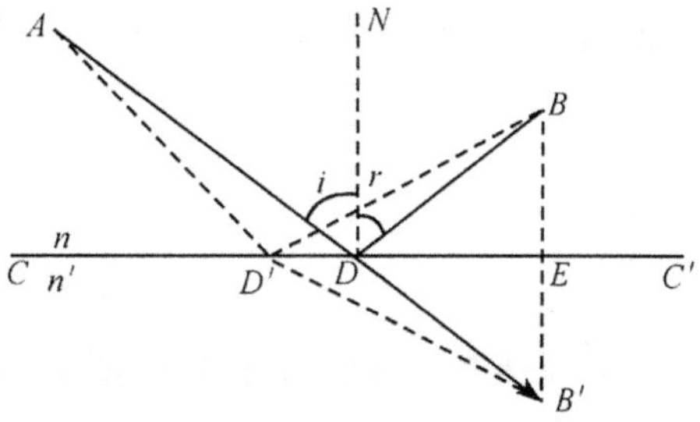

图 1-7 证明反射定律符合费马原理

可见,光沿遵守反射定律的路径 ADB 行进时,通过距离最短,因而费时最少.

对于折射现象(图 1-8),同样可证明,光沿遵守折射定律的路径由 A 传播到 B 时,费时最少.

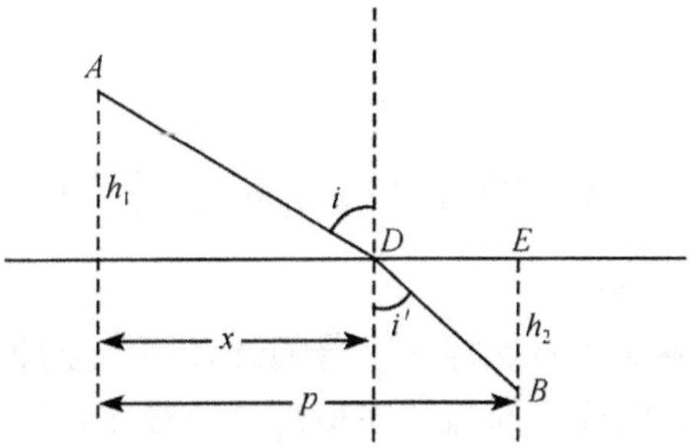

图 1-8 折射定律满足费马原理

图中分别由 A 点和 B 点向分界面引垂线 AC 和 BE,用 P 来表示 CE 的距离,对给定的两点 A、B 而言,P 为一常数. 又令 $CD=x$. 现在我们要找 x 为何值时(即确定折射点 D 的位置),光由 A 到 B 费时最少. 如果找到的路径符合折射定律,即达到了目的.

显然,光沿 ADB 传播的时间为

$$t = \frac{AD}{v} + \frac{DB}{v'}$$

式中 v 和 v'分别是光在第一和第二介质中的速度. 由图 1-8 得

$$AD = \sqrt{h_1^2 + x^2}$$

$$DB = \sqrt{h_2^2 + (p - x)^2}$$

式中 h_1 和 h_2 是垂线 AC 和 BE 的长度. 故

$$t = \frac{1}{v}\sqrt{h_1^2 + x^2} + \frac{1}{v'}\sqrt{h_2^2 + (p - x)^2}$$

x 为何值时 t 取极值的条件是

$$\frac{\mathrm{d}t}{\mathrm{d}x} = 0$$

即

$$\frac{1}{v}\frac{x}{\sqrt{h_1^2 + x^2}} - \frac{1}{v'}\frac{p - x}{\sqrt{h_2^2 + (p - x)^2}} = 0$$

从图中可以看出

$$\frac{x}{\sqrt{h_1^2+x_2}}=\sin i$$

$$\frac{p-x}{\sqrt{h_2^2+(p-x)^2}}=\sin i'$$

i 与 i' 分别为入射角和折射角. 因此得出

$$\frac{\sin i}{v}-\frac{\sin i'}{v'}=0$$

或

$$\frac{\sin i}{\sin i'}=\frac{v}{v'}=\frac{n'}{n}$$

可见,满足极值条件的路径 ADB 正是满足折射定律的路径(由二阶导数 $\frac{\mathrm{d}^2 t}{\mathrm{d}x^2}>0$ 可知时间 t 为极小值).

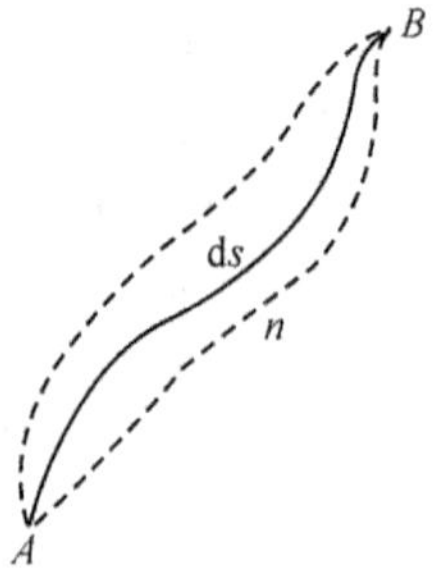

图 1-9　非均匀介质中光传播路径

以上讨论使我们容易了解这样一个普遍的几何光学原理,即:"在给定的两点间,光沿所需时间最短的路径传播". 这就是费马(Fermat)在 1657 年首先提出的最短传播时间原理(后来称之为费马原理). 但以后的研究发现最短传播时间原理有一定的局限性,人们可以找到一些例子说明光在给定两点间也有可能是沿传播时间最大或常量的路径传播. 于是修正后的费马原理是:光线从一点传播到另一点,光沿所需时间为极值(即可以是极小值,可以是极大值,也可以是常量)的路径传播.

用费马原理可以研究光在不均匀介质中的传播规律. 如图 1-9 所示,在不均匀介质中,折射率 n(或者说光速 v)从一点到另一点不断地改变,光线连续被折射而形成曲线(不均匀介质的典型例子是大气,光在大气中走的是一曲线). 这时可以把这条曲线分成许多元线段 $\mathrm{d}s$,在每一小段上折射率 n 可视为常数,于是每一小段上光传播时间为 $\mathrm{d}t=\frac{\mathrm{d}s}{v}$,那么光从 A 点传播到 B 点所需的总时间

$$t=\int_A^B \mathrm{d}t=\int_A^B \frac{\mathrm{d}s}{v} \tag{1-4-1}$$

按照费马原理,光从 A 点传播到 B 点一定沿着一条所需时间为极值的路径. 根据变分原理,t 取极值的条件是式(1-4-1)的定积分的变分为零. 即

$$\delta t=\delta\int_A^B \frac{\mathrm{d}s}{v}=0 \tag{1-4-2}$$

我们还可以给费马原理以另外一种表述方法,为此必须引入光程的概念.

在均匀介质中,光程 l 定义为几何路程 s 与介质折射率 n 的乘积

$$l = n \cdot s$$

为了解光程的物理意义,可把上式化为

$$l = c \cdot \frac{s}{v} \qquad \left(\text{因为 } n = \frac{c}{v}\right)$$

显然,s/v 表示光在该介质中走过路程 s 所需的时间 τ,而 $l=c\tau$ 就表示在相同的 τ 时间里,光在真空中走过的距离.所以说,光在介质中传播的光程等于同一时间内光在真空中走过的路程长度(可称为真空折合路程).借助于光程的概念,可把光在介质中所走过的路程折算为光在真空中的路程长度.这样便于在同一标准下比较光在不同介质中所走路程的长短.

在不均匀介质情况下,必须把光线的几何路程分为许多小元线段 $\mathrm{d}s$,每一小段上 n 为常数,于是元光程为

$$\mathrm{d}l = n\mathrm{d}s$$

而总光程为

$$l = \int_A^B n\mathrm{d}s$$

上式中的积分路线为光从 A 到 B 的轨迹.

费马原理的另一表述为:光从空间一点到另一点是沿着光程为极值的路径传播的.也就是说,光沿着光程值为极小、极大或恒定的路径传播.

费马原理的两种说法是等价的,因为 $n=\dfrac{c}{v}$,所以

$$\delta l = \delta\int_A^B n\mathrm{d}s = \delta\int_A^B \frac{c\mathrm{d}s}{v} = c\delta\int_A^B \frac{\mathrm{d}s}{v} = c\delta t$$

因而当传播时间取极值时($\delta t=0$),相应的光程也取极值($\delta l=0$).

最后我们举两个例子来进一步说明费马原理.

例 1 设 E 是一个旋转椭球面反射镜(图1-10),P、Q 是它的两个焦点.由光的反射定律可知,从 P 发出的所有光线,经 E 面上任何一点的反射光线,都能射到另一焦点 Q.又根据椭圆的特性,从椭圆两个焦点引至椭圆上任一点的两条路径之和为常数,这说明从 P 经 E 反射到 Q 的一切光线所经过的光程都是等值.若在 E 面的某一条实际光线的反射点 R 处放置一个与 E 相切的平面镜 M.从 P 发出经 M 反射后经过 Q 点的实际光线沿 PRQ 行进,行进的光程小于 $PR'+R'Q$(R' 为 M 上不与 R 重合的任意点).$PR'Q$ 不可能是实际的反射光线进行的路径,因为它违反反射定律.故相对平面镜而言实际光线沿光程极小的路径进行.反之,若在 R 点放置一个凹球面镜 C,与 E 同样在 R 点相切.对 C 来说,

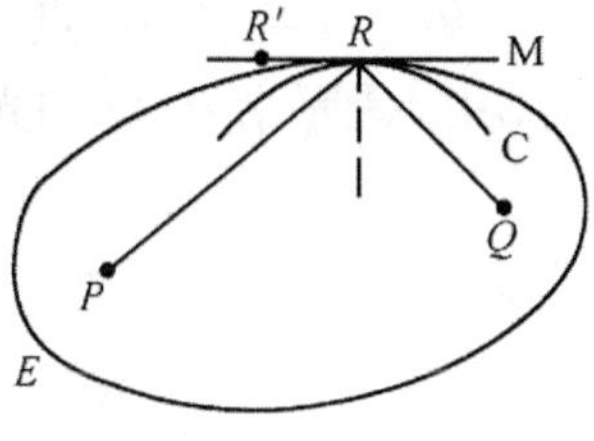

图 1-10 旋转椭球面反射镜

实际光行进的路径 PRQ 又是光程最长路径.

例 2　如图 1-11 所示，点物 A 通过凸透镜成点像于 B，由 A 点发出的许多光线经透镜汇集于 B，按费马原理，这些光线(如图中的 $ACDB$, $AC'D'B$, $AC''D''B$……)的光程必然彼此相等，不可能一条光线的光程比另一条大. 这就是物像之间的等光程性(或称等光程原理)这一点很重要，以后讨论衍射问题时要用到这一事实.

例 3　平行光垂直入射到透镜 L 上，会聚于焦点 F(图 1-12). 波面 RT 垂直于入射平行光. 试证明：图中诸光线 RF、SF、TF 的光程都是相等的(提示：在前图 1-11中，若点光源 A 远离透镜，则入射光即近似为平行光).

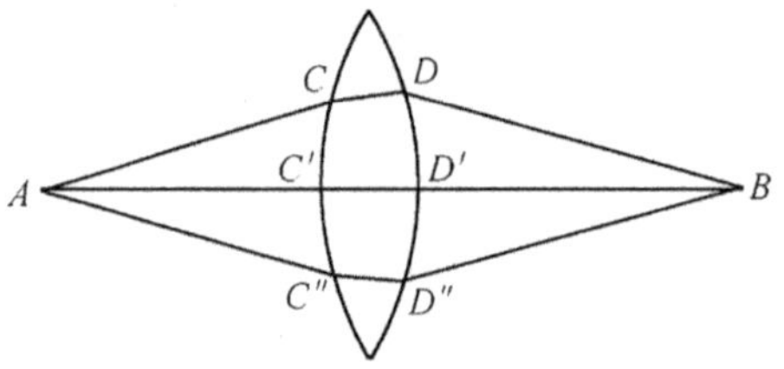

图 1-11　物像之间的等光程性

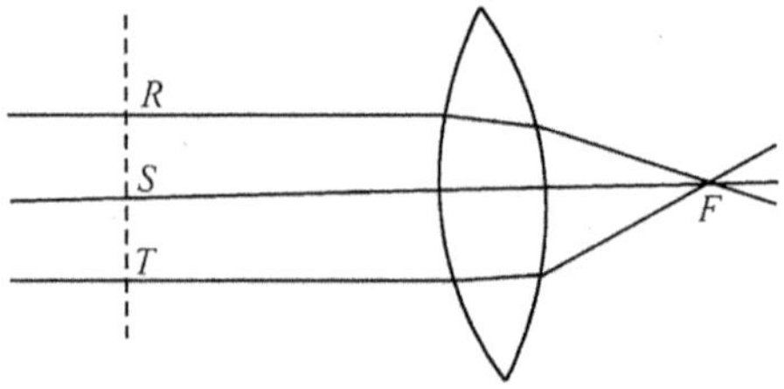

图 1-12　RF、SF、TF 的等光程性

例题 1　如图 1-13 所示，有一曲率半径为 R 的折射面. 现考察 P 和 Q 这两点，假设 $PO=OQ=x$. 折射面的曲率中心 C 在 PQ 连线上，试问光由 P 到 Q 是如何传播的？实际光线在什么条件下取最短、最长和恒定值(折射面左、右方的折射率分别为 n_1 与 n_2)？

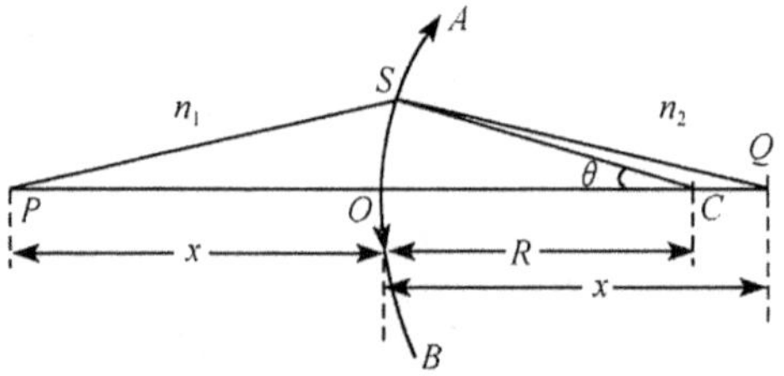

图 1-13　例题 1 图

解　在给定的二点 PQ 间取一条假想的路径 PSQ，S 为折射面 AOB 上任一点. 用 l 表示沿 PSQ 的光程. 那么

$$l = n_1 PS + n_2 SQ$$

考虑△PSC，它的一边 $PC=x+R$，因此

$$PS = [(x+R)^2 + R^2 - 2(x+R)R\cos\theta]^{1/2}$$

式中 θ 角已在图上标出. 当 θ 很小时

$$PS \approx \left[x^2 + 2xR + 2R^2 - 2(xR + R^2)\left(1 - \frac{\theta^2}{2}\right)\right]^{1/2}$$

$$\approx x\left[1 + \frac{(x+R)R\theta^2}{x^2}\right]^{1/2} \approx x + \frac{(x+R)R\theta^2}{2x}$$

类似地

$$SQ \approx x - \frac{(x-R)R\theta^2}{2x}$$

这样一来

$$l \approx n_1 x + n_1 \frac{(x+R)R\theta^2}{2x} + n_2 x - n_2 \frac{(x-R)R\theta^2}{2x}$$

因而

$$\frac{\mathrm{d}l}{\mathrm{d}\theta} = n_1 \frac{(x+R)R}{x}\theta - n_2 \frac{(x-R)R}{x}\theta$$

显然，当 $\theta=0$ 时，$\frac{\mathrm{d}l}{\mathrm{d}\theta}=0$，因此路径 POQ 总是对应极值，所以它总是一条实际光线的路径.

为了确定这个极值是对应极大值或是极小值，我们计算$\frac{\mathrm{d}l}{\mathrm{d}\theta}$在 $\theta=0$ 处的值

$$\frac{\mathrm{d}^2 l}{\mathrm{d}\theta^2} = \frac{n_1(x+R)R}{x} - \frac{n_2(x-R)R}{x}$$

$$= n_1 \frac{R}{x}[R(n_{21}+1) - x(n_{21}-1)]$$

式中 $n_{21}=n_2/n_1$，代表相对折射率，我们假定它大于 1，显然，若

$$x > R \cdot \frac{n_{21}+1}{n_{21}-1}$$

则$\frac{\mathrm{d}^2 l}{\mathrm{d}\theta^2}$为负，因而光线路径 POQ 对应于极大值. 反之，就对应于极小值. 可是，若

$$x = R \cdot \frac{n_{21}+1}{n_{21}-1}$$

那么光线路径对应于光程的平稳值. 这意味着(当 θ 很小时)所有邻近的路径都是实际光线进行的路线，在这种情况下 Q 点就是 P 点的傍轴像.

习　　题

1-1　如习题 1-1 图所示，L 是透镜，M 是平面镜，试问光线 ACB 与 AOB 二者中，哪一条光线的光程大些？为什么？

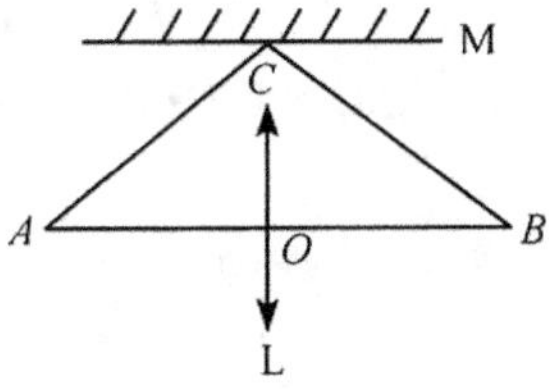

习题 1-1 图

1-2　一半径为 R 的反射球内，P_1、P_2 两点相对于球心 C 对称，与球心间距为 b. 设光线自 P_1 发出经 O 点反射后过 P_2 点(习题 1-2 图).

(1) 试给出光程 P_1O+OP_2 与任意角 θ 的函数关系；

(2) 利用费马原理计算实际光线的 θ_0 值.

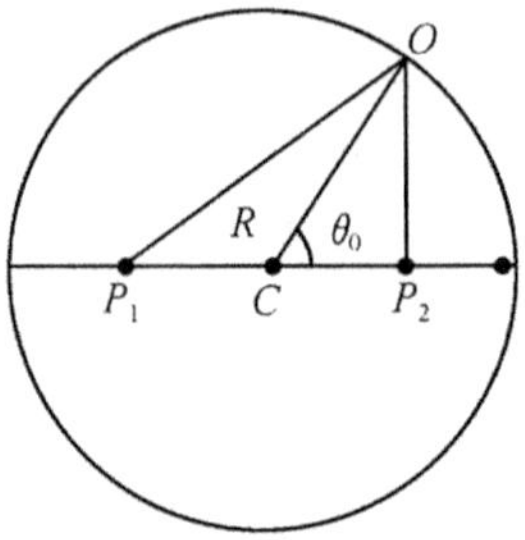

习题 1-2 图

1-3　如习题 1-3 图所示. 如果以 S 为中心的球面波经过折射率为 n 的平凸透镜而变成波面为 CN 的平面波. 则透镜的凸面的形状必为以 S 为焦点的旋转圆锥曲面(当 $n>1$ 时为旋转双曲面；$n<1$ 时为旋转椭球面). 试用等光程原理证明之. 即由

$$f+n\overline{AC}=r+n\overline{MN}$$

导出

$$r=f(1-n)/(1-n\cos\theta)$$

其中

$$f=\overline{AS},\qquad r=\overline{SM}$$

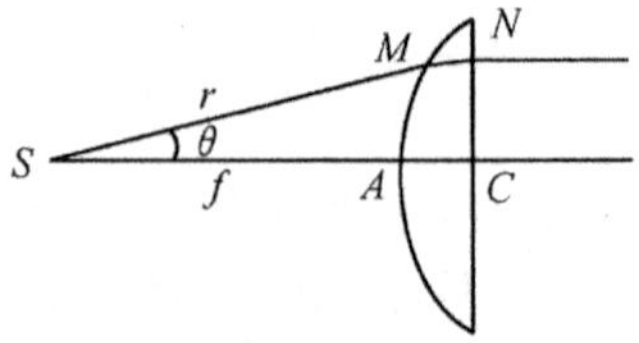

习题 1-3 图

1-4　利用等光程原理证明薄透镜在近轴近似下的成像公式(R_1, R_2 为薄透镜两表面的曲率半径)

$$\frac{1}{S'}-\frac{1}{S}=(n-1)\left(\frac{1}{R_1}-\frac{1}{R_2}\right)$$

1-5　经过等腰棱镜的光线平行于底面时的偏向角叫最小偏向角 $\delta_{\min}$. 设棱镜顶角为 α，折射率为 n. 试用等光程原理证明

$$n=\frac{\sin\dfrac{\alpha+\delta_{\min}}{2}}{\sin\dfrac{\alpha}{2}}$$

1-6　试用费马原理证明：在以 O 点为中心的各向同性的非均匀介质中(即折射率 n 仅为 r

的函数，r 为任意点到中心 O 的距离)，经过 O 点和任意一点 A 的光线一定是直线.

1-7 试分别证明一束平行光在反射或折射时，AA' 到 BB' 之间各光线都是等光程的(习题 1-7 图).

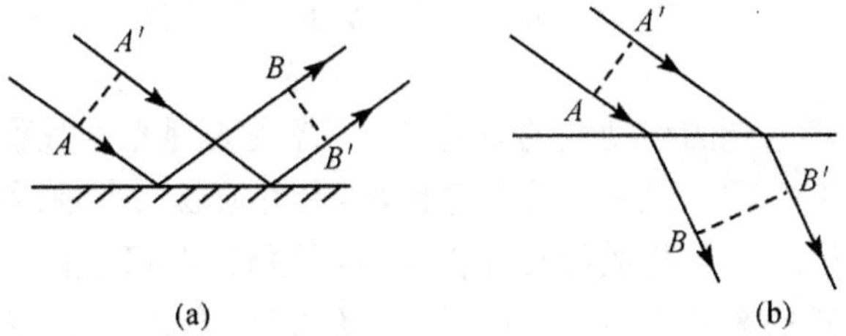

习题 1-7 图

第二章　光的干涉

波动光学是研究光的波动性的学科，它在普通物理光学教程中占有极其重要的地位. 当然，光在本质上是量子化的电磁场，具有波粒二象性. 因而我们在研究光的传播、光场的性质、光与物质的相互作用等问题时，严格地说应当采用全量子理论（即量子光学理论）来处理. 这种理论给出光场①的全部性质，包括经典电磁理论所无法允许的许多特点. 但是，对于我们研究的许多光学问题，其相应的特征量远大于普朗克常数 h. 换句话说，和问题相应的特征量相比 h 非常小，以至于可以忽略不计. 在这种条件下，光的量子效应不明显，而主要显示出波动性，对这许多问题，我们完全可以用光的经典电磁理论来处理. 不考虑光的量子性，用经典电磁场理论来研究光在宏观传播过程中的波动现象（干涉、衍射、偏振等），以及光波与介质的相互作用（光的吸收、散射、色散），这就是波动光学的主要内容和方法.

2-1　光波的基本性质

在各种波长 λ 的电磁波中，能为人类的眼睛所感受的，只是 $\lambda=4000\sim7600\text{Å}$ 的狭小范围. 在这波段内的电磁波叫做可见光. 在可见光范围内不同波长的光引起不同的颜色感觉. 大致说来，波长与颜色的对应关系如下表所示.

7600–6300	6300–6000	6000–5700	5700–5000	5000–4500	4500–4300	4300–4000 Å
红	橙	黄	绿	青	蓝	紫

由于颜色是随波长连续变化的，上述各种颜色的分界线带有人为约定的性质.

波长比 7600Å 长的、相当广阔区域内的光叫红外线，比 4000Å 短的区域内的光叫做紫外线. 虽然人眼看不见它们，但可以用有关探测器测量它们的存在. 从紫外线到红外线这个范围统称光波，是光学研究的对象.

根据麦克斯韦的电磁理论，电磁波在介质中传播速度为

$$v=\frac{1}{\sqrt{\varepsilon_0\mu_0\varepsilon_r\mu_r}} \tag{2-1-1}$$

式中 ε_0 和 μ_0 是真空中的介电常量和磁导率，ε_r 和 μ_r 是介质的相对介电常量和磁导率，对真空，$\varepsilon_r=\mu_r=1$，所以光在真空中的速率为

---

① 因为光的传播具有空间广延性，故现代光学称之为光场. 光场包括光传播到的全部空间.

$$c = 1/\sqrt{\varepsilon_0 \mu_0}$$

它与光的波长无关，其实验值为 $c = 2.99792458 \times 10^8 \text{m/s}$. 把 c 代入式(2-1-1)，得光在介质的速率为

$$v = c/\sqrt{\varepsilon_r \mu_r}$$

对于大多数介质 $\mu_r \approx 1, \varepsilon_r > 1$，所以介质中的光速一般比真空中的光速要小.

由于 ε_r 和 μ_r 与介质种类有关，故同一光波在不同介质中有不同的速率. 由折射率的定义式(1-3-2)容易看出

$$n = \frac{c}{v} = \sqrt{\varepsilon_r \mu_r} \approx \sqrt{\varepsilon_r} \tag{2-1-2}$$

同一光波穿过不同的介质时，其频率 ν 保持不变，因而同一光波在不同介质中有不同的波长. 根据波速、波长和频率三者间的关系，光波在介质中的波长 λ 可表示为

$$\lambda = \frac{v}{\nu} = \frac{c}{n\nu} = \frac{\lambda_0}{n} \tag{2-1-3}$$

式中 $\lambda_0 = c/\nu$ 是真空中的波长. 式(2-1-3)表明同一光波在介质中的波长比真空中的波长要小.

单一波长的光叫**单色光**，否则是非单色光.

用棱镜或其他分光仪器对各种光源发出的光进行分析，就会发现它们大都不是单色光. 一束光的强弱程度通常用“光的强度”(简称光强)来描述. 光强正比于光束的平均能流密度(后面还要详细叙述). 令 $\mathrm{d}I_\lambda$ 代表波长在 λ 到 $\lambda + \mathrm{d}\lambda$ 之间光的强度，则

$$i(\lambda) = \mathrm{d}I_\lambda / \mathrm{d}\lambda \tag{2-1-4}$$

代表单位波长区间的光强. 非单色光的 $i(\lambda)$ 按波长的分布叫做光谱. $i(\lambda)$ 叫做谱密度，总光强 I 与谱密度的关系是

$$I = \int_0^\infty \mathrm{d}I_\lambda = \int_0^\infty i(\lambda)\mathrm{d}\lambda \tag{2-1-5}$$

不同的光源有不同的光谱，例如热辐射光源光谱的特点如图 2-1(a)所示，光强在很大的波长范围内连续分布. 这种光谱叫连续光谱. 气体(例如金属蒸气)放电发射光谱的特点如图 2-1(b)所示，光强集中在一些分立的波长值 $\lambda_1, \lambda_2, \lambda_3, \cdots$ 附近形成一条条谱线. 这种光谱即**线光谱**. 不同的化学成分有自己的特征谱线. 每条

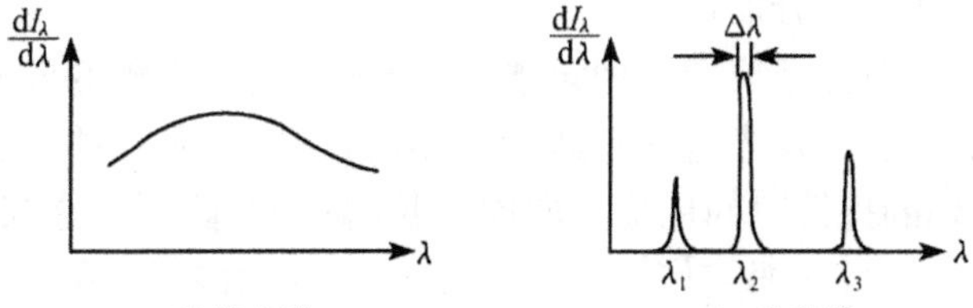

(a) 连续光谱　(b) 线光谱

图 2-1　光源辐射光谱

谱线只是近似的单色光,它们的光强分布有一定的波长范围 $\Delta\lambda$,这 $\Delta\lambda$ 称为**谱线宽度**,$\Delta\lambda$ 越小,表示光的单色性越好.激光器的谱线宽度比普通光源小得多,单色性好正是激光的基本优点之一.

太阳光谱除了一些暗线外,基本上是连续谱,它所发出的各种波长的可见光混合起来,给人以白光的感觉.光学中所谓的白光通常指具有和太阳连续光谱相近的多色混合光波.

2-2 单色光波及其描述

既然光波是电磁波,即光波是由变化的电场和变化的磁场构成的,我们就可以用描述电磁波的波函数来描述光波的各种形态.这些波函数是满足一定边界条件下麦克斯韦方程的解.在光学中常遇到的是单色平面光波和单色球面光波,它们可以看作是电磁波动方程的特解,任何形式的光波都可以分解为这些特解的某种线性组合.下面,我们首先来讨论什么是严格的单色光波,以及单色平面光波与球面光波的描述方法.

一、什么是单色光波

单色光波也可称定态光场,它可用下列函数来描述

$$\left.\begin{aligned}\boldsymbol{E}&=\boldsymbol{E}_0(p)\cos(\omega t-\varphi(p))\\ \boldsymbol{B}&=\boldsymbol{B}_0(p)\cos(\omega t-\varphi(p))\end{aligned}\right\}\tag{2-2-1}$$

那么,在物理上究竟什么样的波才是严格的单色光波呢?从上面的表达式可以看出,要称得上严格的单色光波必须满足下面四个条件:①空间各点电、磁场矢量以单一的频率 ω 作简谐振荡;②空间各点的光波振幅 $\boldsymbol{E}_0(p)$ 不随时间变化,形成一个稳定的振幅空间分布;③初始相位的空间分布 $\varphi(p)$ 与时间无关;④光波的波列在空间上无限延伸,光源发光时间无限长.第四个条件实际上是前三个条件的补充说明.因为若波列在空间上是有限长的,那么在它的行进过程中,空间各点的振幅分布与相位分布必定会随时间变化.另外,从理论上说对光源有限时间内发出的一列光波进行傅里叶变换后则可发现,这列光波可以看成是由不同频率的、无限长的平面单色光波线性组合而成的.

因为严格的单色光波要求波列无限长,而任何实际光源的发光过程总是有限的,特别从微观角度看,发光过程是断断续续的,所以实际中并不存在严格的单色光波.不过当波列的持续时间比扰动的周期长得多时,除了考虑某些特殊问题(如时间相干性)外,我们可把它作为无限长单色波列,并在这种含义下称之为单色光波.

因为复色光都是由单色光组合而成的,所以,以后我们主要研究的对象是单色

光波.

二、平面单色波与球面单色波的物理描述

在单色光波中，平面单色光波是一种最简单、最基本，但也是最重要的一种光波. 因为根据傅里叶分析，任何光波都可以看成为不同频率、不同方向平面单色光波的叠加. 根据光的电磁理论，平面单色光波就是平面简谐电磁波. 一列沿 z 轴正方向传播的平面简谐电磁波可用下列波函数来描述

$$\left.\begin{aligned} \boldsymbol{E} &= \boldsymbol{E}_0(p)\cos\left[\omega\left(t-\frac{z}{v}\right)+\varphi_{\mathrm{e}}\right] \\ \boldsymbol{B} &= \boldsymbol{B}_0(p)\cos\left[\omega\left(t-\frac{z}{v}\right)+\varphi_{\mathrm{M}}\right] \end{aligned}\right\} \tag{2-2-2}$$

式中 $\boldsymbol{E}_0$、$\boldsymbol{B}_0$ 分别是电、磁场的振幅，是与位置无关的常数.

图 2-2 形象地描绘了平面单色光波.

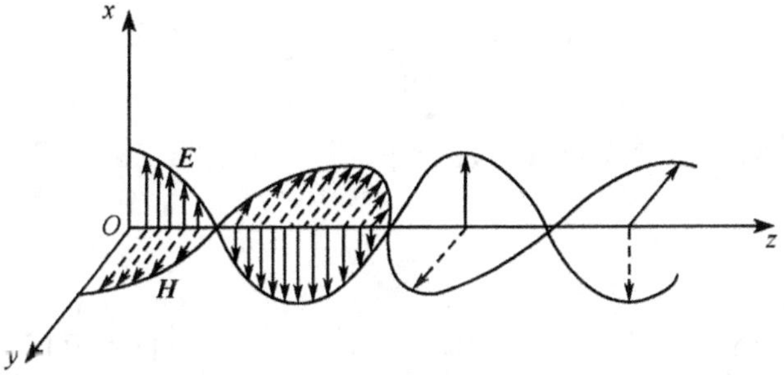

图 2-2　平面单色光波示意图

由光的电磁理论可知，平面单色光波(即平面单色电磁波)有三个重要性质：

(1) $\boldsymbol{E}_0$、$\boldsymbol{B}_0$、$\boldsymbol{V}$ 三者相互垂直，构成右旋系. 由此可见光波是横波，光矢量有两个自由度，对应着两个独立的偏振状态.

(2) 作简谐振荡的电、磁场的振幅都是常数，并且相互成比例关系

$$\sqrt{\varepsilon}\boldsymbol{E}_0 = \sqrt{\mu}\boldsymbol{H}_0 \qquad (\text{介质中})$$
$$\boldsymbol{E}_0 = c\boldsymbol{B}_0 \qquad (\text{真空中})$$

(3) $\boldsymbol{E}$ 与 $\boldsymbol{B}$ 同相位，即

$$\varphi_{\mathrm{e}} = \varphi_{\mathrm{M}}$$

虽然电磁波中同时存在着电场和磁场，但实验表明光与物质发生作用的多方面效应，如照相乳胶的感光、光电效应以及人眼对光的感觉等主要是光波中电场的作用结果，所以今后当我们谈及光振动或光扰动时，均指电场矢量的振动，并把电场矢量称为光矢量. 因而描述光矢量的波函数为

$$\boldsymbol{E} = \boldsymbol{E}_0\cos\left[\omega\left(t-\frac{z}{v}\right)+\varphi_0\right]$$

$$= \boldsymbol{E}_0 \cos\left(\omega t - \frac{2\pi\nu}{v} z + \varphi_0\right)$$

$$= \boldsymbol{E}_0 \cos\left(\omega t - \frac{2\pi z}{\lambda} + \varphi_0\right) \qquad (2\text{-}2\text{-}3)$$

式中 $\varphi_0 = \varphi_e$ 为初相位.

由式(2-2-3)的第一式容易看出,此波函数描述了光矢量的简谐振荡状态以速度 v 向 z 轴的正方向传播. 因为假设原点位置的光矢量在 t 时刻的振荡状态为

$$\boldsymbol{E}_0 = \boldsymbol{E}_0 \cos(\omega t + \varphi_0)$$

则 z 轴上任一点 P(坐标为 z)的光矢量振荡状态应与 $t-t'$时刻的原点振荡状态相同,t'是光矢量的振动状态从原点传播到 P 点的时间,显然,$t'=z/v$. 也可以说,z 点光矢量的相位比原点光振动的相位延迟了 $\frac{\omega}{v}z$,传播距离越远,光振动的相位延迟的越多. 因而 P 点光矢量的振动为

$$\boldsymbol{E} = \boldsymbol{E}_0 \cos[\omega(t - t') + \varphi_0]$$

$$= \boldsymbol{E}_0 \cos\left[\omega\left(t - \frac{z}{\nu}\right) + \varphi_0\right]$$

这正好是平面单色光波的波函数. 式(2-2-3)中的第二式与第三式用到了关系式

$$\nu = \frac{v}{\lambda}$$

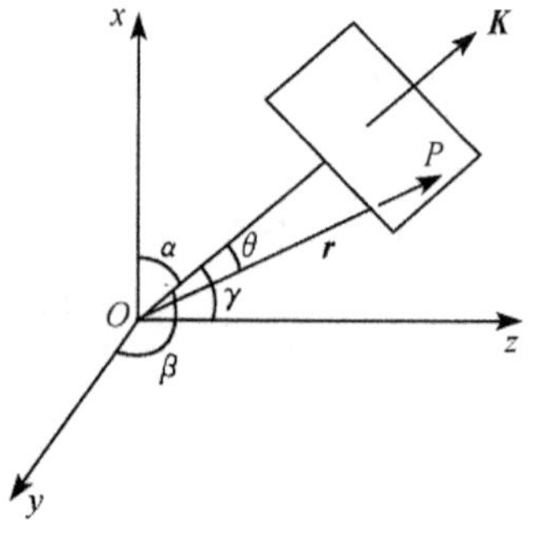

图 2-3　平面波

如图 2-3 所示,一列沿任意方向($\boldsymbol{k}_0$ 表示传播方向的单位方向矢量)传播的平面单色光波可以用波函数来描述

$$\boldsymbol{E} = \boldsymbol{E}_0 \cos(\omega t - \boldsymbol{K} \cdot \boldsymbol{r} + \varphi_0) \qquad (2\text{-}2\text{-}4)$$

式中 $\boldsymbol{K} = k\boldsymbol{k}_0$,$k = \frac{2\pi}{\lambda}$,$\boldsymbol{r}$ 为到空间任意一点 P 的位置矢量. $(\omega t - \boldsymbol{K} \cdot \boldsymbol{r} + \varphi_0)$称为波的相位,将 $k = \frac{2\pi}{\lambda}$代入式中有

$$\omega t - \boldsymbol{K} \cdot \boldsymbol{r} + \varphi_0 = \omega t - R\frac{2\pi}{\lambda} + \varphi_0$$

式中 R 为 $\boldsymbol{r}$ 在 $\boldsymbol{k}_0$ 方向上的投影. 显然波的相位相同的空间点都在垂直于 $\boldsymbol{k}_0$ 的平面上,故称之为平面单色波.

上述的波函数都是矢量表达式,因为光波中的电、磁场都是矢量,所以光波是矢量波(或称矢量场). 严格说来,当我们研究光振动时,必须考虑其矢量性,如在研究光的偏振时,确定光振动的方向是很重要的. 但在很多其他场合,如在考虑光的干涉和衍射等问题时,可把光矢量振动看成是标量的振动,即把光波看作标量波

(或称标量场),因而可用标量函数加以描述.这实质上就是只考虑光矢量振动的某一分量(标量),而其他分量可独立地作相似处理.这样做虽然可使问题大大简化,但是却忽略了这样一个事实:光波中电、磁场的各个分量并非完全独立,而是由电磁规律互相联系着,因此,把光波当作标量波来处理是一种近似理论.但实验表明,在一定条件下这种标量波近似理论仍能给出与实际符合得相当好的结果.平面单色光波的标量波函数为

$$E = E_0\cos(\omega t - \boldsymbol{K}\cdot\boldsymbol{r} + \varphi_0) \tag{2-2-5}$$

单色球面光波是另一种较简单同时也很重要的光波.从点光源发出的光波在均匀的各向同性介质中传播时就形成球面光波.图 2-4 表示从点光源 O 向四面传播的单色球面波.描述它的标量波函数是

$$E = \frac{A_0}{r}\cos(\omega t - kr + \varphi_0) \tag{2-2-6}$$

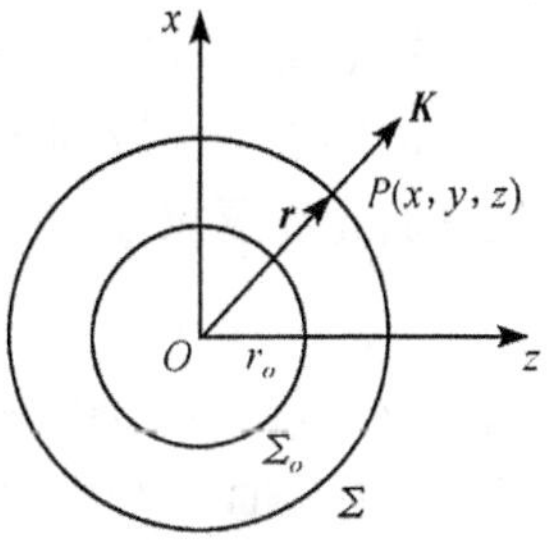

图 2-4 球面波

式中 A_0 为常数,它的大小等于离波源一个单位长距离处的振幅.

单色球面波有两个特点:

(1) 以 O 为球心的球面上各点的相位相同,所以称之为球面波.

(2) 单色球面波的振幅正比于 $1/r$,这与能量守恒定律是自洽的.这一点等下面我们讲了光强度的概念后再来证明.

三、单色光波的复振幅表示

用复数来描述简谐振动,即用一个复指数函数与余弦函数对应.这样做的依据是它们的线性运算规律(叠加、微积分)是对应的,而复数运算往往比余弦函数的运算简捷得多,因而将单色光波的余弦波函数用相应的复指数形式的函数来表示将会给我们带来极大的方便.

设某单色光波由波函数式(2-2-1)描述,相应波函数的复指数函数形式可写为

$$\boldsymbol{E}(p,t) = \boldsymbol{E}_0(p)\mathrm{e}^{-\mathrm{i}[\omega t-\varphi(p)]} = \boldsymbol{E}_0(p)\cos[\omega t - \varphi(p)] - \mathrm{i}\boldsymbol{E}_0(p)\sin[\omega t - \varphi(p)] \tag{2-2-7}$$

请注意,有物理意义的是上式中的实部,它正是定态光场的波函数.记住这一点,那么复数波函数也可以等价地用来描述单色光波.同样单色光波的标量波函数,也可写成复数形式

$$\widetilde{E}(p,t) = E_0(p)\mathrm{e}^{-\mathrm{i}[\omega t-\varphi(p)]} = E_0(p)\mathrm{e}^{\mathrm{i}\varphi(p)}\mathrm{e}^{-\mathrm{i}\omega t} \tag{2-2-8}$$

可以看出,在上式中包含时间和空间变量的两部分完全分离,成为两个相互独立的因子.在讨论单色光场中各点光振动的空间分布时,时间因子 $\mathrm{e}^{-\mathrm{i}\omega t}$ 总是相同

的，常可略去不写. 剩下的空间分布因子，我们定义为光场的**复振幅**，记为

$$\widetilde{E}(p)=E_0(p)\mathrm{e}^{\mathrm{i}\varphi(p)} \tag{2-2-9}$$

复振幅 $\widetilde{E}(p)$ 由两部分组成，其模量 $E_0(p)$ 代表振幅在空间的分布，其辐角 $\varphi(p)$ 代表相位在空间的分布. 振幅空间分布体现了能量空间分布，相位空间分布不但是光波干涉的重要依据，而且从相位分布上也能看出光波的波形与传播方向，两者包含了最重要的光波信息，而复振幅集单色光场中两个空间分布于一身，其优越性正体现在这里. 另外，在下面我们将看到，用复振幅表示光场会使光强的计算变得很便利.

由单色平面波和单色球面波的波函数式(2-2-5)和式(2-2-6)可知，相应的单色平面光波复振幅为

$$\widetilde{E}(p)=E_0\mathrm{e}^{\mathrm{i}(\boldsymbol{K}\cdot\boldsymbol{r}-\varphi_0)}=E_0\mathrm{e}^{\mathrm{i}[k(x\cos\alpha+y\cos\beta+z\cos\gamma)-\varphi_0]} \tag{2-2-10}$$

式中 $\cos\alpha$、$\cos\beta$、$\cos\gamma$ 是传播方向的方向余弦.

单色球面光波的复振幅为

$$\widetilde{E}(p)=\frac{A_0}{r}\mathrm{e}^{\mathrm{i}(kr-\varphi_0)} \tag{2-2-11}$$

四、光强的复振幅表示

任何波动过程必定伴随着能量的传递，光的传播也正是电磁能量的传播过程. 根据电磁理论可以用能流密度(坡印亭矢量)$\boldsymbol{S}=\boldsymbol{E}\times\boldsymbol{H}$ 来描述能量的传递情况，因电磁波中 $E\perp H$ 且$\sqrt{\varepsilon}E=\sqrt{\mu}H$，坡印亭矢量的瞬时值为

$$S=|\boldsymbol{E}\times\boldsymbol{H}|=\sqrt{\frac{\varepsilon}{\mu}}E^2=\sqrt{\frac{\varepsilon}{\mu}}E\cdot E \tag{2-2-12}$$

因为光波的频率很大，人眼和光的探测仪器所接受到的实际上是光的平均效应，所以人们感兴趣的是平均能流密度并称之为光的强度(简称光强 I)

$$I=\langle S\rangle=\sqrt{\frac{\varepsilon}{\mu}}\langle\boldsymbol{E}\cdot\boldsymbol{E}\rangle\propto\langle\boldsymbol{E}\cdot\boldsymbol{E}\rangle \tag{2-2-13a}$$

式中〈〉表示对时间求平均.

在同一种介质里只关心光强的相对分布时，上式中的比例常数并不重要，人们往往把光的(相对)强度定义为

$$I=2\langle\boldsymbol{E}\cdot\boldsymbol{E}\rangle \tag{2-2-13b}$$

但在比较两种介质里的光强时，则应注意到，$\sqrt{\frac{\varepsilon}{\mu}}$是与介质特性有关的量.

对于单色光波来说，将式(2-2-1)代入上式可以得到

$$I=\frac{2}{T}\int_0^T E_0^2(p)\cos^2[\omega t-\varphi(p)]\mathrm{d}t=E_0^2(p) \tag{2-2-14}$$

用复振幅可以很方便表示单色光波的光强

$$I=\widetilde{E}(p)\widetilde{E}^*(p) \tag{2-2-15}$$

式中 $\widetilde{E}^*(p)$是 $\widetilde{E}(p)$的复数共轭. 在这里相位因子彼此相消，它不进入强度 I 的表达式. 式(2-3-15)是一个由复振幅分布求光强分布的常用公式.

让我们再回到球面波的振幅问题. 根据能量守恒，如果没有光能量吸收的情况下，在单位时间内通过以 O 点为球心的任何一个球面的总光能量是相同的. 因为光强 I 表示单位时间内通过单位面积的能量，由图 2-5 可知单位时间通过半径为 r 的球面的总能量是

$$W = 4\pi r^2 I$$

又因为

$$I = A_0^2/r^2$$

代入上式得

$$W = 4\pi A_0^2$$

W 等于常数. 可见光通过任意球面的总能量总是守恒的. 这就说明了与半径 r 成反比的球面波的振幅是符合能量守恒定律要求的.

五、光波的图像描述，波前概念

光波的图像描述使用**波阵面**和**波线**的概念. 波阵面，也叫做等相面，它是光振动相位相等的各点的轨迹. 一般说来，波阵面是三维空间里的曲面族. 能量传播的路径称为波线. 在各向同性介质中波线是与波阵面处处正交的空间曲线族. 在各向异性介质中情况比较复杂，波线与波阵面一般不正交. 用波阵面与波线可以将光波很形象地表现出来. 图 2-5 就是平面光波和球面光波的示意图. 另外，常用波面表示光场中光能量同时到达的曲面，在各向同性介质中，波面与波阵面重合，但在各向异性介质中两者往往不重合.

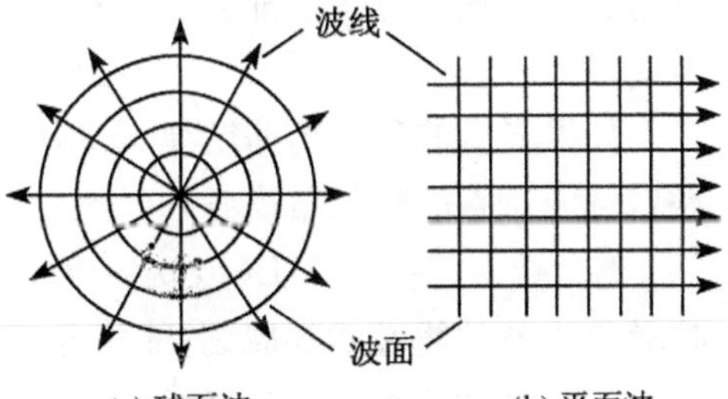

图 2-5 波面与波线

"波前"一词，过去人们常指的是一个等相面(波阵面)或走在最前面的波阵面.

但今后我们在研究定态光波时，将用"波前"一词指波场中某一曲面或平面，通常是在波场中我们所关心的曲面，如记录介质、感光底片、接收屏幕、透明的黑白画面等所在的平面，或透镜前面的某个平面，而非某个波阵面. 一列光波携带着许多信息，如频率 ω、波长 λ 和传播方向、振幅分布、相位分布、传播速度等等. 对于单色光波，这些信息全部包含在三维的复振幅分布函数之中. 然而通常光学系统中的一个元件只和波场中某个波前打交道，也就是说，与它有关的只是这个波前上的信息. 光学仪器只接收到这个波前上的信息，并且引起的效果完全由这个波前上的复振幅分布所确定. 因此，我们无需追求复杂波场中波面的形状和波线的轨迹，而只

关心某一特定波前上复振幅的二维分布. 这也就是我们为什么要定义"波前"概念的原因所在. 当然,有时候"波前"也可以指某一个波阵面.

2-3 波的叠加

一、波的独立传播和线性叠加原理

二种乐器演奏的声音同时传到耳朵中,你能清晰地分辨出来,并且每种乐曲与单独演奏时相同;收音机通过调谐能任意收听所喜欢电台的广播;二个人同时站在我们面前,他们身上的散射光波同时传到我们眼里,使我们能见到他们的形象而与他们单独存在时没有两样. 这些现象告诉我们,当两列波在空间交叠时,它们的传播互不干扰,亦即每列波如何传播,就像另一列波完全不存在一样,各自独立行进. 光波的这种性质称为**光的独立传播定律**. 但请注意光的独立传播定律,并非普遍成立,与任何实验定律一样,都是有条件的. 举个最形象的例子:变色眼镜的玻璃,在光照比较暗的条件下它是无色透明的;但当较强的光照射在其上时,它就渐渐变成有色的,对光产生较强的吸收. 在我们带着变色眼镜观看景物时,阳光的强弱使得景物的明亮程度与颜色都会发生变化. 这表明,光通过变色玻璃时,是不服从独立传播定律的.

如果光波的独立传播定律成立,则两列(或多列)光波同时存在时,在它们的重叠区域内每点的光矢量是各列光波单独在该点产生的光矢量的矢量和,即

$$\boldsymbol{E}(p,t)=\boldsymbol{E}_1(p,t)+\boldsymbol{E}_2(p,t)+\cdots \tag{2-3-1}$$

这就是光波的**线性叠加原理**(简称叠加原理).

若只考虑两列波(多列波)的同一分量的叠加问题,即将光场看成标量场,则是标量的叠加

$$E(p,t)=E_1(p,t)+E_2(p,t)+\cdots \tag{2-3-2}$$

光波的叠加原理来源于波的独立传播定律,它们在一定的条件下才成立. 这条件一是介质,二是光波的强度. 光在其中服从叠加原理的介质,称为"线性介质". 线性介质的电磁特性与光波的光矢量大小无关. 这就要求光场不能太强. 当光强度很大时(如激光束),波的叠加原理将不能成立. 在不同介质中使波的叠加原理不能成立(即成为非线性介质)的光强度一般不相同,它与介质本身的特性有关.

违反叠加原理的效应,称为"非线性效应". 光的非线性效应种类很多,研究光的非线性效应的学科称为"非线性光学". 因为许多介质的非线性效应只有在很强的光作用下才较明显,所以非线性光学只有在激光出现之后才得以蓬勃发展. 有关光的非线性效应,我们将在本书的最后一章作些简单的介绍. 在这之前如不作特殊声明都假定介质是线性的,即光波在其中传播时服从叠加原理.

波的叠加是波动光学中一个极其重要的问题，波的叠加原理是波动光学（干涉、衍射、偏振等问题）的重要理论基础和基本出发点，为此我们准备作较为详细的叙述. 本章我们将叙述频率相同、振动方向相同的二列波的叠加以及振动方向相同，但频率不同的波的叠加，在第五章再叙述频率相同、而振动方向互相垂直的二列波的叠加.

二、同频率、同振向波的叠加

当同频率、同振向的二列单色光波相遇，在交叠区发生光波的叠加时，我们可视这二列光波为标量场，空间各点光振动的叠加可采用代数法、复振幅法和矢量图解法三种方法计算，下面分别叙述.

1. 代数方法

设有两列振动方向、频率相同的单色光波在空间交叠

$$\left.\begin{aligned} E_1(p,t) &= E_{01}(p)\cos(\omega t-\varphi_1(p)) \\ E_2(p,t) &= E_{02}(p)\cos(\omega t-\varphi_2(p)) \end{aligned}\right\} \tag{2-3-3}$$

E_1、E_2 是空间任一点 P 的光振动. 式中的符号 p 表示 P 点的空间位置. 根据光波叠加原理，P 点的合成光振动为

$$\begin{aligned} E(p,t) &= E_1(p,t)+E_2(p,t) \\ &= E_{01}(p)\cos(\omega t-\varphi_1(p))+E_{02}(p)\cos(\omega t-\varphi_2(p)) \end{aligned}$$

直接利用三角函数关系式可求得合成振动为

$$\left.\begin{aligned} E(p,t) &= E_0(p)\cos(\omega t-\varphi(p)) \\ E_0^2(p) &= E_{01}^2(p)+E_{02}^2(p) \\ &\quad +2E_{01}(p)E_{02}(p)\cos[\varphi_2(p)-\varphi_1(p)] \\ \tan\varphi(p) &= \frac{E_{01}\sin\varphi_1+E_{02}\sin\varphi_2}{E_{01}\cos\varphi_1+E_{02}\cos\varphi_2} \end{aligned}\right\} \tag{2-3-4}$$

可见，合成光振动仍是相同频率的单色光波，但振幅和相位与组成它的成分不相同.

2. 复振幅法

设有 N 个振动方向、频率相同的单色光波在空间相遇. 它们之中第 i 列光波可用下式描述

$$\widetilde{E}_i(p,t)=E_{0i}(p)e^{i\varphi_i(p)}\cdot e^{-i\omega t}=\widetilde{E}_{0i}(p)e^{-i\omega t}$$

当满足波的叠加原理时，P 点的总光振动为

$$\widetilde{E}(p,t)=\sum_{i=1}^{N}\widetilde{E}_i(p,t)=e^{-i\omega t}\left[\sum_{i=1}^{N}\widetilde{E}_{0i}(p)\right]$$

P 点的复振幅为

$$\widetilde{E}(p)=\Big[\sum_{i=1}^{N}\widetilde{E}_{0i}(p)\Big] \tag{2-3-5}$$

在只有二列光波相遇时

$$\widetilde{E}(p)=E_{01}(p)e^{i\varphi_1(p)}+E_{02}(p)e^{i\varphi_2(p)} \tag{2-3-6}$$

上式中 $\widetilde{E}(p)$ 为复数,所以可以写成 $E_0(p)e^{i\varphi(p)}$ 的形式. 其中 $E_0(p)$ 为复数的模,$\varphi(p)$ 为幅角,这一结果与式(2-3-4)相对应. P 点的合振动的振幅容易由复数运算求得

$$\begin{aligned}E_0^2(p)&=\widetilde{E}(p)\widetilde{E}^*(p)\\&=[E_{01}(p)e^{i\varphi_1}+E_{02}(p)e^{i\varphi_2}][E_{01}(p)e^{-i\varphi_1}+E_{02}(p)e^{-i\varphi_2}]\\&=E_{01}^2+E_{02}^2+E_{01}E_{02}[e^{i(\varphi_2-\varphi_1)}+e^{-i(\varphi_2-\varphi_1)}]\\&=E_{01}^2+E_{02}^2+2E_{01}E_{02}\cos(\varphi_2-\varphi_1)\end{aligned} \tag{2-3-7}$$

再求合振动的初相位 $\varphi(p)$. 把式(2-3-6)右边的复数形式展开为三角函数

$$E_0(p)e^{i\varphi(p)}=E_{01}(p)\cos\varphi_1+E_{02}(p)\cos\varphi_2+i[E_{01}\sin\varphi_1+E_{02}(p)\sin\varphi_2]$$

根据复数的性质,得到

$$\tan\varphi=\frac{E_{01}\sin\varphi_1+E_{02}\sin\varphi_2}{E_{01}\cos\varphi_1+E_{02}\cos\varphi_2} \tag{2-3-8}$$

式(2-3-7)、式(2-3-8)与式(2-3-4)的结果完全相同.

3. 矢量图解法

设

$$\left.\begin{aligned}E_1(p,t)&=E_{01}(p)\cos(\omega t-\varphi_1(p))\\E_2(p,t)&=E_{02}(p)\cos(\omega t-\varphi_2(p))\end{aligned}\right\} \tag{2-3-9}$$

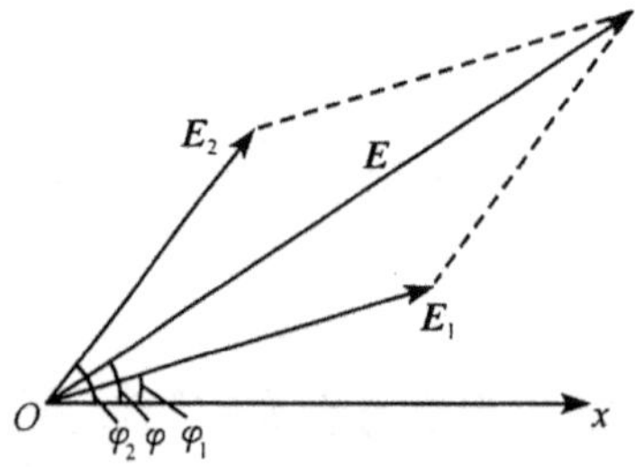

图 2-6　振幅矢量相加

上式表示二列光波分别在交叠区空间某点 P 引起的光振动. 根据振动理论,我们可以用二个旋转矢量 $\boldsymbol{E}_1$、$\boldsymbol{E}_2$ 来描述它们(图 2-6). 这些矢量被称为振幅矢量. 它们的长度代表光振动的振幅大小,它们与某一给定轴(x 轴)的夹角等于所表示的光振动的初相位. 若振幅矢量绕 O 点以角速度 ω 顺时针方向旋转,则两矢量的末端在 Ox 轴上投影的运动正好与(2-3-9)式相符. 这也是一个振幅矢量可以和一个简谐振动对应的原因. 随着 $\boldsymbol{E}_1$、$\boldsymbol{E}_2$ 的同步旋转,显然它们的合矢量 $\boldsymbol{E}$(利用平行四边形加法求出)也绕 O 点以同一角速度顺时针旋转,且 $\boldsymbol{E}$ 的末端在 Ox 轴上的投影的运动也为一简谐振动

$$E(p,t)=E_0(p)\cos(\omega t-\varphi(p))$$

因为 $\boldsymbol{E}$ 在 Ox 轴上的投影总是等于 $\boldsymbol{E}_1$ 和 $\boldsymbol{E}_2$ 在 Ox 轴上投影之和,即 $E=$

E_1+E_2，所以两个单色光波在某一点的光振动叠加可以通过它们的振幅矢量相加求得. 由图 2-6 可见

$$E_0^2(p)=E_{01}^2(p)+E_{02}(p)+2E_{01}E_{02}\cos(\varphi_2-\varphi_1)$$

$$\tan\varphi(p)=\frac{E_{01}\sin\varphi_1+E_{02}\sin\varphi_2}{E_{01}\cos\varphi_1+E_{02}\cos\varphi_2}$$

与上述两种方法求出的结果完全一致.

矢量图解法对于求多个谐振动的合成特别有用. 这时应用矢量的多边形加法求出矢量 $\boldsymbol{E}_1$，$\boldsymbol{E}_2$，…，$\boldsymbol{E}_n$ 的合矢量 $\boldsymbol{E}$. 图 2-7 表示 5 个振幅矢量的多边形加法，两相邻矢量间的夹角为两相应振动的相位差.

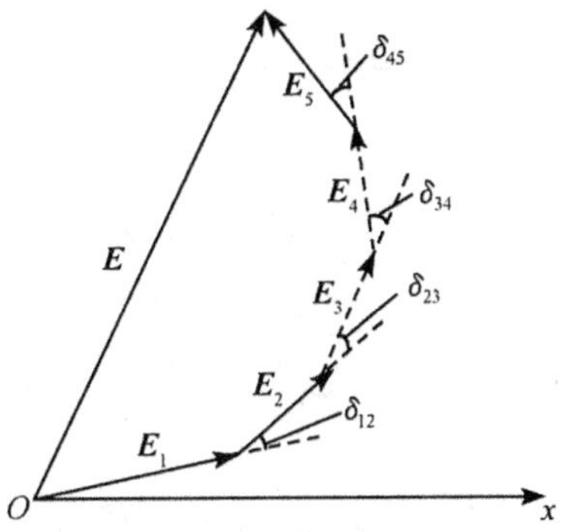

图 2-7　五个振幅矢量相加

2-4　光的干涉和相干条件

一、光的干涉现象

玻意耳和胡克首先观察到的“牛顿环”由明暗交替的同心圆环组成(图 2-8(a))，这就是历史上最早被研究的干涉现象. 后来杨氏做了著名的干涉实验，所得的干涉图样是一组明暗交替的直条纹(图 2-8(b)). 当单色光照射两块平板玻璃所夹的薄空气层时，形成如图 2-8(c)所示的干涉条纹. 以上这些干涉图样都是由于两束光波在一定条件下互相叠加而形成的. 当两束或两束以上的光波在一定条件下相遇而叠加，引起光强度的重新分布，从而在重叠区形成稳定的、不均匀的光强分布，出现了明暗相间或彩色的条纹，这种现象称为**光的干涉**. 肥皂膜和水面上的油膜在白光照射下呈现出美丽的色彩；有些鸟类(如孔雀、山鸡、翠鸟等)的羽毛，有些甲虫的外壳，其色调随视线方向而变化，这些都是生活中常见的光干涉现象.

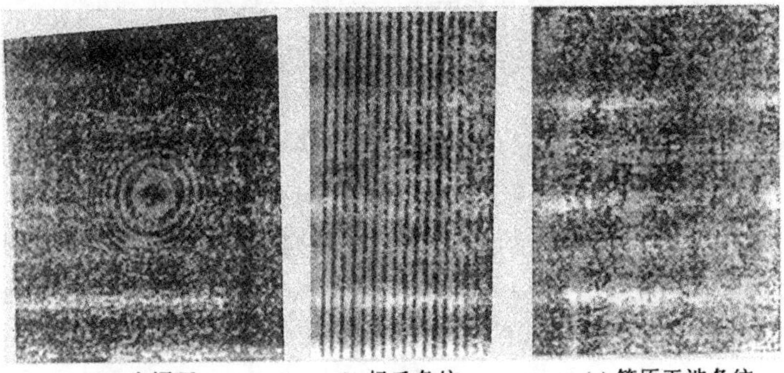

(a) 牛顿环　　(b) 杨氏条纹　　(c) 等原干涉条纹

图 2-8　几种典型的干涉图样

二、相干条件

在 2-3 节我们讨论了光矢量瞬时值的叠加问题，而实际中往往更关心叠加后的光强分布，因为大多数光的接收器(包括我们的眼睛)只对光强作出响应. 从波的叠加原理可以导出光强的合成规律，而光强的合成规律也正是解释光干涉现象的关键.

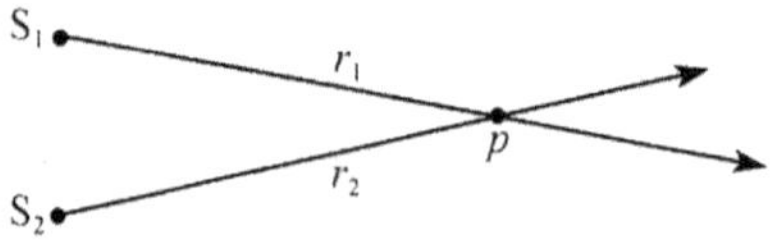

图 2-9　两点源光波的叠加

首先考虑两个同频率的单色点光源 S_1 和 S_2(图 2-9)发出的二列球面波，若两列光波振动方向相同，则可用两个标量波函数描述

$$\left.\begin{aligned}E_1(p,t)&=E_{01}(p)\cos(\omega t+\phi_{01}-kr_1)\\E_2(p,t)&=E_{02}(p)\cos(\omega t+\phi_{02}-kr_2)\end{aligned}\right\}\tag{2-4-1}$$

式中 ϕ_{01}、ϕ_{02} 是点光源的初相位. 它们的叠加可用矢量图解法或复振幅法求得. 这里我们采用复振幅法，写出相应的复振幅

$$\tilde{E}_1(p)=E_{01}(p)e^{i(kr_1-\phi_{01})}$$
$$\tilde{E}_2(p)=E_{02}(p)e^{i(kr_2-\phi_{02})}$$

二者的合成为

$$\tilde{E}(p)=\tilde{E}_1(p)+\tilde{E}_2(p)=E_{01}(p)e^{i(kr_1-\phi_{01})}+E_{02}(p)e^{i(kr_2-\phi_{02})}$$

光强正比于振幅的平方，或复振幅与其共轭的乘积. 于是

$$\begin{aligned}I(p)&=\tilde{E}(p)\tilde{E}^*(p)\\&=[\tilde{E}_1(p)+\tilde{E}_2(p)][\tilde{E}_1{}^*(p)+\tilde{E}_2^*(p)]\\&=[E_{01}(p)]^2+[E_{02}(p)]^2+E_{01}(p)E_{02}(p)[e^{i(kr_2-\phi_{02}-kr_1+\phi_{01})}+e^{-i(kr_2-\phi_{02}-kr_1+\phi_{01})}]\\&=E_{01}^2(p)+E_{02}^2(p)+E_{01}(p)E_{02}(p)(e^{i\delta}+e^{-i\delta})\end{aligned}$$

式中

$$\begin{aligned}\delta&=(kr_2-\phi_{02})-kr_1+\phi_{01}\\&=k(r_2-r_1)-(\phi_{02}-\phi_{01})\end{aligned}\tag{2-4-2}$$

显然，δ 是二光波在 p 点的相位差. 利用 $\cos\delta=(e^{i\delta}+e^{-i\delta})/2$，最后得到叠加后的光强公式

$$\begin{aligned}I(p)&=E_{01}^2(p)+E_{02}^2(p)+2E_{01}E_{02}\cos\delta(p)\\&=I_1+I_2+2\sqrt{I_1I_2}\cos\delta(p)\end{aligned}\tag{2-4-3}$$

式中 $I_1(p)=E_{01}^2(p)$、$I_2(p)=E_{02}^2(p)$ 分别是两列光波单独在场点 p 处的强度. 式(2-4-3)反映了二列光波叠加后光强的合成规律，所以可以称之为**光强分布基本公式**. 此式告诉我们，在一般情况下，强度不能直接相加

$$I(p)\neq I_1(p)+I_2(p)$$

相差有 $2\sqrt{I_1I_2}\cos\delta$ 一项. $\delta(p)$ 与位置有关，也与点光源的初相位有关. 在那

些 $\cos\delta>0$ 的地方，$I(p)>I_1(p)+I_2(p)$；$\cos\delta<0$ 的地方，$I(p)<I_1(p)+I_2(p)$. 换句话说，波的叠加引起了强度的重新分布. 这正是产生光干涉的根本原因.

因此，式(2-4-3)的第三项具有举足轻重的地位，我们称之为**干涉项**. 只有当干涉项不为零时，$I(p)\neq I_1(p)+I_2(p)$才会发生光的干涉. 这种能产生干涉现象的叠加称为**相干叠加**，这二列光波在经典意义上称为相干光波. 反之，若干涉项为零，则 $I(p)=I_1(p)+I_2(p)$，叠加后光强并不重新分布，即不发生光的干涉. 这种叠加称为非相干叠加.

我们再来看，若上述两个点光源 S_1、S_2 发出的二列单色波振动方向垂直，则瞬时值之间有下列关系(图 2-10)

$$E^2(p,t)=E_1^2(p,t)+E_2^2(p,t)$$

取时间平均后，得光强之间的关系为

$$I(p)=I_1(p)+I_2(p)$$

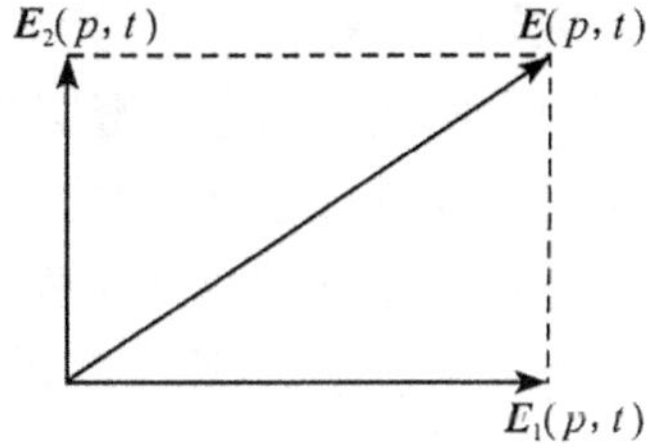

图 2-10　垂直振动的合成

即不存在干涉效应. 在一般情况下，二列波的振动方向成一定角度，这时可把它们分解成相互平行和相互垂直的分量，平行分量之间可以发生干涉，垂直分量之间绝不会干涉.

最后，不同频率的波之间总是没有干涉效应的. 因为二波叠加后的瞬时能流密度矢量

$$\begin{aligned}\boldsymbol{S}&=\boldsymbol{E}\times\boldsymbol{H}=(\boldsymbol{E}_1+\boldsymbol{E}_2)\times(\boldsymbol{H}_1+\boldsymbol{H}_2)\\&=\boldsymbol{E}_1\times\boldsymbol{H}_1+\boldsymbol{E}_2\times\boldsymbol{H}_2+\boldsymbol{E}_1\times\boldsymbol{H}_2+\boldsymbol{E}_2\times\boldsymbol{H}_1\\&=\boldsymbol{S}_1+\boldsymbol{S}_2+\boldsymbol{E}_1\times\boldsymbol{H}_2+\boldsymbol{E}_2\times\boldsymbol{H}_1\end{aligned}$$

$\boldsymbol{S}_1$、$\boldsymbol{S}_2$ 为二列光波单独存在时 P 点的坡印亭矢量，后面二项是交叉项. 对于频率不同的二列单色光波来说，交叉项中将出现下列因子

$$\begin{aligned}\cos(\omega_1t+\varphi_1)\cos(\omega_2t+\varphi_2)=&\frac{1}{2}\{\cos[(\omega_1+\omega_2)t+(\varphi_1+\varphi_2)]\\&+\cos[(\omega_1-\omega_2)t+(\varphi_1-\varphi_2)]\}\end{aligned}$$

在 $\omega_1-\omega_2\neq0$ 的情况下其时间平均值总是为 0 的. 因而有 $\langle\boldsymbol{S}\rangle=\langle\boldsymbol{S}_1\rangle+\langle\boldsymbol{S}_2\rangle$，取时间平均值后，导致 $I(p)=I_1(p)+I_2(p)$.

归纳起来，产生干涉的必要条件(相干条件)有三条：

(1) 频率相同；

(2) 存在相互平行的振动分量；

(3) 相位差 $\delta(p)$稳定.

其实这三个条件并非处于同等地位. 第一条是任何波发生干涉的必要条件；第二条是针对矢量波的，因为标量波没有这个问题，一般说来有此两条就可以产生干涉了；剩下的是干涉场的稳定性问题，稳定与否的标准又和探测器的响应时间有

关.对于宏观波源发出的波(如无线电波、声波),相位差和干涉场的稳定性不成问题,对于它们,相干条件中的第三条无需强调.但对于微观客体发射的光波来说,这第三条却成了相干条件中最需要着重研究的问题,下面专门来讨论它.

三、光源的发光机制

发光的物体称为光源,光源因发光机制不同主要可分为普通光源和激光光源两大类,光源的发光是其中大量分子或原子进行的一种微观过程.因此光源的发光与原子的运动状态有密切关系,按照近代物理理论,原子的能量只允许处在一系列不同的能量状态(称为能级)$E_1,E_2,\cdots,E_n$ 上,通常原子总是处在最低的能级 E_1 上,这种状态称为基态,基态是稳定态,如果在外界作用下,原子吸收了外界能量跃迁到较高能级上,原子就进入激发态.这些激发态一般都是很不稳定,原子在激发态上的平均寿命都很短,约有 $10^{-11}\sim10^{-8}$s,然后,原子就会自发的回到较低的能级上,将两能级的能量差以光的形式发射出去,这种发射机制称为自发辐射.这就是普通光源的主要发光机制,自发辐射有两个显著的特点:①间歇性,原子发光完全是独立的,每个原子的平均发光时间 Δt 和激发态的寿命相当,一般不大于 10^{-8}s.由于能量损失及周围原子的影响,原子的发光是不连续的,这个原子跃迁到基态后停止发光,另一个原子又开始跃迁到激发态,此起彼伏,每个原子每次发出的光可以看成是一段长为 $L=c\Delta t$,振向一定,初相位一定的光波,称为光波列;②随机性,每一次发光都是一个随机过程,不同的原子以及同一原子不同次所发出的各光波列彼此间毫不相关,它们的振向、初相位都随机变化,毫无牵连,甚至连频率也可以各不相同,这种辐射机制的随机性就造成了光波的随机性.光波的随机性是光波的特殊性,也正是它导致了光的相干性问题.

下面我们回到两个独立光源发出的单色光波的叠加问题上来,设图 2-9 中 S_1,S_2 是两个独立光源中的两个原子,它们所发的光波在 P 点相遇后叠加.S_1,S_2 各自随机地发出一系列波列,假定它们的振向和频率相同,当某两个波列相遇时,由式(2-4-3)可知合成光波的光强为

$$I(p)=I_1+I_2+2(I_1\cdot I_2)^{1/2}\cos\delta \tag{2-4-4}$$

这里 $\delta=k(r_2-r_1)+(\Phi_{20}-\Phi_{10})$ 是这两波列的相位差.由于在 P 点叠加的两束光波是由一系列长度有限且互不关联的波列所构成,所以当两个对应波列叠加时,两者的相位差只能在 $10^{-9}\sim10^{-8}$s 这一极短的时间内才维持恒定($(\Phi_{20}-\Phi_{10})$ 不变),即只能在上述时间内才形成一定的稳定干涉强度分布,呈现出一定的明暗干涉条纹.超过这一时间间隔,另两对波列叠加,就有另一种完全不可预料的相位差和干涉强度分布,这样在叠加区将形成迅速变化的各种可能的干涉强度分布.由于人眼的视觉暂留效应,不可能观察到如此迅速的强度变化,实际观察到的总是在较长时间内的光的平均光强分布,即对式(2-4-4)求平均.在初相位的变化完全无规

则的情况下，$\overline{\cos\delta}=0$，从而式(2-4-4)化为

$$I(p)=I_1(p)+I_2(p)$$

这时光的平均光强等于两光波单独存在时光强的简单代数和，完全看不到干涉条纹，因而是非相干叠加. 因此，虽然机械波和光波的相干条件基本相同，仍然是：振向相同、频率相同、具有恒定的相位差分布. 但在机械波中，满足这些条件并不太困难，相位差和干涉场的稳定性也不成问题. 但对于具有随机性的光波来说，这第三条却成了相干条件中最需要着重解决的问题，为了使相遇的二列光波具有稳定的相位差. 我们必须设法将同一光源(同一原子)发出的同一波列分成两束，分别经过不同的路径，然后再重叠起来. 这样在重叠区就能产生稳定的干涉场. 这样的两束光为相干光，其光源称相干光源.

尽管两个独立的普通光源发出的光是不相干的，但激光出现之后，因为激光光源的发光机制与普通光源截然不同，激光的波列比普通光长得多，因而具有良好的相干性现在已能实现两个独立的激光源发出的激光束的干涉. 另一方面快速光电接收器件的发明，也使人们可以看到比过去短暂得多的干涉现象.

四、相位差判据与光程差判据

根据光强分布基本公式(2-4-3)可知，凡满足

$$\delta(p)=2m\pi \qquad (m=0,\pm1,\pm2,\cdots)$$

的点，都有 $I=(E_{01}+E_{02})^2$，光强达极大值，称**干涉极大**，这时叠加点两个光矢量的振动步调一致，互相加强；凡满足

$$\delta(p)=(2m+1)\pi \qquad (m=0,\pm1,\pm2,\cdots)$$

的点，都有 $I=(E_{01}-E_{02})^2$，光强达极小值，称为**干涉极小**，这时叠加点两光矢量的振动步调相反，互相削弱. 上面这段话可以简单归纳为

$$\delta(p)=\begin{cases}2m\pi & (m=0,\pm1,\pm2,\cdots) \quad p\text{ 为光强极大处}\\(2m+1)\pi & (m=0,\pm1,\pm2,\cdots) \quad p\text{ 为光强极小处}\end{cases} \qquad (2\text{-}4\text{-}5)$$

式(2-4-5)就是判断重叠区内任何空间点 P 光强极大还是极小的“**相位差判据**”.

当二列光波经过不同的介质，这时在重叠区二列光波的相位差为

$$\delta(p)=\frac{2\pi r_1(p)}{\lambda_1}-\frac{2\pi r_2(p)}{\lambda_2}$$

要计算相位差既要考虑二列光传播的几何路程，又要考虑不同介质中波长不同，很不方便. 若将式(2-1-3)代入上式得

$$\delta(p)=\frac{2\pi}{\lambda_0}(n_1r_1-n_2r_2)=\frac{2\pi}{\lambda_0}\Delta l(p) \qquad (2\text{-}4\text{-}6)$$

式中 $\Delta l=n_1r_1-n_2r_2$ 是两相干光到达叠加点前所经历的光程差. 将式(2-4-6)代入式(2-4-5)我们可以得到完全等价的“**光程差判据**”

$$\Delta l(P)=\begin{cases} m\lambda_0 & (m=0,\pm1,\pm2,\cdots) \quad p\text{ 为光强极大处} \\ \left(m+\dfrac{1}{2}\right)\lambda_0 & (m=0,\pm1,\pm2,\cdots) \quad p\text{ 为光强极小处} \end{cases} \tag{2-4-7}$$

五、干涉条纹的反衬度及其与振幅比的关系

上面列出的三条相干条件是出现干涉现象的必要条件，但是这些条件尚不足以保证干涉现象是否显著. 对于光波来说，干涉现象往往表现为亮暗相间的条纹，干涉现象的显著程度可用干涉条纹的反衬度来描述. 干涉条纹的**反衬度** γ 定义为

$$\gamma=\frac{I_{\mathrm{M}}-I_{\mathrm{m}}}{I_{\mathrm{M}}+I_{\mathrm{m}}} \tag{2-4-8}$$

式中 I_{M} 和 I_{m} 分别是干涉场中光强的极大和极小值. γ 的取值范围为

$$0\leqslant\gamma\leqslant1$$

当 $I_{\mathrm{m}}=0$(暗纹全黑)时，$\gamma=1$，条纹的反差最大，清晰可见.

当 $I_{\mathrm{M}}\to I_{\mathrm{m}}$ 时，$\gamma\approx0$，条纹模糊不清，乃至不可辨认.

影响干涉条纹反衬度大小的因素很多. 对于理想相干点光源发出的光来说，主要因素是振幅比. 下面就此作些说明. 让我们回到式(2-4-3)，用它的振幅表达式

$$I=E_{01}^2+E_{02}^2+2E_{01}E_{02}\cos\delta$$

很显然，当 $\delta=2m\pi$(m 为整数)时，$\cos\delta=1$，$I=I_{\mathrm{M}}=(E_{01}+E_{02})^2$；当 $\delta=(2m+1)\pi$ 时，$\cos\delta=-1$，$I=I_{\mathrm{m}}=(E_{01}-E_{02})^2$. 于是，反衬度为

$$\gamma=\frac{2E_{01}E_{02}}{E_{01}^2+E_{02}^2}=\frac{2(E_{01}/E_{02})}{1+(E_{01}/E_{02})^2} \tag{2-4-9}$$

从式(2-4-9)可以看出，当 $E_{01}=E_{02}$ 时 $\gamma=1$，干涉条纹最明显；当 $E_{01}\ll E_{02}$ 时 $\gamma\approx0$，干涉条纹非常模糊. 所以两列叠加光波的振幅相近，是干涉条纹清晰的条件.

若令 $I_0=I_1+I_2=E_{01}^2+E_{02}^2$，式(2-4-3)可写为

$$I=I_0(1+\gamma\cos\delta) \tag{2-4-10}$$

这是双光束干涉场中光强分布的另一标准表达式.

2-5　分波前干涉

前面已指出，两个独立的普通光源即使频率完全相同也是不相干的，这是因为两独立光源间没有固定的相位关系. 为了使相遇的二列光波具有稳定的相位差，我们可把同一光源(同一原子)发出的同一波列设法分成两束，分别经过不同的路径，然后再重叠起来，在重叠区就能产生干涉. 这是因为被分开的两束光波来自同一列波列，它们具有相同的初相位，由式(2-4-2)可知，在叠加点相位差完全取决于所经

的光程差，在一定的实验条件下，光程差是稳定的，两束光在叠加点就具有固定的相位差，便能实现干涉. 按照分离光束的不同方法，可把干涉分为分波前干涉和分振幅干涉两类. 本节先讨论分波前干涉，分振幅干涉将在2-7节中讨论.

一、杨氏干涉实验

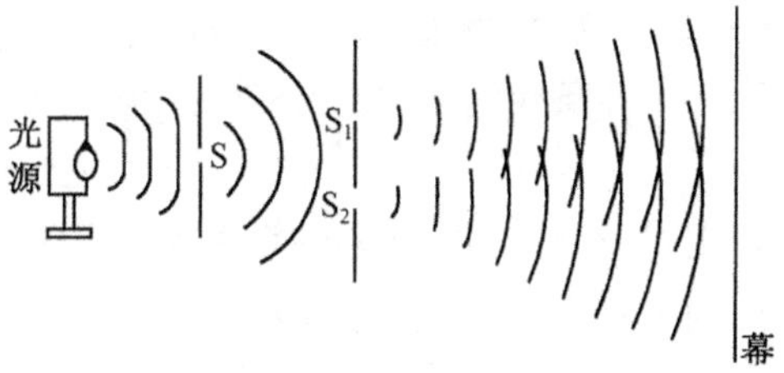

图2-11 杨氏干涉装置

1802年英国物理学家杨氏采用一种巧妙的方法稳定了两点光源之间的相位差，这就是著名的杨氏干涉实验. 最初的实验装置如图2-11所示，用单色光照射带有针孔S的不透光屏，按惠更斯原理，从针孔S将发出球面子波，当球面子波到达另一带有两个针孔S_1和S_2的不透光屏时，S_1和S_2又作为子波源分别发出两列球面波，该两列球面波是相干光波，S_1和S_2可以看成是相干光源，这是因为S_1和S_2处的相位差仅由SS_1和SS_2的距离差决定(当距离差小于波列长时)，对一定的试验装置，相位差是不变的，因此，若在上述两球面波的重叠区放置一屏幕，在幕上将观察到干涉条纹. 因为S_1和S_2发出的两相干光实际上是从S所发出的同一波面的不同部分发出来的，所以称之为分波面干涉. 为了提高干涉条纹的亮度S，S_1和S_2常用三条相互平行的狭缝来代替，而且可用目镜直接观测干涉条纹. 在激光出现以后，利用它的高相干性和高亮度，只需用激光束直接照射双孔，就可以在屏幕上看到清晰可见的干涉条纹.

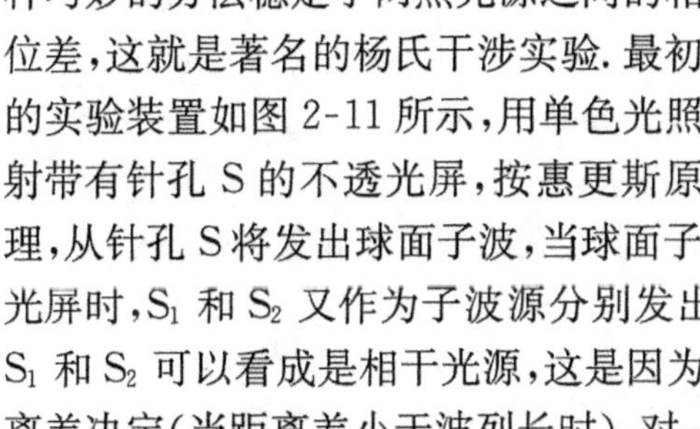

图2-12 杨氏干涉原理图

下面分析杨氏双缝干涉条纹的具体特征与光强分布，如图2-12所示，设双缝S_1与S_2之间的距离为d，屏幕到S_1，S_2的垂直距离为D，P点为屏幕上任意一点，P点到S_1与S_2的距离为r_1，r_2，P点到屏幕上O点的距离为x. 假定$SS_1=SS_2$，则S_1和S_2处的光振动相位相同，因为在通常情况下，d可小到毫米以下，而D可以大到几米，因此，从S_1和S_2发出到达P点的两光波近似平行，由图2-12可见其光程差约为

$$\Delta l = r_2 - r_1 \approx d\sin\theta' \approx d\sin\theta$$

因为θ角实际上很小，所以$\sin\theta \approx \tan\theta = x/D$代入上式，可得

$$\Delta l \approx xd/D \tag{2-5-1}$$

再由光程差判据式(2-4-7)可知，在屏幕上光振动最大(称为各级干涉极大)的位置为

$$x = mD\lambda/d \qquad (m = 0, \pm 1, \pm 2, \cdots) \tag{2-5-2}$$

屏幕上光振动最小称干涉极小的位置是

$$x = (m+1/2)D\lambda/d \qquad (m = 0, \pm 1, \pm 2, \cdots) \tag{2-5-3}$$

式中 m 为整数，通常用 m 的数值来标记各个干涉极大（或极小），称干涉级. 例如，$m=0$ 时，称零级极大；$m=1$ 时，称 1 级极大……相邻两极大或极小值之间的间距称为干涉条纹间距，用 Δx 表示，它反映了干涉条纹的疏密程度. 由式(2-5-2)可知

$$\Delta x = D\lambda/d \tag{2-5-4}$$

利用式(2-4-6)把光程差换算成相应的相位差，再代入光强分布基本公式，就可以得到屏幕上的光强分布，为

$$I = I_1 + I_2 + 2(I_1 I_2)^{1/2}\cos(2\pi\Delta l/\lambda_0) \tag{2-5-5}$$

式中 λ_0 是真空中的波长（以后为简便起见用 λ 表示）.

在实际装置中，$|r_1 - r_2| \ll r_1$ 和 r_2，且 S_1 与 S_2 孔面积大小相似，故可认为 $I_1 = I_2 = I_0$，于是上式可化为

$$\begin{aligned} I &= 2I_0\left[1+\cos\left(\frac{2\pi}{\lambda}\Delta l\right)\right] \\ &= 4I_0\cos^2\left(\frac{\pi}{\lambda}\Delta l\right) \\ &= 4I_0\cos^2\left(\frac{\pi d}{D\lambda}x\right) \end{aligned} \tag{2-5-6}$$

可见条纹的光强度沿 x 方向作余弦平方变化，变化曲线如图 2-13 所示.

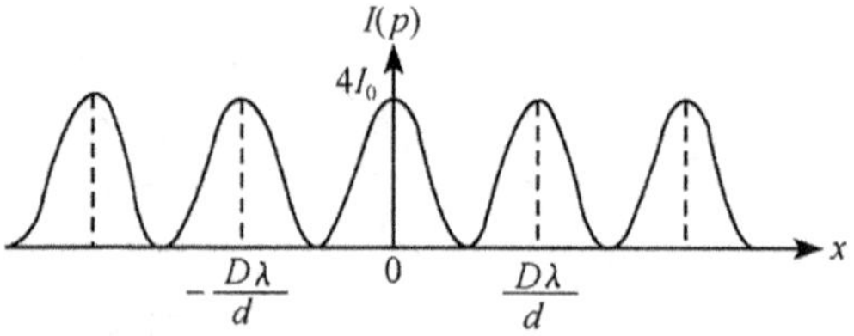

图 2-13 杨氏干涉条纹的强度分布曲线

根据以上讨论，可得到关于杨氏干涉条纹的某些特征：

(1) 从式(2-5-4)可知，当干涉装置和波长一定时，干涉条纹的间距 Δx 也一定，说明当单色光入射时，杨氏干涉条纹是等间距的平行明暗条纹.

(2) 当 D 和 λ 一定时，干涉条纹间距与两小孔间距 d 成反比. 这就要求观察杨氏干涉条纹时两针孔的间距不宜过大，否则会因条纹太密而无法分辨. 由于可见光的波长很短，d 一般都比较小. 例如，若所用光波的波长 $\lambda=5000\text{Å}$，$D=1\text{m}$，要求条纹间距 $\Delta x>1\text{mm}$，则根据式(2-5-4)，就要求 $d<0.5\text{mm}$.

(3) 如果用有一定波长范围 $\lambda\sim(\lambda+\Delta\lambda)$ 的非单色光入射（例如白光），则会出现两个新特点：

① 除了第零级（中央亮纹）仍是白色的以外，其他各级亮条纹都将变成彩色；

② 除了中央亮条纹以外，其他各级都变宽变模糊了. 级次越高、越宽越模糊. 到某一级以后，已经看不见条纹了，而是一片亮光，如图 2-14 所示.

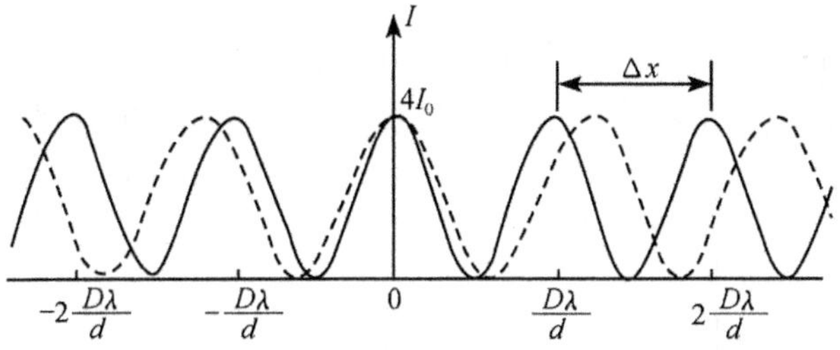

图 2-14　非单色光的杨氏干涉的强度分布曲线

这从公式(2-5-4)很容易明白. 由式(2-5-4)可知，亮条纹间距 Δx 大小与波长 λ 有关，波长越短，间距 $\Delta\lambda$ 越小(所以可见光中波长最短的紫光间隔最密，红光间隔最大). 因此不同波长的条纹，除第零级都位于中央点 $x=0$ 外(由式(2-5-2)可知零级条纹位置与波长 λ 无关)，在其他级上并不重叠，而是错开一点，而且级次越大，展开越多. 所以各级条纹是彩色的，并且级次越高，亮条越宽(越模糊).

容易求出最多到哪一级条纹还是可以分辨的. 假设入射光波长范围是 $\lambda \sim (\lambda+\Delta\lambda)$. 由(图 2-14)可见，在最短波长 λ 的 $(m'+1)$ 级极大恰好与最长波长 $\lambda+\Delta\lambda$ 的第 m' 级极大相重合时，这一 m' 级亮条纹就看不出来了. 因为这表示第 m' 级的彩色亮带已经和第 $m'+1$ 级彩色亮带衔接起来，没有暗区隔开. 若 $\Delta\lambda$ 较小，$\lambda \sim (\lambda+\Delta\lambda)$ 的可见光颜色相近，则第 m 级亮纹之后即一片明亮，分不出干涉条纹了. 由式(2-5-2)可知，波长 λ 的 $(m'+1)$ 级极大位置在

$$x=(m'+1)\frac{D}{d}\lambda$$

而波长 $\lambda+\Delta\lambda$ 的 m' 级极大位置是

$$x=m'(\lambda+\Delta\lambda)\frac{D}{d}$$

所以两者重合的条件是 $(m'+1)\lambda=m'(\lambda+\Delta\lambda)$. 故可由此定出最高可分辨的级次是

$$m'=\frac{\lambda}{\Delta\lambda} \tag{2-5-7}$$

式(2-5-7)表明，如果入射光的单色性越差(即 $\Delta\lambda$ 大)，则可看到的亮条纹的级次越低. 所以用白光看到的条纹最少. 这公式虽然是由双缝实验中导出的，但适用于任何双光束干涉实验.

将式(2-5-7)代入式(2-4-7)可知，与波长 λ 的 m' 的亮纹相应的光程差是

$$\Delta l_{\mathrm{M}}=m'\lambda=\frac{\lambda^2}{\Delta\lambda} \tag{2-5-8}$$

若两相干波的光程差 $\Delta l \geqslant \Delta l_M$ 时，则干涉条纹的级次将大于 m' 因而看不见条纹，故 Δl_M 称为**最大相干光程差**. 显然 Δl_M 与 $\Delta\lambda$ 有关，单色性越好，最大相干光程差越大.

例题 1　当图 2-15 中的光源 S 沿 x 方向移动 δs 时，幕上干涉条纹的间距不变，但条纹整体作上下平移. 试问，干涉条纹的移动与光源的移动有何关系？

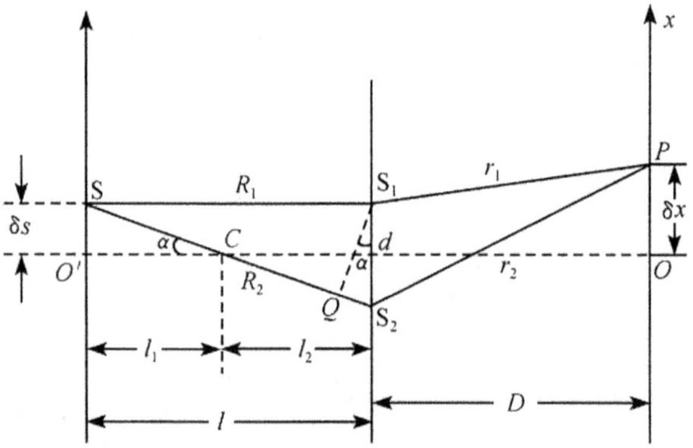

图 2-15　缝光源的位置变动导致干涉条纹的移动

解　参看图 2-15，图中 O' 点离 S_1 和 S_2 的距离相等. 令 S 向上移动到距 O' 为 δs 处，现在计算条纹移动的距离 δx. 当然我们只需计算零级条纹平移的距离即可. 当 S 在 O' 点时，已知零级条纹在屏幕上的 O 点（OO' 为 S_1S_2 连线的中垂线），为求 S 移动 δs 后的零级条纹位置，可先计算由 S 发出的二列光波到达屏幕上任一点 P 的光程差. 为此，设 P 点离幕中央距离为 δx，到达 P 点的光程差为

$$\Delta l = (R_2 - R_1) + (r_2 - r_1) \tag{2-5-9}$$

上式右边第二项前面已计算过，它由式(2-5-1)确定. 让我们再来看第一项. 由图 2-15 可以看出，当 $d \ll l$，$\delta s \ll l$ 时

$$R_2 - R_1 \approx \alpha d \approx QS_2 \tag{2-5-10}$$

式中 Q 是 S_1 到 SS_2 的垂足，α 是 S_1Q 与 S_1S_2 的夹角，它近似有

$$\alpha \approx \frac{d/2}{l_2} = \frac{\delta s}{l_1}$$

因此

$$l = l_1 + l_2 \approx \left(\delta s + \frac{d}{2}\right)\frac{1}{\alpha}$$

或者

$$\alpha \approx \frac{\delta s + \dfrac{d}{2}}{l}$$

代入式(2-5-10)，得到

$$R_2 - R_1 \approx \alpha d \approx \left(\frac{\delta s + \frac{d}{2}}{l}\right) d \approx \frac{\delta s d}{l}$$

式中略去了$\frac{d^2}{2l}$，因为一般干涉装置 $d \ll l$.

将上式代入式(2-5-9)得到 P 点的光程差为

$$\Delta l = \frac{d}{l}\delta s + \frac{d}{D}\delta x = \frac{d}{D}\left(\delta x + \frac{D}{l}\delta s\right) \tag{2-5-11}$$

光程差为零的条件是

$$\delta s + \frac{D}{l}\delta s = 0$$

即

$$\delta x = -\frac{D}{l}\delta s \tag{2-5-12}$$

式(2-5-12)给出了零级条纹的位置，它也是由于 S 偏离中心 O' 点而引起的条纹移动的距离. 式中的负号表示 S 向上移动时($\delta s > 0$)，条纹向下移动($\delta x < 0$).

二、其他分波前干涉

1. 菲涅耳双面镜

在杨氏双缝干涉实验之后，菲涅耳也设计了一些干涉装置，其一是双面镜干涉如图 2-16 所示. 双面镜装置是由两块平面反射镜 M_1 和 M_2 组成，两者间夹一很小的角 φ. S 是与 M_1 和 M_2 的交线(图中以 M 表示)平行的狭缝，用单色光照明后作为缝光源. 从同一光源 S 发出的光一部分在 M_1 上反射，另一部分在 M_2 上反射，得到的两束相干反射光在它们的重叠区将产生干涉. 对观察者来说，两束相干光似乎来自 S 的两个虚像 S_1 和 S_2. 由简单的几何原理可证明，由 S 光源发出的，后被两反射镜反射的两束相干光在屏幕上的光程差与将 S_1、S_2 视为两相干光源发出两列相干光波到达幕上的光程差相同. 因而S_1和S_2的作用相当于杨氏干涉实验中

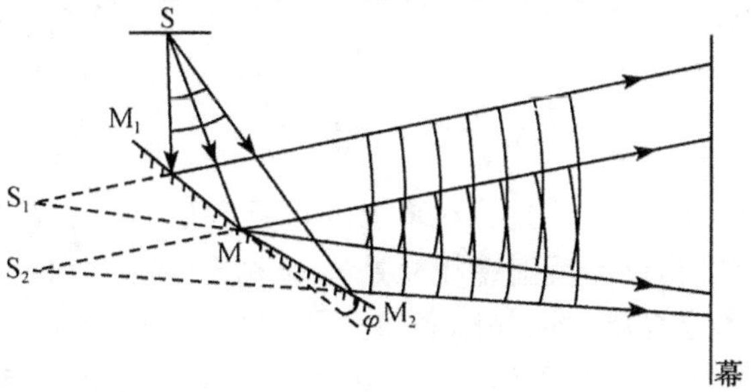

图 2-16　菲涅耳双面镜

的双缝. 对杨氏干涉条纹特征的分析同样适用于现在情形. 调节 M_1 和 M_2 的夹角 φ 可改变 S_1 和 S_2 的间距,从而改变幕上干涉条纹的疏密程度.

2. 菲涅耳双棱镜

菲涅耳还设计了一种双棱镜干涉装置. 后称为菲涅耳双棱镜. 它是由两个顶角很小,底面相接的薄棱镜构成,其剖面如图 2-17 所示. 缝光源 S 与双棱镜的棱脊平行. 从同一缝光源 S 发出的光经棱镜的上下部分折射后,得到两束相干光. S_1 和 S_2 是经双棱镜折射后产生的两相干虚光源,在两束相干光的重叠区产生干涉,通过目镜或在屏幕上都很易观察到干涉条纹.

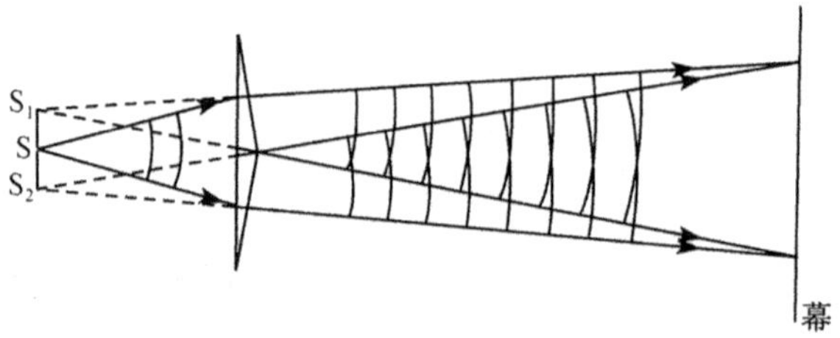

图 2-17 菲涅耳双棱镜

3. 洛埃镜

洛埃镜是由一块普通平板玻璃构成的反射镜,缝光源 S 与反射镜面平行. 来自缝光源的光向反射镜掠入射(入射角接近 90°),再从反射镜反射. 这部分反射光与直接从 S 射来的光是从同一波前分出(图 2-18),所以是相干的,两束光的重叠区将产生干涉. 从观察者看来,两束相干光分别来自 S 和 S′,S′是光源 S 在反射镜中的虚像.

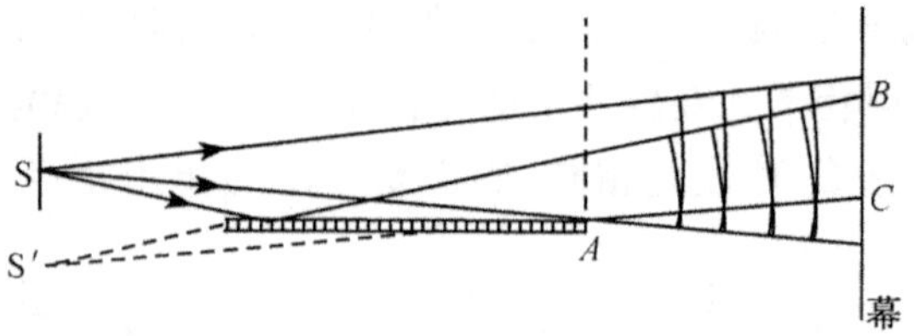

图 2-18 洛埃镜

从图 2-18 可看出,两相干光波在幕上的重叠区是在 B 和 C 之间. 若将幕移到虚线所示的位置,此时,幕与反射镜相交处 A 离相干光源 S 和 S′的几何距离相等. 实验表明,该处并不是亮条纹而是暗条纹(干涉极小),这说明两相干光在 A 处的光振动具有相反的相位,这是因为光在掠入射条件下,在镜面上反射时要产生数值为 π 的相位突变,这种相位突变相当于光波少走了(或多走了)半个波长的光程,故称半波损失(详见第五章). 这样,在两束相干光中,从镜面反射的光经历了半波损失,而直射光束不发生相位突变,这使幕上本来应该是亮条纹的地方(几何光程差为波长整数倍的地方)变成暗条纹.

以上各干涉装置中,在两相干光束重叠区的任何地方原则上都能观察到干涉条纹,故称**非定域干涉**.

*2-6　光源宽度对干涉条纹的影响及光场的空间相干性

一、光源宽度与干涉条纹的反衬度

2-5 节讨论杨氏干涉实验时,认为光源 S 是理想的点光源或无限窄的缝光源,但实际光源总有一定的宽度(扩展光源),必须考虑光源宽度对干涉条纹的影响.

设在图 2-19 所示的杨氏干涉装置中,S_1 和 S_2 是间距为 d 的两个小孔,光源为在 x'方向长为 b 的线光源,该光源可看成由许多互不相干的点光源组成,每个点光源各自在屏幕上形成自己的干涉条纹. 由于各点光源的位置不同,它们在幕上的干涉条纹将产生相对移动. 又因为每套干涉条纹是由光源上独立的点光源发出的光形成的,彼此间发生非相干叠加,使得屏幕上总的合成光强分布反衬度变小,干涉条纹变得模糊. 当线光源长度较小时,仍有可能看到干涉条纹. 当光源长度 b 达到一定程度时,反衬度将会第一次下降到零,完全看不到干涉条纹,这时光源的长度可看成是光源长度的极限(称临界宽度). 当光源长度大于临界宽度时,屏幕上将基本上看不到干涉条纹.

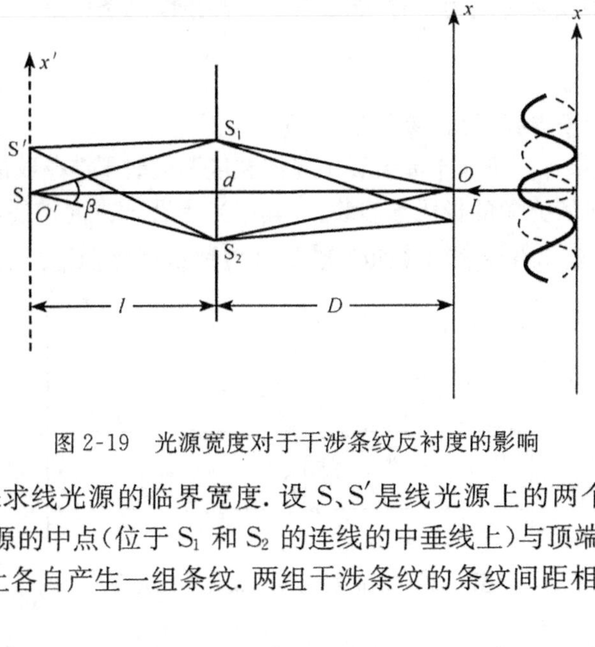

图 2-19　光源宽度对于干涉条纹反衬度的影响

下面我们来求线光源的临界宽度. 设 S、S′是线光源上的两个等强度的点光源,分别居于光源的中点(位于 S_1 和 S_2 的连线的中垂线上)与顶端. 设两光源相距 δs. S 和 S′在幕上各自产生一组条纹. 两组干涉条纹的条纹间距相等,但彼此有位移. 由图 2-19 可以看出 S 点光源产生的一组干涉花样在 O 点为零级干涉极大. 而 S′所产生的一组干涉花样在 O 点的光强取决于光程差 $S'S_2-S'S_1$. 若 $S'S_2-S'S_1=\lambda/2$,则 S′点光源发出的光在 O 点产生光强干涉极小,这表明 S′和 S 两个点光源产生的干涉条纹彼此位移了半个条纹间距,如图 2-19 右端曲线所示. 图中实线表示 S 产生的干涉花样,虚线表示 S′产生的干涉花样. 这两组干涉花样互补,相加后使幕上处处光强相等,因此不能观察到干涉条纹.

那么当 S′与 S 的距离多远时,才会导致由 S′发出的二列光的光程差比由 S 发出的两列光的光程差相差 $\lambda/2$,从而使两套干涉条纹互补呢? 我们知道当两个光程差相差 $\lambda/2$ 时,两组干涉条纹正好移动半个条纹间距. 由式(2-5-4)可知条纹移动的距离为

$$\delta x=\frac{1}{2}\Delta x=\frac{D}{2d}\lambda$$

将上式代入式(2-5-12)可以算出 S′与 S 的距离

$$\delta s=\frac{l}{D}\delta x=\frac{l\lambda}{2d}$$

因为 S、S′距离是线光源长度的一半,所以整个线光源长为

$$b=2\delta s=\frac{l\lambda}{d} \tag{2-6-1}$$

扩展线光源上所有的独立点光源可以被分成许多相距 δs 的"点光源对",每对点光源产生的干涉条纹相对移动半个条纹间距,叠加后干涉条纹消失. 那么整个线光源在屏幕上将不产生干涉花样. 这时的线光源长度 b 也就是临界宽度(用 b_c 表示). 因此,当光源实际宽度为 b 时,能观察到干涉条纹的条件是

$$b<b_c=\frac{l\lambda}{d}=\frac{\lambda}{\beta} \tag{2-6-2}$$

式中 $\beta=d/l$ 称为**干涉孔径角**,参见图 2-19.

下面我们定量计算杨氏干涉装置中光源宽度不同时干涉条纹的反衬度.

图 2-20 是扩展光源的杨氏干涉装置. 其中光源沿 x'方向扩展,宽度为 b,光源中点处于 S_1S_2 连线的中垂线上(即O'点). 设想把扩展光源沿x'方向分成许多无

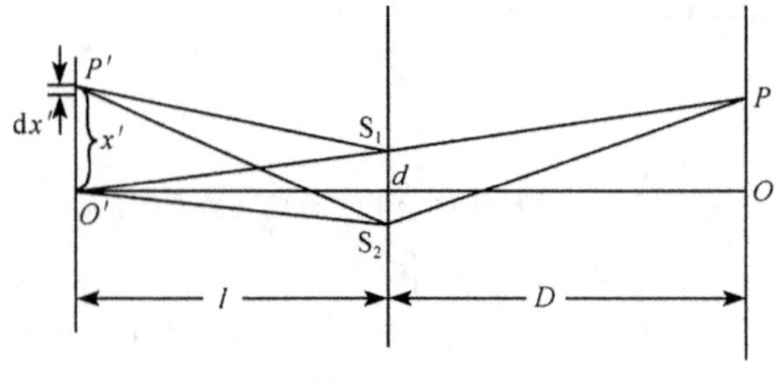

图 2-20　把扩展光源分成许多元光源

穷小的元光源，每一元光源的宽度为 $\mathrm{d}x'$，它们发出的光波通过 S_1 和 S_2 到达干涉场的光强都为 $I_0\mathrm{d}x'$. 若把这些元光源视为独立点光源看待，则根据光强分布基本公式(2-4-3)，位于扩展光源上某一位置 P'（坐标为 x'）的元光源在幕上 P 点（坐标设为 x）产生的光强为

$$\mathrm{d}I = 2I_0\mathrm{d}x'\left[1+\cos\left(\frac{2\pi}{\lambda}\Delta l\right)\right] \tag{2-6-3}$$

式中 Δl 表示由 P' 处元光源发出的经由 S_1 和 S_2 到达 P 点的二列光波的光程差，显然 $\mathrm{d}I$ 与 Δl 都是 x' 与 x 的函数. 由 2-5 节式(2-5-11)可知

$$\Delta l = \frac{d}{l}x' + \frac{d}{D}x$$

将上式代入式(2-6-3)，得到

$$\mathrm{d}I = 2I_0\mathrm{d}x'\left\{1+\cos\left[\frac{2\pi}{\lambda}\left(\frac{d}{l}x' + \frac{d}{D}x\right)\right]\right\} \tag{2-6-4}$$

于是宽度为 b 的扩展光源在 P 点产生的合成光强为所有元光源产生的光强分布的代数和，我们可用积分计算

$$\begin{aligned} I &= \int_{-b/2}^{b/2} 2I_0\mathrm{d}x'\left\{1+\cos\left[\frac{2\pi}{\lambda}\left(\frac{d}{l}x' + \frac{d}{D}x\right)\right]\right\} \\ &= 2I_0 b + 2I_0\,\frac{\lambda}{\pi\beta}\sin\left(\frac{\pi b\beta}{\lambda}\right)\cos\left(\frac{2\pi d}{\lambda D}x\right) \\ &= 2I_0 b\left[1+\frac{\sin u}{u}\cos\left(\frac{2\pi d}{\lambda D}x\right)\right] \end{aligned} \tag{2-6-5}$$

式中 $u=\dfrac{\pi b\beta}{\lambda}$.

由上式可知，强度极大 $I_{\max}$ 和极小 $I_{\min}$ 分别为

$$I_{\max} = 2I_0 b\left(1+\left|\frac{\sin u}{u}\right|\right)$$

$$I_{\min} = 2I_0 b\left(1-\left|\frac{\sin u}{u}\right|\right)$$

按照反衬度的定义得

$$\gamma = \frac{I_{\max}-I_{\min}}{I_{\max}+I_{\min}} = \left|\frac{\sin u}{u}\right|$$

图 2-21 给出 ν 随光源宽 b 变化的曲线. 可见随着 b 的增大，反衬度通过一系列极大值和零值逐渐趋于零（第一个零值后的极大值很小）. 第一个零值对应 $b=\lambda/\beta$，这时的光源宽度正是临界宽度. 这一结果与式(2-6-2)给出的结果相同.

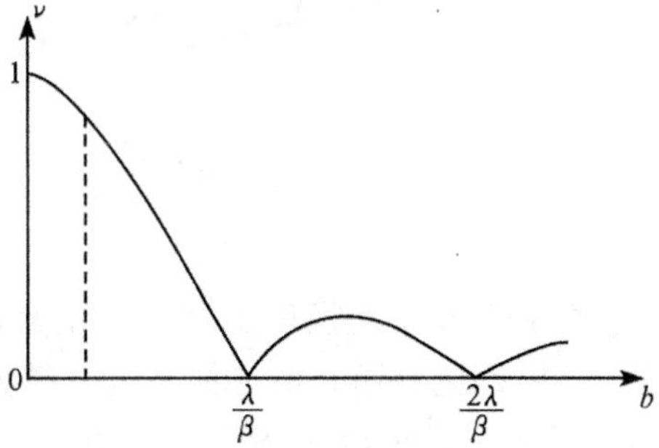

图 2-21 反衬度随光源光度变化的曲线

二、光场的空间相干性

上面我们讨论了杨氏实验中光源的极限宽度问题，其数量级由式(2-6-2)确定，现重写如下

$$b < b_c = \frac{l\lambda}{d} \tag{2-6-6}$$

上式的物理意义是，在给定了光源及 S_1、S_2 的位置，也就是给定了 l 和 d 后，光源的宽度 b 达到上式确定的 b_c 时，由 S_1，S_2 发出的次波产生的干涉条纹反衬度降为0，即这时可认为 S_1 和 S_2 两个次光源完全不相干. 在衡量两个次光源的相干性问题时，可以用它们产生的干涉条纹的反衬度作为标准.

现在我们可以从具体的干涉装置中解脱出来，倒过来提问题：给定宽度为 b 的扩展光源，在它照明空间中在横向波前上多大的范围里提取出来的两个次光源 S_1 和 S_2 还是相干的？这便是所谓光场的空间相干性问题. 为了回答这个问题，不妨将式(2-6-6)倒过来写

$$d < \frac{l\lambda}{b} = d_c \tag{2-6-7}$$

式中定义的 d_c 给出了光场中相干范围的横向线度(也称**横向相干宽度**). 只有当 S_1 和 S_2 的距离 d 小于横向相干宽度(d_c)时，它们才是相干光源.

由上面的论述可推知，在边长为 b 的正方形面光源产生的光场中，相干范围的面积(称为**横向相干面积**)数量级为 d_c^2. 理论证明，对于圆形扩展光源，上述横向相干面积是直径为 $d_c = 1.22\frac{l\lambda}{b}$ 的圆. 其中 b 为光源的直径. 式(2-6-7)表明，d_c 正比于距离 l，因此用干涉孔径角 $\beta_c = \frac{d_c}{l}$ 来表征相干范围更加方便. 这里 β_c 是相距为横向相干宽度的两点光源 S_1、S_2 对光源中心所张的角度，称为**相干孔径角**. 如图2-22所示，凡在相干孔径角以外的两点光源，如 S_1' 和 S_2' 都可看作是不相干的；在相干孔径角以内的两个点光源，如 S_1'' 和 S_2'' 都有一定程度的相干性.

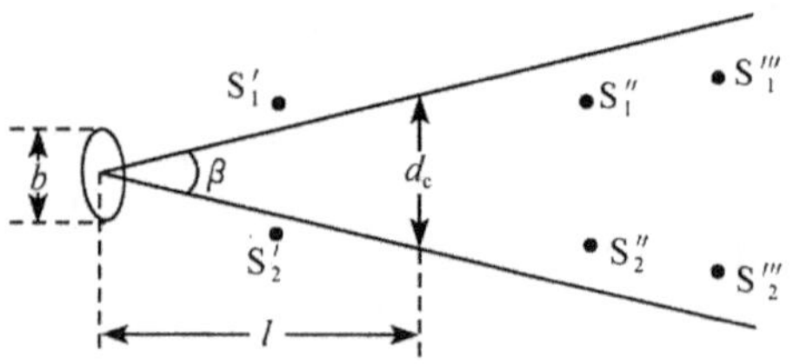

图 2-22　空间相干性问题

由式(2-6-7)不难求得

$$b\beta_c \approx \lambda \tag{2-6-8}$$

此式表明，相干孔径角 β_c 与光源宽度 b 成反比，这是**空间相干性的反比公式**.

由反比公式可知，光源宽度 b 越大，空间相干的区域就越小，空间相干性就越差；反之，b 越小，空间相干性越好. 理想的点光源具有最好的空间相干性，所以实际中常借助于针孔来获得空间相干性较好的光场. 在点光源照明的空间里，同一波

面上各点是完全相干的，所以空间相干性问题实际上起源于普通扩展光源不同部分的不相干性.

三、迈克耳孙测星干涉仪

利用空间相干性概念可测定星体的角直径. 如图 2-23 所示，S 是有一定宽度的光源(如大小一定的星体)，对观察者来说，其角直径为 $\theta(\theta\approx b/l)$，当双缝 S_1 和 S_2 之间的距离 d 增大时，在透镜焦平面产生的干涉条纹可见度将变坏，最终导致条纹消失. 按式(2-6-7)，条纹消失时的 d_c 由下式决定：

$$d_c=\frac{l}{b}\lambda=\frac{\lambda}{\theta}\qquad(2\text{-}6\text{-}9)$$

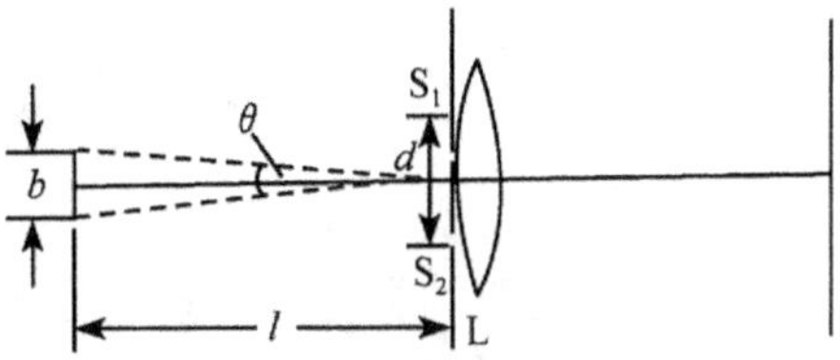

图 2-23　利用空间相干性测定光源的角直径

式中 θ 以弧度为单位. 只要测定条纹消失时的 d_c 值，按式(2-6-9)即可求出光源的角直径. 对一个角直径约为 10^{-7}rad 的星体，使条纹消失的距离 d_c 为

$$d_c\approx\frac{5.5\times10^{-7}}{10^{-7}}\text{m}=5.5\text{m}$$

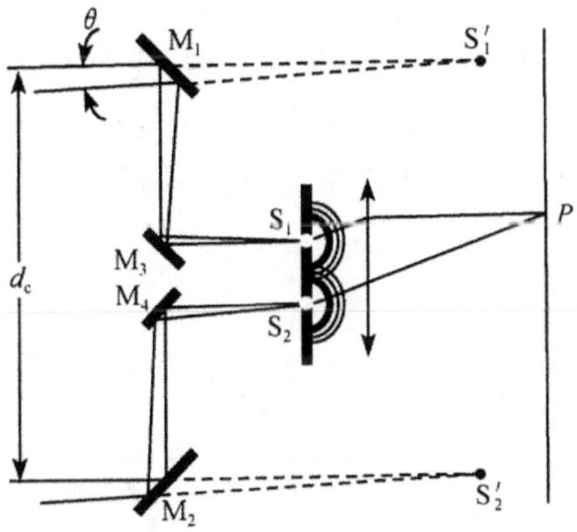

图 2-24　迈克耳孙测量干涉仪

在上述估算中使用人眼最灵敏的黄绿光的波长. 显然在这样大的 d_c 值情况下，干涉条纹密得早已无法分辨. 此外，在图 2-23 所示的装置中，必须采用巨大的透镜，这在技术上也是很困难的. 迈克耳孙很巧妙地克服了这些困难，设计了测星干涉仪. 迈克耳孙测量干涉仪的结构如图 2-24 所示，两个离开很远的可移动的反射镜 M_1 和 M_2，收集来自一个很远的恒星光线，然后光线径由另两块反射镜 M_3 和 M_4，穿过挡光板上的小孔 S_1 和 S_2，进入望远镜的物镜，在物镜的焦平面上产生通常杨氏实验的干涉条纹.

因为 S_1' 和 S_2' 分别为 S_1 和 S_2 经两次镜面反射所成的虚像，S_1 和 S_2 处的空间相干性与 S_1' 和 S_2' 相同，后者又可以看作是恒星光场中相距为 d 的两点. 调节 M_1 和 M_2 以改变 d 当干涉条纹消失时($d=d_c$)，我们即可由式(2-6-9)计算恒星的角直径 θ. 由于迈克耳孙测星仪中，S_1 和 S_2 的间距较小，使干涉条纹有足够大的间距，而且可采用较小的透镜. 沿横向移动的反射镜 M_1、M_2 又可增大有效 d 值. 所以迈克耳孙测星仪既可获得很大的 d 值，又同时能产生间距足够大的干涉条纹.

迈克耳孙用它的测星仪第一次观察星体参宿四时，在 $\lambda=570$nm 情况下，测得

$d_c=121$ 英寸(即为 3.07m),因此这颗星的角直径 $\theta\approx 2.26\times10^{-7}$ rad,根据这颗星的已知距离,得出它的直径大约是太阳直径的 280 倍.

最后,应该指出,激光束有着极好的空间相干性,在光束的整个横截面内都是空间相干的. 因此,如果让激光束直接射到一个双孔装置上,只要光束覆盖双孔,在屏幕上就可以观察到清晰的干涉图样,这对普通光源来说是办不到的.

2-7 薄膜干涉的一般概念

除用分波前的方法外,还可用分振幅的方法来获得相干光. 最简单的分振幅干涉装置是薄膜,就是本节要叙述的内容. 另一种重要的分振幅干涉装置,是迈克耳孙干涉仪. 可以说,它是近代各种分振幅型干涉仪的原型,我们将在后面介绍它.

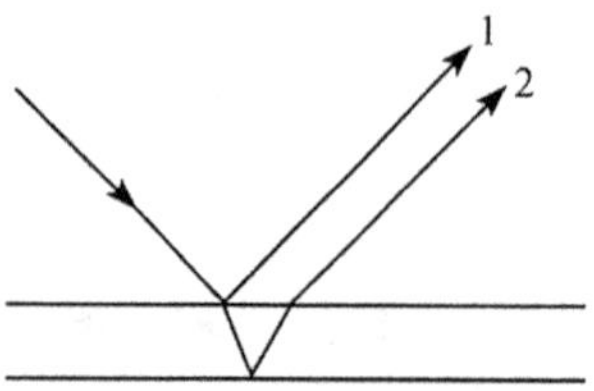

图 2-25 薄膜干涉

当一束单色光射到一透明介质做的薄膜上时,一部分在上表面反射;另一部分向薄膜内折射,再在下表面反射并通过薄膜上表面折回原来介质(图 2-25). 经薄膜上下两表面反射所得的光束 1 和 2 是相干的,这两束光相遇时就发生干涉,这就是薄膜干涉. 因为光束 1 和 2 的能量都是从入射光分出来的,而能流正比于振幅的平方,因此光束的这种分割方式称作分振幅,薄膜干涉称为分振幅干涉.

一、点光源的薄膜干涉

如图 2-26 所示,设单色点光源 S 发出的球面波经平行薄膜的上下表面 M_1M_1' 和 M_2M_2' 反射后,在薄膜的上侧空间产生干涉. 干涉场可等效于两个相干点光源 S_1 和 S_2 产生的. S_1 和 S_2 分别为 S 在薄膜上下两个平面的虚像. 由光程差判据可知,两相干点光源的干涉场中同级干涉极大的点组成以 S_1S_2 连线为转轴的回转双曲面族. 在整个交叠空间均可观察到干涉花样,因此这是一种非定域干涉,干涉条纹便是屏与双曲面族的交线. 图中屏幕垂直于 S_1S_2 连线,因此干涉条纹是以 S 为圆心的同心圆. 如果薄膜的两平面并不平行而是有一小楔角,干涉场仍然是非定域的.

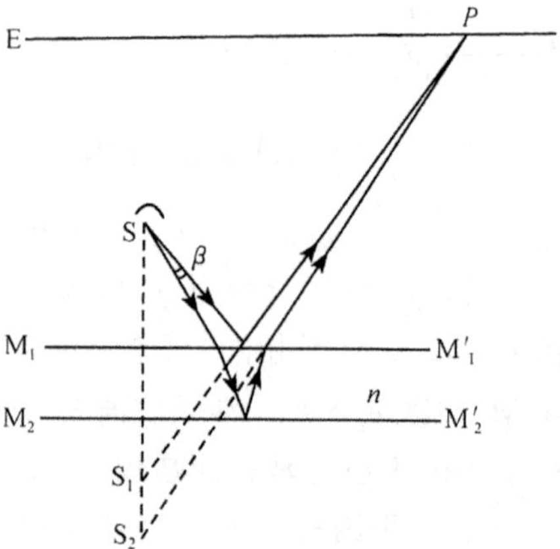

图 2-26 点光源照明平行薄膜产生的干涉

二、扩展光源的薄膜干涉

实际光源不可能是严格的点光源，而是具有一定大小的发光面，我们可把它看成是由无数个互不相干的点光源组成，这种光源称为面光源或扩展光源. 由点光源产生的干涉条纹一般都比较弱，在实际应用中，这往往不能满足对条纹亮度的要求. 应用干涉方法进行测量时要求干涉条纹有足够的亮度，因而必须采用宽度较大的扩展光源. 然而，当用扩展光源来实现薄膜干涉时又出现了新的问题，这就是干涉条纹并非在整个重叠区都能观察到，而只能在特定的区域出现，这种干涉称为**定域干涉**. 为说明这点，考虑图 2-27 所示的平行平面薄膜. 扩展光源上的每个点光源发出的光经薄膜的上下表面反射后分成二束交于空间某 P 点，在 P 点附近形成干涉场(即特定的光强空间分布). 这样一来就有无数对相干光波在 P 点叠加，它们来自扩展光源上的不同点，图 2-27 画出了分别从 S_1 和 S_2 发出的两对相干光在 P 点的叠加的情形. 于是，在 P 点附近形成无数套光强分布. 并且因为每套光强分布是由扩展光源上不同点光源发出的光相干叠加而成，故它们之间是非相干的.

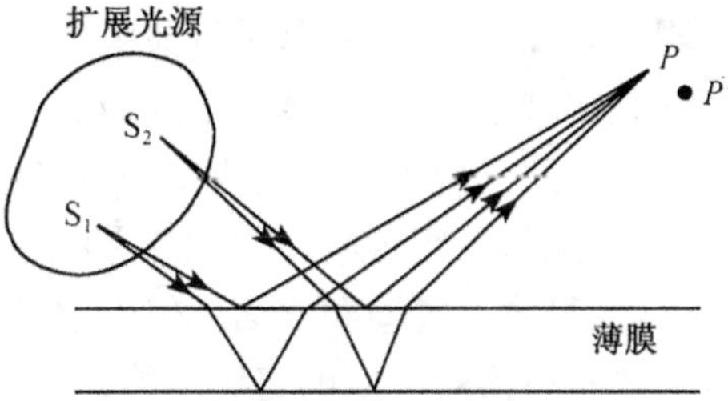

图 2-27　扩展光源的定域干涉

由于来自各个点光源在 P 点叠加的二列光波的光程差一般来讲各不相同，所以各套光强分布必然互有差异. 如果光源足够宽，P 点附近的总光强分布实际上是无数千差万别的光强分布的代数和. 非相干叠加的结果，可能使 P 点附近空间的光强分布变的均匀，在 P 点附近将看不见干涉条纹或者说反衬度 $\gamma \sim 0$. 可见在扩展光源形成的光束叠加区域中并非处处能观察到干涉现象.

尽管如此，我们仍然可以找到某个面，在这个面上干涉条纹的可见度即使在应用扩展光源时也不会完全消失，甚至还会加强. 这个干涉条纹反衬度最大的曲面叫做**定域中心**，定域中心前后可看到条纹的范围之线度叫做**定域深度**.

干涉条纹的定域问题，实质上是空间相干性的问题. 在 2-6 节中我们就曾说过，空间相干性问题实际上起源于普通扩展光源不同部分的不相干性. 因而，定域中心在什么地方？定域深度的大小由哪些因素决定？这些问题都可用空间相干性理论来解决.

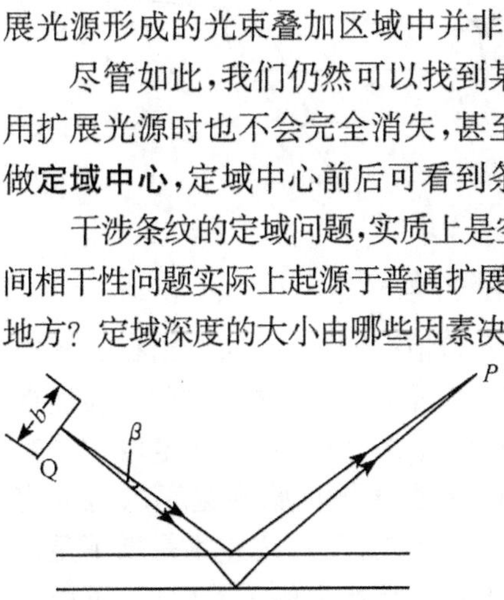

图 2-28　条纹的定域与空间相干性

如图 2-28 所示，设扩展光源的横向有效宽度为 b，考虑来自扩展光源中心一点光源 Q，并在某个任意场点 P 交叠的一对反射线. 设相应的入射线在 Q 点所夹的角度为 β，根据式(2-6-8)，要使 P 点有一定的反衬度，须有

$$b\beta < \lambda$$

当 $b=\frac{\lambda}{\beta}$时，P 点处的条纹消失. 上式也表明，定域中心可由 $\beta=0$ 决定，即它是同一入射线在薄膜上下表面两条反射光线的相交处，在该处反衬度接近于 1，并允许光源有任意的宽度 b. 定域深度的大小由相干范围的孔径角 β 决定

$$\beta=\frac{\lambda}{b}$$

显然它与光源的宽度成反比.

我们用 $\beta=0$ 的作图方法来具体分析各种薄膜的定域中心在什么地方. 对于厚度均匀的平行薄膜(图 2-29(a))，同一入射线的两条反射线彼此平行，它们相交在无限远处. 故无限远正是平行薄膜的定域中心. 若以望远镜观察时，望远镜的焦平面就是定域中心. 对于厚度不均匀的非平行薄膜，随着上下表面交棱的方位不同，同一入射线的两条反射线或交于薄膜之前，或者延长线交于薄膜之后，称“虚”干涉条纹，可用光具组观察(图 2-29(b)). 只要薄膜的厚度很小，而楔角不是太小的情况下，定域中心离薄膜表面就较近，使得薄膜表面往往在定域深度之内. 因此，通常观察非平行薄膜产生的定域干涉条纹时，要将眼睛、放大镜或显微镜调节在薄膜的表面. 由于定域中心的干涉条纹对应于 $\beta=0$，干涉条纹的对比度不因光源的扩展而降低，这就使我们可以获得足够亮度且又非常清晰的干涉条纹，从而为干涉计量工作提供最有利的条件.

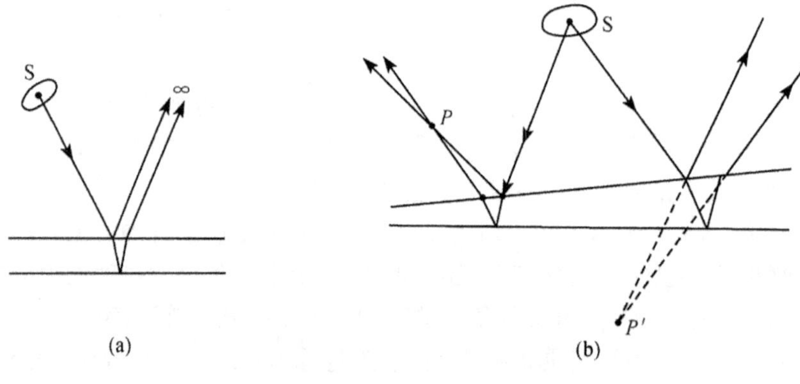

图 2-29 平行薄膜与非平行薄膜的定域中心

为了研究薄膜干涉在定域中心干涉条纹的分布情况，我们必须给出在定域中心某点 P 交叠的二束光的光程差公式. 如图 2-30 所示，扩展光源照射到两表面近似平行的薄膜上(折射率为 n)，薄膜处于折射率为 n_1 的介质中. 考虑定域中心某一点 P，因为 P 点由 $\beta=0$ 的作图法决定，而当 $\beta=0$ 时，光源的临界宽度 b_c 为无穷大，所以从扩展光源上各点发出在 P 点相交的二束光的光程差之差别是微不足道的，可以认为是近似等光程差的. 因此，扩展光源在 P 点产生的干涉效应，可由光源中心点发出的光在 P 点的光程差来决定. 现设由光源中心发出的一条入射光径

薄膜上下表面反射后分成光线(1),(2). θ_i,θ_i',θ_r,θ_r'为上表面的入射角与折射角,θ_i'为下表面的入射角. 为了计算光束(1),(2)的光程差,由 B 点作光线(1)的垂线 BD.

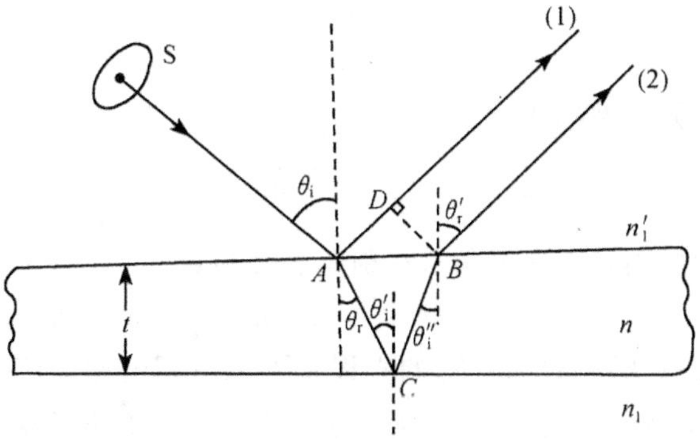

图 2-30　计算薄膜干涉定域中心的光程差

由图 2-30 可见,这两束光是在 A 点分手的,且离开薄膜后近似平行传播,因此,它们的光程差为

$$\Delta l = n(AC + CB) - \left(n_1 AD - \frac{\lambda}{2}\right) \tag{2-7-1}$$

式中$\frac{\lambda}{2}$是由于两相干光在性质不同的介质界面上反射而引起的半波损失. 若折射率 $n>n_1$,则顺入射光方向看,上表面是从光疏介质到光密介质的界面,而下表面是从光密介质到光疏介质的界面,两者具有相反的性质. 实验和理论证明,当光在性质相反的两界面上反射时,两反射光之间产生大小为 π 的附加相位差,相当于$\pm\frac{\lambda}{2}$的附加光程差(详见第五章). 附加光程差正负号可任意取,因为两种取法都对应同一相位差 π. 严格说来,上述附加光程差只具有相对的意义,只有当两反射光相互比较时才谈得上有$\frac{\lambda}{2}$的附加光程差,但为简便起见,我们不妨认为:从光疏—光密介质界面上反射的光比从光密—光疏界面上反射的光少走$\frac{\lambda}{2}$的光程,相当于损失了半个波长(也可作相反规定,两种规定效果一样).

由于上下表面接近平行,所以有 $\theta_r\approx\theta_i'\approx\theta_i''$,$\theta_i\approx\theta_i'$,$AC\approx BC$. 在这种近似下有

$$AC \approx BC \approx t/\cos\theta_r$$

$$AD \approx AB\sin\theta_i \approx 2t\tan\theta_r\sin\theta_i$$

式中 t 为薄膜的厚度. 将上两式代入式(2-7-1)可得

$$\Delta l = \frac{2nt}{\cos\theta_r} - 2n_1 t\frac{\sin\theta_r}{\cos\theta_r}\sin\theta_i + \frac{\lambda}{2}$$

$$= \frac{2nt}{\cos\theta_r}\left(1 - \frac{n_1}{n}\sin\theta_i \sin\theta_r\right) + \frac{\lambda}{2}$$

$$= \frac{2nt}{\cos\theta_r}(1 - \sin^2\theta_r) + \frac{\lambda}{2}$$

$$= 2nt\cos\theta_r + \frac{\lambda}{2} \tag{2-7-2}$$

当然,还可以写成另一种形式

$$\Delta l = 2t\sqrt{n^2 - n_1^2\sin^2\theta_i} + \frac{\lambda}{2} \tag{2-7-3}$$

在推导上面两式时,用到了入射角与折射角的关系式

$$n\sin\theta_r = n_1\sin\theta_i$$

式(2-7-2)和式(2-7-3)两式所计算的光程差可以适用于比较广泛的情形.即可适用于求平行薄膜干涉时,定域中心的光程差;也适用于在那些厚度虽不均匀,但楔角较小的薄膜的干涉场中,求定域中心处的光程差.

普遍地讨论薄膜干涉整个交叠区内任意平面上的干涉图样是一个极为复杂的问题.好在实际应用中意义最大的是厚度不均匀薄膜(厚度较小)表面的等厚条纹和厚度均匀薄膜在无穷远产生的等倾条纹.这两类条纹的理论比较单纯,应用也比较广泛,它们是我们在 2-8 节要讨论的重点.

在下面我们将看到式(2-7-2)和式(2-7-3)正是研究等倾干涉和等厚干涉的基本公式.

2-8　等倾干涉和等厚干涉

由式(2-7-2)、式(2-7-3)两式可见,对于一定波长 λ 的单色光而言,程差 Δl 是 n、t、θ_i 的函数,一般说来,薄膜可能是不均匀的,即各处折射率 n 不相同,而且各处厚度 t 也可能不一样,而入射光也有可能从各种方向射到膜上(如天空中散射光照到油膜上),因而入射角 θ_i 也有各种值.这时 n、t、θ_i 都不是常数,情况自然比较复杂.下面我们只讨论简单而又特别重要的两种情况.就是等倾干涉和等厚干涉的情况.

一、等倾干涉(t、n 为常量的情况)

由式(2-7-3)可知,对于等厚度的均匀薄膜(n,t 均为常数),则光程差只取决于入射光在薄膜上的入射角 θ_i,因此,凡具有相同入射角的光束所形成的两束反射光在相交区有相同的光程差,必定属于同一级干涉条纹,由于这个原因,通常把等厚薄膜上的干涉称为等倾干涉.

图 2-31 是观察等倾干涉的实验装置,M 为 45°放置的半反射镜,从面光源某

点S发出的同一圆锥面上的光线经M反射后均以相同的入射角入射到薄膜上，在薄膜上下表面反射后，相干光形成两个平行的锥面，被透镜L所截后会聚在后焦面的同一圆周上，由于在该圆上相交的各对相干光有相同的光程差，所以该圆属同一级条纹，同样由S发出的处于不同大小顶角的圆锥面上的光线最终将会在屏幕上产生其他各级干涉条纹，可以看出这些干涉条纹组成许多同心圆环.光源上其他点发出的光束最终也都会在屏幕上产生一套相应的干涉条纹，因为透镜总是把平行光会聚到同一点，这一性质决定了各套干涉条纹中，具有相同的倾角 θ_i 的干涉环都将重叠在一起，总光强为各个点源产生的干涉圆环光强的非相干叠加，结果使干涉条纹更加鲜明、清晰，因而在观察等倾干涉时总是使用面光源.

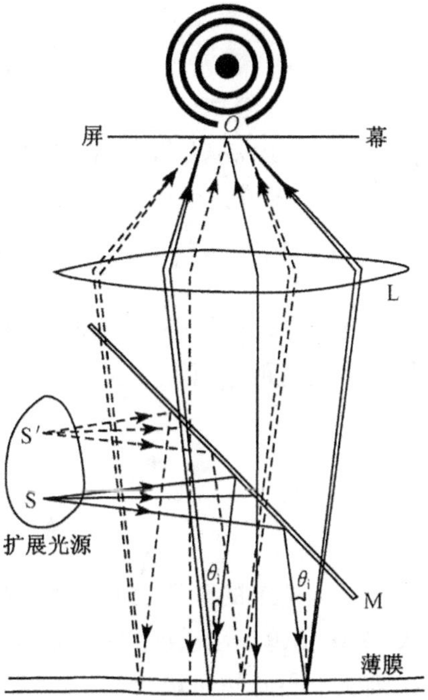

图 2-31 观察等倾条纹的一种装置

等倾圆环形干涉条纹的半径大小可用相应的入射角 θ_i（或折射角 θ_r）表示. 由光程差判据可知，亮、暗圆环分别满足

$$\left.\begin{aligned} 2nt\cos\theta_r + \frac{\lambda}{2} &= m\lambda \\ 2nt\cos\theta_r + \frac{\lambda}{2} &= \left(m + \frac{1}{2}\right)\lambda \end{aligned}\right\} m = 0,1,2,\cdots \tag{2-8-1}$$

当 θ_r 为零时 m 值最大，即中心点的干涉级最高，边缘条纹的干涉级较小. 假定中心点正好为亮点，级次为 m_0，根据式(2-8-1)，有

$$2nt + \frac{\lambda}{2} = m_0\lambda$$

从中心点向外数第 N 个亮环级次为 $m = m_0 - N$，其半径用 r_n 表示. 对该级条纹有

$$2nt\cos\theta_r^m + \frac{\lambda}{2} = m\lambda$$

将以上两式相减，得

$$2nt(1 - \cos\theta_r^m) = N\lambda$$

假定观察范围不大，近似有 $\cos\theta_r^m = 1 - \theta_r^{m2}/2$，故上式可简化为

$$\theta_r^{m2} = \frac{N\lambda}{nt}$$

这时折射定律，$n'\sin\theta_i^m = n\sin\theta_r^m$，可简化成 $n'\theta_i^m = n\theta_r^m$，代入上式，得

$$\theta_i^m = \theta_N = \frac{1}{n'}\sqrt{\frac{nN\lambda}{t}} \tag{2-8-2}$$

式中 θ_i^m 是 m 级亮环所对应的入射角，也是该亮环的角半径（环半径对透镜中心所张的角度），用 θ_N 表示. 上式给出了圆环的角半径与圆环序数 N 的对应关系. 对式(2-8-2)求微分并令 $\Delta N=1$，得第 N 个条纹附近相邻两圆环间的角间距

$$\Delta\theta_N = \frac{n\lambda}{2n'^2 t\theta_N} \tag{2-8-3}$$

在观察范围较小的条件下，根据式(2-8-2)和式(2-8-3)，可得圆环形干涉条纹半径和条纹间距分别为

$$r_N = f\theta_N = \frac{f\sqrt{nN\lambda/t}}{n'} \tag{2-8-4}$$

$$\Delta r_N = f\Delta\theta_N = \frac{nf\lambda}{2n'^2 t\theta_N} \tag{2-8-5}$$

式中 f 为透镜的焦距. 以上讨论对暗条纹同样适用. 上述结果表明，条纹半径越大，级次就越小，条纹间距也越小. 所以等倾圆环条纹的特征是中央疏而边缘密，级次则从中心向外递减.

二、等厚干涉（n、θ_i 为常量）

前面我们假设薄膜为均匀平行平面薄膜，下面讨论厚度不均匀的薄膜所产生的干涉.

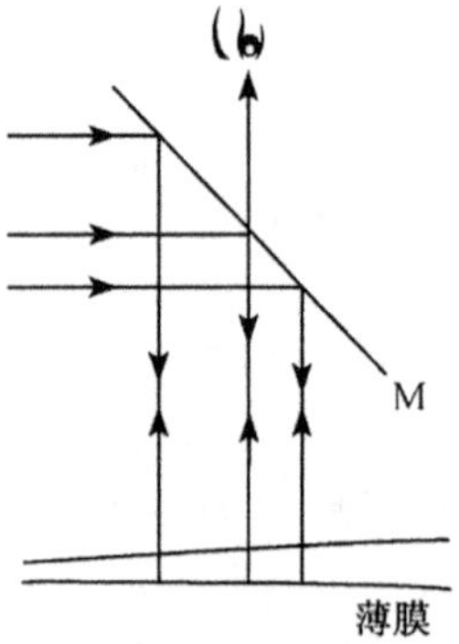

图 2-32　观察楔形薄膜等厚干涉的装置

等厚干涉是指厚度不均匀的薄膜产生的薄膜干涉，先考虑楔形薄膜（简称尖劈）的情形，图 2-32 是观察等厚干涉的实验装置示意图，用单色平行光照射楔形薄膜时，只要薄膜足够薄，我们就能在薄膜表面附近观察到明暗干涉条纹，为了精密测量往往用显微镜进行观察，若让平行照明光垂直地入射尖劈，则由式(2-7-3)可知，此时薄膜干涉的光程差公式为

$$\Delta l = 2nt + \lambda/2 \tag{2-8-6}$$

式(2-8-6)中第二项 $\lambda/2$ 是否需要，由薄膜上下表面反射的半波损失情况决定. 据光程差判据，等厚干涉产生的明暗条纹的位置应满足下列条件

$$\begin{cases} 2nt + \lambda/2 = m\lambda & \text{（亮纹位置）} \\ 2nt + \lambda/2 = (m+1/2)\lambda & \text{（暗纹位置）} \end{cases} \quad (m = 0,1,\cdots) \tag{2-8-7}$$

由于这时两束相干光的光程差只依赖于薄膜的厚度 t，因此同级干涉条纹与薄膜的等厚线相对应，所以这种干涉称为等厚干涉. 尖劈的等厚干涉条纹是一些与棱边

相互平行的明暗相间的直条纹(图 2-33). 由式(2-8-7)容易得到干涉亮条纹所在位置处薄膜的厚度为

$$t_m = (2m-1)\lambda/(4n) \qquad (2\text{-}8\text{-}8)$$

及两相邻亮条纹间对应的薄膜厚度差分别

$$\Delta t = t_{m+1} - t_m = \lambda/(2n) \qquad (2\text{-}8\text{-}9)$$

设尖劈的尖角为 α(一般很小),则相邻亮条纹的间距 Δl 应满足

$$\Delta l \sin\alpha = \lambda/(2n)$$

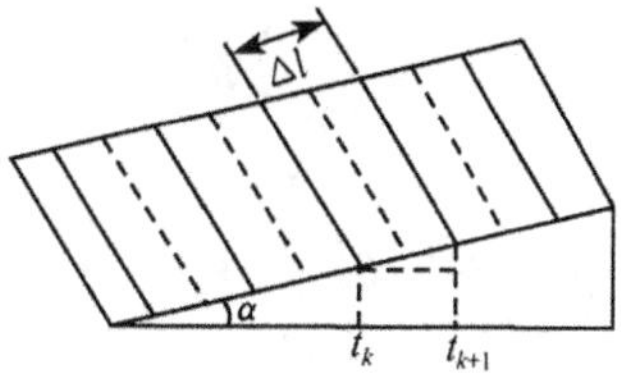

图 2-33　楔形薄膜的等厚干涉条纹

即

$$\Delta l = \lambda/(2n\sin\alpha) \approx \lambda/(2n\alpha) \qquad (2\text{-}8\text{-}10)$$

如果所用波长和薄膜折射率已知,并测得条纹间距的大小,则根据式(2-8-10)可计算薄膜的楔角 α. 因此在实际中常用等厚干涉来测量微小的角度.

另一种等厚干涉装置是著名的牛顿环,下面让我们来看看牛顿环实验的情况.

如图 2-34 所示,在一块平板玻璃上放一个凸面向下的平凸透镜,透镜凸面的曲率半径 R 很大,在透镜与平板玻璃间形成很薄的、厚度不均匀的空气层,这就是牛顿环装置. 单色光垂直入射,然后在空气层的两个表面反射而产生等厚干涉. 这时两束相干光的光程差为

$$\Delta l = 2nt - \frac{\lambda}{2} \qquad (2\text{-}8\text{-}11)$$

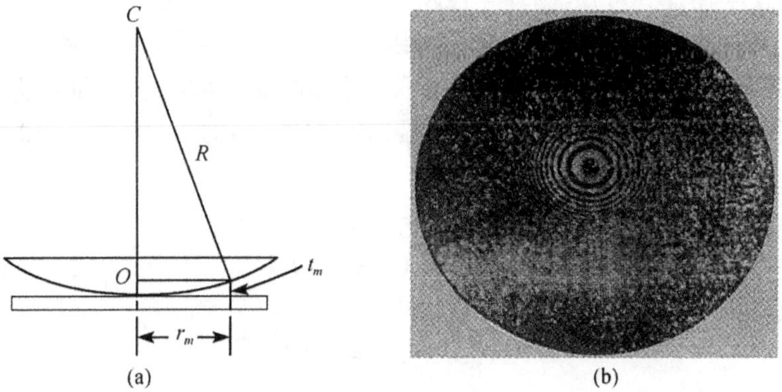

图 2-34　牛顿环

空气薄层的等厚线是以接触点 O 为中心的同心圆,所以干涉条纹也是一组以 O 为中心的同心圆,称为牛顿环. 假如透镜与平板间接触良好,则在 O 点的空气层厚度 t 为零,因而 $\Delta l = -\lambda/2$, O 点是一暗点. 现在来求 m 级亮环的半径 r_m. 设 m 级亮纹所在处的空气层厚度为 t_m,由式(2-8-11)可知,它应满足条件

$$2t_m - \frac{\lambda}{2} = m\lambda \qquad (m = 0, 1, 2, \cdots)$$

即

$$t_m = \left(m + \frac{1}{2}\right)\lambda/2 \qquad (m = 0,1,2,\cdots)$$

由图 2-34(a)可见

$$r_m^2 = R^2 - (R - t_m)^2 = 2Rt_m - t_m^2$$

由于 $R \gg t_m$，上式中可略去 t_m^2 项，近似地有

$$t_m = \frac{r_m^2}{2R} \tag{2-8-12}$$

将 t_m 的表达式代入上式于是有

$$\frac{r_m^2}{R} = \left(m + \frac{1}{2}\right)\lambda$$

最后得 m 级亮环的半径为

$$r_m = \sqrt{\left(m + \frac{1}{2}\right)R\lambda} \qquad (m = 0,1,\cdots) \tag{2-8-13}$$

对暗条纹，满足

$$2t_m - \frac{\lambda}{2} = \left(m - \frac{1}{2}\right)\lambda$$

代入式(2-8-12)，得 m 级暗纹的半径为

$$r'_m = \sqrt{mR\lambda} \qquad (m = 0,1,\cdots) \tag{2-8-14}$$

由上述半径公式可知，圆环半径越大，相应的干涉级就越高，这与平行平面薄膜的等倾条纹的情形恰好相反. 与等倾圆环条纹一样，牛顿环的疏密程度也是不均匀的，随着圆环半径的增大，空气层上下两面间的夹角也增大，因而条纹变密.

利用牛顿环可测量透镜的曲率半径. 由式(2-8-13)，m 级和 $m+N$ 级暗环半径分别满足

$$r_m^2 = mR\lambda$$
$$r_{m+N}^2 = (m+N)R\lambda$$

两式相减，得

$$r_{m+N}^2 - r_m^2 = NR\lambda$$

所以

$$R = \frac{r_{m+N}^2 - r_m^2}{N\lambda} \tag{2-8-15}$$

通常波长为已知，只要测出任意两级暗环的半径，并数出它们的级数差 N，利用上式就可求得透镜的曲率半径.

上面我们叙述了等倾干涉和等厚干涉的原理和干涉条纹的基本特征. 现补充说明三个问题：

(1) 在这类干涉中不用单色光，而用白光入射将怎样？

(2) 是否透射光也和反射光一样，有这类干涉？

(3) 膜的厚度太大了,是否还能看到干涉条纹?

先说明第一个问题,当入射光用包括各种波长的白光时,干涉条纹将带上彩色,而且条纹也变得比较模糊了.例如用白光做牛顿环实验,只能看到少数几个圈,而且带彩色,条纹也展宽了.这点不难说明白,原因是干涉光相位差 $\delta=\frac{2\pi}{\lambda}\Delta l$ 与 λ 有关.以楔形薄膜为例来说明.由式(2-8-8)与式(2-8-10)可知不同波长的亮条纹位置和条纹间距都不相同,波长越长,t_m(m 级条纹处相应的膜厚度)越大,条纹间距也越大,于是各色光的条纹互相错开.随着厚度 t 的增加,不同波长同级条纹错开的越来越厉害.所以除了 t 较小的区域能观察到带色的条纹外,其他地方实际融成一片,无法看到条纹.在肥皂膜和浮在水面上的油膜上,经常看到这种彩色条纹.

再回答第二个问题,如图 2-35 所示,两束透过薄膜的光(1′)和(2′)也是相干光,当薄膜两边的介质相同时,不难算出(1′)和(2′)的光程差为

$$\Delta l = 2nt\cos\theta_r \qquad (2\text{-}8\text{-}16)$$

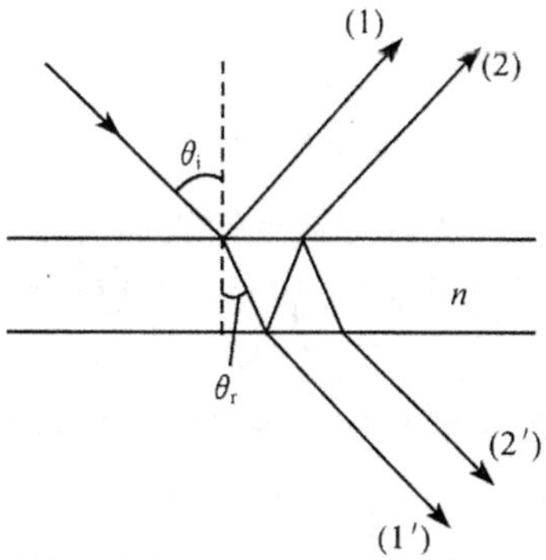

图 2-35　透射光束的薄膜干涉

式(2-8-16)和式(2-7-2)相比,只差 $\frac{\lambda}{2}$ 的一项.这是由于在薄膜两边介质相同时,两束反射相干光之间会产生一附加光程差 $\frac{\lambda}{2}$,而两束透射相干光之间没有附加相位差.不难看出,对于同一入射角的光束来说,两支透射光的光程差和两支反射光的光程差正好相差 $\frac{\lambda}{2}$,相位差 π,因此当对应某一入射角的反射光干涉条纹是亮纹时,透射光干涉条纹便是暗纹,反之亦然.所以,透射光的干涉条纹和反射光的干涉条纹应当是互补的.

再回答第三个问题:薄膜太厚,就看不到干涉条纹了.原因是实际入射光不可能是理想单色光,总有一波长范围 $\lambda\sim(\lambda+\Delta\lambda)$,根据式(2-5-7)可知,这种准单色光产生的条纹,只有级次低于 $m'=\frac{\lambda}{\Delta\lambda}$ 的干涉条纹才是可以分辨的.如果薄膜太厚,则上下表面反射光的光程差就很大,当光程差超过最大光程差(Δl_M)时,干涉条纹就不可分辨了.

三、薄膜干涉的若干简单应用

1. 检验光学表面的平整度

光学仪器中的透镜、棱镜等,其表面质量要求很高,通常要求磨制面与理想几何形状间的误差不超过光波波长的数量级,用干涉法可以检验出微小的误差(小于

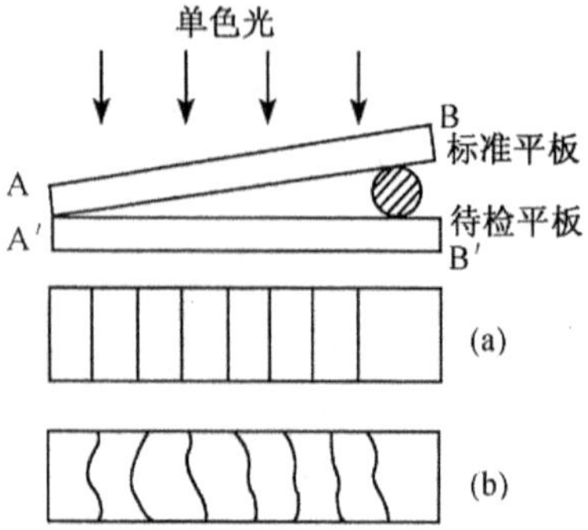

图 2-36　利用等厚条纹检验光学平面

波长的几十分之一). 其原理如下.

如图 2-36 所示,将一片很平的玻璃平板 AB(称为光学平面验规或平晶),放在被检验的光学表面 A′B′上,在一端 A 处稍加压力,两平面之间便形成一个尖劈形的空气层,用单色光照射时,在此空气层上便出现等厚干涉条纹. 如果 A′B′也很平整,则看到的干涉条纹是一组间距均匀的明暗平行直线条纹(图 2-36(a)). 不难想到,如果干涉条纹在某处因畸变而移动了一个条纹的距离,则该处的厚度必定产生了 $\frac{\lambda}{2}$ 的畸变(图 2-36(b)).

2. 增透膜

光在玻璃透镜表面总要反射一部分,每经过一个玻璃表面大约有 5%的光能量要反射掉. 假定一个照相机的镜头由六片透镜组成,那么光线就要通过十二个表面. 在每个表面损失 5%的光能,那么在十二个表面总共损失的光能就占入射光总能量的将近一半(读者可自行计算). 如果镜头更加复杂,那么因反射而损失的光能就更多了. 这对光学仪器的设计来说是一个十分严重的问题.

利用镀干涉膜(也称增透膜或消反射层)的办法,可以使反射光大大减少. 只要在透镜表面覆上一层透明氟化镁(MgF_2,折射 $n=1.38$)薄膜,适当地选择它的厚度,使得可见光中对视觉最灵敏的黄绿色光($\lambda=5500$Å)在薄膜上下表面反射的两相干光光程差满足干涉极小条件. 这样反射光能量就因干涉相消而减弱,从而相应地导致透射光能量的增强.

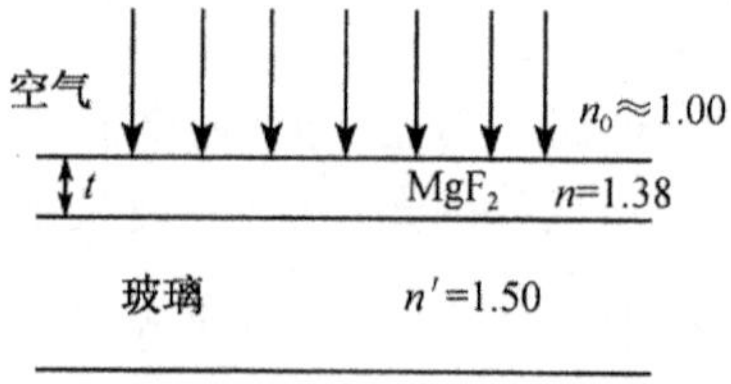

图 2-37　增透膜

作为例子,我们来算一算 MgF_2 薄膜厚度应为多大? 如图 2-37 所示,假定光垂直入射,我们希望 MgF_2 两个表面上反射的光能够干涉相消,就要求它们的光程差为

$$\Delta l=(2m+1)\frac{\lambda}{2}$$

根据式(2-7-3),再考虑到 $n>n_0$,$n'>n$ 因而两束反射光间无附加光程差. 可知

$$\Delta l=2nt\cos\theta_r$$

因为是垂直入射 $\theta_r=0$,所以

$$\Delta l=2nt$$

因为干涉相消的条件是

$$2nt=(2m+1)\frac{\lambda}{2}$$

$$
\begin{aligned}
t &= \frac{1}{2n}(2m+1)\frac{\lambda}{2} \\
&= \frac{5500\text{Å}}{4\times1.38}(2m+1) \\
&= (1000\text{Å})\times(2m+1), \qquad m=0,1,2,\cdots \\
t &= 1000\text{Å},3000\text{Å},5000\text{Å},\cdots
\end{aligned}
$$

可见 MgF_2 的厚度取 1000Å,3000Å,5000Å,…都行,通常取 1000Å.

根据同样的原理,如果在飞机表面镀一层透明膜,它的厚度刚好使雷达发射的无线电波因干涉相消而不反射,那么敌人的雷达就发现不了这架飞机.

3. 用等厚干涉条纹测量微小的厚度、微小角度

在半导体器件制造工艺中,为了比较精确地测定硅表面氧化层的厚度或扩散结(PN 结)的深度,或者沉积薄膜的厚度,常用下述方法:

先用磨蚀法将薄膜做出一个劈尖(或称"台阶"),以单色光近垂直地入射,由于 SiO_2 是透明介质,其上下表面反射的光在表面上就会形成干涉条纹(图 3-38(a)). 数出干涉条纹的数目 m 就可用

$$t = m\frac{\lambda}{2n}$$

算出薄膜的厚度. 如果用钠光灯做光源,它发出的黄光波长为

$$\lambda = 5893\text{Å} = 589.3\text{nm}$$

又因为 SiO_2 的折射率 $n=1.5$,因此

$$t = \frac{589.3}{2\times1.5}m \approx 0.2m(\text{nm})$$

如果实验中看到 4 个条纹,则薄膜厚度为 0.8nm. 如果薄膜本身不透明,那么可以用盖一平板玻璃(图 2-38(b))的方法,测不透明薄膜的厚度. 这时在平板玻璃和不透明薄膜的斜面之间,有一层尖劈状的空气薄层,它就是形成等厚干涉的空气"薄膜",由其上下表面反射的两束光形成的干涉条纹数目可以测厚度 t.

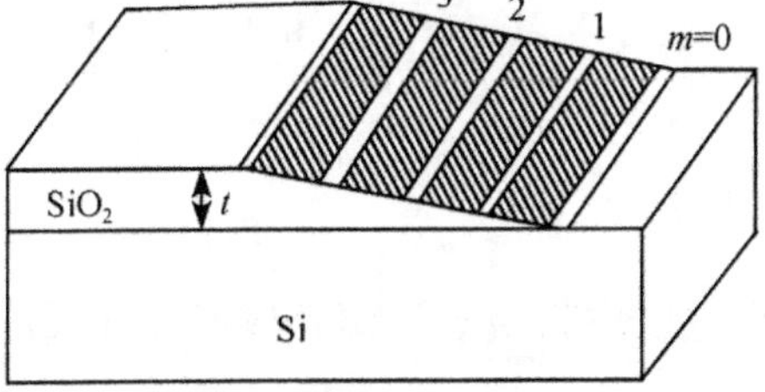

(a)

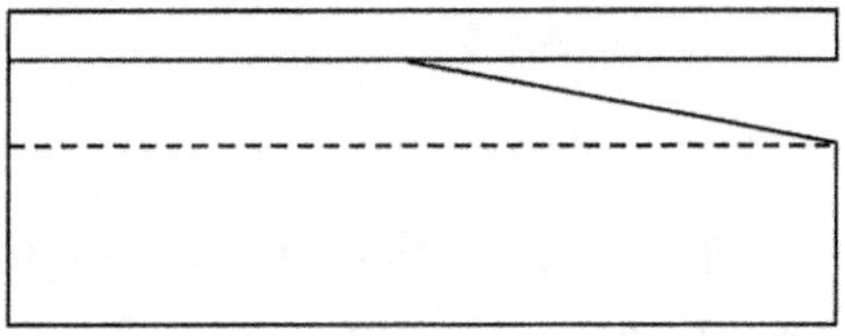

(b)

图 2-38　干涉法测微小厚度

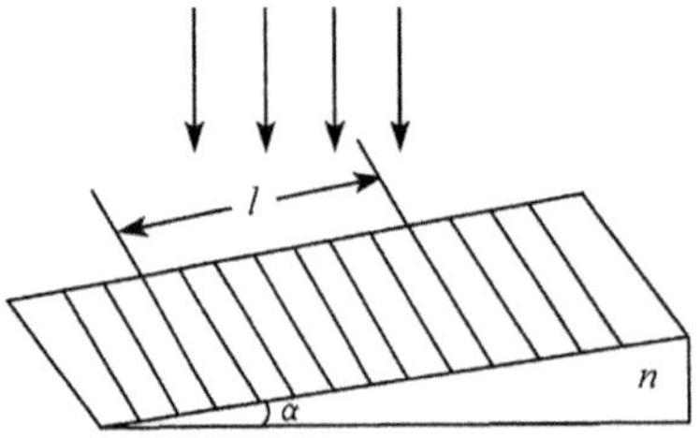

图 2-39　干涉法测得微小角度

用同样的办法可测量微小角度，下面举一实例：

设有一尖劈形玻璃板(图 2-39)，为了测定两表面的微小角度 α，我们用波长 $\lambda=5000\text{Å}$ 的绿光垂直照射在玻璃板上，观察到反射光的干涉条纹是一组明暗相间的平行条纹，如果测出 10 个条纹的宽度 $l=5.6\text{cm}$. 试求出 α 角的大小(已知玻璃折射率 $n=1.5$).

按式(2-7-3)，当 $\theta_i=0$ 时，可知两束反射光的光程差为

$$\Delta l = 2nt + \frac{\lambda}{2}$$

由式(2-8-10)可知

$$\sin\alpha = \frac{\lambda}{2n\Delta l} = \frac{10\lambda}{2nl}$$

当 α 角很小时，有

$$\alpha = \frac{10\lambda}{2nl} = \frac{10\times 5000\times 10^{-10}\text{m}}{2\times 1.5\times 5.6\times 10^{-2}\text{m}} = 3\times 10^{-5}\text{rad}$$

4. 用干涉法测量长度的微小变化

如图 2-40 所示，有一样品 W 因加热而伸长，上表面变到虚线位置，这使得玻璃平板下的空气层厚度减少 Δt，这时可以看到由平板玻璃 AB 下表面与样品 W 的上表面间的空气层所形成的干涉条纹向右移动. C 点的条纹将移动 C' 点. 从干涉条纹移动的距离可以计算出 Δt 的数值. 用此法可测定固体材料的热膨胀系数. 我们还可以盯住 C 点观察，看在升温过程中，有多少条纹经过 C 点向右移去. 若测出有 N 条条纹经过 C 点，我们同样能计算出样品 W 的伸长. 设伸长前 C 点为 m 级亮条级所在地，由式(2-8-9)C 处相应的空气层厚度为

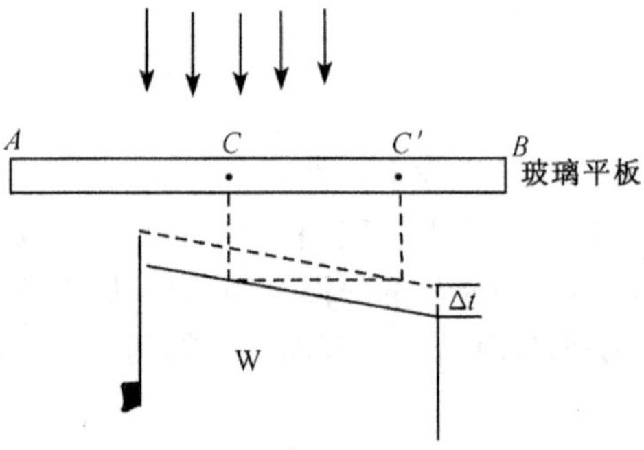

图 2-40

$$t_m = \frac{m-1/2}{2n}$$

现有 N 条亮纹经过 C 点，说明伸长后 C 点已成为 $m-N$ 级条纹所在处，故 C 点处对应的空气层厚度变为

$$t_{m-N} = \frac{m-N-1/2}{2n}$$

上面两式相减，得

$$\Delta t = t_m - t_{m-N} = N\lambda/2n$$

即样品 W 伸长长度.

2-9　迈克耳孙干涉仪

干涉仪是利用光的干涉原理制成的一种近代精密光学仪器，它在科学技术上有非常广泛的重要应用，干涉仪有许多种类，作为典型例子，这里我们只介绍迈克耳孙干涉仪，迈克耳孙干涉仪是一种典型的分振幅干涉仪，许多现代使用的干涉仪都是在它的基础上发展起来的。

图 2-41 给出了迈克耳孙干涉仪的示意图，M_1 和 M_2 是经过精密磨光的平面反射镜，其中 M_2 固定，M_1 用精密螺旋控制，可以沿轨道移动，导轨平行于镜面 M_1 的法线. G_1 与 G_2 是两块厚度和折射率都完全相同的玻璃板，两者平行放置，与两平面镜都成 45°角. 在 G_1 的背面镀有一层半透光的薄银层，使照射到 G_1 上的光线，一半反射一半透射，这样，面光源 S 发出的光线，入射到 G_1 上，折入 G_1 的光线一部分经薄银层反射后，射到 M_1 上，再经过 M_1 反射后，穿过 G_1 向 E 处传播，这路光线用(1)表示；另一部分穿过薄银层及 G_2 射向 M_2，经 M_2 反射后，再穿过 G_2 经银膜层反射后也传播到 E，这一路光线用(2)表示. 显然(1)与(2)是两束相干光，在 E 处可以看到干涉条纹，G_1 称为补偿板，它的目的是使光线(1)，(2)都能分别三次穿过等厚的玻璃板，在使用白光光源时，这种做法是必不可少的，否则会因为玻璃的色散引起不同波长的光在 E 处具有不同的光程差。

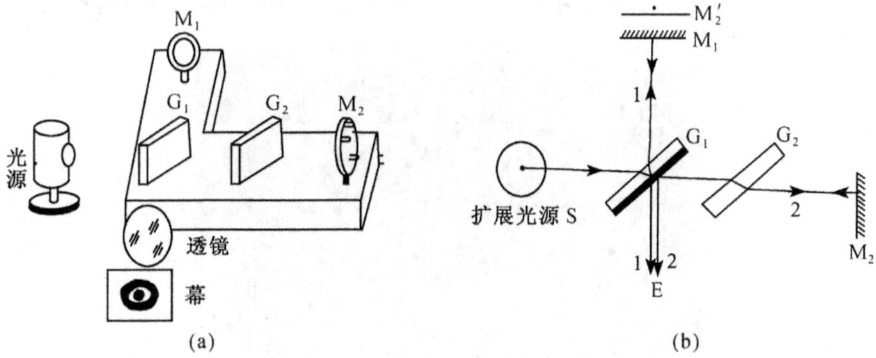

图 2-41　迈克耳孙干涉仪

设 M_2' 是半反射薄银层造成的 M_2 的虚像，由 M_2' 与 M_2 的对称性可知，光束(1)、(2)的实际光程差，同假设(2)是由同一入射光束在 M_2' 上反射后得到所计算的光程差结果一致，所以在干涉仪中产生的干涉条纹雷同于以 M_1、M_2' 为上下表面的空气层的薄膜干涉，当 M_1 与 M_2 严格垂直时，我们将观察等倾条纹；若 M_1 与 M_2 不严格垂直时，在视场中会看到近似平行的等厚干涉条纹(图 2-42). 根据薄膜干涉的光程差公式(注意现在入射角 θ_i 等于折射角 θ_r)，光束(1)，(2)的光程差为

$$\Delta l = 2t\cos\theta_i \tag{2-9-1}$$

代入光程差判据可得，等倾干涉条纹的第 m 级亮圆环应满足

$$2t\cos\theta_i = m\lambda$$

显然，越靠近圆心的亮环相应的 θ_i 越小，级次就越大，最大的级数为

$$m_{max} = 2t/\lambda \tag{2-9-2}$$

由上式可知，每当 t 增大半个波长时，m_{max} 增大一个数目，好像从中心吐出一个亮圆环，数出从中央吐出的亮环数目 N，就可以算出 M_2 平移的距离

$$\Delta t = N\lambda/2 \tag{2-9-3}$$

式(2-9-3)表明，若已知入射光的波长，用迈克耳孙干涉仪可以精确测定长度；反之，也可以通过测定平移距离来测量波长. 通过光的干涉测出的长度精确度至少与波长同数量级($\sim 10^{-7}$m). 迈克耳孙曾用自己的干涉仪测定了红镉线的波长，同时也用红镉线的波长作为单位，表出标准米的长度，结果是，在温度为 15℃和压强为 760mmHg(101325Pa)时，红镉线在干燥空气中的波长和标准米的长度分别为

$$\lambda_0 = 643.84696\text{nm}, \qquad 1\text{m} = 1553164.13\lambda_0$$

后因发现氪 ^{86}Kr 的橙色光谱线具有更好的单色性，在同上环境下，这条谱线波长为 $\lambda'_D = 605.7802105$nm。1983 年之前国际上曾规定用该波长定义国际标准米

$$1\text{m} = 1650763.73\lambda'_D$$

由于光速和时间的测量精度越来越高，1983 年第 17 届国际计量大会对标准米做了新的规定：1m 等于真空中，光在 1/299792458s 时间间隔内传播的距离。

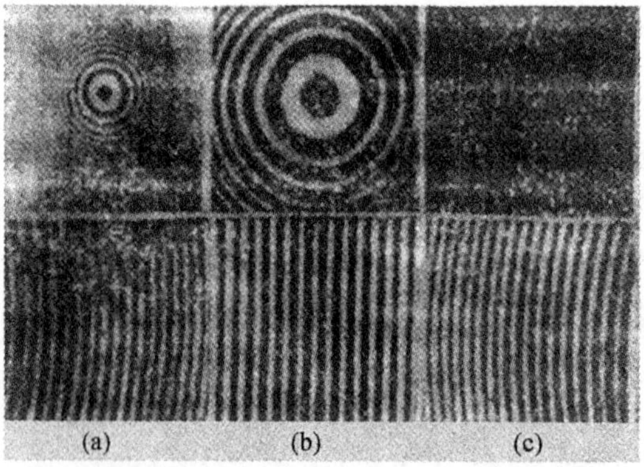

图 2-42 迈克耳孙干涉仪产生的各类干涉图

迈克耳孙干涉仪不仅可用来精确测定波长，还能测量波长接近的两种光谱的波长差. 在实际测量光源的光谱线时，常会遇到一些双线结构. 例如钠黄光是由

$\lambda_1=5890\text{Å}$ 和 $\lambda_2=5896\text{Å}$,两条谱线组成;水银光谱中也有一对黄色双线,$\lambda_1=5770\text{Å}$ 和 $\lambda_2=5791\text{Å}$. 因此,测量两种很接近的波长的波长差有着实际的意义.

为简单起见,假定迈克耳孙干涉仪中两臂光强相等. 当单色光入射时,由基本公式(2-5-5)可知,两束相干光叠加后强度随光程差的变化为

$$I(\Delta l)=I_0[1+\cos(k\Delta l)] \tag{2-9-4}$$

这里 $k=\dfrac{2\pi}{\lambda}$,$\dfrac{I_0}{2}$为每束相干光的光强.

如果用具有双线光谱的光源(如钠光灯)照明时,每条谱线产生的干涉强度分布为

$$\left.\begin{aligned} I_1(\Delta l)&=I_{10}[1+\cos(k_1\Delta l)], \qquad k_1=\frac{2\pi}{\lambda_1}\\ I_2(\Delta l)&=I_{20}[1+\cos(k_2\Delta l)], \qquad k_2=\frac{2\pi}{\lambda_2}\end{aligned}\right\}$$

λ_1,λ_2 是双线结构的波长. 进一步设 $I_{10}=I_{20}=I_0$(两谱线光强相等),总强度是它们的非相干叠加

$$\begin{aligned} I(\Delta l)&=I_1(\Delta l)+I_2(\Delta l)\\ &=I_0[2+\cos(k_1\Delta l)+\cos(k_2\Delta l)]\\ &=2I_0\left[1+\cos\left(\frac{\Delta k}{2}\Delta l\right)\cos(\bar{k}\Delta l)\right] \end{aligned} \tag{2-9-5}$$

式中 $\bar{k}=(k_1+k_2)/2$,$\Delta k=k_1-k_2\ll k$,由此可得反衬度

$$\gamma(\Delta l)=\left|\cos\left(\frac{\Delta k}{2}\Delta l\right)\right| \tag{2-9-6}$$

由式(2-9-6)可知,当双线光谱的光入射迈克耳孙干涉仪时,干涉条纹的反衬度将随着光程差的改变做周期性的变化. 若将 M_1 沿导轨平移时,由于光程差随之变化,反衬度时大时小,干涉条纹的清晰度也在不断变化.

我们可以这样来测量两个很接近波长的波长差,设开始时两臂等光程(或光程差很小). 移动 M_1 设法得到一个清晰的干涉图样(条纹间距较宽),这时反衬度约为 1,设这时两束相干光的光程差为 Δl_1. 继续移动 M_1 条纹将逐渐变模糊直到消失. 如果继续沿同一方向移动 M_1,干涉条纹又逐渐清晰起来. 当条纹又一次变得最清晰,设此时两束相干光的光程差为 Δl_2. 显然,使干涉条纹两次变得清晰 M_1 移动的距离正好等于空气层厚度的改变量 Δt. 由式(2-9-1)可知

$$\Delta l_2-\Delta l_1=2\Delta t$$

由于 Δl_1、Δl_2是两次相邻的使干涉条纹最清晰的光程差,由式(2-9-6)可知,Δl_2、Δl_1 应满足

$$\frac{\Delta k}{2}\Delta l_2=(m+1)\pi, \quad \frac{\Delta k}{2}\Delta l_1=m\pi \qquad (m\ \text{为某一整数})$$

代入上式,有

$$\Delta t=\frac{\pi}{\Delta k} \tag{2-9-7}$$

因为

$$\begin{aligned}\Delta k &= k_1-k_2=\frac{2\pi}{\lambda_1}-\frac{2\pi}{\lambda_2}\\ &=2\pi\frac{\lambda_2-\lambda_1}{\lambda_1\lambda_2}\approx 2\pi\frac{\Delta\lambda}{\bar{\lambda}^2}\end{aligned} \tag{2-9-8}$$

式中 $\Delta\lambda=\lambda_1-\lambda_2$,$\Delta\lambda\ll\lambda_1\approx\lambda_2\approx\bar{\lambda}$(平均波长).将式(2-9-8)代入式(2-9-7)可得

$$\Delta t=\frac{\bar{\lambda}^2}{2\Delta\lambda} \tag{2-9-9}$$

只要测出 Δt,已知 $\bar{\lambda}$,就能由上式求出两波长的波长差 $\Delta\lambda$. 当然,Δt 也可以是使得干涉条纹相继两次反衬度最小时 M_1 移动的距离. 这时式(2-9-9)仍然成立.

例 钠黄光由两条谱线组成,其平均波长为 5893Å,用它作迈克耳孙干涉仪的光源. 连续移动一臂中的反射镜,同时观察条纹可见度的周期性变化,数得在相继两次反衬度最小之间共“吐出”982 个条纹. 求:

(1) 在可见度变化的一个周期内,反射镜移动的距离;(2)两谱线的波长差.

解 (1) 由式(2-9-3)可知

$$\Delta t_0=N\frac{\lambda}{2}\approx N\frac{\bar{\lambda}}{2}=982\times 5893\text{Å}=0.289\text{mm}$$

(2) 利用公式(2-9-9),得

$$\Delta\lambda=\frac{\bar{\lambda}^2}{2\Delta t}=\frac{(5893\text{Å})^2}{2\times 2.89\times 10^6\text{Å}}=6.00\text{Å}$$

*2-10 光波的时间相干性与光源的非单色性对干涉条纹的影响

从理论上讲,严格的单色光是无穷长的简谐波. 这样的光波叠加时,可在任意光程差的情况下实现光的干涉. 但因为原子每次发光的持续时间 τ_0 有限,或者说每次发射的波列长 l_c 有限,所以实际光源发出的光不是无限长的简谐波,而是一系列断续的波列. 不同的波列之间没有固定的相位关系,因而是不相干的. 这种有限长度的波列组成的光叠加时能否实现干涉,就要看光程差的大小了. 下面我们以图 2-43 所示的迈克耳孙干涉仪的光路来说明这个问题.

光源先后发出的两个波列 a 和 b,长度 l_c. 每个波列都被分束板 G_1 分解为 1、2 两列波,分别从 M_1、M_2 反射回来后在 E 点相遇. a 和 b 之间没有固定的相位关系,

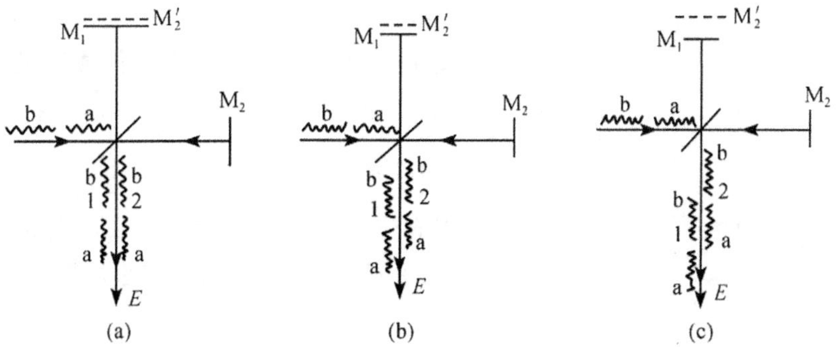

图 2-43 长度有限的波列相加

因而由不同波列分解出来的波列之间也没有固定的相位关系. 当两路光程差 $\Delta l=0$ 时(图 2-43(a)),则在 E 处相遇的完全是从同一波列分解出来的两波列,这时两束光相干叠加的干涉条纹最清晰,我们称之为完全相干叠加;当光程差 Δl 小于波列长(l_c)时(图 2-43(b)),则 E 处相遇的两束光在部分时间内可能来自同一波列,因而是相干叠加,但另一段时间内则是来自不同波列,即非相干叠加,因此屏上观察到的干涉条纹反衬度下降,称为部分相干叠加;若 $\Delta l>l_c$,则在 E 处相遇的两束光总是来自不同的波列,屏上不会形成干涉条纹,称为完全不相干叠加. 因此波列长度 l_c 通常被定义为**相干长度**.

我们又把光通过相干长度所需要的时间称为**相干时间**. 因为 $l_c=\tau_0 c$,所以相干时间也等于原子的发光时间. c 为真空中的光速.

显然由一点光源在相干时间 τ_0 内不同时刻发出的光,经过不同的路径到达干涉场(例如,上面迈克耳孙干涉仪中的 E 点)将产生干涉,否则将不会产生干涉. 光的这种特性称为**时间相干性**.

光源发出的波列越长,即相干时间越长,两波列相互重叠的可能性就越大,干涉条纹越清晰,我们就说时间相干性越好. 时间相干性的好坏可由相干时间或相干长度来标志.

在 2-12 节中我们将证明,对实际光波的两种说法——"光是由有限长的波列组成"和"光是非单色的"完全是等效的. 它们是光源同一性质的不同表述. 上面我们已从光是一系列的波列组成说明了光波的时间相干性. 那么如果换个角度,从光的非单色性来看,它将如何影响干涉条纹呢?

其实在讨论杨氏双缝干涉和薄膜干涉时,我们已经讨论过这个问题. 在那里我们已经知道,若光源发出的是非单色光,则当两束相干光的光程差大于最大光程差 Δl_{max} 时将看不到干涉条纹. 由式(2-5-8)可知,最大光程差 $\Delta l_{max}=\dfrac{\lambda^2}{\Delta\lambda}$.

下面以迈克耳孙干涉仪为例,再进一步讨论光源的非单色性对干涉条纹的反

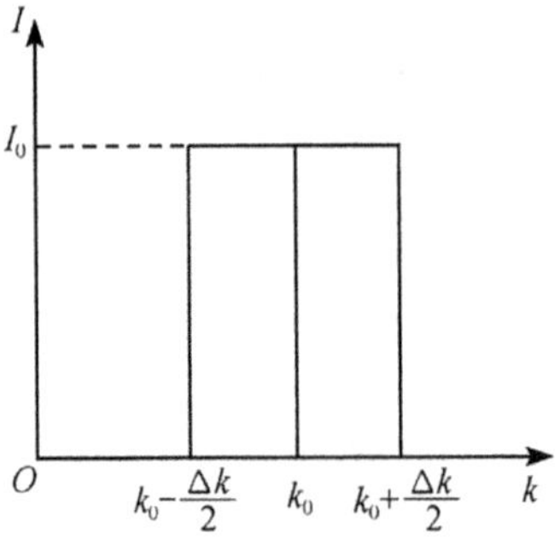

图 2-44　Δk 范围内各光谱成分的强度相等

衬度的影响.

假设光源的光谱宽度为 $\Delta\lambda$. 为简单起见,假设在 $\Delta\lambda$ 内各个波长的强度相等,或者以波数 k 表示(为了下面计算方便),在 $k=k_0\pm\frac{\Delta k}{2}$范围内不同波数的光谱成分的强度相等(图 2-44). 因此,根据式(2-9-4),元波数宽度 $\mathrm{d}k$ 内的光在干涉仪中产生的光强分布为

$$\mathrm{d}I=2I_0\mathrm{d}k[1+\cos(k\Delta l)]$$

式中,I_0 表示光强度的光谱分布(谱密度),在现在的假设条件下,它是常数. $I_0\mathrm{d}k$ 则是一束光的 $\mathrm{d}k$ 元宽度内的强度. 因为不同光谱成分是不相干的,它们叠加时强度相加,因此 Δk 宽度内各个光谱成分产生的总光强可由积分计算

$$I=\int_{k_0-\frac{\Delta k}{2}}^{k_0+\frac{\Delta k}{2}}2I_0[1+\cos(k\Delta l)]\mathrm{d}k=2I_0\Delta k\left[1+\frac{\sin(\Delta k\Delta l/2)}{\Delta k\Delta l/2}\cos(k_0\Delta l)\right] \tag{2-10-1}$$

上式第一项是常数,表示干涉场的平均光强;第二项随光程差 Δl 增大而变化,但变化的幅度越来越小,如图 2-45(a)所示. 由式(2-10-1)可以得到条纹的反衬度为

$$\gamma(\Delta l)=\left|\frac{\sin(\Delta k\Delta l/2)}{\Delta k\Delta l/2}\right| \tag{2-10-2}$$

上式表明,当 Δl 由 0 增到下列最大值:

$$\Delta l_{\max}=\frac{2\pi}{\Delta k}=\frac{\lambda^2}{|\Delta\lambda|} \tag{2-10-3}$$

时,反衬度单调下降到 0(图 2-45(b)). $\Delta l_{\max}$称为最大光程差. 超过此限度,干涉条纹已基本上不可见.

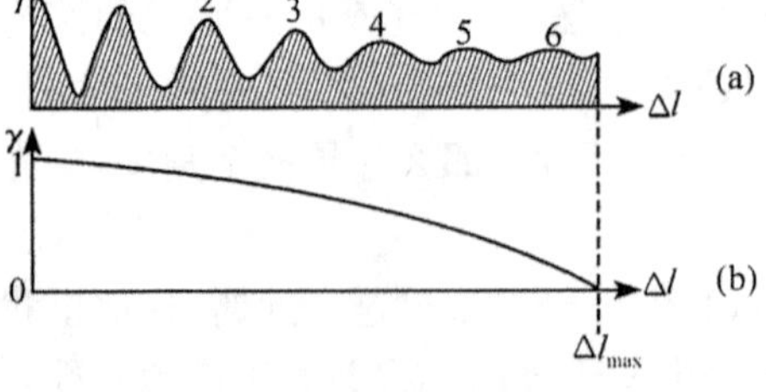

图 2-45

光源的非单色性会使得干涉条纹的反衬度下降的理由其实也很简单,因为 $\Delta\lambda$ 范围内的每一种波长的光都各自生成一组干涉条纹级,且各组条纹除零干涉级外,相互间均有位移,各组条纹交错重叠,非相干叠加的结果使干涉条纹的对比度下降.

我们在 2-12 节中将看到,波列长和光波的非单色性之间存在着内在联系,即

$$l_c = \lambda^2/\Delta\lambda$$

将上式与式(2-10-3)对比可知，相干长度(即波列长度)数量级正好与最大光程差相同. 这说明利用"波列是有限长的"和"光是非单色性的"两种概念来讨论问题完全是等效的. 是对光源同一发光特性的两种不同描述，当我们从空间域看问题时，称光波是有限长的波列；当我们从频率域看问题时，称光波是非单色的. 所以，最大光程差也可以作为光场时间相干性的尺度，光源的光谱宽度越大，最大光程差越小，光场的时间相干性越差.

光场的时间相干性及前面讲的空间相干性其根源都在于实际干涉装置中相干叠加成分与非相干叠加成分共存，从同一点光源发出的同一波列分出来的光波相遇是相干叠加，否则是非相干叠加. 一旦非相干叠加成分掩盖了相干叠加成分，干涉现象就不显现了，这时反衬度为零.

2-11　多光束干涉，法布里-珀罗干涉仪及光学薄膜

前面讨论的干涉现象，都是两束光的干涉，从两束光干涉的光强公式(2-4-3)可见，光强是按 $\cos\delta$ 的关系随相位差 δ 缓慢变化. 从干涉极大过渡到极小，光强的变化是平稳的、缓和的(图 2-52(a))，以致在干涉图样上难于确定最大值的位置，所以双光束干涉条纹比较模糊. 而对干涉的实际应用来说，最好是亮条纹很细很窄，亮条纹之间被暗的间隔分开. 利用多束光的干涉可以达到这一目的. 所谓多束光在这里是指一组彼此平行的光束，而且任意相邻两束光的光程差(或相位差)是相同的. **多光束干涉**就是指这样的一组光束的相干叠加.

一、平行平面薄膜的多光束干涉

要获得这种多束光并不难，实际上，在光照射平面平行板情况下，严格说来，得到的反射光就是多束光. 因为入射光在薄膜上下表面之间是经过多次反射、透射的，所以反射光不只(1)和(2)两条，而是很多条(图 2-46). 当然也不可能太多. 因为每反射透射一次光就被分成反射光和透射光两部分，每一部分都比原来的光减弱. 所以反射光束(1)，(2)，(3)，(4)，…一条比一条弱. 例如：设反射系数为 0.05，即只有 5%的光被反射，而 95%的入射光都透射了. 那么光束(1)的强度为入射光强的 5%，光束(2)的强度为入射光的 4.5%，而光(3)仅只 0.01%左右了. 所以我们在处理薄膜干涉问题时，近似地只考虑(1)，(2)两束光的干涉. 但是，如果采用适当措施，增大上下

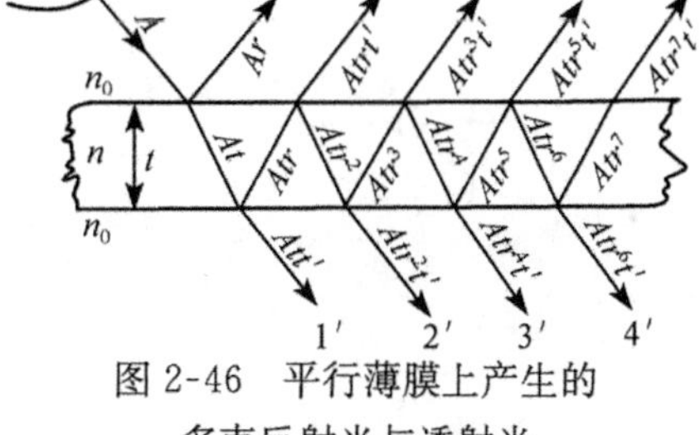

图 2-46　平行薄膜上产生的多束反射光与透射光

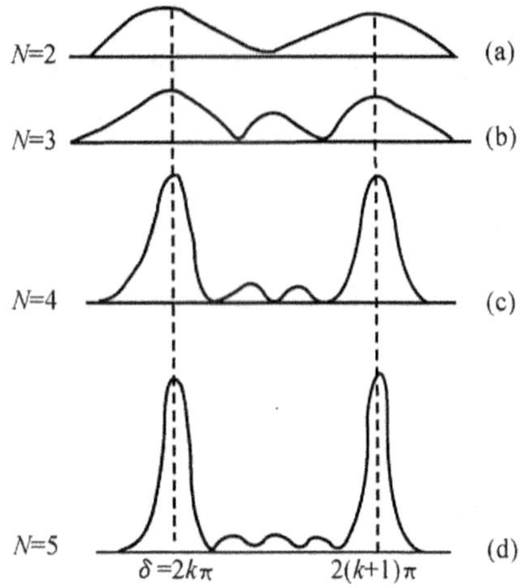

图 2-47　双光束与多光束干涉光强分布曲线对比

表面的反射系数，我们就能获得比较理想的多光束，这些光线的强度彼此近似相等.

用多光束干涉形成的干涉条纹比两光束干涉有很大区别. 这时干涉图样中，从极大到极小的过渡不再是平稳的，而是很急剧地下降. 互相干涉的光束越多，这一强度下降越陡(图 2-47)，这表示亮条纹很细锐，条纹很清晰.

现在先来定性地说明，为什么多光束的条纹比较细锐. 多光束的干涉问题，也就是多个简谐振动的合成问题. 我们可用矢量图法分别求双束光和八束光干涉时，合振幅(因而光强)随相位差 δ 的变化情况，看有何不同.

(1) 假定两相邻光束的相位差 $\delta=2m\pi$，即同相位情况，这时不论是双光束还是八束光，都得到干涉极大. 这点从矢量图上很容易看出，合矢量就简单地是分矢量的长度相加，显然这一合振幅是合成时的最大可能值(图 2-48(a)).

(2) 当 δ 稍偏离 $2m\pi$ 值时，如 $\delta=2m\pi+\varepsilon$，干涉光强就比极大值小了. 从矢量图上看，就是合振幅变得比 $\delta=2m\pi$(同相位)情况减小(图 2-48(b))，这无论对双光束还是八光束的干涉都是对的，但由图可见，八束光情况下，合振幅减少得更厉害(相比于各自的干涉极大值而言). 显然，光束数目越多，即分振动矢量个数越多，则这些矢量组成的折线也卷折得更严重，从而合振动也减小得越多，这就说明为什么多光束干涉时，光强随 δ 的变化来得剧烈，即光强分布曲线比较陡. 为什么在多光束干涉时，各分振动的相互削弱作用强烈？是因为多光束情况下，尽管相邻两束相位差可能很小，但相隔较远的两束，其相位差仍然很大，相互削弱作用自然就大了.

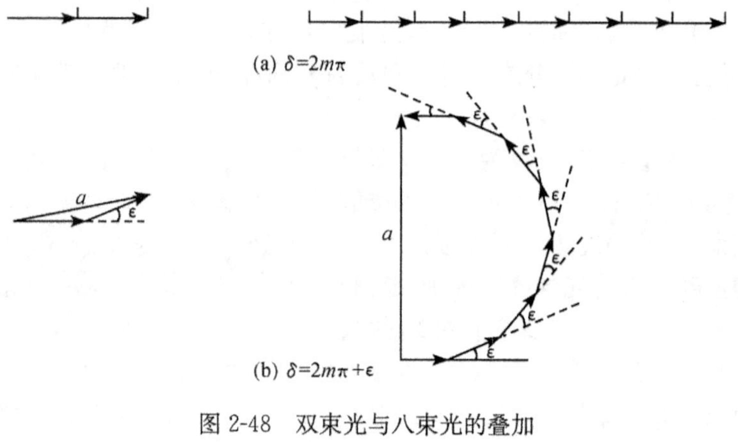

图 2-48　双束光与八束光的叠加

现在我们再来定量地计算一下，扩展光源照射平行平面薄膜产生的多光束干涉场的光强分布. 如图 2-46 所示，这时的干涉场定域在无穷远处，或透镜的焦平面上.

假设光束从周围介质射入薄膜内时，振幅反射系数为 r，振幅透射系数为 t；从薄膜内射出时相应的系数为 r'，t'并设入射光的振幅为 A，则从薄膜反射回来的各光束的振幅依次为

$$rA, Att'r', Att'r'^3, Att'r'^5, \cdots$$

从薄膜透射出来的各光束的振幅依次为

$$Att', Att'r'^2, Att'r'^4, Att'r'^6, \cdots$$

为了计算反射光和透射光的总振幅，我们必须分析各光束间的光程差和相位差. 在膜的上下表面平行的情况下，上述两系列光束中每对相邻光线之间的光程差都相等. 不考虑半波损失的情况下，光程差为

$$\Delta l = 2nt\cos\theta_r$$

式中 t 为膜的厚度，n 为膜的折射率，θ_r 为光线在膜内的倾角. 此外还需要考虑半波损失的问题. 在薄膜上下介质的折射率相同的情况下，根据第 2-7 节中给出的原则可以看出，除了反射光线 1 和 2 之外，任何其他相邻光线间都没有因半波损失引起的附加光程差. 在没有这一附加光程差的情况下，每条光线的相位比前一条光线落后

$$\delta = \frac{2\pi}{\lambda}\Delta l = \frac{4\pi nt\cos\theta_r}{\lambda} \tag{2-11-1}$$

根据以上关于各光束的振幅和相位差的分析，我们可以写出各反射光和透射光的复振幅来

反射光束

$$\left.\begin{aligned} \widetilde{E}_1 &= Ar \\ \widetilde{E}_2 &= Att'r'e^{i\delta} \\ \widetilde{E}_3 &= Att'r'^3e^{2i\delta} \\ &\cdots\cdots \end{aligned}\right\} \tag{2-11-2a}$$

透射光束

$$\left.\begin{aligned} \widetilde{E}'_1 &= Att' \\ \widetilde{E}'_2 &= Att'r'^2e^{i\delta} \\ \widetilde{E}'_3 &= Att'r'^4e^{2i\delta} \\ &\cdots\cdots \end{aligned}\right\} \tag{2-11-2b}$$

在反射光束复振幅的表达式中负号来自半波损. 反射光和透射光的总振幅和光强为

$$\left.\begin{aligned}\widetilde{E}_R &= \sum_{j=1}^{\infty}\widetilde{E}_j \\ \widetilde{E}_T &= \sum_{j=1}^{\infty}\widetilde{E}_j\end{aligned}\right\} \tag{2-11-3a}$$

$$\left.\begin{aligned}I_R &= \widetilde{E}_R\widetilde{E}_R^* \\ I_T &= \widetilde{E}_T\widetilde{E}_T^*\end{aligned}\right\} \tag{2-11-3b}$$

由于薄膜上、下介质折射率相同，同时入射光、反射光、透射光三光束的横截面积也相同，这时，光功率守恒会导致光强守恒

$$I_R + I_T = I_0$$

式中 $I_0 = A^2$ 为入射光强. 因此我们只需在 I_R 和 I_T 中先算出一个来，另一个用减法即可得到. 下面先算 $\widetilde{E}_T$ 和 I_T. 将式(2-11-2a)代入式(2-11-3)，得

$$\widetilde{E}_T = Att'(1 + r'^2 e^{i\delta} + r'^4 e^{2i\delta} + \cdots)$$

这是一个等比级数，其首项为 Att'，公比为 $r'^2 e^{i\delta}$，无穷等比级数的公式告诉我们

$$\text{级数和} = \frac{\text{首项}}{1 - \text{公比}}$$

故

$$\widetilde{E}_T = \frac{Att'}{1 - r'^2 e^{i\delta}} \tag{2-11-4}$$

因此

$$\begin{aligned}I_T &= \widetilde{E}_T\widetilde{E}_T^* \\ &= \frac{A^2(tt')^2}{(1 - r'^2 e^{-i\delta})(1 - r'^2 e^{i\delta})} \\ &= \frac{I_0(tt')^2}{1 - 2r'^2\cos\delta + r'^4}\end{aligned} \tag{2-11-5}$$

由斯托克斯的倒逆关系(见本章附录)可知，在薄膜两侧介质折射率相同的情形下，r, r' 和 t, t' 之间有如下关系：

$$r = -r', \quad r^2 + tt' = 1 \tag{2-11-6}$$

将上式代入式(2-11-5)，得

$$I_T = \frac{I_0(1 - r^2)^2}{1 - 2r^2\cos\delta + r^4}$$

用光强反射率 $R = r^2$ 来表示，透射光强最后可写为

$$I_T = \frac{I_0}{1 + \frac{4R\sin^2(\delta/2)}{(1-R)^2}} = \frac{I_0}{1 + F\sin^2(\delta/2)} \tag{2-11-7}$$

反射光强为

$$I_R = I_0 - I_T = \frac{I_0}{1 + \frac{(1-R)^2}{4R\sin^2(\delta/2)}} = \frac{I_0}{1 + \frac{1}{F\sin^2(\delta/2)}} \tag{2-11-8}$$

式中 $F=\frac{4R}{(1-R)^2}$ 称为精细度系数，它与条纹的精细度有关(见后面讨论).

图 2-49 中给出不同 R 值的 I_T-δ 曲线，如果纵坐标倒过来从上往下看，就是 $I_R=I_0-I_T$ 与 δ 的曲线.

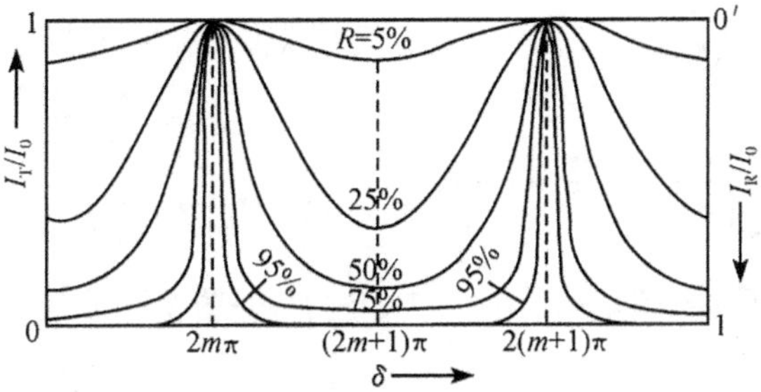

图 2-49 多光束干涉强度分布曲线

式(2-11-7)和式(2-11-8)以及图 2-49 中的曲线都表明 I_T 和 I_R 随 R 和 δ 而变，在特定 R 的情况下，则仅随 δ 而变，因为

$$\delta=\frac{4\pi nt\cos\theta_r}{\lambda}$$

所以单色光入射时光强只与光束倾角有关. 倾角 θ_r 相同的光束形成同一条纹，这正是等倾条纹的特征，因此，平行平面薄膜上产生的多光束干涉也可称多光束等倾干涉，干涉条纹称等倾条纹. 由式(2-11-7)和式(2-11-8)还可求出，当 $\delta=2m\pi$ 时，I_R 为极小值，I_T 为极大值. 所以反射光强的地方透射光弱，反射光弱的地方透射光强，两者的干涉花样是互补的.

由图 2-49 还可以看出，当 R 增大时，透射光的强度分布曲线变得很陡，当 δ 稍偏离 $2m\pi$，I_T 便从极大值急剧下降. 当 $R\to 1$ 时，透射光干涉图样是由在几乎全黑的背景上的一组很细的亮条纹所组成. 而反射光干涉图样和透射光干涉图样互补，是由在均匀明亮背景上的很细的暗条纹组成，这些暗条纹不如透射光图样中暗背景上的亮条纹看起来清楚，所以在实际应用中都采用透射光的干涉条纹.

R 增大，使强度曲线变陡的原因是，R 的增大意味着无穷系列中后面的光束的作用越来越不可忽视，从而参加到干涉效应里来的光束数目越来越多，其后果是使干涉条纹的锐度变大，这正是多光束干涉最显著和最重要的特征.

为了表示多光束干涉条纹的明锐这一特点，仅用条纹的反衬度这个量已经不够，还需要引入描述条纹锐度的物理量. 条纹的锐度可以用条纹的**相位差半值宽度**来描述，所谓相位差半值宽度就是指条纹中强度等于峰值一半的两点间的相位差距离，记为 $\Delta\delta$(图 2-50). 对于第 m 级条纹，两个半值强度点对应的相位差为

$$\delta=2m\pi\pm\frac{\Delta\delta}{2}$$

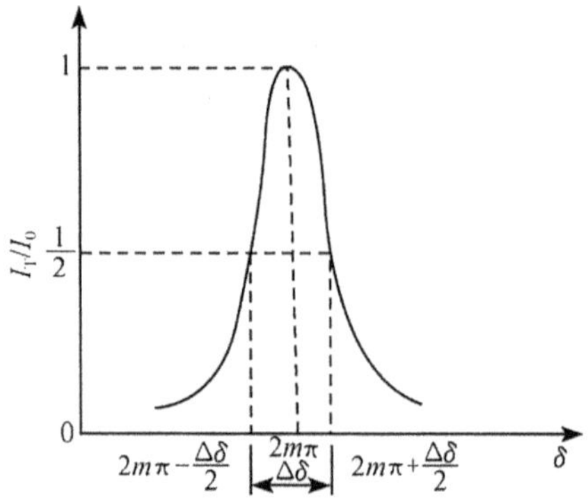

图 2-50　条纹的相位差半值宽度图示

把它们代入式(2-11-7)，得到

$$\frac{1}{1+F\sin^2(\Delta\delta/4)}=\frac{1}{2}$$

因为 $\Delta\delta$ 很小，有 $\sin(\Delta\delta/4)\approx\frac{\Delta\delta}{4}$，代入上式立即可以得到条纹的相位差半值宽度

$$\Delta\delta=\frac{4}{\sqrt{F}}=\frac{2(1-R)}{\sqrt{R}}\qquad(2\text{-}11\text{-}9)$$

当 $R\to1$ 时 $\Delta\delta$ 将趋于零，条纹将变的极细.

二、法布里-珀罗干涉仪

实现多光束干涉的主要仪器就是法布里-珀罗干涉仪(简称 F-P 干涉仪). 这种仪器由两块互相平行的平面玻璃板或石英板 G_1、G_2 组成(图 2-51)；两板的内表面镀一层银或铝膜，或多层介质膜，以提高表面的反射率. 为了使相邻光束的程差 Δl 准确地保持相同，相对的两个镀膜表面必须精确到和理想几何平面的偏差不超过 1/20 到 1/100 个波长. 同时两表面应严格保持平行. 这两个具有很高反射率的表面之间的空气层就是借以产生多光束干涉的平行平面薄膜. G_1、G_2 的外侧表面也要很平，但和内侧镀膜的表面不能严格平

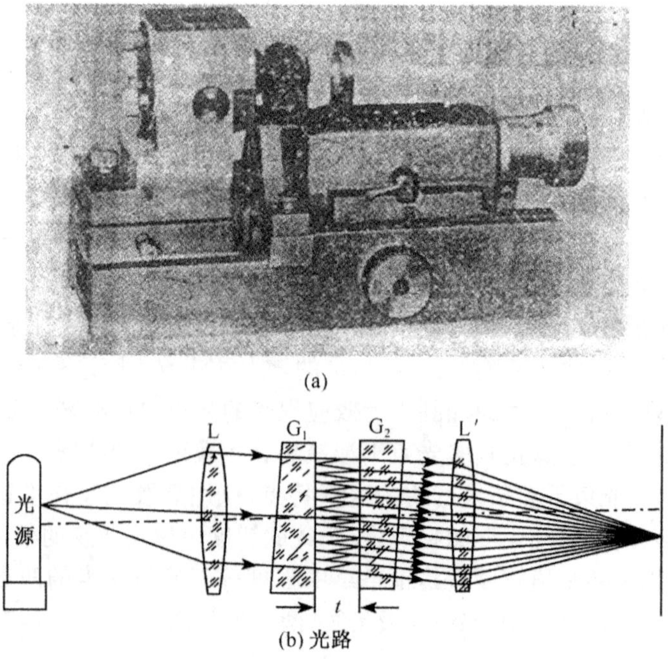

(a)

(b) 光路

图 2-51　法布里-珀罗干涉仪简图

行，应构成一个不大的角度．否则平行玻璃板本身也是一个薄膜，它也会形成第二组多光束干涉条纹，这第二组干涉条纹会叠加在第一组上，破坏了原来的干涉条纹．

两块板中的一块固定不动，另一块则安置在一个跨在精制轨道上的承座上，可以用微动螺旋来移动它以调节空气层的厚度．但是，这种结构仍很难保证两板之间的严格平行，所以常常采用另一种结构形式，即在两板间放置用铟钢制成的空心的圆柱形间隔器，使两板间的距离固定不变，这种空气层厚度固定的法布里-珀罗干涉仪通常称为法布里-珀罗标准具．

由法布里-珀罗干涉仪产生的是多光束等倾干涉条纹，其原理如图 2-51(b)所示．面光源 S 置于透镜 L_1 的前焦面上，其上任一点 P 发出的光束经过透镜 L_1 后，变成平行光照射到 G_1 上每一束平行光在空气薄膜内经多次反射后分裂成一组透射的平行光，会聚在透镜 L_2 的后焦面上某一点 P'．这样在 L_2 的后焦面上就形成了一组同心圆环形的等倾干涉条纹．

图 2-52(b)就是这种同心圆条纹的照片．与迈克耳孙干涉仪产生的两光束等倾干涉条纹(图 2-52(a))比较，可见法布里-珀罗干涉仪产生的条纹要精细得多．

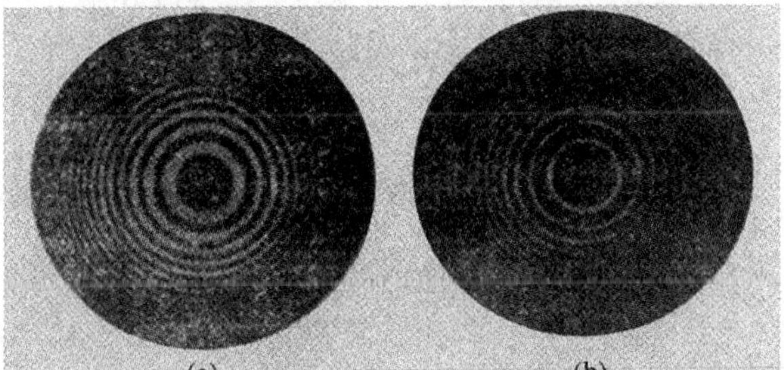

(a)　　(b)

图 2-52　法布里-珀罗干涉仪条纹与迈克耳孙干涉仪的比较

三、法布里-珀罗干涉仪的应用

1. 研究光谱线的超精细结构

由于法布里-珀罗干涉仪的条纹很细，这首先使我们有可能更精密地测定它们的确切位置，因此这种干涉仪常用来测量波长相差非常小的两条光谱线的波长差，即光谱学中所谓超精细结构．

设想入射光中包含两个十分接近的波长 λ 和 $\lambda'=\lambda+\delta\lambda$，它们产生的等倾干涉条纹如图 2-53 和图 2-54 所示，具有稍微不同的半径．如果每根干涉条纹的宽度较大，而 λ 与 λ' 的同级条纹又相距太近，则两个波长的干涉条纹就会重叠在一起使我们无法分辨，法布里-珀罗干涉仪条纹的细锐对提高谱线分辨本领是极为有利的因素．现在我们来计算一下它的色分辨本领，为此先介绍一些参量．

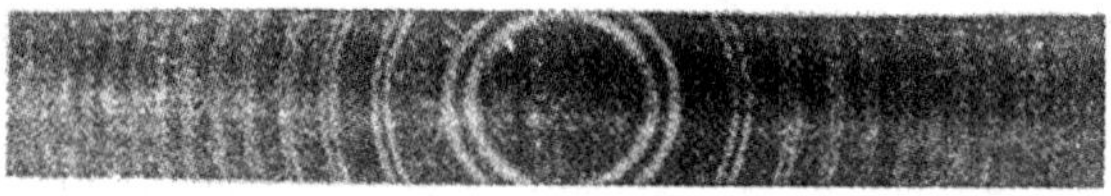

图 2-53 双谱线形成的法布里-珀罗干涉条纹

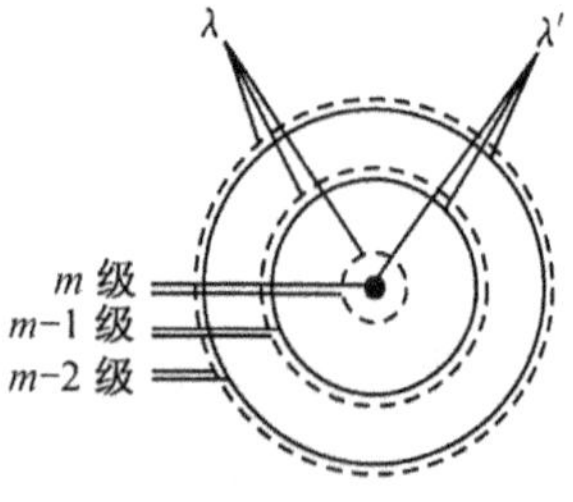

图 2-54 法布里-珀罗干涉仪的色分辨本领

1）等倾条纹半角宽

上面曾讲过干涉条纹的细锐程度可用相位差半值宽度来描述. 按式(2-11-1)相位差 $\delta=4\pi nt\ \dfrac{\cos\theta_r}{\lambda}$，它是多种因素的综合. 在多光束干涉装置中，折射率 n 和间隔 t 一般是不变的，因此影响 δ 值变化的因素有二个，即倾角 θ_r 和波长 λ. 如果以单色的扩展光源照明，则 λ 固定，但有各种可能的倾角. 在某些特定的方向(设倾角为 θ_r^m)上出现干涉极强，θ_r^m 称为 m 级亮条纹的角位置. 当倾角在 θ_r^m 附近变化时，相位差 δ 相应变化，从而引起光强的变化. 我们把产生相应的相位差半值宽度 $\Delta\delta$ 的倾角范围 $\Delta\theta_r$ 称为干涉条纹的半角宽(或称角宽度). 它比 $\Delta\delta$ 更直接地反映条纹的细锐程度. 为求 $\Delta\theta_r$，可对固定的 n、t、λ 取 δ 因 θ_r 引起的微分

$$d\delta=-4\pi nt\sin\theta_r d\theta_r/\lambda$$

令 $d\delta=\Delta\delta=\dfrac{2(1-R)}{R}$，取 $\theta_r=\theta_r^m$，把 $d\theta_r$ 写成 $\Delta\theta_r^m$，表示第 m 级亮纹的角宽度，得

$$\Delta\theta_r^m=\frac{\lambda(1-R)}{2\pi nt\sin\theta_r\sqrt{R}} \tag{2-11-10}$$

因只考虑大小，所以略去上面的负号不写. 由式(2-11-10)可以看出当反射率 R 值及间隔 t 值增大时，条纹变得更细锐.

2）两谱线的角距离

由式(2-11-1)可知，波长为 λ 和 λ' 的光的第 m 级亮条纹的角位置分别满足下列条件：

$$\left.\begin{aligned}2nt\cos\theta_r^m&=m\lambda\\2nt\cos\theta_r^{m\prime}&=m(\lambda+\delta\lambda)\end{aligned}\right\}$$

上面两式相减，得

$$m\delta\lambda=2nt(\cos\theta_r^{m\prime}-\cos\theta_r^m)$$

当 $\theta_r^{m\prime}$ 与 θ_r^m 很接近时

$$\cos\theta_r^{m\prime}-\cos\theta_r^m\approx\sin\theta_r^m\delta\theta_r^m$$

代入上式，可得

$$m\delta\lambda=2nt(\sin\theta_r^m\delta\theta_r^m)$$

式中 $\delta\theta_r^m=\theta_r^{m\prime}-\theta_r^m$ 称为两条纹间的角距离(或称两谱线的角距离). 上式也可写成

$$\delta\theta_r^m = \frac{m\delta\lambda}{2nt\sin\theta_r^m} \tag{2-11-11}$$

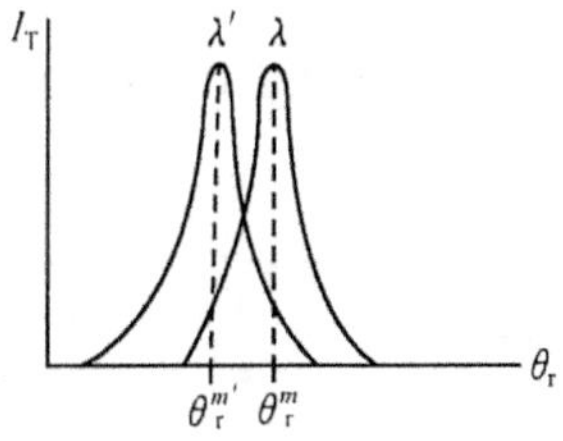

图 2-55　谱线的分辨极限

两谱线的角距离反映了干涉仪的色散本领. 由式(2-11-11)可知,当干涉级次 m 增大而间隔 t 减小时,两谱线的角距离也增大. 但究竟两条亮条纹要错开多大才能被分辨呢? 在多光束干涉时,惯用的是泰勒判据①;即假定两种波长的光波的强度相同,如若两条强度曲线在半强度点之处交叉(图 2-55),使得它们之间鞍点处的总强度等于任一条曲线的最大强度,约为叠加后的最大光强的80%,则认为这两条相等的谱线恰好可以分辨出来.

由图 2-55 可以看出,这时两条谱线的角距离恰好等于各条谱线的半角宽. 比较式(2-11-10)和式(2-11-11)可得分辨的最小波长间隔为

$$\delta\lambda = \frac{\lambda}{\pi m}\frac{1-R}{\sqrt{R}} \tag{2-11-12}$$

习惯上人们把 $\lambda/\delta\lambda$ 叫做分光仪器的色分辨本领(缩写为 RP),由上式可得

$$\mathrm{RP} = \frac{\lambda}{\delta\lambda} = \pi m\frac{\sqrt{R}}{1-R} \tag{2-11-13}$$

在法布里-珀罗干涉仪中,分束板 G_1、G_2 的间隔 t 可以很大(约 10cm)从而使干涉条纹的级数 m 很高,这使得仪器的色散本领 $\delta\theta_r^m/\delta\lambda$ 也很大. 加之分束板镀银面的反射率很高(如 98%),这些因素合起来,就使仪器的色分辨本领很大,这对研究光谱的超精细结构是很有利的.

2. 把连续光谱变成分离光谱

若入射法布里-珀罗干涉仪的光是包含许多波长的连续光谱,经过多光束干涉后,只有那些满足透射光干涉极强条件的波长的光波能够穿过法布里-珀罗干涉仪,而其他的波长的光将被反射. 可见 F-P 干涉仪起着滤光的作用,它可以将具有连续光谱的入射光变成一些谱宽很窄的分立光谱(图 2-56),这样可以大大提高透射光的单色性,这一点目前已在激光技术中得到重要的应用(详见第七章).

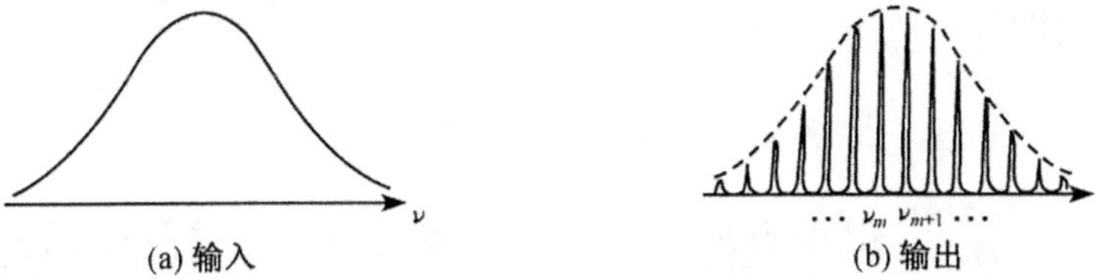

图 2-56　法布里-珀罗膜的选频作用

① 在讨论光学仪器的分辨本领时,常用瑞利判据,见第四章.

1) 透射波长和透射频率

那么,哪些波长的光能够透过 F-P 干涉仪呢? 由式(2-11-7)可知当$\frac{\delta}{2}=m\pi$时,透射光为干涉极强. 在正入射时($\theta_r=0$),透射光极强的波长 λ_m 应满足

$$\delta=\frac{4\pi nt}{\lambda_m}=2m\pi$$

即

$$\lambda_m=\frac{2nt}{m} \tag{2-11-14}$$

式中 m 为正整数. 用频率 υ_m 来表示更为方便

$$\upsilon_m=\frac{c}{\lambda_m}=\frac{mc}{2nt} \tag{2-11-15}$$

式中 c 是真空中光速. 透射光的每条谱线 λ_m 或 υ_m 称为一个纵模. 对一个 F-P 干涉仪可以有无穷多个纵模.

2) 纵模间隔

由式(2-11-15)可知,纵模间隔为

$$\Delta\upsilon=\upsilon_m-\upsilon_{m-1}=\frac{c}{2nt} \tag{2-11-16}$$

可见,相邻极强的频率的间隔都相等,与干涉级 m 无关. 但与 t 成反比.

3)纵模的宽度

从 F-P 干涉仪透射的光波并非一些单色波,它们仍有一定的频率范围,我们称之为纵模宽度. 上面,我们曾得到多光束干涉条纹的相位差半值宽度为(式(2-11-9))

$$\Delta\delta=\frac{2(1-R)}{\sqrt{R}}$$

当非单色平行光正入射 F-P 干涉仪时,相位差仅由波长(λ)确定. 即

$$\delta=\frac{4\pi nt}{\lambda}$$

因此,与相位差半值宽度相应的波长差或谱线宽度(即纵模宽度)可以这样计算:取 δ 因 λ 变化的微分

$$\mathrm{d}\delta=\frac{-4\pi nt\,\mathrm{d}\lambda}{\lambda^2}$$

令 $\mathrm{d}\delta=\Delta\delta=\frac{2(1-R)}{\sqrt{R}}$,把 $\mathrm{d}\lambda$ 写成 $\Delta\lambda$ 表示纵模宽度,并且忽略等式右边的负号,得

$$\Delta\lambda=\frac{\lambda^2(1-R)}{2\pi nt\sqrt{R}} \tag{2-11-17}$$

或用频率表示线宽为

$$\Delta\upsilon=\frac{c\Delta\lambda}{\lambda^2}=\frac{c(1-R)}{2\pi nt\sqrt{R}} \tag{2-11-18}$$

上两式都表明，反射率越高，或腔越长，则谱线宽度越小，从而透射光的单色性就越好．在激光器中 F-P 干涉仪常被用来改善激光的单色性．

四、增透膜与增反膜

在光学材料表面涂一层或多层薄膜后，将会大大改变材料的光学性质(如反射率、折射率、偏振或光谱结构等等)，由此可以制造各种增透膜、增反膜、干涉滤波片、偏振分束器等重要光学元件．研究光在分层介质中的传播规律、光学薄膜的制备技术及其应用成为现代光学的重要分支——薄膜光学的重要内容．本节中仅以多光束干涉原理为基础对增透膜与增反膜作简要的介绍．

在光学中，常在光学元件表面镀一层介质薄膜以增加光学元件的透射率或反射率，这种薄膜称为增透膜或增反膜．增透膜能有效地提高光学元件对光的利用效率，精密的光学元件，都按其工作波长镀上增透膜，但有的场合下需要屏蔽或滤掉某些波长的光波，这时就需要镀上一层增反膜，例如宇航员头盔和面甲上都须镀上反射红外线的增反膜来屏蔽红外辐射，在放映机中可用红外反射镜(通过可见光)，滤掉光源中的红外线，避免电影胶片过热，激光器谐振腔中的反射镜也多用多层膜制成，多层膜反射镜与金属反射镜相比，其优点是光能损耗很低，不像金属反射面在光照下因对光的吸收发热而损耗光能．增透膜(增反膜)可由单层薄膜或多层薄膜构成，单层增透膜，如图 2-57 所示，在光学元件表面镀一层折射率为 n 的介质膜，膜上方的介质一般为空气($n_1=1$)，若 $n_1<n<n_2$ 则薄膜上下界面的反射系数符号相同(半波损失情况相同)，在光线正入射条件下，若膜厚度 d 满足

$$2nd=(m+1/2)\lambda_c \tag{2-11-19}$$

其中 λ_c 为工作波长，在两个界面上的反射光反相位，两个界面上的众多反射光束的多光束干涉结果导致薄膜的能流反射率最小，透射率最大．利用菲涅耳公式求出各界面的振幅反射率再用多光束干涉原理可以证明，当

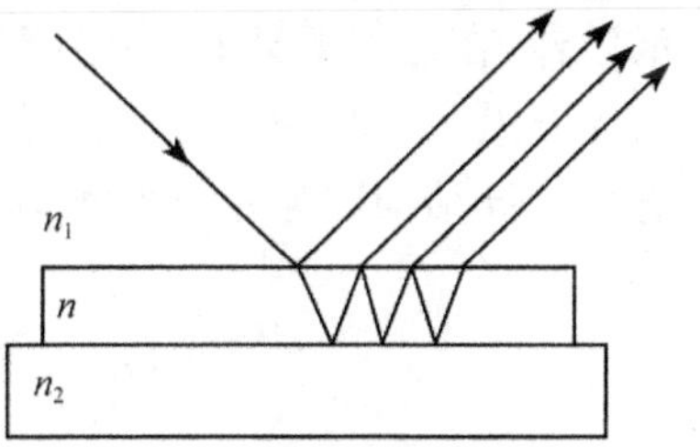

图 2-57 增透膜示意图

$$n=(n_1\cdot n_2)^{1/2} \tag{2-11-20}$$

成立，且式(2-11-19)也成立条件下，则正入射光能流透射率为 1．通常光学元件用玻璃制成，其折射率 $n_2=1.5$，式(2-11-20)要求镀膜折射率 $n=(1.0\times1.5)^{1/2}=1.22$，可惜固体材料的折射率大多在 1.5～2.2 之间，只有冰晶石($n=1.35$)氟化镁($n=1.38$)等少数材料接近要求，所以单层增透膜的透射率很难达到 100%．

在图 2-57 中，若有 n 既大于 n_1，又大于 n_2，这时镀膜上下两个界面向上的反

射系数符号相反，若式(2-11-19)成立，则两个界面的反射光全部同相位，多光束干涉的结果使得薄膜能流反射率增大，故称为增反膜.

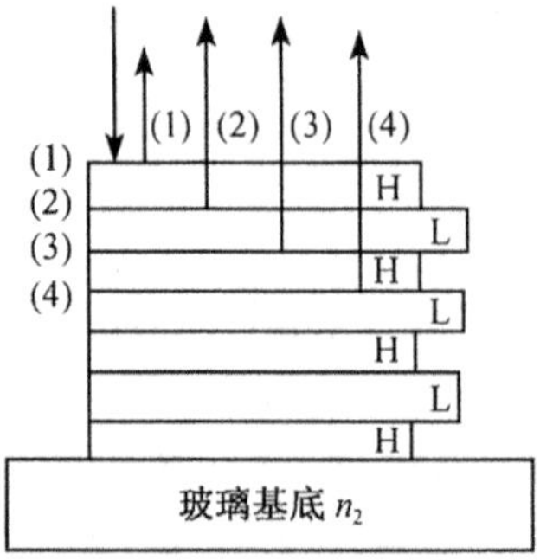

图 2-58 高反镜示意图

为了达到更好的效果，常用具有周期性结构的多层膜制作增透镜或增反镜，特别是增反镜. 由于一切透明材料的反射率都不很大，仅用单层介质膜不可能获得高反射. 图 2-58 是多层膜构成一个高反镜的示意图，其中玻璃基底的折射率为 n_2，$n>n_2$ 的介质膜称高膜，记为 H；$n<n_2$ 的膜，称为低膜，记为 L. 每层介质膜光学厚度(nd)都是 $\lambda_c/4$ 的奇数倍(称为 $\lambda_c/4$ 膜层). 高膜与低膜相间共有奇数层膜组成. 这样构成的增反膜反射率可高达 99.6%，可以用来作为激光器谐振腔中的反射镜. 多层膜增反镜的反射率定量计算较为复杂，这里不准备给出，仅定性的作些分析. 设空气与 H 膜的界面为第(1)界面，依次为(2)，(3)，…界面. 由于每层膜均为 $\lambda_c/4$ 膜层，所以由(1)，(3)，(5)界面的反射光. 虽然和入射光的光程差为 λ_c 的整数倍，但在界面反射时都有半波损失，所以这些反射光都与入射光反相，而在(2)，(4)，(6)界面上反射的光，虽然都没有发生半波损失，但与入射光的光程差为 $\lambda_c/2$的奇数倍，故也与入射光反相，如此看来这些反射光都是同相的，更细致地分析也可看出，无论光线在介质层间如何传播，最后反射出多层膜的反射光之间总是同相位的，它们互相加强，只要层数足够多，就可使反射率达到相当高的值.

由于在周期性结构的多层膜中产生的多光束干涉可以实现对反射光或透射光的**谐振**，表现出对反射光或透射光具有波长(频率)的选择性，所以也可以作为光的滤波器，在这种意义上，多层膜的作用与反射(透射)光栅类似. 受此启发可以想到，若光纤沿其中心轴折射率有周期性的分布，也会对特殊波长产生透射或反射谐振，这种光纤结构称为光纤光栅. 光纤光栅已成为光纤系统中的一种重要器件。

*2-12 不同频率的单色光波叠加

不同频率光波的叠加会产生光拍、波包等重要光学现象，其相关理论在光速测量、锁模激光器、激光外差技术及光纤通信技术等方面都有重要应用. 如同前面讲的空间干涉现象(同频率光波叠加)，光能量在空间重新分布；不同频率光波叠加，能使光能量在时间上重新分配，故也可称之为时间域内的干涉. 这里仅介绍光拍与波包的简单知识.

一、光拍

现在讨论两个在同一个方向上传播的、振动方向相同、振幅相等而频率相差很小的单色光波的叠加，这样两个波叠加的结果将产生光学上有意义的“拍”现象.

设角频率分别为 ω_1 和 ω_2 的两个单色光波沿 z 方向传播，它们的波函数为

$$E_1 = E_0\cos(\omega_1 t - k_1 z)$$
$$E_2 = E_0\cos(\omega_2 t - k_2 z)$$

式中 E_0 为每列光波的振幅，这两个光波的叠加得到

$$E = E_1 + E_2 = E_0\cos(\omega_1 t - k_1 z) + E_0\cos(\omega_2 t - k_2 z)$$

应用三角函数中和差化积分式，合成波可以写为

$$E = 2E_0\cos\left\{\frac{1}{2}[(k_1 + k_2)z - (\omega_1 + \omega_2)t]\right\} \times \cos\left\{\frac{1}{2}[(k_1 - k_2)z - (\omega_1 - \omega_2)t]\right\} \tag{2-12-1}$$

引入平均角频率 $\bar{\omega}$ 和平均波数 $\bar{k}$

$$\bar{\omega} = \frac{1}{2}(\omega_1 + \omega_2), \quad \bar{k} = \frac{1}{2}(k_1 + k_2)$$

以及调制频率 ω_m 和调制波数 k_m

$$\omega_m = \frac{1}{2}(\omega_1 - \omega_2), \quad k_m = \frac{1}{2}(k_1 - k_2)$$

式(2-12-1)可化为

$$E = 2E_0\cos(K_m z - \omega_m t)\cos(\bar{k}z - \bar{\omega}t) \tag{2-12-2}$$

若令

$$A = 2E_0\cos(k_m z - \omega_m t)$$

式(2-12-2)又可化为

$$E = A\cos(\bar{k}z - \bar{\omega}t) \tag{2-12-3}$$

这表明合成波可以看成为一个频率为 $\bar{\omega}$ 而振幅受到调制(随时间和位置在 $-2E_0$ 和 $2E_0$ 之间变化)的高频波列. 图 2-59 表示了这样两个波的叠加情况，其中图 2-59(a)表示两个单色波，图 2-59(b)是合成波，图 2-59(c)是合成波振幅的变化曲线. 由于光波频率很高，若 $\omega_1 \approx \omega_2$，则 $\bar{\omega} \gg \omega_m$，因而振幅 A 变化缓慢而光振动 E 变化极快(见图 2-59(c)，图 2-59(b)). 合成波的强度为

$$I = A^2 = 4E_0^2\cos^2(k_m z - \omega_m t)$$

或

$$I = 2E_0^2[1 + \cos2(k_m z - \omega_m t)]$$

可见合成波的强度随时间和位置在 0 和 $4E_0^2$ 之间变化(图 2-59(d))，这种强度时大时小的现象称为“拍”. 由上式可知拍频等于 $2\omega_m$，即等于振幅调制频率的两倍，或由 ω_m 的定义，等于 $\omega_1 - \omega_2$——两叠加单色光波频率之差.

光拍现象是福莱斯特(A. Forrester)等人在 1995 年首先观测到的，他们利用

塞曼(Zeemen)效应①得到两个频率相差很小的光波，并使它们在光电混频管的表面叠加产生拍频. 他们记录到的光电流的变化曲线与图 2-59(d)的曲线形状相同. 在激光问世后，由于激光有很好的单色性和较高的强度，光拍现象的观测就变得容易多了. 现在，光拍的观测已成为光学中检测微小频率差的一种很好的方法.

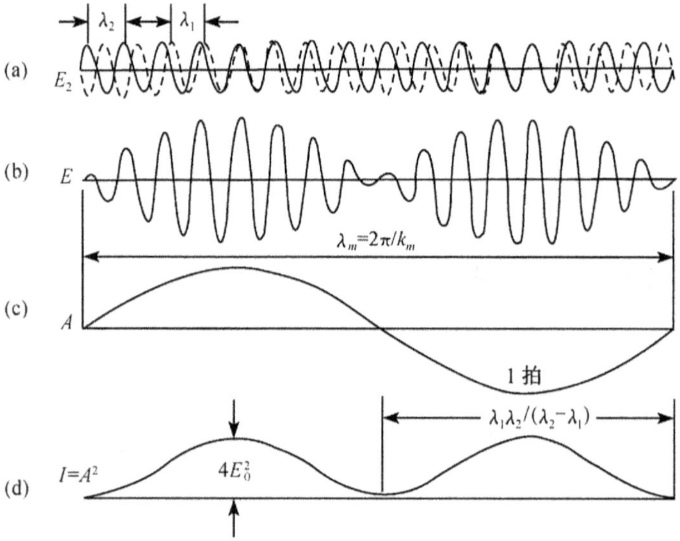

图 2-59 频率不同的两个单色波的叠加

二、相速度与群速度

到目前为止，我们都只讨论单色光波，并且在提到光的传播速度时，都是指它的等相面传播速度，即相速度(常用 v_p 表示).

然而，单色光波是种理想的光波，实际上波都是由许多不同频率的单色波按一定方式叠加而成，称之为**波群**或**波包**. 最简单的波包是由两个频率不同的单色波组成的(由式(2-12-2)描述). 当然，由于两个频率的合成波有一系列的最大值，因而它还不算是一个典型的波包. 要得到一个真正的波包，需要更多频率和波长相近的波叠加在一起②，但是我们仍然可以利用这个最简单的模型比较简捷地解决波包的传播速度问题. 下面让我们来讨论这个问题.

双频率合成波群的波函数

$$E = 2E_0\cos(k_m z - \omega_m t)\cos(\bar{k}z - \bar{\omega}t)$$

① 塞曼效应是光谱线在磁场中发生分裂的一种现象.

② 赵凯华，钟锡华. 1984. 光学. 北京：北京大学出版社，246.

其中，$2E_0\cos(k_m z-\omega_m t)$可称为振幅因子；而$\cos(\bar{k}z-\bar{\omega}t)$可称为波群的相位因子.因而，波群有两种传播速度：光波的等相面传播速度和等幅面传播速度.前者就相当于波群的相速度v_p，它可由相位不变条件($\bar{k}z-\bar{\omega}t=$常数)求出

$$v_p=\frac{\bar{\omega}}{\bar{k}} \tag{2-12-4}$$

等幅面的传播速度也即低频包络(或振幅最大处)的传播速度，称为波包的**群速度**.双频率合成波群的群速度可由振幅不变条件($k_m z-\omega_m t=$常数)求出

$$v_g=\frac{\omega_m}{k_m}=\frac{\omega_1-\omega_2}{k_1-k_2}=\frac{\Delta\omega}{\Delta k}$$

当$\Delta\omega$很小时，可以写成

$$v_g=\frac{d\omega}{dk} \tag{2-12-5}$$

由此式即可得到群速度v_g和相速度v_p之间的关系

$$v_g=\frac{d\omega}{dk}=\frac{d(kv_p)}{dk}=v_p+k\frac{dv_p}{dk} \tag{2-12-6}$$

因为$k=\frac{2\pi}{\lambda}$，$dk=-\frac{2\pi}{\lambda^2}d\lambda$，得到

$$v_g=v_p-\lambda\frac{dv_p}{d\lambda} \tag{2-12-7}$$

此式表示，$\frac{dv_p}{d\lambda}$越大，群速度v_g和相速度v_p两者相差也越大.若$\frac{dv_p}{d\lambda}>0$(正常色散)，群速度小于相速度；若$\frac{dv_p}{d\lambda}<0$(反常色散)，群速度大于相速度.对于无色散介质，$\frac{dv_p}{d\lambda}=0$，这时群速度等于相速度.

我们知道，波动携带的能量是与振幅的平方成正比的，故波包中振幅最大的地方，也是能量最集中的地方.可以认为，群速度代表能量的传播速度或信号速度.在通常的利用光脉冲(光信号)进行光速测量的实验中，测量到的是光脉冲的传播速度，即群速度，而不是相速度.

较严格地推导群速度公式(2-12-5)，应将波包$E(x,t)$展成傅里叶积分

$$\widetilde{E}(x,t)=\frac{1}{2\pi}\int_{k_0-\Delta k/2}^{k_0+\Delta k/2}E_0(k)e^{-i(\omega t-kx)}dk \tag{2-12-8}$$

由上式可以看出波包是由"中心"频率为k_0，频谱范围为Δk的许多频率的单色光以不同的权重($E_0(k)$)叠加而成的，这里$E_0(k)$描述谱线的线型.

对于准单色波包，频率范围Δk很小，式(2-12-8)可取

$$E_0(k)\approx E_0(k_0)$$

把它当作常数提到积分号外. $\omega=\omega(k)$是 k 的函数,令 $k'=k-k_0$ 将 $\omega(k)$作泰勒展开,只保留前两项

$$\omega \approx \omega(k_0)+\left(\frac{\mathrm{d}\omega}{\mathrm{d}k}\right)_{k=k_0} k'$$

式(2-12-8)中的指数可写为

$$\mathrm{e}^{-\mathrm{i}(\omega_0 t-k_0 x)}\,\mathrm{e}^{-\mathrm{i}\left(\frac{\mathrm{d}\omega}{\mathrm{d}k}t-x\right)k'}$$

其中 $\omega_0=\omega(k_0)$,于是

$$\begin{aligned}\widetilde{E}(x,t)&=E_0(k_0)\mathrm{e}^{-\mathrm{i}(\omega_0 t-k_0 x)}\times\int_{-\Delta k}^{+\Delta k}\mathrm{e}^{-\mathrm{i}\left(\frac{\mathrm{d}\omega}{\mathrm{d}k}t-x\right)k'}\,\frac{\mathrm{d}k'}{2\pi}\\&=\frac{E_0(k_0)}{\pi}\cdot\frac{\sin\left[\left(\frac{\mathrm{d}\omega}{\mathrm{d}k}t-x\right)\Delta k/2\right]}{\frac{\mathrm{d}\omega}{\mathrm{d}k}t-x}\mathrm{e}^{-\mathrm{i}(\omega_0 t-k_0 x)}\end{aligned} \qquad (2\text{-}12\text{-}9)$$

式中$\frac{E_0(k_0)}{\pi}\cdot\frac{\sin\left[\left(\frac{\mathrm{d}\omega}{\mathrm{d}k}t-x\right)\Delta k/2\right]}{\frac{\mathrm{d}\omega}{\mathrm{d}k}t-x}$可称为振幅包络因子,$\mathrm{e}^{-\mathrm{i}(\omega_0 t-k_0 x)}$为高频波相位因子.

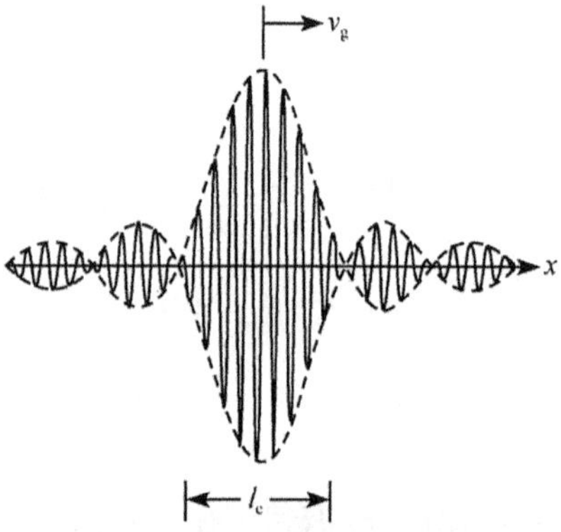

图 2-60　波包及其群速

这一波包的瞬时图像如图 2-60 所示. 由式(2-12-9)可以看出,波包的群速度可由振幅包络因子的最大处条件$\frac{\mathrm{d}\omega}{\mathrm{d}k}t-x=0$ 求出

$$v_g=\frac{\mathrm{d}\omega}{\mathrm{d}k} \qquad (2\text{-}12\text{-}10)$$

下面,让我们再来研究一束光的波列长度与这束光包含的频率范围(或称频宽)之间的关系. 由式(2-12-9)的振幅因子可以看出,t 时刻波包振幅最大处为 $x_m=v_g t$. 在此瞬间,振幅由最大值处向两旁逐渐衰减;当 $x=v_g t\pm\frac{2\pi}{\Delta k}$时振幅为零,可以认为这里就是波包的两个端点. 如果把振幅较小的部分(小于最大振幅的1/2)忽略掉,则波包可视为长度有限的波列,波列长度的数量级为①

$$l_c\approx\frac{2\pi}{\Delta k} \qquad (2\text{-}12\text{-}11)$$

---

① 对不同线型的波包($E_0(k)$不同),其波列长度可能是$\frac{2\pi}{\Delta k}$乘以不同的常数因子,但作为数量级的比较,我们略去了所有的常数因子.

因为 $\Delta k=\left|\Delta\left(\frac{2\pi}{\lambda}\right)\right|=\frac{2\pi}{\lambda^2}\Delta\lambda$，代入上式得

$$l_c \approx \lambda^2/\Delta\lambda \tag{2-12-12}$$

上式表明，波列长度 l_c 和波包所包含的单色分波的波长范围成反比关系，波列愈短，波包所包含的单色分波的波长范围就越宽；相反，波列越长，波列所包含的单色分波的波长范围越窄. 当波列长度等于无穷大时，$\Delta\lambda$ 等于零，这就是单色光波.

由于原子发光近似地可以看成由一段段有限长的波列组成，所以实际光源发出的光波不应是理想的单色光波，它含有一定的波长范围. 在光学实验中，常常把发光原子发出的某一条谱线的光作为单色光，例如钠原子发出 D 谱线（589.0nm 和 589.6nm）或镉原子发出的镉红线（643.8nm）. 但是这些谱线都有一定的宽度，因而这种单色光在理论上只能说是“准单色光”，即波长宽度与中心波长之比 $\frac{\Delta\lambda}{\lambda}\ll 1$ 的光波. 谱线宽度可以表示光波的单色性好坏，谱线越宽，单色性越差. 同样，光波的波列长度也是光波单色性好坏的度量，波列越长光波的单色性越好，两种描述是完全等价的. 综上所述，我们对实际光波的两种说法——“光是由有限长的波列组成”和“光是非单色的”完全是等效的，它们是光源同一性质的不同表述. 前者着重光波的空间长度，它是由发光机制的断续性引起的，后者从光波的频谱着眼.

我们还可以推出一个完全类似的反比关系式. 若实际光源每次发光时间为 τ_0，则在真空中每次发出的波列长为

$$l_c = c\tau_0 \tag{2-12-13}$$

同时由关系 $\nu=c/\lambda$ 可知

$$\Delta\nu = -c\Delta\lambda/\lambda^2$$

将上式与式(2-12-13)代入式(2-12-12)可得

$$\tau_0\Delta\nu \approx 1 \tag{2-12-14}$$

因为 τ_0 的大小与波列的长短对应，$\Delta\nu$ 的宽窄与 $\Delta\lambda$ 对应，所以上式也可作类似于式(2-12-12)的解释. 因此，光源每次发光时间 τ_0 也可以作为单色性好坏的度量.

附录 斯托克斯倒逆关系

斯托克斯（Stokes）在研究干涉光强的分布时，发现反射与透射光的振幅及相位满足以下关系

$$r^2 + tt' = 1$$

$$r' = -r$$

式中 r、t 是光从第一介质到第二介质时的振幅反射系数与振幅透射系数，r'、t' 是光从第二介质到第一介质时的相应值. 这两个式子合称为斯托克斯定律（或倒逆关系），斯托克斯利用光的可逆性原理巧妙地阐明了上述定律. 如图 2-61(a)所示，设

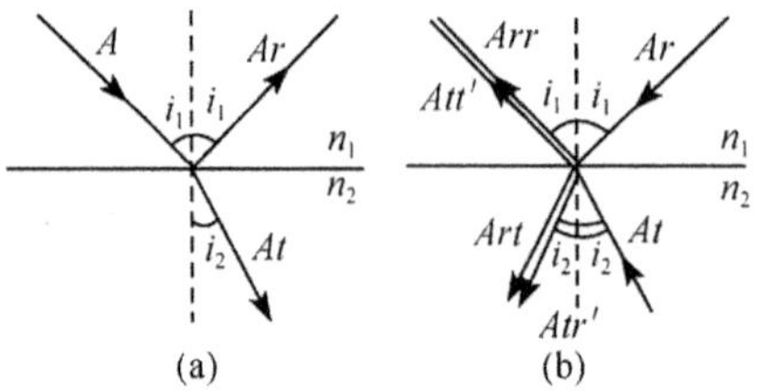

图 2-61 斯托克斯倒逆关系的推导

入射光振幅为 A,从介质(1)射向介质(2),其反射光振幅为 Ar,透射光振幅为 At. 现在把光的方向都倒过来,设想有振幅为 At 和 Ar 的两束光,按反方向射入(图 2-61(b)),则它们将产生四束光:在介质(1)中有 Ar 的反射光 Arr 和 At 的透射光 Att';在介质(2)中有 Ar 的透射光 Art 和 At 的反射光 Atr'. 根据光的可逆性原理,在介质(1)中的两束光应合成为 A,而在介质(2)中应没有光,即

$$Arr + Att' = A, \quad Art + Atr' = 0$$

从上两式中消 A,即得斯托克斯定律.

思 考 题

2-1 产生干涉的相干光必须来自同一发光原子,同一次发射的光波,试解释其理由.

2-2 某种原子发光的持续时间为 10^{-9} s,估计在真空中波列的长度.

2-3 试说明怎样利用杨氏干涉条纹来测量双缝的间距,以及怎样比较不同单色光的波长.

2-4 试讨论在下述各情形下杨氏干涉条纹将如何变化?

(1) 双缝间距增大时;

(2) 缝光源 S 在缝面内沿垂直于缝长方向移动时;

(3) 双缝之一的后面加一折射率比空气大的透明薄膜时;

(4) 整个干涉装置浸在水中而不是在空气中.

2-5 杨氏干涉装置中缝光源 S 的宽度对于干涉条纹的可见度有何影响? 光源的极限宽度由哪些因素决定?

2-6 光源宽度怎样影响空间相干性? 为从普通光源获得空间相干性较好的光场,最简单的办法是什么?

2-7 使用扩展光源时,怎样决定薄膜干涉的定域地点?

2-8 什么叫相干时间和相干长度? 时间相干性与单色性有何联系? 普通厚度的玻璃板的两个表面为什么不能形成干涉条纹?

2-9 用普通吸收滤光片从白光中得到的色光,其相干长度大约为 10λ,对中心波长为 6500Å 的红光来说,其波长范围 $\Delta\lambda$ 是多少? 低压水银灯的 5460Å 谱线的宽度约为 6×10^{-3} Å,其相干长度是多少?

2-10 氦的 5876Å 谱线的宽度为 0.025Å,用它作迈克耳孙干涉仪的光源. 当移动一臂中的反射镜时,最多能在多大移动距离内观察到干涉条纹?

2-11 影响杨氏干涉的干涉条纹的清晰程度的因素有哪些?

习 题

2-1 在杨氏干涉实验中,用氦氖激光束($\lambda=6328$Å)垂直照射两小孔,两小孔的间距为 1.00mm,小孔至幕的垂直距离为 100cm. 求下列两情况下幕上干涉条纹的间距:

(1) 整个装置放在空气中；

(2) 整个装置放在水中(水的折射率 $n=1.33$).

2-2 在杨氏干涉装置中，双缝至幕的垂直距离为 2.00m，测得第 10 级干涉亮纹到零级亮纹间的距离为 3.44cm，双缝间距为 0.342mm，求光源的波长.

2-3 瑞利干涉仪的结构和使用原理如下(习题 2-3 图). 以钠光灯作为光源，置于透镜 L_1 的前焦点，在透镜 L_2 后焦面上观测干涉条纹的变动，在两个透镜之间安装一对完全相同的玻璃管 T_1 和 T_2. 实验开始时，T_2 充以空气，T_1 管抽成真空，此时开始观察干涉条纹. 然后逐渐使空气进入 T_1 管，直到它与 T_2 管的气压相同为止. 记下这一过程中条纹移动的数目. 设光波长为 5893Å，管长为 20cm，条纹移动 98 根，求空气的折射率.

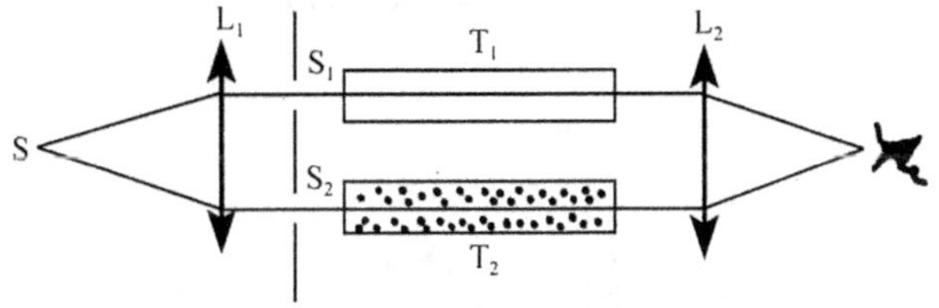

习题 2-3 图

2-4 利用习题 2-1(1)的装置，若光源包含蓝、绿两种色光它们的波长分别是 4360Å 和 5460Å. 问两种光的二级亮条纹相距多少？

2-5 用很薄的云母片($n=1.58$)覆盖在双缝实验的一条纹上，观察到干涉条纹移动了 9 个条纹的距离，求云母片的厚度. 已知光源波长为 5500Å.

2-6 在典型的杨氏干涉装置中，已知光源宽度 $b=0.25$mm，双孔间距 $d=0.50$mm，光源到双孔的距离 $R=20$cm，所用光波波长 $\lambda=546$nm.

(1) 试计算双孔处的横向相干宽度，再观察屏幕上能否看到干涉条纹？

(2) 为能观察到干涉条纹，光源至少应再移远多少距离？

*2-7 设菲涅耳双面镜的夹角为 20′，缝光源离双面镜交线 10cm，接收屏幕与光源经双面镜所成的两个虚像联线平行，幕与两镜交线的距离为 210cm，光波长为 6000Å，问：

(1) 干涉条纹的间距为多少？

(2) 如果光源到两镜交线的距离增大一倍，干涉条纹有什么变化？

(3) 如果光源与两镜交线的距离保持不变，而在横向有所移动，干涉条纹有什么变化？

(4) 如果要在幕上出现有一定反衬度的干涉条纹，允许缝光源的最大宽度为多少？

*2-8 一点光源置于薄透镜的焦点，薄透镜后放一个双棱镜(习题2-8图)，设双棱镜的顶

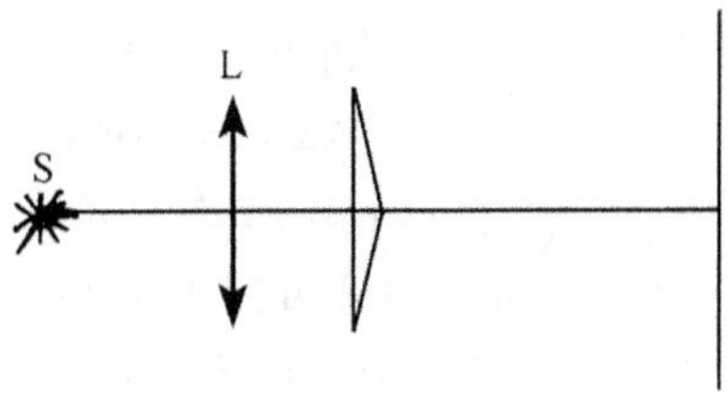

习题 2-8 图

角为 3′30″，折射率为 1.5，屏幕与棱镜相距 5.0m，光波长为 5000Å. 求幕上条纹的间距. 问幕上能出现几根干涉条纹？

* 2-9 设劳埃德镜的镜长有 5.0cm，幕与镜边缘的距离为 3.0m，缝光源离镜面高度为 0.5mm，水平距离 2.0cm，光波长为 5893Å. 求幕上条纹的间距？幕上能出现几根干涉条纹？

* 2-10 由两个相干光源 S_1 和 S_2（例如杨氏干涉中的双孔），在屏 AB 上形成干涉条纹. 屏距光源为 $D=2.0$m，若在屏与光源之间置一焦距 f 为 25.0cm 的凸透镜，透镜与光源距离为 50cm，光源波长 $\lambda=5000$Å，S_1、S_2 间距为 0.5mm，则问放透镜前后干涉条纹间距各是多少？

* 2-11 如习题 2-11 图所示，有一等缝宽、等间距使用点光源的杨氏三缝装置. 试证明当三缝到光源及屏的距离远大于三缝间距离 t 的条件下，屏上的光强分布为

$$I=(3+4\cos\theta+2\cos 2\theta)I_0$$

式中 $\theta=2\pi xt/\lambda D$.

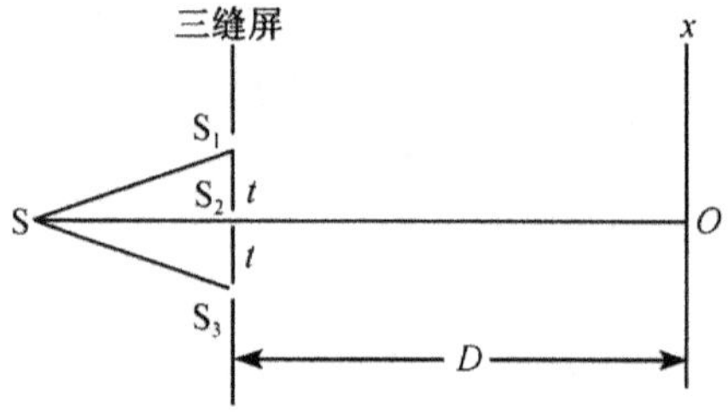

习题 2-11 图

* 2-12 习题 2-12 图为梅斯林（Meslin）干涉装置，将透镜对剖后再沿光轴方向将两半 L_1 和 L_2 错开一定距离. 光点 S 位于光轴上，S'_1、S'_2 是它的像.

(1) 在图上标出相干光束的交叠区.

(2) 在交叠区中放一屏幕垂直于光轴，幕上干涉条纹的形状是怎样的？

(3) 设透镜焦距为 30cm，S 与 L_1 的距离为 60cm，L_1 与 L_2 的距离为 8.0cm，光波长为 5000Å. 两像间的中点距离透镜 L_2 有多远？在此放一屏幕，在其上接收到的亮纹间距为多少？

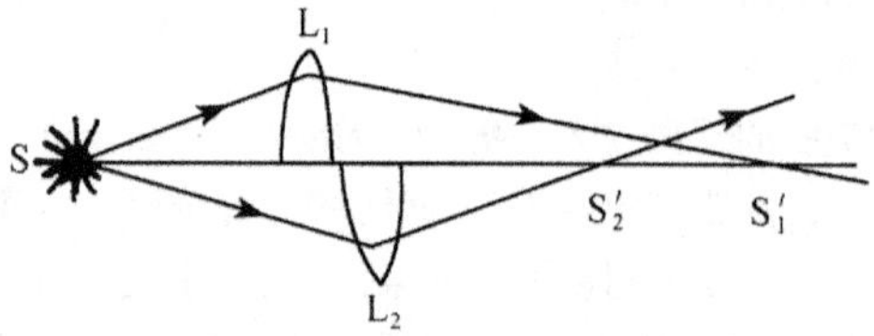

习题 2-12 图

2-13 用单色光垂直入射到两块玻璃板构成的楔形空气薄膜上，观察反射光形成的等厚条纹. 入射光为钠黄光（$\lambda=5893$Å）时，测得相邻两暗条纹间的距离为 0.22mm，当以未知波长的单色光入射时，测得相邻两暗条纹的间距为 0.24mm，求未知波长.

2-14 两块平板玻璃互相叠合在一起，一端相互接触，在离接触线 12.50cm 处用一金属细丝垫在两板之间. 以波长为 5460Å 的单色光垂直入射，测得条纹间距为 1.50mm，求金属细丝的直径.

2-15　如习题 2-15 图所示，玻璃平板的右侧放置在晶体上，左侧架在高度固定不变的刀刃上，于是在玻璃平板与晶体表面间形成一空气尖劈. 玻璃板与晶体的接触线到刀刃的距离 $d=5.00\mathrm{cm}$. 今以波长为 6000Å 的单色光垂直入射，观察由空气尖劈形成的等厚条纹. 当晶体由于温度上升而膨胀时，观察到条纹间距从 0.96mm 变到 1.00mm，问晶体的高度膨胀了多少?

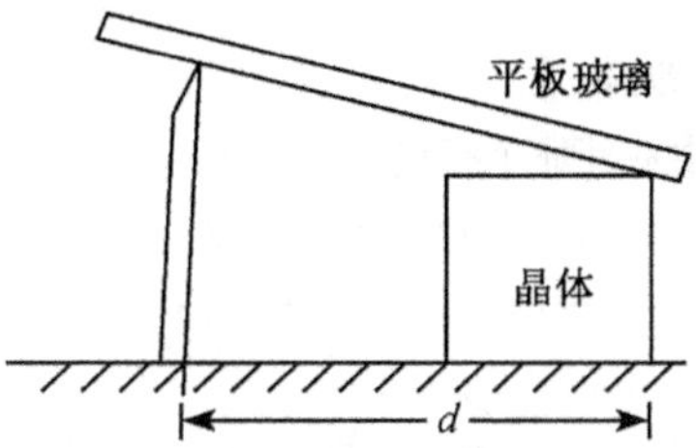

习题 2-15 图

2-16　沉积在玻璃衬底上的氧化钽(Ta_2O_5)薄膜从 A 到 B 厚度逐渐减小到零，从而形成一尖劈(习题 2-16 图). 为测定氧化钽薄膜的厚度 t，用波长为 6328Å 的 He-Ne 激光垂直照射到薄膜上. 观察到楔形端共出现 11 条暗纹，且 A 处为一暗条纹，问氧化钽的厚度 t 等于多少? 已知氧化钽的折射率为 2.21，玻璃折射率为 1.5.

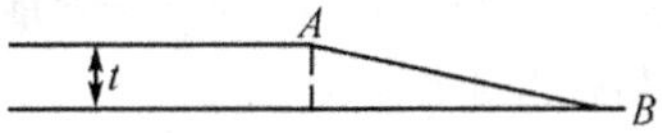

习题 2-16 图

2-17　测得牛顿环从中间数第 5 环和第 15 环的直径分别为 0.70mm 和 1.70mm，设光波长为 589nm.

(1) 求透镜凸面的曲率半径.

(2) 若牛顿环间隙中充满折射率为 1.33 的水，则上述两暗环的直径变为多大?

2-18　用包含两种波长成分的光入射牛顿环，它们的波长分别为 4000Å 和 4002Å，试计算从接触点到条纹消失处的距离. 已知透镜的曲率半径为 80cm .

2-19　用波长为 589nm 的黄光观察牛顿环. 在透镜与平板接触良好的情况下，测得第 20 个暗环直径为 0.687cm. 当透镜向上移动 $5.00\times10^{-4}\mathrm{cm}$ 时，同一级暗环的直径变为多少?

2-20　太阳光垂直射下时，水面的一层油膜显示出彩色干涉条纹，在 A、B 两点间的干涉色依次为黄、绿、蓝、红和黄. 设黄色波长为 5800Å，油膜折射率为 1.50，试求 A、B 两点处油膜的厚度差. 如果色彩的次序为黄、绿、蓝、黄，则厚度差是多少?

2-21　一肥皂膜的厚度为 0.55μm，折射率为 1.35，白光(波长范围为 4000～7000Å)垂直入射，问在反射光中哪些波长的光得到增强? 什么波长的光干涉相消?

2-22　在玻璃表面上涂一层折射率为 1.30 的透明薄膜，设玻璃折射率为 1.5. 对于波长为 5500Å 的入射光来说，膜厚应为多少才能使反射光干涉相消，从而增强透射光束的强度?

2-23　为了测量一精密螺栓的螺距，可用此螺栓来移动迈克耳孙干涉仪中的一面反射镜. 已知螺栓旋转一周后视场中移过 2023 条干涉条纹，求螺栓的螺距，所用光波的波长为 5460Å.

2-24　在迈克耳孙干涉仪的一臂中放置一 2.00cm 长的抽成真空的玻璃管. 当把某种气体缓缓通入管内时，视场中心的光强发生了 210 次周期性变化，求气体的折射率. 已知光波波长为

5790Å.

2-25 迈克耳孙干涉仪以波长为5893Å的钠黄光作光源，观察到视场中心为亮点，此外还能看到10个亮环.今移动一臂中的反射镜，发现有10个亮环向中心收缩而消失(即中心级次减少10)，此时视场中除中央亮点外还剩5个亮环.求：

(1) 反射镜移动的距离；

(2) 开始时中央亮点的干涉级；

(3) 反射镜移动后，视场中最外那个亮环的干涉级.

2-26 在杨氏干涉实验装置中，准单色光的波长为500nm，谱线宽度为0.05nm，小孔后放置一平板玻璃，其折射率为1.5，设光源S到双缝距离相等.问玻璃板的厚度为多大时可使干涉条纹消失？

2-27 利用迈克耳孙干涉仪进行长度的精密测量，光源是镉的红色谱线，波长为6438Å，谱线宽度为0.01Å.问一次测长的量程是多少？如使用波长为6328Å，谱线宽度为10^{-5}Å的氦-氖激光，则一次测长的量程又是多少？

2-28 在上题中，光源用^{86}Kr的橙色谱线，其波长为6058Å，谱线宽度为0.0047Å.

(1) 若探测器能分辨0.1个条纹，则测长精度是多少？

(2) 问在一次测量中，最大能测多大距离？

2-29 迈克耳孙干涉仪中的一臂(反射镜)以速度v匀速推移，用透镜接收干涉条纹，将它会聚在光电元件上，把光强变化转换为电讯号.

(1) 若测得电讯号的时间频率为ν_1，求入射光的波长λ.

(2) 若入射波长在0.6μm左右，要使电信号频率控制在50Hz，反射镜平移速度应为多少？

2-30 有两个波长λ_1和λ_2，在6000Å附近相差0.001Å，要用法布里-珀罗干涉仪把它们分辨开来，间隔h需要多大？设反射率$R=0.95$.

2-31 如果法布里-珀罗干涉仪两反射面之间的距离为1.0cm，用绿光(5000Å)做实验，干涉图样的中心正好是一亮斑.求第10个亮环的角直径.

第三章　光 的 衍 射

3-1　光的衍射现象

1863 年，格里马耳迪(F. M. Grimaldi)首先观察到光的衍射现象，他在一个小光源照明的小棍阴影中观察到了光带. 在人们的日常生活中，偶尔也能观察到光的衍射现象，例如，当你眯缝着眼看远处一盏发光的路灯，就会看到它向上下方发出长长的光芒. 这就是光在视网膜上的衍射图像产生的感觉. 但是由于光波长很短，并且普通的光源又是相干性很差的面光源，因此，在日常生活中光的衍射现象很少被人观察到，相反光的直线传播却给人们留下了深刻印象. 为了能明显地观察光的衍射现象，在实验室里采用高强度的激光或普通的强点光源照射一些具有不同形状开口的遮光屏(通称衍射屏)，在其后的观察屏幕上就能观察到清晰的衍射图样(图3-1). 图3-2、图3-3和图3-4就是拍摄

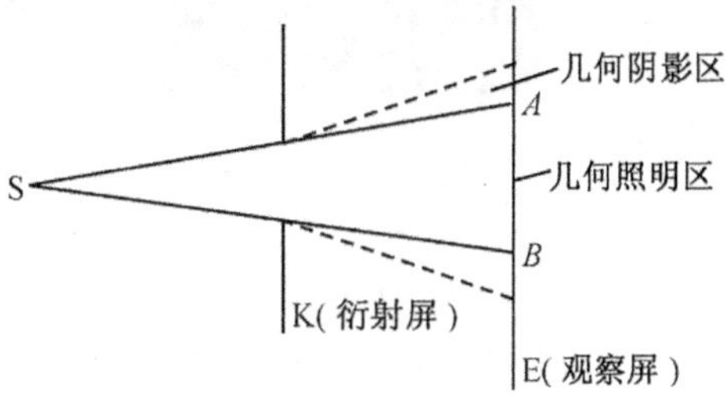

图 3-1　实验室衍射装置

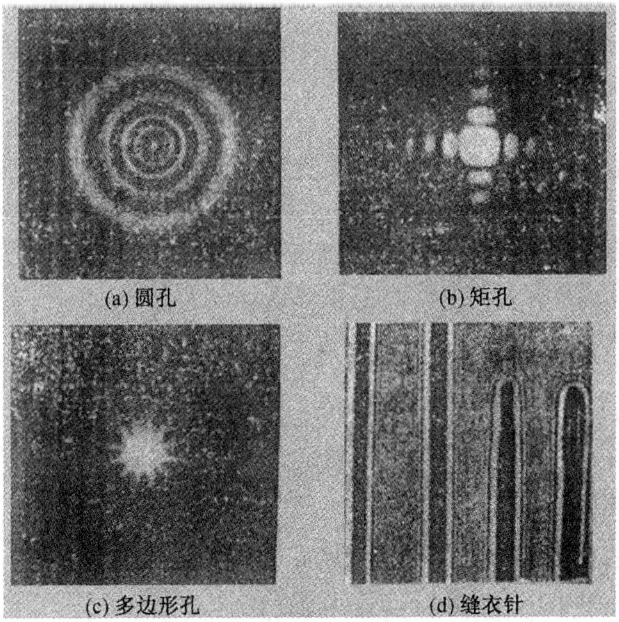

(a) 圆孔　(b) 矩孔

(c) 多边形孔　(d) 缝衣针

图 3-2　多种障碍物产生的衍射花样

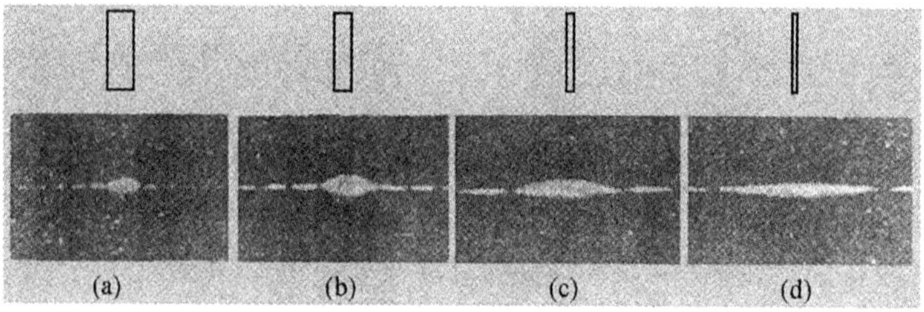

图 3-3　不同宽度的单缝衍射图样

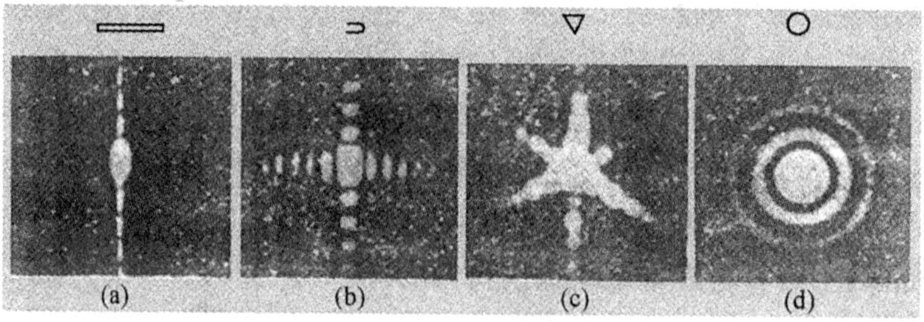

图 3-4　各种小孔的衍射图样

下来的衍射图样. 从衍射图可以发现光的衍射有三个鲜明的特征.

(1) 衍射光波不仅绕过了障碍物，使物体的几何阴影失去清晰的轮廓，而且在边缘附近还出现了明暗相间的条纹. 这说明衍射现象应与某种复杂的干涉效应有密切关系.

(2) 光束在衍射屏上某一方位受到限制，则接收屏上的衍射图样就沿该方向展开，而且限制越严，扩展越烈.

(3) 用激光演示单缝衍射实验时发现，当单缝宽度 d 的数量级为 $10^3\lambda$ 以上时衍射效应不明显，光表现出直线传播，当 d 为 $10^3\lambda \sim 10\lambda$ 时，衍射效应明显，$d \approx \lambda$ 时，向光的散射过渡. 可以粗略地认为当 d 约大于 λ 时，可以发生明显的光的衍射.

现在我们可以初步定义光的衍射：光波遇到小障碍物或小孔时，绕过障碍物进入几何阴影区继续传播，并在障碍物后的观察屏上呈现光强的不均匀分布，这种现象叫**光的衍射现象**.

3-2　惠更斯-菲涅耳原理

一、惠更斯-菲涅耳原理

惠更斯-菲涅耳原理是研究衍射现象的理论基础. 为什么会发生光的衍射，光的衍射有哪些规律? 正是惠更斯-菲涅耳原理回答了这些问题.

在 3-1 节中曾经讲到光的衍射现象有三个明显的特点. 其中两个，一是“绕射”；二是发生光强的重新分布，在观察屏上出现了明暗条纹. 利用惠更斯原理可以解释光的“绕射”现象. 如图 3-5 所示，S 为单色点光源，K 为圆孔衍射屏，当光源发出的球面波到达圆孔边缘时，波前只有 DD′部分暴露在圆孔范围内，其余部分被光屏阻挡. 按照惠更斯原理，暴露在圆孔范围内的波面上的各点可以看作次光源，发出球面次波，并且这些次波的包络面决定圆孔后的新的波面. 图 3-5 上可明显看到，新的波面扩展到 SD、SD′锥体之外，即进入几何阴影区，发生了绕射. 虽然利用惠更斯原理可以说明“绕射”现象，但不能确定光波通过衍射屏后沿不同方向传播的振幅，因而也不能解释衍射光场中为什么会发生光强的重新分布.

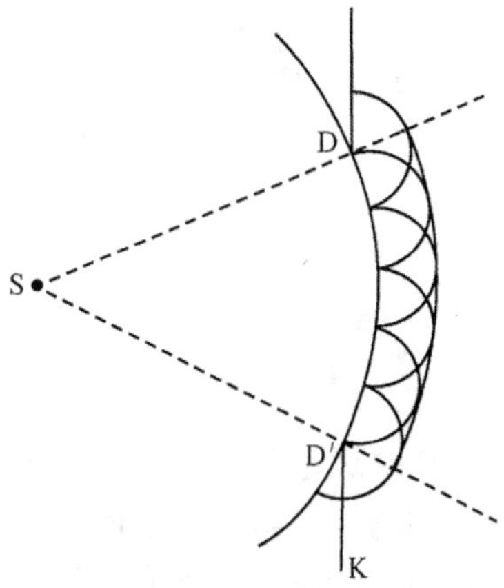

图 3-5 光波通过圆孔的惠更斯作图法

在了解光的干涉原理之后，人们自然会联想到光强的重新分布总是同某种“相干叠加机制”联系在一起，事实正是如此. 1918 年菲涅耳在研究了光的干涉现象以后，又吸取了惠更斯提出的次波概念，提出了“次波相干叠加”的思想. 他用这个思想第一次成功地解释了光衍射的成因，并成功地计算了一些不同衍射屏的衍射场的光强分布，从而开始了波动光学的兴旺时期. 这个思想就是后来教科书中所说的惠更斯-菲涅耳原理.

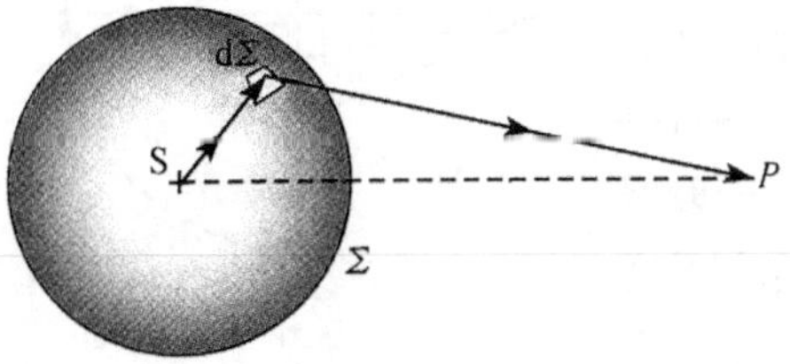

图 3-6 惠更斯-菲涅耳原理

概括地说，**惠更斯-菲涅耳原理**(图3-6)认为，波阵面 Σ 上每个面元 dΣ 都可以看成是新的振动中心，它们发出次光波，在空间某一点 P 的光振动是所有这些次光波在该点的相干叠加. 利用复振幅的概念，设 $\mathrm{d}\widetilde{E}(p)$为面元 dΣ 在场点 P 产生的光矢量的复振幅，则 P 点的总光振动为

$$\widetilde{E}(p)=\int \mathrm{d}\widetilde{E}(p) \tag{3-2-1}$$

凭着敏锐的物理直觉，菲涅耳还指出，给定波面 Σ 上，每一个 dΣ 发出的次光波在波面前方某点 P 所引起的光振动的振幅大小正比于面元的面积 dΣ；面元上 Q 点的光矢量的复振幅 $E_0(Q)$；以及球面波因子 $\exp(ikr)/r$(其中 r 为从面元 dΣ 到 P 点的距离)；并且与面元法线 n 和 r, R 之间的夹角 θ, θ_0 有关(图 3-7)；上述四点我们不妨称之为“复振幅四要素”. 这样面元 dΣ 在 P 点引起的光振动可表示为

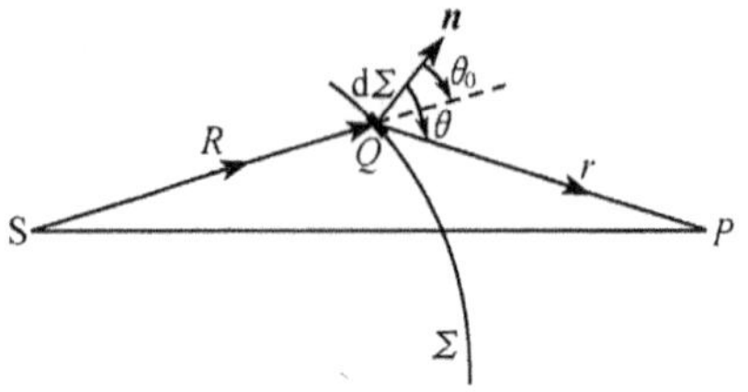

图 3-7 关于菲涅耳衍射公式中各参量的说明

$$d\widetilde{E} = KF(\theta,\theta_0)E_0(Q)d\Sigma\exp(ikr)/r \tag{3-2-2}$$

上式中 K 为比例系数，$F(\theta,\theta_0)$称为倾斜因子，是 θ,θ_0 的某个函数. 根据惠更斯-菲涅耳原理 P 的总的光振动的复振幅为

$$\widetilde{E}(p) = K\iint_{\Sigma} d\Sigma F(\theta,\theta_0)E_0(Q)\exp(ikr)/r \tag{3-2-3}$$

后来的研究表明，上式中的积分曲面 Σ 不一定是光波的波阵面，它可以是将源点 S 和场点 P 隔开的任何一个封闭曲面波前.

式(3-2-3)称为**菲涅耳衍射积分公式**. 分析积分公式可知，如果知道波前上各点的光矢量复振幅及 P 点的位置，就能求出 P 点的光矢量的复振幅.

最初菲涅耳作上述假设时只凭朴素的直觉，几十年后基尔霍夫利用光的电磁理论证明了菲涅耳的设想基本上正确. 他从光矢量的波动方程出发，利用数学中场论中的格林(Green)公式，建立了一个严格的数学理论. 这个数学理论认为，只要已知光场中任一封闭曲面上的光矢量及光矢量的空间导数，就可以通过一个面积分求出封闭面内任一点 P 的光矢量大小. 这个面积分即称为**基尔霍夫公式**. 基尔霍夫用他的理论来研究光的衍射问题时，为了求有障碍物时衍射场的分布. 他认为封闭曲面可由三部分构成(图 3-8)：衍射屏的光孔部分 Σ_0，衍射屏不透光部分 Σ_1 及半径为无穷大的半球面 Σ_2. 因为衍射屏比光孔大的多，所以可以假设屏为无穷大的平面. 他又假设 Σ_0 上的复振幅 $\widetilde{E}(Q)$取自由传播时光场的值，而 Σ_1 上的 $\widetilde{E}(Q)$取为 0；并且他严格证明了在 Σ_2 上面积分值必然为零，因而可以不加考虑. 这些考虑，称为基尔霍夫边界条件. 在这样的边界条件下，基尔霍夫公式化为

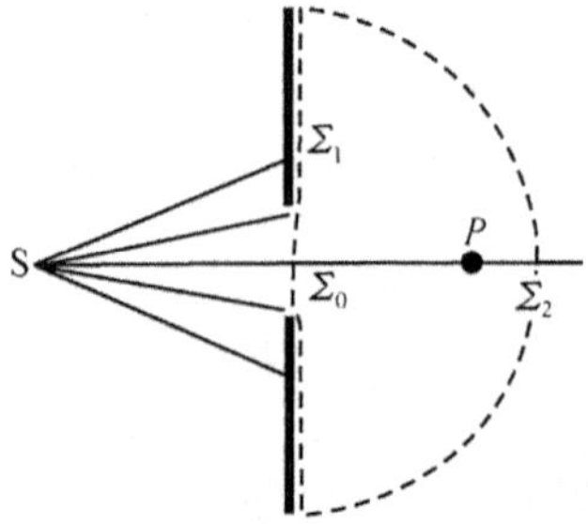

图 3-8 关于基尔霍夫边界条件的说明

$$\widetilde{E}(p) = \frac{-i}{\lambda}\iint_{(I_0)} \frac{(\cos\theta_0 + \cos\theta)}{2}\widetilde{E}_0(Q)\frac{e^{ikr}}{r}d\Sigma \tag{3-2-4}$$

将上式和式(3-2-3)相比较，得到菲涅耳积分公式中的比例常数 $K=\frac{-i}{\lambda}$，倾斜因子 $F(\theta_0,\theta)=(\cos\theta_0+\cos\theta)/2$，在 $\theta_0=0$ 的情况下 $f(\theta)=F(0,\theta)=(1+\cos\theta)/2$. 这样，基尔霍夫不仅导出了菲涅耳没有导出的比例常数 K，修正了菲涅耳关于倾斜因子的最初假定，更重要的是将惠更斯-菲涅耳原理建立在坚实的理论基础上. 式(3-2-4)称为**菲涅耳-基尔霍夫衍射公式**. 在光孔和接收范围大大小于光源 S 及场点

P 到光孔的距离，并且入射光与衍射屏大致垂直的（称为傍轴条件）情况下，可令 $\theta\approx\theta_0\approx0$，$r\approx r_0$（场点到光孔中心的距离），于是上式简化为

$$\widetilde{E}(p)=\frac{-\mathrm{i}}{\lambda r_0}\iint_{\Sigma_0}\widetilde{E}_0(Q)\mathrm{e}^{\mathrm{i}kr}\mathrm{d}\Sigma \tag{3-2-5}$$

注意，这里的积分范围已按照基尔霍夫边界条件改为透光部分 Σ_0.（3-2-5）式可称为简化的菲涅耳-基尔霍夫衍射公式，在解夫琅禾费衍射时经常用到此式.

惠更斯-菲涅耳原理抓住了波动的两个基本性质，为光场提供了一幅比较简明，而又生动形象的物理图像. 我们知道，凡是波动都具有两个基本属性，一方面它是扰动的传播，一点的扰动能够引起其他点的扰动，各点之间的扰动是有联系的；另一方面，它具有时空周期性，能够相干叠加. 光场也是一样，由于光场中任何一点具有变化的光矢量，在它周围就会产生变化的磁场，变化磁场又在它的周围产生变化的电场. 在这种意义上，我们可以认为光场中的每一点都可以看作一个"次光源". 另一方面，光场中各点的光振动又不是孤立的，它们通过"次波"的相干叠加，互相影响，形成整体.

同时，惠更斯-菲涅耳原理也描述了一种"次波—相干叠加—再次波—再相干叠加"的空间各点逐步传播的基本传播方式. 不但在衍射情况下，光遵循这个基本传播方式，在自由传播情况下，或在遇到大尺度障碍物时光也遵循这种传播方式. 从图 3-9(a)可见，场点 P 点的光矢量应是整个自由波面 Σ 上发出的次光波相干叠加的结果. 同样另一场点 P' 也是. 当 P' 与 P 在以 S 为球心的同一球面上时由于它们相对光源 S 具有球对称性. 所以叠加的结果使两个场点具有同等的强度. 这正是自由传播时的情况. 类似地，如 3-9(b)所示，几何阴影区的场点 P' 为什么会暗，几何照明区的场点 P 为什么亮，都同样是 Σ 上发出的次波相干叠加的近似结果. 所以可以说衍射现象是光波动性的基本表现，光的直线传播是衍射现象的一种极限近似. 而自由传播和衍射的区别在于自由传播时的波前是否受到改变或破坏，如果自由传播时的波前被改变了（无论是遮住一部分波前或在波前处放一个透镜改变波前的相位分布），则发生光的衍射；否则就是自由传播.

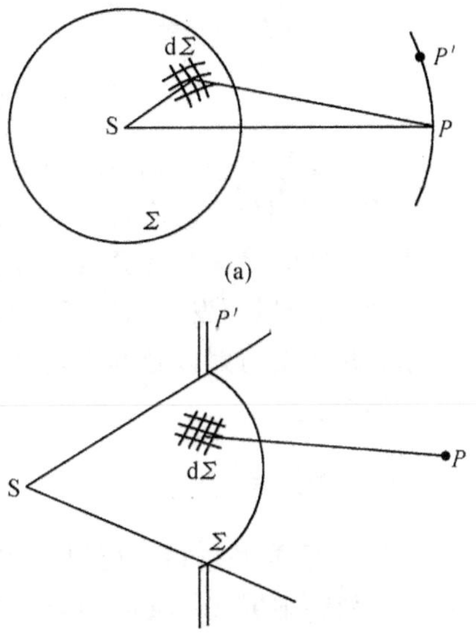

图 3-9　自由传播与大孔时的直线传播

二、衍射的分类

由图 3-1 所示，衍射系统由光源、衍射屏和接收屏幕组成. 通常按它们相互间

的距离大小，将衍射分为两类：一是菲涅耳衍射或称近场衍射，即光源和观察屏（或两者之一）离衍射屏距离有限远（图 3-10(a)）. 这时入射光和衍射光（或两者之一）不是平行光，波面的曲率不可忽略. 二是夫琅禾费衍射也称远场衍射（图 3-10(b)），即光源和观察屏距衍射屏均为无限远，因此入射光和衍射光都是平行光，波面的曲率可以忽略，实际的夫琅禾费衍射装置必须利用两个会聚的透镜，让点光源和接收屏幕分别位于两个透镜的前、后焦距位置，以保证入射光与衍射光都是平行光. 故夫琅禾费衍射又称为平行光衍射.

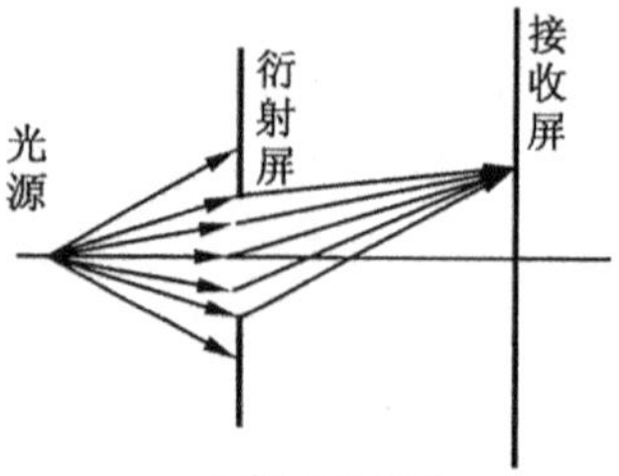

(a) 菲涅耳衍射

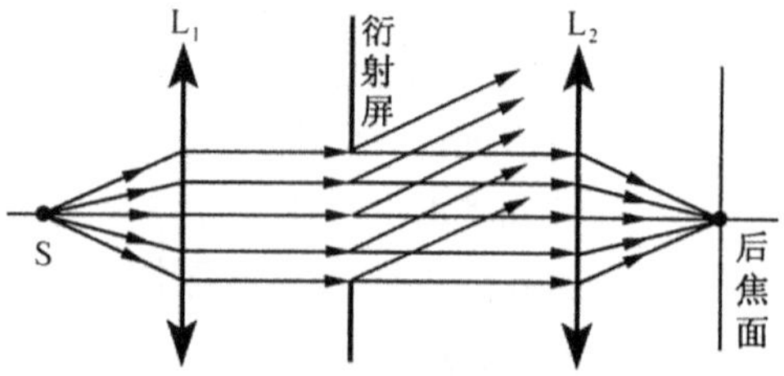

(b) 夫琅禾费衍射

图 3-10　衍射的分类

最初这种分类原则是从理论计算上考虑的. 夫琅禾费衍射场的计算比较容易，可以用衍射积分公式进行比较严格的计算. 而菲涅耳衍射场的计算较为复杂，不易用积分公式直接进行计算，通常用“半波带法”和“矢量叠加法”作定性的或半定量的近似计算，以便发现衍射场的基本特征. 但近来发展起来的傅里叶变换光学，赋予了夫琅禾费衍射以新的重要意义，给了它新的定义. 这也使得这样的分类原则有了新的含义.

三、巴比涅原理

从菲涅耳-基尔霍夫衍射公式（3-2-4）可以导出一个有用的原理. 考虑图 3-11 中的一对衍射屏 a、b，a 屏的透光部分正是 b 屏的遮光部分，反之亦然，我们称它们为互补屏，显然有

$$\Sigma_0 = \Sigma_a + \Sigma_b$$

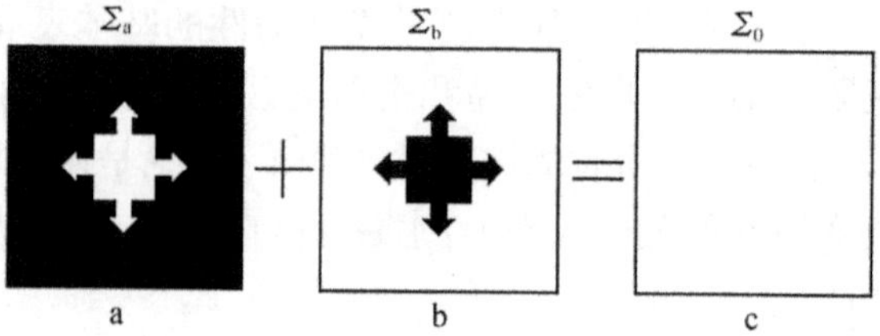

图 3-11　巴比涅原理

故下式成立

$$\iint_{\Sigma_a} \mathrm{d}\Sigma + \iint_{\Sigma_b} \mathrm{d}\Sigma = \iint_{\Sigma_0} \mathrm{d}\Sigma$$

上式左端第一项正是 a 屏的衍射场 $\tilde{E}_a(p)$，第二项是 b 屏的衍射场 $\tilde{E}_b(p)$，而右端是自由波场 $\tilde{E}_0(p)$，于是

$$\tilde{E}_a(p) + \tilde{E}_b(p) = \tilde{E}_0(p) \tag{3-2-6}$$

它表明，互补屏造成的衍射场中复振幅之和等于自由波场的复振幅. 这个结论称为巴比涅原理(A. Babinet). 由于自由波场是容易计算的，因此利用巴比涅原理可以较方便地由一种衍射屏的衍射图样求出其互补屏的衍射图样来.

巴比涅原理对由点光源和两透镜(或两组透镜)构造的平行光衍射特别有意义(图 3-10(b))这时所谓自由光场，就是衍射屏不存在时，服从几何光学规律传播的光场，它在接收屏幕上除一个亮点(即点光源通过两个透镜后成的像点)外 $\tilde{E}_0(p)$ 皆等于 0，从而除几何像点外，处处有

$$|\tilde{E}_a(p)| = |\tilde{E}_b(p)|$$

取它们各自复数共轭的乘积，则得

$$I_a(p) = I_b(p)$$

亦即除几何像点的地方之外，两个互补屏分别在 L_2 的后焦面产生的衍射图样完全一样.

读者将在以后看到应用巴比涅原理的例子.

3-3　菲涅耳圆孔衍射和圆屏衍射

本节采用半波带法和矢量叠加法处理菲涅耳圆孔衍射和圆屏衍射问题，同时介绍了有实际意义的菲涅耳波带片.

一、实验现象

如图 3-12 所示，用点光源(或激光束)照射带圆孔的衍射屏，在较远的接收屏幕上就可看到清晰的衍射图样. 对于可见光，实验装置的数据一般可取：

(1) 圆孔半径 ρ 为毫米的量级；

(2) 光源到圆孔的距离 R 为米的量级；

(3) 接收屏幕到圆孔的距离 b 为 3～5m.

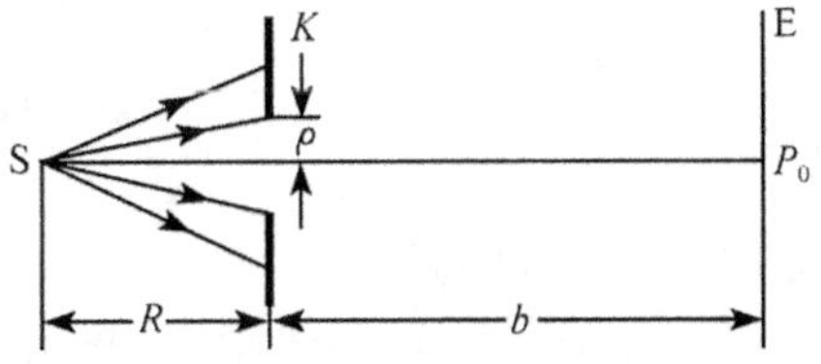

图 3-12　菲涅耳衍射装置

衍射花样是以轴上场点 P_0 为中心的一套明暗相间的同心圆环，中心点可能是亮的，也可能是暗的，它会随着衍射屏圆孔半径 ρ 和接收屏距离 b 的变化而变化.

如果用圆屏(或滚珠、玻璃上的墨点之类)代替上述实验中的圆孔,我们观察到的衍射图样也是同心圆环,与圆孔情形显著不同的是,无论改变半径 ρ 还是距离 b,衍射图样的中心点是一个亮点.

二、半波带法

根据惠更斯-菲涅耳原理我们在计算衍射场时,总是经过三个步骤:

(1) 划分有效波前 Σ_0(衍射屏上开口的部分);

(2) 计算每个面元在某场点 P 引起的复振幅 $\Delta\widetilde{E}(p)$;

(3) 将所有这些复振幅相干叠加.

我们不妨称之为衍射分析的三部曲.菲涅耳衍射情况比较复杂,不易用积分公式严格求解.我们希望通过对有效波前的巧妙分割,能将复杂的积分用简单的代数加法或矢量叠加来代替.这就是下面要讲的“半波带法”与“矢量叠加法”的主要精神.

半波带法是处理次波相干叠加的一种简化方法.菲涅耳衍射公式本要求对波前作无限分割,半波带法则用较粗糙的分割来代替,从而使式(3-2-4)中的积分化为有限项的代数和.此法虽不够精细,但可较方便地得出衍射图样的某些基本定性特征,故为人们所常用.

现在我们先用半波带法来求圆孔衍射场中心轴上的场点 P_0 的光矢量的振幅.

如图 3-13 所示,在圆孔面上取波前 Σ 为以点源为中心的球面(等相面),设其半径为 R,其顶点 O 与场点 P_0 的距离为 b,以 P_0 为中心,分别以 $b+\frac{\lambda}{2}$,$b+\lambda$,$b+\frac{3\lambda}{2}$,$b+2\lambda$,…为半径作球面,将波前 Σ 分割成一系列的环形带.由于这些环形带的边缘点 O,M_1,M_2,M_3,M_4,…到 P_0 的光程逐个相差半个波长,故称之为半波带.用 $\Delta\widetilde{E}_1(p)$,$\Delta\widetilde{E}_2(p)$,…代表各半波带发出的次波在 P_0 点产生的复振幅.由于相邻半波带到 P_0 点的光程相差$\frac{\lambda}{2}$,所以它们贡献的复振幅相位相差 π,即

$$\Delta\widetilde{E}_1(p) = E_{10}(P_0)\mathrm{e}^{\mathrm{i}\varphi_1}$$
$$\Delta\widetilde{E}_2(p) = E_{20}(P_0)\mathrm{e}^{\mathrm{i}(\varphi_1+\pi)}$$
$$\Delta\widetilde{E}_3(p) = E_{30}(P_0)\mathrm{e}^{\mathrm{i}(\varphi_1+2\pi)}$$
$$\cdots\cdots$$

故 P_0 点的合成振幅为

$$\begin{aligned}E_0(P_0) &= |\ \widetilde{E}(p)\ | = \left|\sum_{k=1}^{n}\Delta\widetilde{E}_k(p_0)\right| \\ &= E_{10}(P_0) - E_{20}(P_0) + E_{30}(P_0) - \cdots \\ &\quad + (-1)^{n+1}E_{n0}(P_0)\end{aligned} \tag{3-3-1}$$

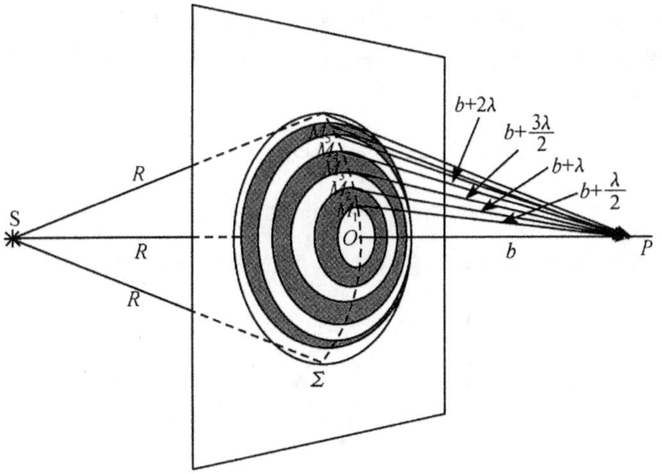

图 3-13　半波带法

下面我们来比较 E_{10},E_{20},E_{30},…各振幅的大小. 惠更斯-菲涅耳原理告诉我们

$$E_{k0}(P_0) \propto f(\theta_k)\frac{\Delta\Sigma_k}{r_k}\widetilde{E}_0(Q) \tag{3-3-2}$$

式中 $\Delta\Sigma_k$ 是第 k 个半波带的面积;r_k 是它到场点 P_0 的距离;$f(\theta_k)$是其在 $\theta_0=0$ 时的倾斜因子. 先计算 $\Delta\Sigma_k/r_k$. 考虑图 3-14 所示的球帽,其面积为

$$\Sigma = 2\pi R^2(1-\cos\alpha)$$

而

$$\cos\alpha = \frac{R^2+(R+b)^2-r^2}{2R(R+b)}$$

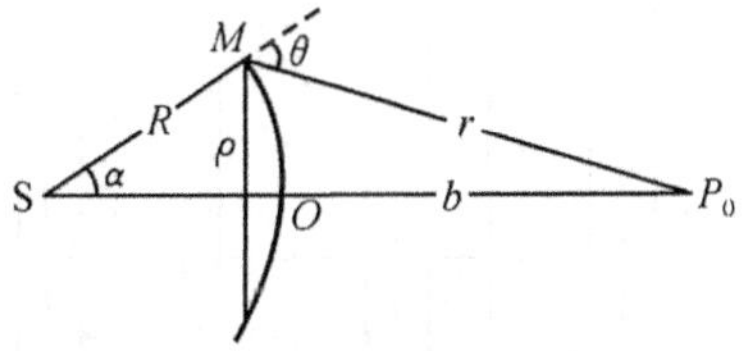

图 3-14　半波带面积 $\Delta\Sigma_k$ 的计算

式中的各字母所代表的几何量图 3-14 都已标明. 分别取以上两式的微分

$$\mathrm{d}\Sigma = 2\pi R^2\sin\alpha\mathrm{d}\alpha$$

$$\sin\alpha\mathrm{d}\alpha = \frac{r\mathrm{d}r}{R(R+b)}$$

将第二式代入第一式,得

$$\frac{\mathrm{d}\Sigma}{r} = \frac{2\pi R\mathrm{d}r}{R+b} \tag{3-3-3}$$

因 $\lambda \ll r_k$,可把上式中的微分 $\mathrm{d}r$ 看成相邻半波带间 r 的差值 $\lambda/2$,$\mathrm{d}\Sigma$ 看作半波带的面积 $\Delta\Sigma_k$. 于是得

$$\frac{\Delta\Sigma_k}{r_k} = \frac{\pi R\lambda}{R+b} \tag{3-3-4}$$

可见,作为 λ 的最低级近似,$\Delta\Sigma_k/r_k$ 与 k 无关,即它对于每个半波带都是一样的. 另外,由于点光源 S 发出的球面波等相面上复振幅 $\widetilde{E}_0(Q)\dfrac{A_0}{R}\mathrm{e}^{\mathrm{i}kR}$ 处处相同. 如此一

来，影响 $E_{k0}(p_0)$ 大小的因素中只剩下倾斜因子 $f(\theta_k)$ 了由图 3-14 可见，随着 k 的增加 $f(\theta_k)$ 缓慢地逐渐减小，当 $\theta_k \to \pi$ 时，$f(\theta_k) \to 0$. 因而由式(3-3-2)我们可以得到近似的关系式

$$\Delta E_{10} \gtrsim \Delta E_{20} \gtrsim \Delta E_{30} \cdots \gtrsim \Delta E_{n0} \tag{3-3-5}$$

$$\Delta E_{k0} \approx \frac{1}{2}(\Delta E_{k-1,0} + \Delta E_{k+1,0}) \tag{3-3-6}$$

现在让我们回到式(3-3-1)，将式(3-3-1)中的项重新组合得到

$$\begin{aligned} E_0(p_0) &= \sum_{k=1}^{n}(-1)^{k+1}\Delta E_{k0} \\ &= \frac{1}{2}\Delta E_{10} + \left(\frac{1}{2}\Delta E_{10} - \Delta E_{20} + \frac{1}{2}\Delta E_{30}\right) \\ &\quad + \left(\frac{1}{2}\Delta E_{30} - \Delta E_{40} + \frac{1}{2}E_{50}\right) + \cdots \end{aligned}$$

由式(3-3-6)可知括号内的值都为零，结果可得

$$E_0(p_0) = \frac{\Delta E_{10}}{2} + (-1)^{n+1}\frac{\Delta E_{n0}}{2} \tag{3-3-7}$$

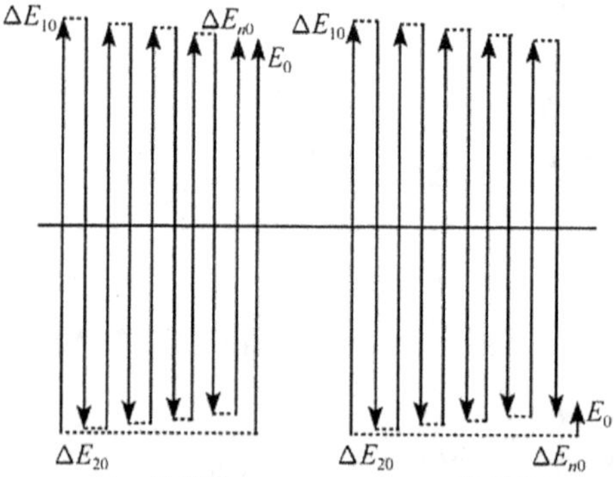

(a) n 为奇数　　(b) n 为偶数

图 3-15　半波带法中的振动矢量图

上面的计算过程也可用图 3-15 中上下交替的矢量相加来表示. 为了能让人看得清，图中的矢量故意画得彼此错开. 由图中可见，矢量相加的结果与上面计算可得同样的结果.

由计算结果式(3-3-7)可知，当圆孔中包含奇数个半波带时，衍射图样中心是亮点. 包含偶数个半波带时，中心是暗点. 因而要想知道中心是亮点还是暗点，必须先知道圆孔包含的半波带的数目. 现在我们就来计算之.

如图 3-16 所示，设圆孔中心 O' 到球面波中心 O 的距离为 h，圆孔的半径 ρ 正好等于第 k 个半波带的半径. 由图中可见

$$\begin{aligned} \rho_k^2 &= r_k^2 - (b+h)^2 \\ &= (r_k^2 - b^2) - 2bh - h^2 \\ &\approx (r_k^2 - b^2) - 2bh \end{aligned} \tag{3-3-8}$$

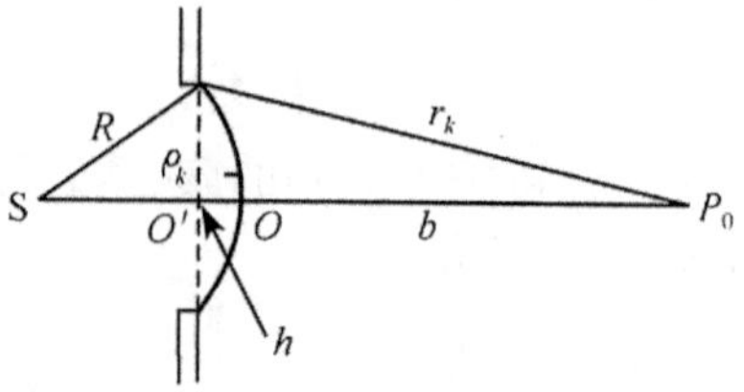

图 3-16　半波带数目的计算

因为 h 比 b 小得多，上式中略去了 h^2 项. 以 $r_k = b + k\lambda/2$ 代入上式再略去 λ^2 项，得

$$\rho_k^2 \approx k\lambda b - 2bh \tag{3-3-9}$$

又由

$$\rho_k^2 = R^2 - (R-h)^2 \approx 2Rh$$

上式中略去了 h^2 项. 上式可改写为

$$h = \rho_k^2 / 2R$$

再将上式代入式(3-3-9),最后得到结果

$$\rho^2 = \rho_k^2 = k\frac{bR\lambda}{R+b} \tag{3-3-10}$$

或

$$k = \frac{\rho^2(R+b)}{bR\lambda} = \frac{\rho^2}{\lambda}\left(\frac{1}{R}+\frac{1}{b}\right) \tag{3-3-11}$$

由式(3-3-11)可知,圆孔包含的半波带数目和圆孔的半径、圆孔到 P_0 点的距离 b 及入射光波的波长都有关系. 这就解释了衍射图样中心强度随孔径的增大亮暗交替变化的现象. 也给出了中心强度随距离 b 周期性地变暗变亮的原因.

以上虽然说明了圆孔衍射图样中心点或明或暗的原因,但还没说出中心轴 SP_0 外各点的强度情况. 为了确定轴外任一场点 P' 的光强(图 3-17(a)),可按下面方法讨论.

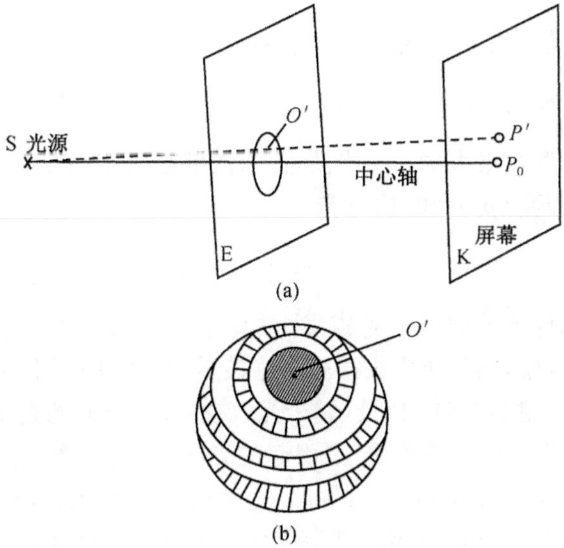

图 3-17 求中心轴外场点 P' 的光振动

假如衍射屏完全不存在,我们就可以以 O' 为中心,作环形半波带,然后定出这些带对 P' 点的光矢量的贡献,当存在衍射屏时,现在圆孔的位置和这些环带不是同心的,带的露出部分看起来如图 3-17(b)所示,在图中为清楚起见,将奇数带画以斜线. 这些露出的带在 P' 的作用不仅决定于它们的数目,而且也决定于每个带

有多大部分露出来.精确计算 P' 点的合振幅是很复杂的.但可预料,当 P' 点逐渐离开中心点时,有些地方光强较大,另一些地方光强较弱,由于整个衍射装置具有对中心轴对称性,所以 P 点周围出现明暗交替的圆环.

以上我们用半波带法成功地说明了圆孔衍射的基本特征.利用半波带法还能说明光的直线传播(因为能否说明光的直线传播是光波动说遇到的一大考验).为简单起见,我们只讨论点光源发光的直线传播,因为任何复杂光源都可看作点光源的集合.首先考虑自由传播情况下,这时,图 3-18 中的波前 Σ 为一完整的球面.

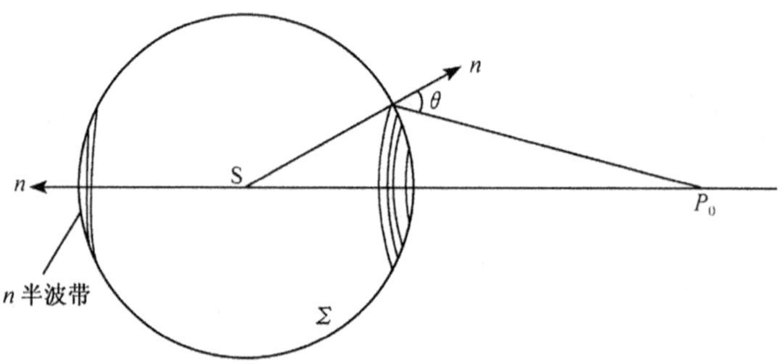

图 3-18　自由传播时的半波带

用半波带法可求得 P_0 点的光矢量振幅为

$$\widetilde{E}_0(p_0) = \frac{1}{2}[\Delta E_{10}(P_0) + (-1)^{N+1}\Delta E_{N0}(P_0)]$$

式中 $\Delta E_{N0}(p_0)$ 为序数最大的一个半波带.由图中可见,由于 $\theta_N = 180°$,所以有倾斜因子 $f(\theta_N)=0$,$\Delta E_{N0}(p_0)=0$.这时有

$$\widetilde{E}_0(p_0) = \frac{1}{2}\Delta\widetilde{E}_{10}(p_0)$$

由此可见,从球面波面 Σ 上各点发出的次波在 P_0 点叠加的结果,在 P_0 点得到的光矢量的合振幅,约等于中央第一个半波带的 1/2 面积上的面元发出的次波在该点产生的光矢量的振幅. 因此,整个光波在 P_0 点引起的光振动在数值上等价于中央第一半波带 1/2 面积在 P_0 点引起的光矢量,就好像波面的其他部分不存在一样.因为半波带的面积非常小,例如 $\lambda=5000\text{Å}$ 的绿光时,若 R、b 均为 1m,第一个半波带的面积约为 0.75mm^2(即半径约为 0.5mm).因而,自由传播时,光从点源 S 到 P_0 点的传播实际上是这样进行的,仿佛光波是在一个很细窄的管道里沿着 AP_0 直线行进,这也是一般把光视作直线传播的理由.

上面说的是点光源 S 的光波自由传播的情况,假如光波碰到了有圆孔的衍射屏,只要圆孔口径比光波波长大得多,即 $\rho \gg \lambda$,以至于圆孔处能露出相当多数量的半波带,这时仍有 $\Delta E_{N0}(p_0)$ 约为 0,因而 $E_0(p_0)=\frac{1}{2}\Delta E_{10}(p_0)$ 仍然成立.所有上面关于光的直线传播的论证全部可以照搬. 在上面两种情况下，P_0 点离开光源 S 越远，$\Delta E_{10}(p_0)$越小，光强越暗. 而且这时圆孔半径 ρ 和 P_0 与衍射屏距离 b 的改变都不会引起 P_0 的光强明暗的交替变化. 这正是几何光学得到的结果.

当圆孔口径很小，可以和光波波长比较时(或者口径不小，但 P_0 点很远，$b\gg\rho$)，则圆孔的波带数目较少，以至于 $\Delta E_{N0}(p_0)$和 $\Delta E_{10}(p_0)$相比，不能忽略. 这时 P_0 点的光强或大或小，依赖于露出的波带数目，表现出明显的衍射性质. 一般地说，当障碍物的线度 ρ 远大于光波长 λ 时，就可近似认为光是直线传播的，衍射现象可忽略.

三、菲涅耳波带片

按照半波带法对圆孔衍射的讨论，P_0 点光强决定于圆孔处露出的半波带的数目. 即

$$E_0(p_0)=\Delta E_{10}-\Delta E_{20}+\Delta E_{30}+\cdots+(-1)^{n+1}E_{n0}$$

这使我们想到，是否能设计一种特殊的光屏，它能把所有的偶数半波带都遮住(或奇数带被遮住)，只让奇数半波带的次波通过，这样就能把上式中的负项都除去. 使 P_0 点的合振幅大为加强这样的光屏在 P_0 点有极强的聚光作用，能使 P_0 点的光强增加很多倍.

这种特殊的光屏我们称之为菲涅耳波带片，制作菲涅耳波带片并不困难，由式(3-3-10)可知，半波带的半径

$$\rho_k=\sqrt{\frac{Rb}{R+b}k\lambda}=\sqrt{k}\,\rho_1\qquad(k=1,2,\cdots)\tag{3-3-12}$$

式中 ρ_1 是第一个半波带的半径

$$\rho_1=\sqrt{\frac{Rb\lambda}{R+b}}$$

可见 ρ_k 是和$\sqrt{k}$成正比的. 因此我们可以在白纸上精密地画很多同心圆，使它们的半径与整数的平方根成正比，将偶数带或奇数带涂黑(见图3-19)，然后用照相机

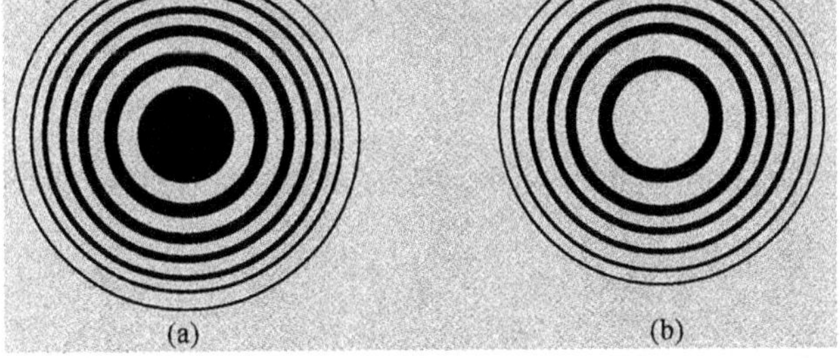

图 3-19　菲涅耳波带片

进行拍摄和缩小，就可得到一张平面的菲涅耳波带片.

例题 1　一块波带片的孔径内有 20 个半波带. 1,3,5,…,19 等 10 个奇数带露出来，其余 10 个偶数带被挡住，问：

(1) 轴上相应场点强度比自由传播时大几倍？

(2) 若波带片半径 $\rho=3\text{mm}$，点光源与波带片距离 $R=1\text{m}$，波长为 6000Å，P 点到波带片的距离 b 为多少？

(3) 当每个半波带变成 3、5 个半波带时，中心轴上相应的点 P'、P'' 仍为亮点，问相应的点到波带片的距离 b'、b'' 等于多少？

解　(1) 波带片在轴上场点 P 产生的振幅为

$$\begin{aligned} E_0'(p) &= \Delta E_{10} + \Delta E_{30} + \cdots + \Delta E_{19} \\ &\approx 10\Delta E_{10} = 20E_0(p) \\ I' = E_0'(p)^2 &= 400E_0(p)^2 \end{aligned}$$

其中 $E_0(p)=\dfrac{\Delta E_{10}}{2}$ 是自由传播时的振幅. 本题中的波带片使光强增大 400 倍.

(2) 由式(3-3-11)，可得

$$\begin{aligned} b &= \frac{\rho_n^2 R}{(n\lambda R-\rho_n^2)} = \frac{\rho^2 R}{20\lambda R-\rho^2} \\ &= \frac{(3.0\times 10^{-3})^2\times 1}{20\times 6\times 10^{-7}-(3.0\times 10^{-3})^2} = 3.0\text{m} \end{aligned}$$

(3) 当一个半波带变成 3、5 个半波带时，相应的 b'、b'' 分别为

$$b' = \frac{\rho^2 R}{(3n\lambda R-\rho^2)} = \frac{(3.0\times 10^{-3})^2\times 1}{3\times 20\times 6\times 10^{-7}-(3.0\times 10^{-3})^2} = 0.33(\text{m})$$

$$b'' = \frac{\rho^2 R}{(5n\lambda R-\rho^2)} = \frac{(3.0\times 10^{-3})^2\times 1}{5\times 20\times 6\times 10^{-7}-(3.0\times 10^{-3})^2} = 0.17(\text{m})$$

从这个例题可以看出，菲涅耳波带片的作用有如透镜，可以使入射光会聚起来，产生极大的光强. 波带片与透镜的相似性在式(3-3-11)中已反映出来了，因为它可以改写成如下形式：

$$\frac{1}{R}+\frac{1}{b}=\frac{k\lambda}{\rho_k^2}$$

令

$$f=\frac{\rho_k^2}{k\lambda}=\frac{\rho_1^2}{\lambda} \qquad (3\text{-}3\text{-}13)$$

上式化为

$$\frac{1}{R}+\frac{1}{b}=\frac{1}{f} \qquad (3\text{-}3\text{-}14)$$

此式与透镜的成像公式的形式完全相同，R 相当于物距，b 相当于像距，f 是焦距.

式(3-3-14)是波带片的成像公式,它给出平行光入射($R\to\infty$)时轴上产生亮点(焦点)的位置.

菲涅耳波带片是利用衍射规律有意识地改变波前,以造成人们需要的衍射场的第一篇杰作,它属于振幅型的黑白光学波带片.现代的波带片品种已经相当繁多:有振幅型的,也有相位型的;除光学外,还有声波和微波的波带片等等.波带片的应用越来越广泛,正在发展成为一种专门技术.

四、矢量叠加法

半波带法有两个缺点,一是分割较为粗糙,二是如果圆孔包含的不是整数个半波带,再用半波带法来讨论衍射场就有困难了.为此需要把每个半波带进一步划分得更细.例如对于第一个半波带,我们可以作中心在 P_0,半径分别为 $b+\lambda/2m$,$b+\lambda/m$,$b+3\lambda/2m$,…的球面,将它分割为 m 个更窄的环带(图 3-20).相邻小环带到 P_0 点的光程差为$\dfrac{\lambda}{2m}$,因而在 P_0 贡献的振动相位差为$\dfrac{\pi}{m}$.

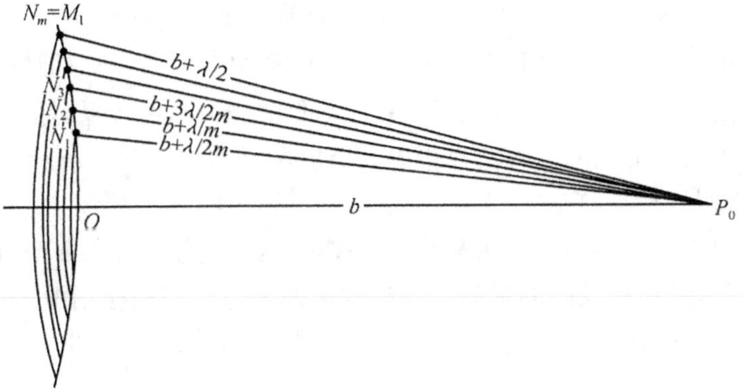

图 3-20 半波带的进一步分割

振动的合成可用图 3-21(a)中的矢量图来表示,所以这种合成方法称为矢量叠加法.通过 O 点的水平线表示波前顶点 O 贡献的振动,取为零相位,小矢量 $\Delta\boldsymbol{A}_1$,$\Delta\boldsymbol{A}_2$,$\Delta\boldsymbol{A}_3$,…分别代表各个小环带的贡献,若暂不考虑倾斜因子的影响,它们长度相等.将它们首尾相接,方向逐个转过 π/m 角度.到了 $\Delta\boldsymbol{A}_m$ 刚好转过角度 π,达到第一个半波带的边缘点 M_1,由 O 到 M_1 引合成矢量 $\Delta\boldsymbol{E}_{10}$,其长度就是整个第一半波带贡献的振幅.取 $\Delta\boldsymbol{A}_k\to0$,$m\to\infty$的极限,图 3-21(a)中由小矢量组成的半个正多边形过渡到图 3-21(b)中的半圆.

上面我们对第一个半波带作了细致的处理,其余的半波带可作同样处理,于是在振动矢量图上增添一个又一个的半圆.最后,若再考虑到倾斜因子 $f(\theta)$的影响,则半径将逐渐收缩,形成如图3-21(c)所示的螺旋线(可称之为振幅图).在自由传

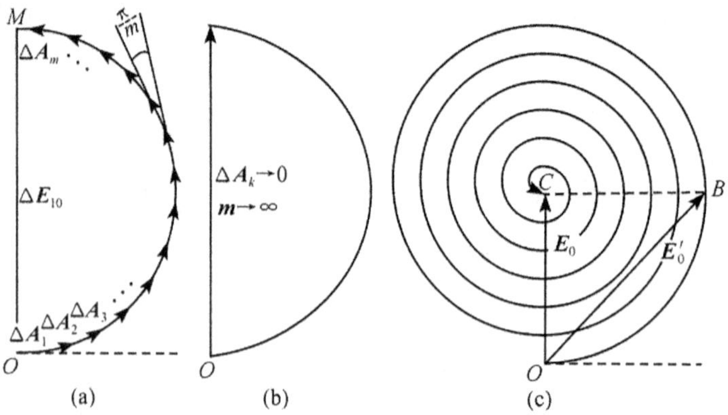

图 3-21 振动矢量图

播情形下，这螺旋线要一直旋绕到半径趋于 0 为止，最后到达圆心 C. 由 O 到 C 引合成矢量 $\boldsymbol{E}_0$，其长度即为整个波前在 P_0 点产生的振幅. 比较图 3-21(a)，(c)两图即可看出，$\boldsymbol{E}_0=\Delta\boldsymbol{E}_{10}/2$，这与上面用半波带法得到的结果一致.

例题 2 求圆孔包含 1/2 个半波带时中心轴上的衍射强度.

解 这时边缘与中心光程差为 $\lambda/4$，相位差为 $\pi/2$，图 3-21(c)的振幅曲线应取 OB 一段，振幅 $E_0'=\overline{OB}=\sqrt{2}\boldsymbol{E}_0$，光强 $I'=2\boldsymbol{E}_0^2$，即光强为自由传播时的两倍.

现在我们再来分析菲涅耳圆盘衍射的衍射场. 如图 3-22(a)所示，设 S 为点光源，D 为不透明的圆盘，它的中心在 O 点，P_0 点为中心轴上的场点. 显然，圆盘 D 的作用不过是遮住了波面上开头的几个半波带，例如遮住了开头 k 个带，于是从第 $(k+1)$ 个带开始，所有其余的带的振动都能达到 P_0 点. 利用振幅图 3-21(c)可知，在前 k 个半波带被遮去的情况下(这相当于把螺旋线中最开始的k个“半圆”擦掉

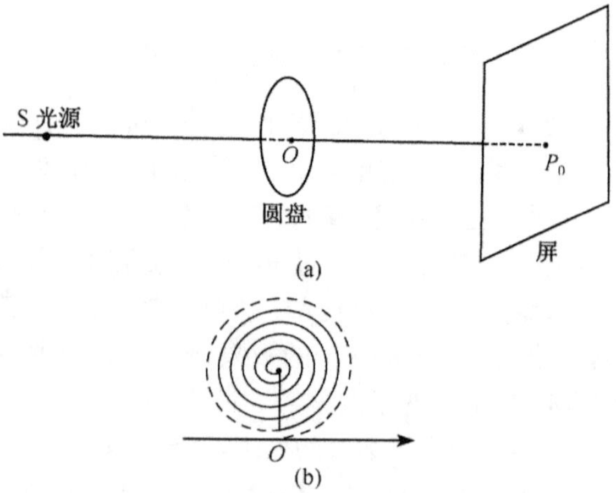

图 3-22 菲涅耳圆盘衍射场的分析

不计). p_0 点合振动的振幅 $E_0(p_0)=\frac{1}{2}\Delta E_{k+1,0}$,即第 $k+1$ 个半波带贡献的振幅的一半(图 3-22(b)中,画出头两个半波带被遮住的情况).

因此,在圆盘的几何阴影的中心(P_0 点)永远有光,和不透明圆盘的大小和位置无关.当然,圆盘遮住的带数 k 越少,则中心点的光强越大.对于不在轴上的场点,圆盘位置不与相应的半波带同心,合振幅将较大或较小,依带的若干部分被遮而定.由此可推想到:中心亮点 P_0 周围有一组明暗相间的同心圆环,这正是实验的结果.

3-4 夫琅禾费单缝衍射

一、实验装置和实验现象

夫琅禾费衍射是平行光的衍射,在实验中往往借助两个透镜来实现.图 3-23(a)是观察夫琅禾费单缝衍射的实验装置.在透镜 L_1 的前焦点上放置单色点光源,点光源发出的光经透镜折射后变成平行光,再垂直入射到开有一条狭缝的衍射屏上,缝的宽度为 a,($a\gtrsim\lambda$),狭缝长度远大于宽度 a.入射光在狭缝上发生衍射,透镜L_2 把无限远的衍射图样聚焦在它的后焦面上.从放在后焦面上的观察屏上能观察到如图 3-23(b)所示的衍射图样.由于狭缝的长度远远大于波长而缝宽很小,所以只在垂直狭缝的方向发生明显的衍射现象,即观察屏上的衍射图样只在 x 方向上展开.如果用与狭缝平行的线光源替代点光源,则在观察屏上会看到一组平行狭缝的明暗衍射条纹.

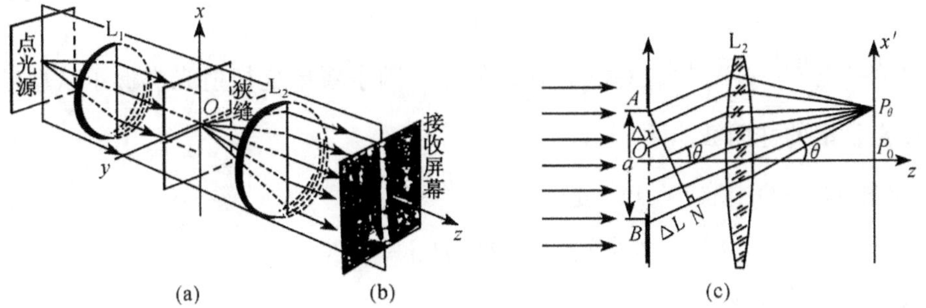

图 3-23 夫琅禾费单缝衍射(点光源情形)

二、单缝衍射的强度公式

下面我们将用复数积分法和矢量图解法两种方法来计算夫琅禾费单缝衍射时,接收屏幕上的光强分布.

1. 复数积分法

考虑点光源照明时单缝的夫琅禾费衍射. 取坐标系如图3-23(a), z 轴沿光轴, y 轴沿狭缝的走向, x 轴与之垂直. 如前所述, 衍射只在 x-z 平面内进行, 计算光程时我们只需作 x-z 平面图, 如图 3-24 所示. 按惠更斯-菲涅耳原理, 我们把缝内的波前 AB 分割为许多等宽的窄条 $\mathrm{d}x$, 朝多个方向发出次波. 由于接收屏幕位于透镜 L_2 的后焦面上, 角度 θ 相同的衍射光线会聚于幕上同一点 P_θ. 现在我们就用菲涅耳-基尔霍夫衍射公式来计算 P_θ 的光矢量的复振幅. 在傍轴条件下, 按公式(3-2-5), 有

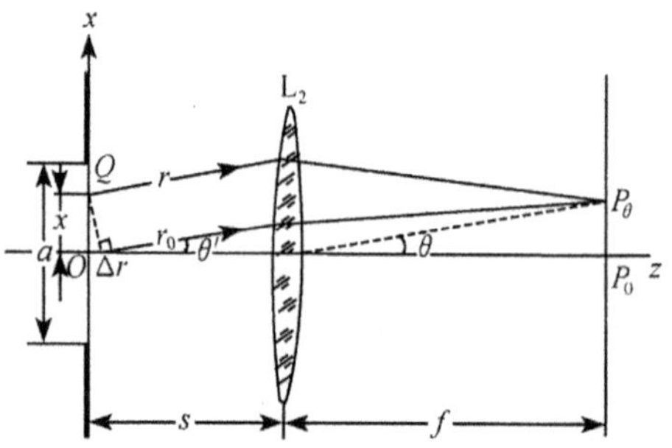

图 3-24　单缝夫琅禾费衍的光程差的计算

$$E_0(p_\theta) = \frac{-\mathrm{i}}{\lambda z_0}\iint_{(\Sigma_0)} \widetilde{E}_0(Q)\mathrm{e}^{\mathrm{i}kr}\mathrm{d}x\mathrm{d}y \quad (3\text{-}4\text{-}1)$$

式中 r 是波前上坐标为 x 的点 Q 到场点 P_θ 的光程, 由图 3-24 可知它与波前上 O 点到 P_θ 的光程差为

$$\Delta r = r - r_0 = -x\sin\theta.$$

Δr 与 y 无关. z_0 是个固定长度, 当 L_2 靠近衍射屏时约等于 L_2 的焦距 f. 在入射光正入射情况下 $\widetilde{E}_0(Q)$具有相同的振幅和相位, 因而是与 x、y 无关的常数(可用 E_0 表示)将式(3-4-1)先对 y 积分, 并把所有的常数因子归并到一个复常数 $\widetilde{C}$ 中, 于是得

$$\widetilde{E}_0(p_\theta) = \widetilde{C}\int_{-\frac{a}{2}}^{\frac{a}{2}} \mathrm{e}^{\mathrm{i}k(r_0 - x\sin\theta)}\mathrm{d}x = \widetilde{C}\mathrm{e}^{\mathrm{i}kr_0}\int_{-\frac{a}{2}}^{\frac{a}{2}} \mathrm{e}^{(-\mathrm{i}kx\sin\theta)}\mathrm{d}x$$

$$= \widetilde{C}\mathrm{e}^{\mathrm{i}kr_0}\,\frac{\sin(ka\sin\theta/2)}{k\sin\theta/2} = a\widetilde{C}\,\frac{\sin\alpha}{\alpha}\mathrm{e}^{\mathrm{i}kr_0} \quad (3\text{-}4\text{-}2)$$

式中 $\alpha = \dfrac{ka\sin\theta}{2} = \dfrac{\pi a\sin\theta}{\lambda}$. 由式(3-4-2)的相位因子看单缝衍射光类似于从单缝中心 O 点发出的柱面波.

在式(3-4-2)中取 $\theta=0$, 于是 $\alpha=0$, $\dfrac{\sin\alpha}{\alpha}=1$, 有

$$\widetilde{E}_0(p_\theta) = \widetilde{E}_0(P_0) = a\widetilde{C}\mathrm{e}^{\mathrm{i}kr}$$

故式(3-4-2)可写为

$$\widetilde{E}_0(p_\theta) = \widetilde{E}_0(P_0)\,\frac{\sin\alpha}{\alpha}$$

取绝对值的平方, 即得

$$I_\theta = I_0\left(\frac{\sin\alpha}{\alpha}\right)^2 \quad (3\text{-}4\text{-}3)$$

式中 $I_0 = \widetilde{E}_0(P_0)\widetilde{E}_0^*(P_0)$是衍射场中心强度.

这就是单缝夫琅禾费衍射的强度分布公式. 衍射场中相对强度 I_θ/I_0 等于$(\sin\alpha/\alpha)^2$,这个因子称为**单缝衍射因子**在后面我们还要专门研究它的特点.

2. 矢量图解法

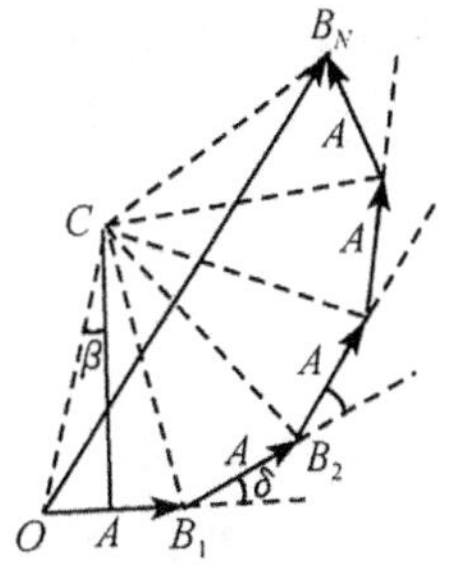

图 3-25 多光束干涉的矢量图解法

我们首先考虑用矢量图解法计算一种特殊的多光束干涉(即每束光的振幅 A 相同,任意两相邻光束具有相同的相位差 δ,这样的 N 束平行光束的多光束干涉)的总光矢量. 这时,总光矢量的振幅可用矢量图 3-25 来计算. 图中$\overline{OB_1}$,$\overline{B_1B_2}$,…,$\overline{B_{N-1}B_N}$,各矢量的长度都为 A,方向逐个相差 δ 角,所以折线 $OB_1B_2\cdots B_N$ 是等边多边形的一部分. 令 C 代表这个多边形的外接圆圆心,即$\overline{OC}=\overline{B_1C}=\overline{B_2C}=\cdots=\overline{B_NC}$. 由于等腰三角形 OCB_1 的顶角$\angle OCB_1=\delta=2\beta$,故有 $A=\overline{OB_1}=2\,\overline{OC}\sin\beta$,于是

$$\overline{OC}=\frac{A}{2\sin\beta} \tag{3-4-4}$$

又因为等腰三角形 OCB_N 的顶角$\angle OCB_N=N\delta=2N\beta$,故代表多光束干涉总振幅的矢量$\overline{OB_n}$的长度为

$$\overline{OB_N}=2\,\overline{OC}\sin(N\beta)$$

将式(3-4-4)代入上式,得总振幅(用 E_0 表示)为

$$E_0=A\frac{\sin(N\beta)}{\sin\beta}=A\frac{\sin(N\delta/2)}{\sin(\delta/2)} \tag{3-4-5}$$

再计算总光强为

$$I=A^2\frac{\sin^2(N\delta/2)}{\sin^2(\delta/2)}=I_0\left[\frac{\sin(N\delta/2)}{\sin(\delta/2)}\right]^2 \tag{3-4-6}$$

式中 $I_0=A^2$ 为每束光的强度. 多光束干涉总光强与每束光强之比,$I/I_0=\left[\frac{\sin(N\delta/2)}{\sin(\delta/2)}\right]^2$ 称为**多光束干涉因子**.

现在再让我们回到单缝衍射问题上来,如图 3-23(c)所示将单缝 a 均匀地分割为 N 条窄条,每窄条的宽度为 Δx,因而分割的数目 $N=a/\Delta x$. 因为是平行光正入射,单缝面上光振动的复振幅处处相等;又因 θ 角一般较小,各窄条发出的次光波到达 P_θ 点所经的光程相近;再者,在 P_θ 相交的各次光波平行,具有相同的倾斜因子,综上所述,对比次光波复振幅四因素可知,各窄条发出的光波在 P_θ点引起的光振动具有相同的分振幅(可设为 A).

另一方面由图 3-23(c)可见,任意两条相邻窄条到 P_θ 点的光程差相等,都为 $\Delta L=\Delta x\sin\theta$,相位差 $\delta=\frac{2\pi}{\lambda}\Delta x\sin\theta$. 于是 P_θ 的总强度可视为是 N 束相互平行,振

幅相同,任意相邻光束间有相同的相位差的次光波相干叠加的结果. 将 $N=a/\Delta x$, $\delta=k\Delta x\sin\theta$,代入式(3-4-6),可得

$$I_\theta = A^2\frac{\sin^2\left(\frac{a}{\Delta x}\frac{\Delta xk\sin\theta}{2}\right)}{\sin^2\left(\frac{k\Delta x\sin\theta}{2}\right)} = A^2\frac{\sin^2\left(\frac{ak\sin\theta}{2}\right)}{\sin^2\left(\frac{ka\sin\theta}{2N}\right)}$$

上面第二式用到了关系式 $\Delta x=a/N$. 当分割无限细时,$N\to\infty$,因而分母约为 $\left(\frac{ka\sin\theta}{2N}\right)^2$,使得上式化为

$$I_\theta = N^2A^2\frac{\sin^2(ka\sin\theta/2)}{(ka\sin\theta/2)^2} = N^2A^2\sin^2\alpha/\alpha^2 \tag{3-4-7}$$

由式(3-4-7),取 $\theta=0$ 时,$I(\theta)=I(0)=N^2A^2$,代入上式,于是最终结果为

$$I_\theta = I_0\sin^2\alpha/\alpha^2$$

与复数积分法的结果一致.

由以上两种方法的比较也可看出,衍射和干涉并没有本质上的区别,它们都是光波的相干叠加. 它们之间的区别仅仅在于:衍射是连续的次波源发出的无限多束次光波的相干叠加,而干涉是分离的有限光束的相干叠加. 我们在讨论薄膜干涉时,隐含着每束光是几何光线这样一种假定,事实上每一光束都存在着衍射,因此干涉和衍射两种作用是同时存在的. 在第二章研究光的干涉时,我们有意不提衍射效应,以避免引起混乱,实际上是一种近似处理方法. 分波前干涉也是一样,杨氏双缝干涉装置中,由于双缝都有一定的宽度,所以严格地讲双缝干涉应当看成是两束衍射光的干涉.

三、单缝衍射强度分布的特点

当光屏放置在透镜 L_2 的后焦面上时,屏上出现衍射花样,光强分布可由式(3-4-3)确定. 不同的衍射角 θ 对应于光屏上不同的观察点(见图 3-23). 由式(3-4-3)可知,单缝衍射的相对强度分布由单缝衍射因子确定. 为了搞清衍射花样的特点,有必要研究这个函数的性质. 在图 3-26 中我们用虚线画出振幅因子 $\sin\alpha/\alpha$ 的变化曲线,实线表示光强因子 $(\sin\alpha/\alpha)^2$ 的变化曲线,横坐标为 $\sin\theta$. 下面着重分析光强因子.

由图 3-26 可见,在 $\sin\theta=0$ 的地方光强有个主极大(或称中央极大),两侧都有一系列次极大和极小,它们分别代表衍射花样中主极强,次极强和暗纹的位置. 下面我们分几个方面讨论.

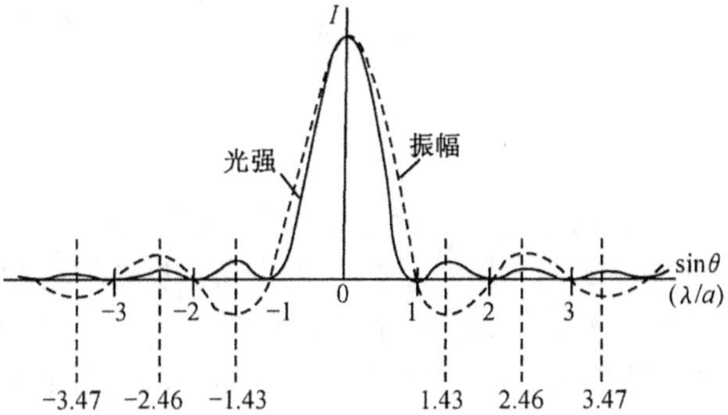

图 3-26 单缝衍射因子

(1) 主极强——零级衍射斑. 主极强出现在 $\theta=0$ 的地方,$\theta=0$ 相当于各衍射光线之间无光程差. 根据费马原理,这就是几何光学像点的位置. 由此我们可以看到"物像等光程性"的物理意义. 几何光学中认为点光源发出的光线通过透镜后仍交于一点,这一点即点光源的像点. 但从波动光学的角度看,光线会聚于一点,不一定产生很大的光强,还需看各光线的相位关系. 正是等光程性保证了到达像点各光线有相同的相位,从而产生最大的强度. 费马原理中所谓的"实际光线"就是零级衍射光线,而零级衍射斑中心就是几何光学的像点. 这是具有普遍意义的结论. 利用它我们可较容易地找到零级衍射斑的位置.

(2) 次极强——高级衍射斑. 次极强出现在 $\dfrac{\mathrm{d}}{\mathrm{d}\alpha}\left(\dfrac{\sin\alpha}{\alpha}\right)=0$ 的位置上,它们是超越方程 $\alpha=\tan\alpha$ 的根,其数值为

$$\alpha=\pm 1.43\pi,\ \pm 2.46\pi,\ \pm 3.47\pi,\cdots$$

对应的 $\sin\theta$ 值为

$$\sin\theta=\pm 1.43\,\frac{\lambda}{a},\ \pm 2.46\,\frac{\lambda}{a},\ \pm 3.47\,\frac{\lambda}{a},\cdots$$

各次极强的光强为

$$I_1\approx 4.7\% I_0,\ I_2\approx 1.7\% I_0,\ I_3\approx 0.8\% I_0,\cdots$$

可见高级衍射斑的光强比零级少得多. 若再考虑倾斜因子的作用,高级衍射斑的强度还要进一步减少. 故经衍射后,绝大部分光能集中在零级衍射斑内.

(3) 暗纹位置. 由单缝衍射因子的函数形式立即看出,它在分母 $\alpha\neq 0$ 而分子 $\sin\alpha=0$ 的地方等于 0,这就是说暗纹出现在下列地方

$$\alpha=m\pi,\ \sin\theta=m\,\frac{\lambda}{a}\qquad (m=\pm 1,\pm 2,\cdots)$$

(4) 亮斑的角宽度. 若规定,以相邻暗纹的角距离作为其间亮斑的角宽度. 在傍轴条件下,由于 $\sin\theta\sim\theta$,所以上式可写为 $\theta\approx m\lambda/a(m=\pm 1,\pm 2,\cdots)$,由此可以看出,零级亮斑在 $\theta=\pm\lambda/a$ 之间,它的半角宽为

$$\Delta\theta = \frac{\lambda}{a}$$

或写成

$$a\Delta\theta = \lambda \tag{3-4-8}$$

$\Delta\theta$ 还等于其他亮斑的角宽度，亦即零级亮斑的角宽度比其余的大一倍.

因为，零级亮斑集中了绝大部分光能，它的半角宽度 $\Delta\theta$ 的大小可作为衍射效应强弱的标志. 式(3-4-8)告诉我们，对于给定的波长，$\Delta\theta$ 与缝宽成反比，即在波前上对光束限制越大，衍射场越弥散，衍射斑铺的越宽；反之，当缝宽很大，光束几乎自由传播时，$\Delta\theta\to 0$，这表明衍射场基本上集中在沿直线传播的原方向上，在透镜 L_2 的后焦面上衍射斑收缩为几何光学的像点. 式(3-4-8)还告诉我们，在保持缝宽不变的条件下，$\Delta\theta$ 与 λ 成正比，波长越长，衍射效应越显著；波长越短，衍射效应越可忽略，所以说，几何光学是短波($\lambda\to 0$)的极限近似理论.

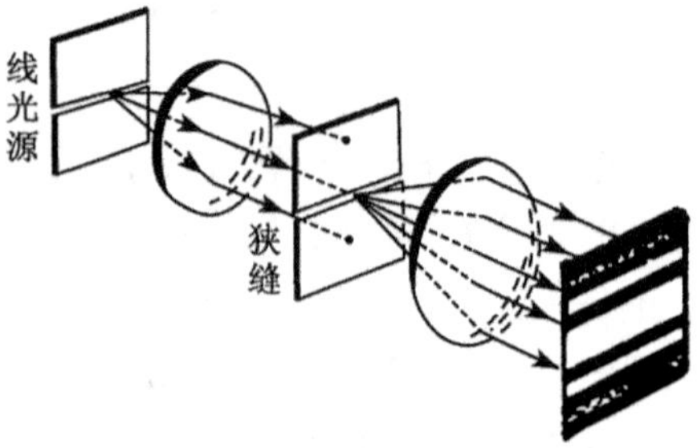

图 3-27　夫琅禾费单缝衍射(线光源情况)

在没有激光的条件下，为了加强单缝衍射花样的亮度，人们常常采取线光源照明，线光源的取向与单缝平行如图 3-27 所示. 线光源可看成一系列不相干点光源的集合. 我们可以设想图 3-23(a)所示的装置中的点光源沿 y 方向左右移动，则接收屏幕上的衍射花样将沿相反方向平移. 把点光源在各个位置上形成的衍射花样不相干叠加在一起，我们就得到图 3-27 中幕上的直线衍射条纹.

例题 1　波长为 0.6μm 的一束平行光照射在宽度为 20μm 的单缝上，透镜焦距为 20cm，求零级夫琅禾费衍射斑的半角宽度和线宽.

解　半角宽度

$$\Delta\theta = \lambda/a = \frac{0.6\mu\text{m}}{20\mu\text{m}} = 0.03\text{rad}$$

幕上零级斑线宽

$$\Delta l = 2f\Delta\theta = 2\times 20\text{cm}\times 0.03 = 1.2\text{cm}$$

四、细丝夫琅禾费衍射

若将图 3-23(a)中的单缝衍射屏换成一条直的细丝，细丝的位置正好替代了单缝，则改换之后的装置就成了细丝夫琅禾费衍射的实验装置. 现在我们来研究一下细丝的夫琅禾费衍射花样. 因为单缝衍射屏同一条与缝宽同粗细的直细丝可视为一对互补屏，因而根据巴比涅原理，单缝夫琅禾费衍射场的复振幅分布 $\tilde{E}_a(p_\theta)$ 与细丝夫琅禾费衍射场的复振幅分布 $\tilde{E}_b(p_\theta)$ 满足关系式

$$\widetilde{E}_a(p_\theta)+\widetilde{E}_b(p_\theta)=\widetilde{E}_0(p_\theta)$$

式中 $\widetilde{E}_0(p_\theta)$为自由波场的复振幅分布.

在夫琅禾费衍射装置中,相应的自由波场是将衍射屏取走时的波场.这时根据几何光学可知,在透镜 L_2 的后焦面上只有 $\theta=0$ 的地方有个几何亮点,其余的地方光矢量为 0.因而,在接收屏幕上除中心点外,其他地方有

$$\widetilde{E}_a(p_\theta)=-\widetilde{E}_b(p_\theta)$$

两边取绝对值的平方,得

$$I_a(\theta)=I_b(\theta)(\theta\neq 0)$$

即细丝衍射场和单缝衍射场具有相同的强度分布.由此也可以想到,细丝衍射的零级亮斑也存在反比关系

$$a\Delta\theta=\lambda$$

这里 a 是细丝的直径,$\Delta\theta$ 为零级亮斑的半角宽.

利用此原理已经制成一种激光衍射细丝测经仪,其精度比千分尺高一个量级以上.这种测量不需要接触细丝,不损害样品,便于作连续的动态监测,并使拉丝流程实现自动控制.图 3-28 是防止接丝过细的自动控制装置原理图.

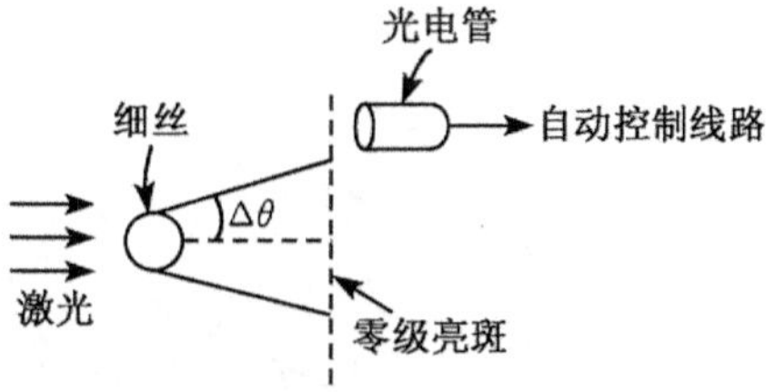

图 3-28 拉丝自控装置原理图

3-5 光学仪器的像分辨本领

一、夫琅禾费圆孔衍射

光学仪器的光瞳通常是圆形的,所以讨论圆孔衍射对于分析光学仪器的衍射现象具有特别重要的意义.

只要将观察单缝夫琅禾费衍射的实验装置中的单缝衍射屏换成开有圆孔的衍射屏,就成了观察夫琅禾费圆孔衍射的实验装置(图 3-29(a)).夫琅禾费衍射花样由一中央亮斑及周围的圆环条纹组成(图 3-29(b)),这点从衍射装置的轴对称性也可推知.

现在我们用复振幅积分法来计算此衍射场的强度分布.

在傍轴条件下,我们仍用简化的菲涅耳-基尔霍夫衍射公式(3-2-5)

$$\widetilde{E}_0(p_\theta)=\frac{-i}{\lambda z_0}\iint\limits_{(\Sigma_0)}\widetilde{E}_0(Q)e^{ikr}ds \tag{3-5-1}$$

假定圆孔的半径为 a,圆孔中心 C 位于中心轴上.由于波前 Σ_0 为圆孔,在划分波前时采用极坐标比较方便(图 3-29(c)).由于圆孔的圆对称性,可以推想到接收

屏幕上的衍射花样必定也具有轴对称性，因而我们只需考虑 xz 平面内的衍射场分布即可，幕上某点的位置可由 θ 确定. 由图 3-29(d)可见，波前上任一点 Q 到场点 P_θ 的光程为

$$r = r_0 + \Delta r = r_0 + \rho\cos\varphi\sin\theta \tag{3-5-2}$$

式中 r_0 为从 C 点到 P_θ 的光程.

在入射光为正入射的平行光时，波前上任意点的复振幅 $\widetilde{E}_0(Q)$ 为常数，可提出积分号外. 将式(3-5-2)代入式(3-5-1)，得

$$\begin{aligned}\widetilde{E}_0(p_\theta) &= -\frac{\mathrm{i}\widetilde{E}_0}{\lambda z_0}\iint\limits_{(\Sigma_0)} \mathrm{e}^{\mathrm{i}k(r_0+\rho\cos\varphi\sin\theta)}\rho\mathrm{d}\varphi\mathrm{d}\rho = -\frac{\mathrm{i}\widetilde{E}_0}{\lambda z_0}\mathrm{e}^{\mathrm{i}kr_0}\int_0^{2\pi}\mathrm{d}\varphi\int_0^a \rho\mathrm{d}\rho\,\mathrm{e}^{\mathrm{i}k\rho\cos\varphi\sin\theta} \\ &= \widetilde{C}\mathrm{e}^{\mathrm{i}kr_0}\left[\frac{2\mathrm{J}_1(x)}{x}\right]\end{aligned} \tag{3-5-3}$$

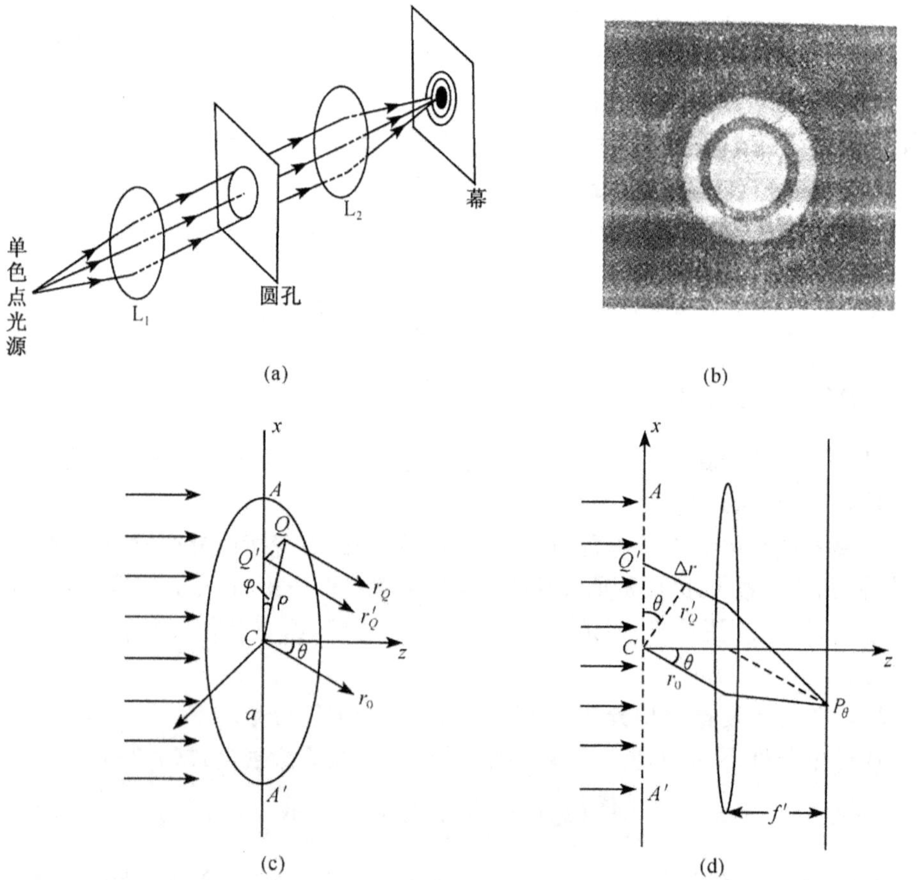

图 3-29　夫琅禾费圆孔衍射(点光源)

式中 $\widetilde{C}=-\mathrm{i}\pi a^2E_0/(\lambda z_0)$，$x=\dfrac{2\pi a}{\lambda}\sin\theta$，$\mathrm{J}_1(x)$是一阶贝塞尔函数(一种特殊函数)，数值可查有关数学用表. 上式最后一步其过程比较复杂，在这里不作详细推导，只给出结果. 于是强度分布公式为

$$I(\theta)=I_0\left[\frac{2\mathrm{J}_1(x)}{x}\right]^2 \tag{3-5-4}$$

式中 I_0 是 $\theta=0$ 处的强度，即衍射花样中心点的光强①，计算可知 $I_0\infty(\pi a^2)^2/\lambda^2$.

式(3-5-4)确定的强度分布可用图 3-30 中的曲线描述，图中纵轴为相对强度 $I(\theta)/I_0$，横轴为 $\sin\theta$. $\theta=0$ 处具有最大光强，称中央极大. 当 $\sin\theta=0.610\dfrac{\lambda}{a}$，$1.116\dfrac{\lambda}{a}$，$1.619\dfrac{\lambda}{a}$，…时光强极小，对应各个暗环. 两相邻暗环间有一个次极大，它们构成了中央亮斑外围的各亮环. 各级次极大的强度要比中央极大小得多，如第一、第二和第三级次极大的光强依次为 $0.0175I_0$、$0.00416I_0$ 和 $0.00161I_0$. 中央亮斑称为艾里(Airy)斑，占有全部光能量的 83.78%，其中心是几何光学的像点. 衍射光角分布的弥散程度可用艾里斑的大小，即第一暗环的角半径 $\Delta\theta$ 来衡量($\Delta\theta$ 也称艾里斑的半角宽度). 从图 3-30 可以看出

$$\Delta\theta=0.61\frac{\lambda}{a}$$

或

$$\Delta\theta=1.22\frac{\lambda}{D} \tag{3-5-5}$$

式中 $D=2a$ 是圆孔直径，以上便是圆孔衍射的反比关系.

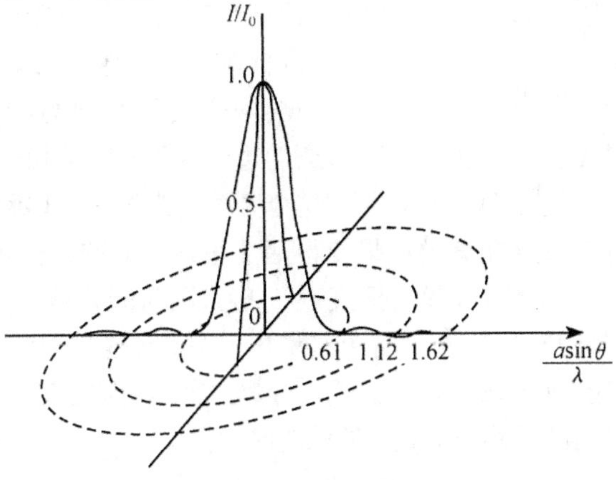

图 3-30　圆孔衍射强度分布曲线

① 一阶贝塞尔函数的展开式为 $\mathrm{J}_1(x)=\sum\limits_{k=0}^{\infty}\dfrac{(-1)^k(x/2)^{2k+1}}{k!(k+1)!}$，不难证明，当 $x\to0$ 时，$\dfrac{\mathrm{J}_1(x)}{x}\to\dfrac{1}{2}$.

例题 2　估算眼睛瞳孔艾里斑的大小.

解　人的瞳孔基本上是圆孔,直径在 2～8mm 之间调节. 取波长 $\lambda=0.55\mu m$,$D=2mm$,估算艾里斑(最大)的角半径为

$$\Delta\theta = 1.22\lambda/D = 3.4\times10^{-4}\,\text{rad}\approx 1'$$

人眼基本上是球形,眼球直径约为 16～24mm. 我们取 $f\approx20mm$,估算视网膜上艾里斑的直径为

$$d\approx 2f\Delta\theta\approx 14\mu m$$

在 $1mm^2$ 的视网膜面元中,可以布满约 540 个艾里斑.

二、光学仪器的分辨率

由于光学仪器中应用的光阑和透镜都是有限大小的图形透光物体,都会产生衍射因而物体所成的像并非由几何像点构成,而是众多艾里斑的重叠. 也就是说,一个物点并非对应一个像点,而是对应一个艾里斑(严格讲是衍射图样). 如果两个物点距离较远,通过光学仪器后形成的两个艾里斑中心的角距离($\delta\theta$ 表示)大于艾里斑的角半径 $\Delta\theta$,那么我们显然可以通过两个艾里斑分辨出有两个物点(图 3-31(a));反之,若两个艾里斑靠得太近,相互重叠,以至不能分辨是两个艾里斑,也就无从断定有两个物点了(图 3-31(c)). 为了给两个艾里斑是否能分辨一个较为客观的标准,德国科学家瑞利提出了一个判据:两个艾里斑刚好可分辨的极限条件是,一个艾里斑的中心正好与另一个艾里斑的边缘(第一暗环)相重合,即两个艾里斑的角距离恰好等于每个艾里斑的角半径. 这个判据后来被称为瑞利判据. 在满足瑞利判据的条件下,两个艾里斑重叠的结果使得两艾里斑中心连线的中点的光强约为艾里斑中心光强的 80%,这个光强差别刚好为一般人眼所能分辨.

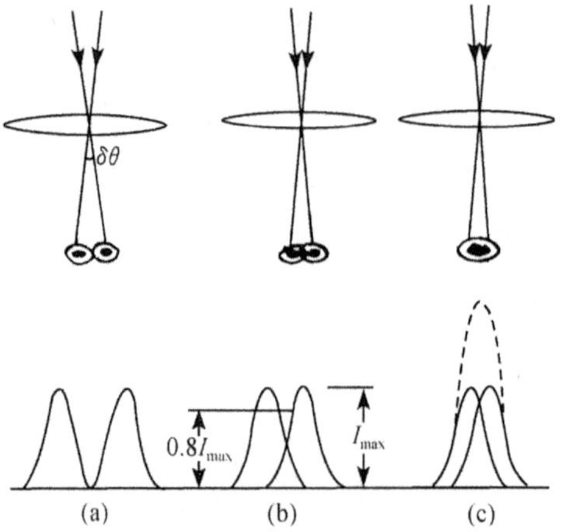

图 3-31　瑞利判据

以单透镜为例,用瑞利判据我们能够求出恰好能分辨的两个近距离物点在透镜处的张角,称为光学仪器的最小分辨角用 $\delta\theta_m$ 表示,由图 3-31(b)可知,最小分辨角正是艾里斑之间的角距离,根据瑞利判据,有

$$\delta\theta_m=\Delta\theta=1.22\lambda/D \tag{3-5-6}$$

最小分辨角描述了光学仪器分辨邻近点物的本领. 由式(3-5-6)可知,要提高仪器的分辨率,必须增大透镜的直径,或者减少入射光的波长,所以现在的天文望远镜的物镜设计的越来越大,由于大直径的透镜制造困难,又设计出反射式物镜. 而为

了提高显微镜的分辨率，常用短波长的紫光. 在电子显微镜中利用波长为 10^{-3} nm 的电子束，使仪器分辨率比光学显微镜提高几万倍乃至几百万倍，最小可分辨距离可达10^{-1} nm.

例题 3　实际上通常照相机物镜的分辨本领是以底片上每毫米能分辨的线条数 N 来量度. 现若有架照相机，其物镜直径 D 为 5.0cm，物镜焦距为 17.5cm，取波长为 0.55μm，问这架照相机分辨本领是多少？

解　在底片上能分开的最小距离

$$\delta l = \delta\theta_{\mathrm{m}} f$$

每毫米能分辨的线条数 N 为最小距离的倒数. 所以

$$N = 1/\delta l = D/(1.22\lambda f) = \frac{5.0\times 10}{1.22\times 0.55\times 10^{-3}\times 17.5\times 10}$$

$$\approx 425.8(条/毫米)$$

3-6　衍射光栅

一般而言，具有周期性的空间结构或光学性能（如透射率、折射率等）的衍射屏称为光栅. 常用光栅有两类，在一块不透明的隔板上刻画出一系列等宽度等间隔的平行透光狭缝，这种衍射屏称为透射光栅（图 3-32(a)），在高反射率的金属面上刻上一系列等间隔的平行槽纹，构成一种反射光栅称为闪耀光栅（图 3-32(b)），一般光栅在 1cm 距离内有几百乃至上万条刻痕，随应用的光谱区域而定，光栅总缝数可达 10^5 条左右，所以刻制光栅是一种十分精密的技术. 全息光栅是利用单色激光的双光束干涉产生的等宽，等间距干涉图样来进行光刻，使得刻痕过程变得更加精确与便利.

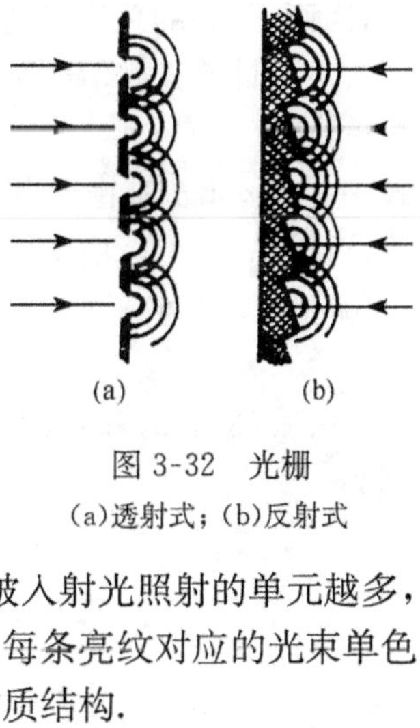

图 3-32　光栅
(a)透射式；(b)反射式

光栅在现代光学仪器中占有相当重要的地位. 光栅衍射的实质是多束衍射光之间的干涉，因而光栅的衍射场鲜明地表现出“多光束干涉”的基本特征. 光栅上被入射光照射的单元越多，衍射条纹就越细锐，这说明叠加后的光场的方向性越强，每条亮纹对应的光束单色性越好. 所以利用光栅衍射可以分析光谱，也可以分析物质结构.

一、多缝夫琅禾费衍射

图 3-33 是观察光栅夫琅禾费衍射的实验装置示意图. 此图与图 3-23 所示的单缝衍射装置的唯一不同的地方，是衍射屏上一系列等宽度等间隔的平行狭缝代替了单缝（这种衍射屏称为黑白光栅）. 设这里每条缝的宽度仍为 a，缝间不透明部

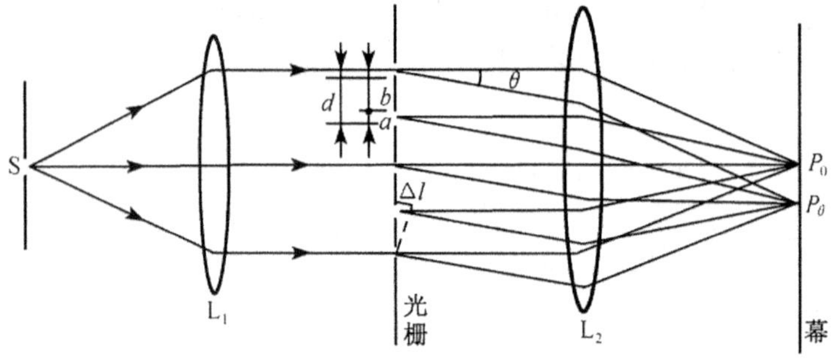

图 3-33 多缝夫琅禾费衍射装置示意图

分的宽度为 b，则相邻狭缝上对应点（例如上边缘和上边缘、下边缘和下边缘，或中点与中点）之间的距离为 $d=a+b$. d 也称为**光栅常数**.

当单色平行光垂直入射到光栅上时，将会产生多缝衍射. 现在我们来计算 N 缝夫琅禾费衍射场的振幅分布和强度分布.

当平行单色光照射到 N 缝的透射光栅上，在每条狭缝上都将发生衍射现象，由 3-5 节讨论可知，每束单缝衍射光波在 P_θ 处引起的光振动的振幅为 $A_0\sin\alpha/\alpha$. 由于各条狭缝处于同一波面上，所以这 N 条缝产生的衍射光都是相干光，而由透镜的性质可知，凡是衍射角 θ 相同的平行衍射光都将会聚到观察屏上相同的 P_θ 点，因而 P_θ 处的总光振动实际上是各束单缝衍射光的多光束干涉.

下面计算光栅衍射图样的光强的分布. 设第 i 条狭缝衍射光在 P_θ 处的贡献为

$$A_{i\theta}=A_0\sin\alpha/\alpha \tag{3-6-1}$$

式中 $\alpha=\pi a\sin\theta/\lambda$. 由于各条狭缝宽度都相等，所以可以认为每条狭缝的贡献都相等（可设 $A_{i\theta}=A_\theta$）. 由图 3-33 可见，任意相邻两缝的衍射光之间具有相同的光程差 Δl 和相位差 δ，它们分别为

$$\Delta l=d\sin\theta,\qquad \delta=2\pi d\sin\theta/\lambda \tag{3-6-2}$$

利用公式(3-4-5)和式(3-4-6)可得多缝夫琅禾费衍射的振幅分布和强度分布，分别为

$$E_0(p_\theta)=A_\theta\frac{\sin(N\delta/2)}{\sin(\delta/2)}$$

$$I_\theta=A_\theta^2\left[\frac{\sin(N\delta/2)}{\sin(\delta/2)}\right]^2$$

式中 A_θ 为每束单缝衍射光的振幅. 将 A_θ 表达式(3-6-1)代入上两式，最后得到

$$E_0(P_\theta)=A_0\left(\frac{\sin\alpha}{\alpha}\right)\left[\frac{\sin(N\delta/2)}{\sin(\delta/2)}\right] \tag{3-6-3}$$

$$I_\theta=A_0^2\left(\frac{\sin\alpha}{\alpha}\right)^2\left[\frac{\sin(N\delta/2)}{\sin(\delta/2)}\right]^2 \tag{3-6-4}$$

式(3-6-3)和式(3-6-4)便是 N 缝衍射的振幅分布和强度分布公式. 各式都有两个

随 θ 变化的因子：$\sin\alpha/\alpha$（或$(\sin\alpha/\alpha)^2$）来源于单缝衍射，所以叫单缝衍射因子；$\dfrac{\sin(\delta/2)}{\sin(N\delta/2)}$或其平方来源于多光束干涉或者讲来源于缝间的干涉，所以叫多光束干涉因子或缝间干涉因子. 多缝衍射的特点完全由这两个因子所确定，因此必须弄清这两个因子包含的物理内容.

1. 缝间干涉因子的作用

在忽略各单缝衍射效应的情况下，此因子正是多光束干涉的强度分布函数.

图 3-34(a)给出了 $N=6, d=3a$ 的情况下的缝间干涉因子的曲线. 为了便于和下面的图比较，纵坐标缩小了 N^2 倍. 由此图可见，变化曲线存在一系列的主极大，零点和次极大. 主极大的位置满足

$$\sin\left(\frac{N\delta}{2}\right)=0,\qquad \sin\left(\frac{\delta}{2}\right)=0$$

即

$$d\sin\theta=k\lambda,\quad k=0,\pm1,\pm2,\cdots \tag{3-6-5}$$

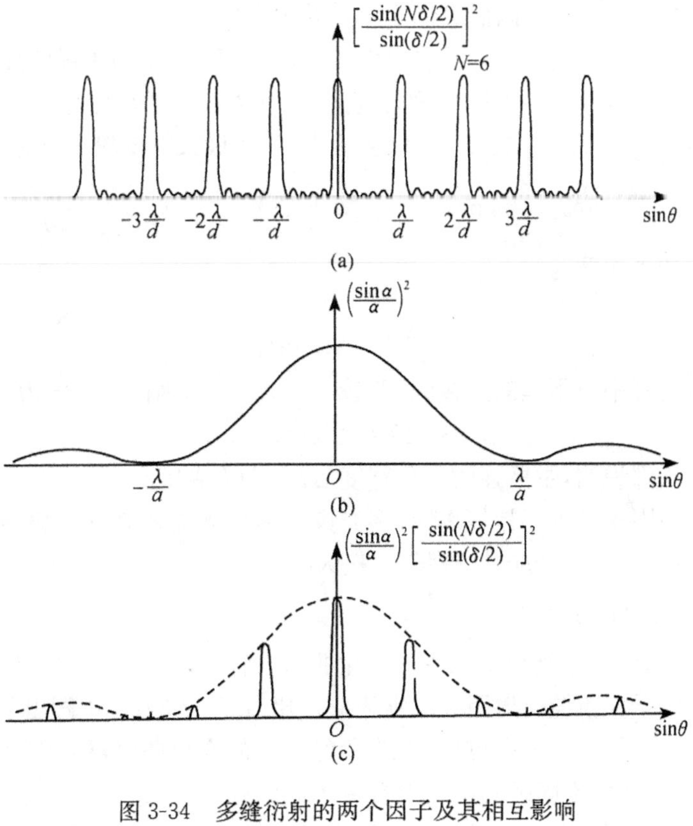

图 3-34 多缝衍射的两个因子及其相互影响

方程(3-6-5)决定了主极大的位置,称为**光栅方程**. 主极大的光强为

$$I_{max}=N^2A_0^2(\sin\alpha/\alpha)^2$$

亦即主极大光强为单缝衍射光在该方向强度的 N^2 倍. 可见光能量主要集中在主极大条纹中.

主极大的数目由式(3-6-5)中 k 可能取得值来确定,因为 $|\sin\theta|\leqslant 1$,所以有 $|k|\leqslant d/\lambda$,即主极强的最大级别 $|k|_{max}$ 为等于或小于 d/λ 的最大整数或零. 例如,$d=2.5\lambda$,那么 $k=0,\pm1,\pm2$;如果 $\lambda>d$,则除 0 级外别无其他主极大.

零点位置满足

$$\sin\frac{N\delta}{2}=0,\qquad \sin\frac{\delta}{2}\neq 0$$

即

$$\sin\theta=(k+m/N)\lambda/d,\qquad k=0,\pm1,\pm2,\cdots;m=1,\cdots,N-1 \tag{3-6-6}$$

可见,两个主极大之间有 $N-1$ 个零点(暗线).

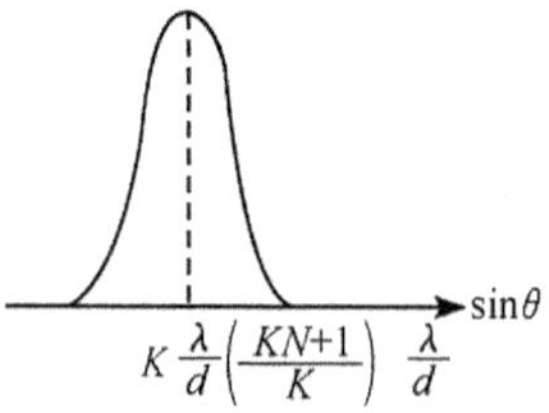

图 3-35　k 级主极大宽度

次极大位于两个相邻的零点之间,在两个主极大之间有 $N-2$ 个次级大. 当 N 很大时,次极大的强度很弱,因而它们实际上并不重要.

从主极大到相邻的第一个极小的角间距 $\Delta\theta$ 称主极大的半角宽,它可以用来表征主极大亮纹的宽度. 图 3-35 画出了 k 级主极大,当主极大宽度较小时有

$$\Delta(\sin\theta_k)=\cos\theta_k\Delta\theta=\left(k+\frac{1}{N}\right)\lambda/d-k\lambda/d=\frac{\lambda}{Nd}$$

所以主极大的半角宽为

$$\Delta\theta=\frac{\lambda}{Nd\cos\theta_k} \tag{3-6-7}$$

对于那些偏离幕中央不远的主极大,θ_k 较小,$\cos\theta_k\approx 1$,因而半角宽为

$$\Delta\theta=\lambda/(Nd) \tag{3-6-8}$$

由上两式都说明,主极强的半角宽度 $\Delta\theta$ 与 Nd 成反比.

缝间干涉因子的主要特征表明,多光束干涉使光能量高度地集中于各个主极大方向,并且 Nd 越大,方向性越强,主极大亮纹越细锐.

2. 单缝衍射因子的作用

图 3-34(b)画出单缝衍射因子的变化曲线. 由强度公式(3-6-4)可知,实际光强与缝间干涉因子和单缝衍射因子的乘积成正比,在图 3-34(c)中画出了两因子乘积的变化曲线. 从图 3-34(c)中可见,单缝衍射因子的变化曲线可看作是各主极大强度的包络线,从而使不同级的主级大具有不同的强度. 在这个意义上我们可以说,单缝衍射因子的第一个作用是改变光强度在各级主极大条纹间的分配,落在单缝

衍射亮斑位置的干涉极大分配到大部分的光能量.

单缝衍射因子的另一重要后果是产生干涉极大条纹的缺级现象. 当光栅公式(3-6-5)被满足时,本来应该有相应级的干涉主极大出现,但若该方向恰好是单缝衍射的零点所满足的条件,此时合成的光强度仍为零(即原来应该出现的干涉级不再出现,称为缺级). 缺级发生在干涉极大和单缝因子极小两个条件同时满足的场合,即

$$\sin\theta = k\frac{\lambda}{d}, \qquad k = 0, \pm 1, \pm 2, \cdots$$

和

$$\sin\theta = \frac{n\lambda}{a}, \qquad n = \pm 1, \pm 2, \cdots$$

故缺级的条件为

$$k = \frac{d}{a}n \tag{3-6-9}$$

图 3-33 是按照 $d=3a$ 的条件下画的,所以 $k=3n$(n 为正负整数)的主极大都为缺级. 综上所述,缝间干涉因子的主要作用是确定了光栅衍射主极大的方向和半角宽度,而单缝衍射因子则决定了各主极大强度的分配和缺级的产生.

二、光栅光谱

1. 分光原理

以上讨论的是入射光为单色光的情况. 若入射光是包含不同波长 $\lambda, \lambda', \cdots$ 的复色光,则每种波长在接收屏幕上将形成各自的衍射花样. 由光栅公式(3-6-5)可知,对一定的光栅(d 一定),除零级主极大外,不同波长的主极大对应不同的衍射角 θ_k,长波的衍射角大,短波的衍射角小,这种现象称为**光栅色散**. 当我们用缝光源照明时,我们看到的衍射花样中有几套不同颜色的亮线,它们各自对应一个波长(图 3-36). 这些主极大亮线就是谱线,各种波长的同级谱线集合起来构成光源的一套光谱. 如果光源发出的是具有连续谱的白光,则光栅光谱中除 0 级仍近似为一条白色亮线外,其他级各色主极大亮线都排列成连续的光谱带.

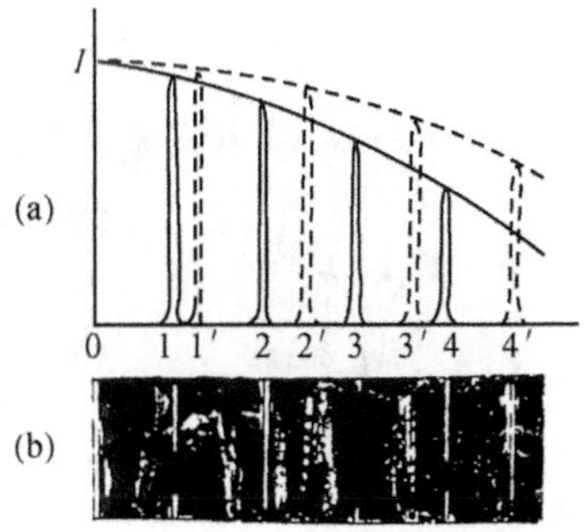

图 3-36　光栅光谱

2. 色散本领

两条不同谱线分开的程度与光栅本身的性质有关. 可以引入角色散本领来描述光栅使不同谱线分开的能力大小. 设两光波的波长为 λ 和 $\lambda+\delta\lambda$,它们的 k 级谱线分开的角距离为 $\delta\theta$,则我们定义角色散本领为

$$D_\theta = \frac{\delta\theta}{\delta\lambda} \tag{3-6-10}$$

即角色散本领等于波长相差一个单位的两谱线所分开的角距离. 它的单位通常用 rad/Å. 根据光栅公式,k 级光谱满足

$$d\sin\theta_k = k\lambda$$

上式两边微分后,得

$$d\cos\theta_k\,\delta\theta = k\delta\lambda$$

所以角色散本领为

$$D_\theta = \frac{\delta\theta}{\delta\lambda} = \frac{k}{d\cos\theta_k} \tag{3-6-11}$$

上面结果表明,光栅的角色散本领与光栅常数 d 成反比,为了增加角色散本领,近代光栅的缝总是刻得很密. 角色散本领还与光谱级次 k 成正比. 对于给定的光栅,光谱级次越高,角色散本领也越大,不同波长的谱线分得越开,但同时光谱强度随级次的增高却减弱(图 3-36). 因此,在选择待研究的光谱级次时必须兼顾色散本领和谱线强度两者.

3. 色分辨本领

两波长相差很小的谱线能否被分辨是光栅的另一重要性质. 此性质不能用上面已引进的角色散本领来描述,因为色散本领只给出两谱线(主极大)中心分离的程度,它不能说明两条谱线是否重叠,是否能被分辨. 因为它们能否被分辨还取决于谱线本身的粗细. 所以有必要引进另一量来描述光栅分辨谱线的能力,这个量称为**色分辨本领**. 设光栅对波长在 λ 附近的谱线能够分辨的最小波长差为 $\delta\lambda$,则光栅的色分辨本领定义为

$$R = \frac{\lambda}{\delta\lambda} \tag{3-6-12}$$

色分辨本领由光栅本身的性质决定. 两谱线刚好能分辨的角间距称为最小分辨角,用 $\delta\theta'$ 表示. 根据瑞利判据光栅光谱的最小分辨角就等于光谱线的半角宽(图3-37). 即 $\delta\theta' = \Delta\theta$. 由半角宽公式(3-6-7)可知,最小分辨角为

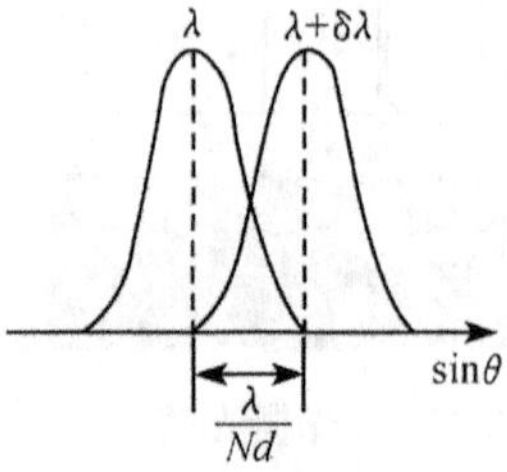

图 3-37　光栅光谱的最小分辨角

$$\delta\theta' = \frac{\lambda}{Nd\cos\theta_k}$$

将上式和式(3-6-11)代入式(3-6-10),可得

$$\delta\lambda = \frac{\delta\theta'}{D_\theta} = \frac{\lambda/(Nd\cos\theta_k)}{k/(d\cos\theta_k)} = \frac{\lambda}{kN} \tag{3-6-13}$$

再代入色分辨本领的定义式(3-6-12),最后得

$$R = kN$$

可见,增加光栅缝数 N 将使色分辨本领增大,这一结论是显而易见的,因为 N 的

增大使谱线变锐，从而提高分辨本领. 色分辨本领还随光谱级次的增高而增大，这是因为较高级次的光谱具有较大的色散本领.

例题 1 以波长为 5893Å 的钠黄光垂直入射到光栅上，测得第二级谱线的偏角为 $28°8'$. 用另一未知波长的单色光入射时，它的第一级谱线的偏角是$13°30'$.

(1) 求未知波长.

(2) 未知波长的谱线最多能观察到第几级?

解 (1) 设 $\lambda_0=5893Å$，λ'为未知波长. 由光栅公式可知

$$d\sin\theta_2 = 2\lambda_0$$
$$d\sin\theta_1' = \lambda'$$

由上两式可得

$$\lambda' = 2\lambda_0\frac{\sin\theta_1'}{\sin\theta_0} = 2\times5893\times\frac{0.2340}{0.4715}Å = 5849Å$$

(2) 由光栅公式 $d\sin\theta_k'=k\lambda'$可知

$$k=\frac{d\sin\theta_k'}{\lambda'}\leqslant\frac{d}{\lambda'}$$

其最大级次小于为$\frac{d}{\lambda'}$的最大整数

$$k=\frac{d}{\lambda'}=\frac{2\lambda_0}{\lambda'\sin\theta_2}=\frac{2\times5893}{5849\times0.4715}=4.3$$

所以能观察到第四级谱线.

例题 2 一光栅在 5.00cm 的宽度内共有 25000 条刻线，以钠黄光入射，已知钠黄光包括波长为 5890Å 和 5896Å 两种成分. 求一级光谱中两谱线的平均位置、每条谱线的半角宽和两谱线的角距离. 两谱线能否分辨?

解 光栅常数

$$d=\frac{5.00}{25000}\text{cm}=2.00\times10^{-4}\text{cm}=2.00\times10^{4}Å$$

由光栅方程，一级谱线的角位置为

$$\theta_1=\arcsin(\lambda/d)$$

用平均波长 5893Å 代入，得

$$\theta_1=\arcsin\frac{5893}{2\times10^4}=\arcsin0.2947=17°8'$$

由式(3-6-7)，谱线的半角宽为

$$\Delta\theta=\frac{\lambda}{Nd\cos\theta_1}=1.23\times10^{-5}\text{rad}$$

将式(3-6-11)代入式(3-6-10)，可得两谱线($\delta\lambda=6Å$)的角间距为

$$\delta\theta = D_\theta\,\delta\lambda = \frac{\delta\lambda}{d\cos\theta_1} = 3.14 \times 10^{-4}\,\text{rad}$$

两谱线的角距离大于最小分辨角，所以能分辨. 也可以计算能分辨的最小波长差$\delta\lambda_{\min}$来判断.

由公式(3-6-13)

$$\delta\lambda_{\min} = \frac{\lambda}{kN} = \frac{5893}{1 \times 25000}\text{Å} = 0.236\text{Å}$$

$\sigma\lambda_{\min}$远小于实际的波长差 6Å，所以能分辨.

例题 3　一光栅每厘米刻线 5000 条，共 3cm.

(1) 求该光栅二级光谱在 5000Å 附近的角色散本领.

(2) 在二级光谱的 5000Å 附近能分辨的最小波长差是多少？

解　(1) 光栅常数

$$d = 1/5000\text{cm} = 2 \times 10^{-4}\,\text{cm} = 2 \times 10^{4}\,\text{Å}$$

二级光谱的角位置满足

$$\sin\theta_2 = 2\lambda/d = 0.5, \quad \theta = 30°$$

由式(3-6-11)，角色散本领为

$$D_\theta = \frac{k}{d\cos\theta_k} = \frac{2}{2 \times 10^4 \times \cos 30°} = 1.15\text{rad/Å}$$

(2) 光栅的总刻线数 $N=5000\times3=15000$，能分辨的最小波长间隔为

$$\delta\lambda_{\min} = \frac{\lambda}{kN} = \frac{5000\text{Å}}{2 \times 1.5 \times 10^4} = 0.17\text{Å}$$

三、闪耀光栅

上述透射光栅的主要缺点是没有色散的零级主极大与单缝衍射的中央主极强(零级衍射亮斑)相重合，无用的零级主极大占了入射光能量的大部分，剩下的能量又要分散到正负各级光谱上，结果使所要利用的那级光谱只分配到很少的能量，光谱变得很弱，这对实际的光谱研究工作是很不利的. 我们希望光栅单缝衍射的中央主极强方向最好能转移到光栅衍射的较高级次的主极大方向，从而使要利用的那级光谱分配到较大的能量，大大增加其亮度. 由光栅理论可知，透射光栅做不到这一点，而反射光栅可以做到. 1910 年伍德(W. Wood)最先成功地刻制了这种光栅，称为**闪耀光栅**. 闪耀光栅是反射光栅的一种，在玻璃平板上镀一层反射率很高的金属层(如铝)，然后用具有特殊形状锋面的刻刀在金属层上等间隔地刻画很密的锯齿形沟槽，这就制成了闪耀光栅，图 3-38 是其剖面图. 闪耀光栅可看成是由一系列平行的狭长反射面组成，每个反射面(槽面)相对于光栅平面有一定倾角 θ_B，称为闪耀角. 由于各槽面的宽度比较小($a \gtrsim \lambda$)，当光入射到光栅上时，从各槽面反射出来的光要发生衍射. 各槽面造成的衍射光叠加后形成一系列干涉主极大，所以闪耀光栅的衍射可以看成各单槽

面衍射光的多光束干涉(或称槽间干涉).如图 3-38 所示,当光垂直于光栅平面入射时,考虑 θ 方向的衍射光,相邻两束槽面衍射光的光程差为 $\Delta L=d\sin\theta$,所以槽间干涉主极大的角位置仍由下述光栅方程决定:

$$d\sin\theta = k\lambda$$

式中 d 为相邻两槽间的距离(也称光栅常数). $\theta=0$ 对应零级主极大,位于光栅平面的法线方向(入射光方向).显然,各级主极大的角位置与闪耀角 θ_B 无关.

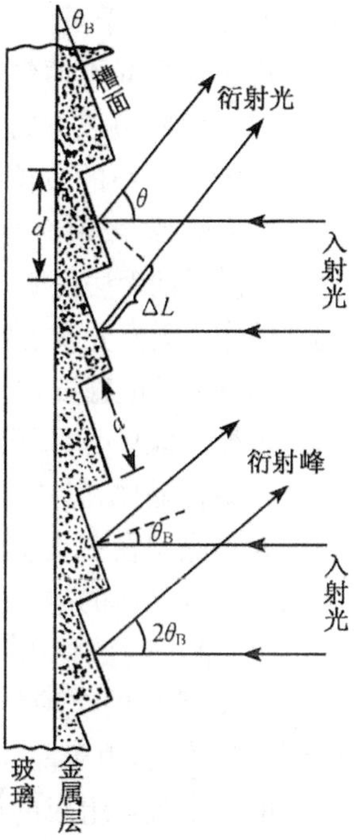

图 3-38　闪耀光栅

再来看单槽面衍射光的中央极大的位置.入射光以一定的入射角入射到槽面上,在镜反射方向(反射角等于入射角)有最大的衍射光强,即单槽衍射光的中央极大位于槽面的镜反射方向.当入射光垂直于光栅平面时,单槽面产生的中央极大位于 $\theta=2\theta_B$ 方向(图 3-38).显然,中央极大的位置随 θ_B 变化.我们看到,现在槽间干涉的零级主极大与单槽面衍射的中央极大已不再重合.在入射光方向一定的条件下,各级干涉主极大的角位置是确定不变的,而单槽面衍射光的中央极大位置由 θ_B 确定,若刻制光栅时选择合适的 θ_B,使得下式得到满足就能使单槽面中央极大与槽间干涉的 k 级主极大重合,对应的光谱波长(λ_B^k)称为 k 级闪耀波长.

$$d\sin(2\theta_B) = k\lambda_B^k \tag{3-6-14}$$

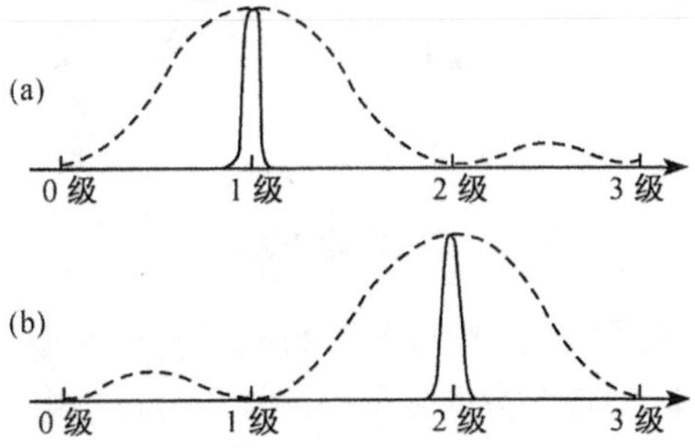

图 3-39　闪耀光栅可使单槽的衍射峰落在需要的那级光谱上

如图 3-39(a)中,单槽衍射零级主极大落在一级光谱上,且由于 $d\approx a$,其他各干涉级均成为缺级,于是光能量的绝大部分落在 λ_B^1 的 1 级谱线上.图 3-39(b)是单槽衍射峰与两级光谱重合的情况,这样就可以利用高级光谱色分辨本领较大的优点.由于闪耀光栅具有很高的能量利用率,目前分光仪器中所用的光栅已普遍使用此种闪耀光栅.

3-7　X 射线在晶体上的衍射

1895 年伦琴(W. C. Rontgen)在进行阴极射线放电管的实验中发现了一种神秘的射线,这种射线具有很强的穿透性,能透过可见光透不过的纸板使乳胶底片感光，还能透过上千页的书本，几厘米厚的木板，十几毫米厚的铝板. 由于当时对它的其他许多性质尚不清楚，而称之为 X 射线，后来命名为伦琴射线. X 射线的发现，使电磁波谱向短波方向扩展了约 4 个量级.

由于 X 射线的波长很短，用普通的光学光栅作 X 射线衍射实验产生的衍射条纹太密而无法观察. 理论上能观察 X 射线衍射的光栅，因光栅常数太小无法制作，因而很长一段时期无法证明 X 射线的波动性，一直到 1912 年，劳厄(M. V. Laue) 首先利用晶体作为天然光栅观察到了 X 射线的衍射现象，从而首次以实验证实了 X 射线与光一样是一种电磁波，同时也为用 X 射线研究晶体结构开辟了道路。

理想的晶体是原子或原子团作三维周期性排列的结构. 图 3-40 画出了最简单的立方结构晶体，其中原子排列在立方体的角上，每个立方体构成所谓晶胞，整个晶体就是晶胞在三维空间里重复排列而形成的. 这种三维的周期性结构，晶体学上叫做晶格或晶体的空间点阵. 晶体中相邻格点的间隔叫做晶格常数，它通常具有 10^{-8}cm 即 Å 的数量级. 晶体的这种点阵结构可看作是光栅常数很小的三维光栅，图 3-41 是劳厄的实验装置示意图. 从铅质光阑上的小孔透出的一细束多色 X 射线照到单晶体上，由于晶体的衍射作用而分成许多束衍射射线，在晶体后的感光片上形成由许多斑点组成的衍射图样，称为劳厄图，这些斑点称为劳厄斑.

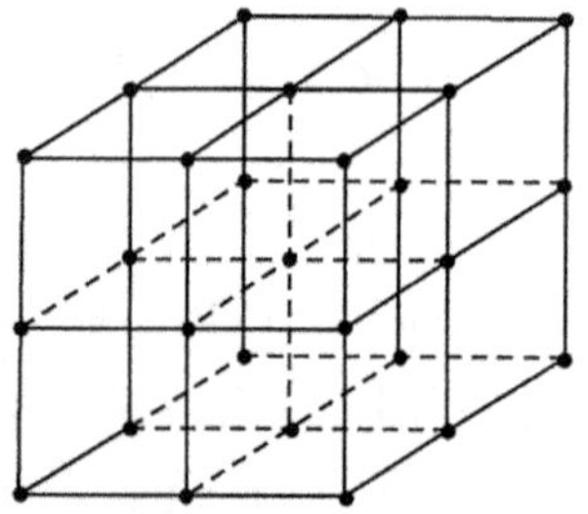

图 3-40 简单立方点阵

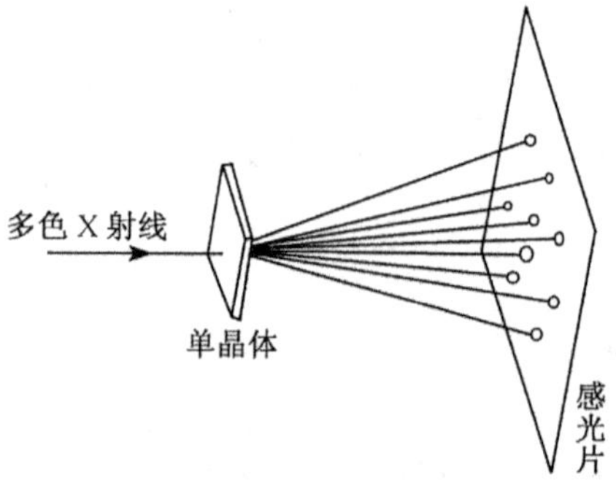

图 3-41 劳厄实验装置示意图

当 X 射线照在晶体上时，处在格点上的原子或离子，其内部的电子在外来电磁场的作用下做受迫振动，成为一个新的波源，向各个方向发射电磁波. 也就是说，在 X 射线照射下，晶体的每个格点成为一个散射中心，发射出频率与照射 X 射线相同的散射光波. 这些散射波是彼此相干的，将在空间发生干涉. 干涉的结果使某些特定方向的衍射波具有最大的强度(即干涉主极大)，并在感光片上形成相应的劳厄斑. 因而 X 射线在晶体上的衍射，可以看成是许多散射光波的多光束干涉.

在实际中我们最关心的是主极大的位置. 这个问题可分为两步来处理：第一步，研究同一晶面各个格点的衍射光(即散射光波)的干涉—点间干涉；第二步，考虑不同晶面之间的干涉——面间干涉.

首先考虑点间干涉，如图 3-42(a)所示，1,2,3,4,…是平行入射的 X 射线，设其掠射角为 θ'，$1'$，$2'$，$3'$，$4'$为衍射光，其方向由掠射角 θ 确定，过 A、B 两点分别作光 2 和 $1'$的垂线 AC，BD. 显然，光线 2—$2'$和 1—$1'$之间的光程差为

$$\Delta l=\overline{CB}-\overline{AD}=a(\cos\theta'-\cos\theta)$$

式中 a 为同一晶面内相邻格点的距离. 因此，任意两束相邻衍射光束之间的相位差

$$\delta=\frac{2\pi}{\lambda}\Delta l=\frac{2\pi}{\lambda}a(\cos\theta'-\cos\theta)$$

当 $\theta'=\theta$ 时，此相位差为 0，这正是多光束干涉的零级主极大方向. 换句话说，点间干涉的 0 级主极大方向，就是以晶面为镜面的反射光方向.

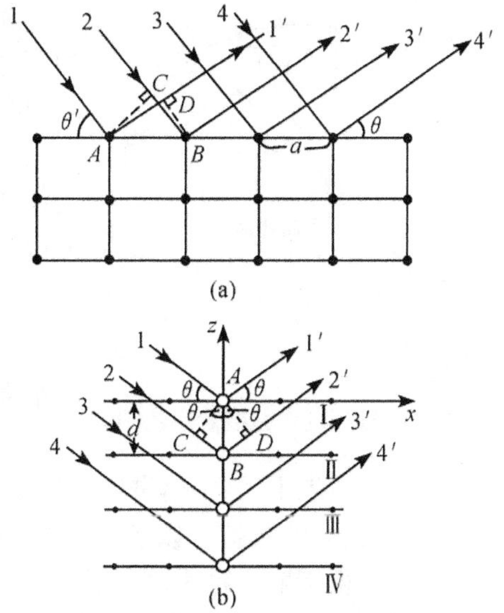

图 3-42　布拉格条件的推导

再来考虑面间干涉. 图 3-42(b)中的 $1'$，$2'$，$3'$，…分别是不同晶面反射方向衍射光. 这些平行的光线叠加起来是加强还是削弱，也取决于相邻反射线之间的光程差. 由 A 点分别作入射线和反射线的垂线 AC、AD，线 1—$1'$和 2—$2'$之间光程差为

$$\Delta l=\overline{BC}+\overline{BD}=2d\sin\theta$$

式中 d 为晶面间距，θ 为掠射角. 要使各晶面的反射线叠加起来产生主极大，此光程差 Δl 必须是 λ 的整数倍，即面间干涉的主极大条件为

$$2d\sin\theta=k\lambda \tag{3-7-1}$$

这就是通常所说的晶体衍射的布拉格(W. L. Bragg)条件.

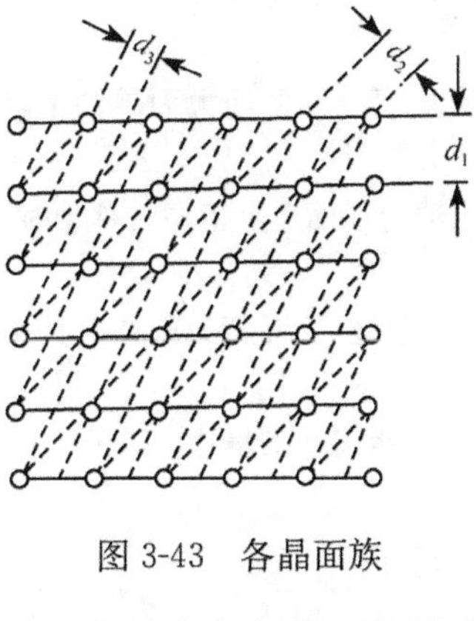

图 3-43　各晶面族

应当注意在晶体内部总是有许多晶面族. 图3-43就画出了三个可能的晶面族. 不同的晶面族有不同的取向和间隔，如 d_1，d_2，d_3，…，对于给定的入射方向来说有不同的掠射角，如 θ_1，θ_2，θ_3，…. 对应于每个晶面族有一个布拉格条件，我们可以写成

$$2d_i\sin\theta_i=k_i\lambda,\quad i=1,2,3,\cdots$$

在劳厄的衍射实验中，入射的 X 射线包括各种波长，对每族晶面一般总能找到某一种波长满足布拉格条件，从而在晶面的镜反射方向形成劳厄斑. 每个劳厄斑与一族晶面相对应，这样就可以根据劳厄斑的位置决定各晶面的取向. 衍射斑的强度，取决于晶面上的粒子数. 仔细地研究各劳厄斑的位置和强度，就能推断出晶体中粒子的排列情况.

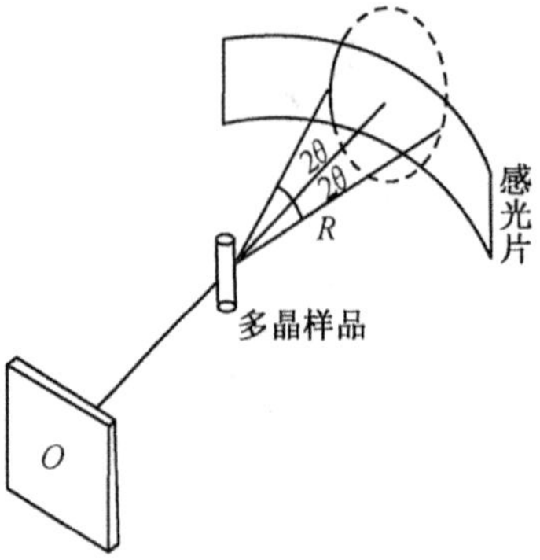

图 3-44 德拜的实验装置示意图

除了用单晶作试验外，还可用粉末法. 用单色的 X 射线照在多晶粉末上，这时给定了波长但不限定晶体的取向，大量取向无规的晶粒为射线提供了满足布拉格条件的充分可能性. 凡是满足布拉格条件的衍射光在衍射角为 2θ 的方向形成极大值，所以与该族晶面对应的极大射线均在以样品为顶，4θ 为顶角的圆锥面上(图 3-44). 若在以样品为轴，R 为半径的圆柱面内放置感光片，则感光片与上述圆锥面的交线是一圆环的一部分. 经显影处理后底片上将出现黑色圆环，不同的晶面族对应不同的圆环. 测量底片展平后各圆环的直径，就可测得与各晶面族对应的衍射角，利用布拉格公式和已知波长就可以求出各晶面族的晶面间距. 粉末法是德拜(Debye)首先提出的，所得衍射图称为德拜图. 如果已知晶面间距也可以利用德拜图求 X 射线的波长. 因而 X 射线在晶体上的衍射被广泛地用来确定晶体的结构和精确测量 X 射线的波长.

思 考 题

3-1 "衍射"一词，旧译"绕射"，你觉得这名词有什么不确切的地方.

3-2 声波和无线电波能绕过建筑物传播，但生活中对光却观察不到明显的拐弯现象，这是为什么?

3-3 为什么做菲涅耳衍射实验时，光源和接收屏幕要放得那样远? 为什么放近了不易看到衍射条纹?

3-4 光在面积有限的反射面上反射时能否产生衍射现象?

3-5 我们说，整个波前产生的振幅相当于第一个半波带效果之半，它是否等于半个第一半波带的效果?

3-6 你能用半波带法或矢量图法说明轴上场点的强度随圆屏半径 ρ 的增大而单调下降吗?

3-7 在点光源的夫琅禾费衍射中装置中，若点光源在垂直光轴的平面里上下左右移动时，衍射图样有何变化?

3-8 若在单缝夫琅禾费衍射装置中线光源取向并不严格平行单缝，这对衍射图样有什么影响? 如果线光源本身太宽，对衍射图样有什么影响?

3-9 在白光照射下夫琅禾费衍射的零级斑中心是什么颜色? 零级斑外围呈什么颜色?

3-10 讨论夫琅禾费衍射装置有如下变动时，衍射图样的变化：

(1) 增大透镜 L_2 的焦距；

(2) 增大透镜 L_2 的口径；

(3) 将衍射屏沿光轴 z 方向前后平移；

(4) 衍射屏作垂直于光轴的移动(不超出入射光束照明范围).

3-11 假定光源的波长范围是 4000～5500Å，入射光垂直入射到光栅上，问光谱从第几级开始互相重叠？

3-12 对波长一定的入射光，在光栅的总缝数增加，缝间距减少，以及缝宽增加时，衍射花样将怎样变化？

3-13 闪耀光栅形成的主极大位置为什么与闪耀角无关？在入射光方向一定的条件下，单槽面的衍射峰方位由什么因素决定？简述闪耀光栅能量利用率高的原因.

3-14 简述光的干涉和光的衍射的共同点和区别.

3-15 菲涅耳圆孔衍射图样的中心点可能是亮的，也可能是暗的，而夫琅禾费圆孔衍射图样的中心总是亮的. 这是为什么？

3-16 假如人眼的可见光波段不是 0. 55μm 左右，而是移到毫米波段，而人眼的瞳孔仍保持 4mm 左右的孔径，那么，人们所看到的外部世界将是一幅什么景象？

3-17 蝙蝠在飞行时是利用超声波来探测前面的障碍物，它们为什么不用对人类来说是可闻的声波？

3-18 在玻璃板上撒上大量无规分布的不透明球形颗粒，设颗粒半径相同，求衍射强度分布的函数表达式. 由此启发，你能想到一种测定颗粒半径和密度的方法吗？

3-19 在太阳或月亮的周围有时出现彩色晕圈，你能解释这种现象吗？

习　题

3-1 光源 S 发出的光波在介质中的速度为 v，若光源以速度 V 沿一方向运动，试用惠更斯原理证明：当 $V>v$ 时，光波具有圆锥形波面，其半圆锥角为

$$\alpha = \arcsin\left(\frac{v}{V}\right)$$

3-2 在菲涅耳圆孔衍射实验中，圆孔半径 2. 0mm，光源离圆孔 2. 0m，波长 0. 5μm，当接收屏幕由很远的地方向圆孔靠近时，求：

(1) 前三次出现中心亮斑(强度极大)的位置；

(2) 前三次出现中心暗斑(强度极小)的位置.

3-3 在菲涅耳圆孔衍射实验中，光源距离圆孔 1. 5m，波长 0. 63μm，接收屏幕与圆孔距离 6. 0m，圆孔半径从 0. 5mm 开始逐渐扩大，求：

(1) 最先的两次出现中心亮斑时圆孔的半径；

(2) 最先的两次出现中心暗斑时圆孔的半径.

3-4 用直刀口将点光源的波前遮住一半(直边衍射)，几何阴影边缘点上的光比自由传播时小多少倍？

3-5 求圆孔中露出 1. 5 个半波带时衍射场中心强度与自由传播时强度之比.

3-6 若一个菲涅耳波带片前 5 个偶数半波带被遮挡，其余地方都开放，求衍射场中心强度与自由传播时之比.

3-7 菲涅耳波带片第一个半波带的半径 $\rho_1=5.0$mm.

(1) 用波长 $\lambda=1.06\mu$m 的单色平行光照明，求主焦距；

(2) 若要求主焦距为 25cm，需将此波带片缩小多少倍？

3-8 菲涅耳波带片对 9000Å 的红外光主焦距为 30cm，改用 6328Å 的氦氖激光照明，主焦

距变为多少?

*3-9 如习题 3-9 图,平行光以 θ_0 角斜入射在宽度为 a 的单缝上,试证明:

(1) 夫琅禾费衍射的强度公式基本不变(忽略倾斜因子),即

$$I_\theta = I_0\left(\frac{\sin\alpha}{\alpha}\right)^2$$

式中 I_0 为零级中心强度,只不过 α 的定义与正入射不同,即

$$\alpha = \frac{\pi a}{\lambda}(\sin\theta - \sin\theta_0)$$

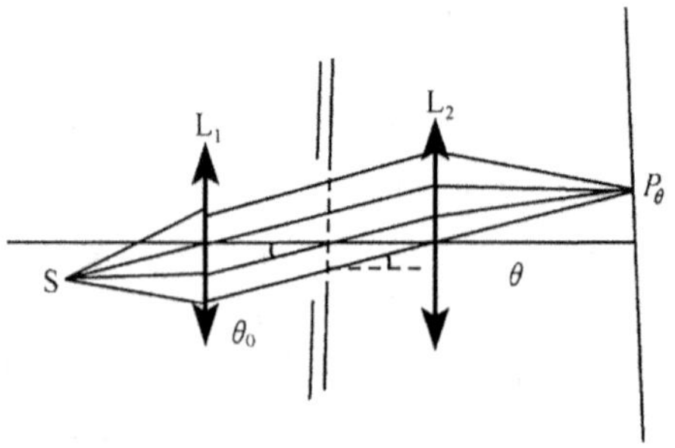

习题 3-9 图

(2) 零级中心的位置在几何光学像点处;

(3) 零级斑半角宽度为 $\Delta\theta = \dfrac{\lambda}{a\cos\theta_0}$.

3-10 试用巴比涅原理证明:互补的衍射屏产生的夫琅禾费衍射图样相同.

3-11 在夫琅禾费单缝衍射实验中,以钠黄光(λ=589nm)为光源,平行光垂直入射到单缝上.

(1) 若缝宽为 0.10mm 问第一级极小出现在多大的角度上?

(2) 若要使第一级极小出现在 0.50°的方向上,则缝宽应多大?

3-12 水银灯发出的波长为 5460Å 的绿色平行光垂直入射到一单缝上,缝后透镜的焦距为 40cm,测得透镜后焦面上衍射花样的主极大总宽度为 1.5mm,试求单缝宽度.

3-13 以 λ=5900Å 的单色平行光垂直入射到宽度为 0.40mm 的单缝上,一焦距为 70cm 的会聚透镜放置在单缝之后,在透镜后焦面上观察衍射花样.试求衍射花样的第一和第二极小离花样中心的线距离.

3-14 用钠黄光(λ=5893Å)作为夫琅禾费单缝衍射实验的光源,测得第二极小到花样中心的线距离为 0.30cm.当用波长未知的光作实验时,测得第三极小离中心的线距离为 0.42cm,求未知波长.

3-15 在夫琅禾费单缝衍射实验中用白光作光源,问起码能看到第几级衍射条纹?由于人眼对可见光紫端和红端的光的灵敏度很低,计算时把光源的波长范围算作 5000~6000Å.

3-16 用人眼观察很远的卡车前灯,已知两车灯的间距为 1.50m,瞳孔直径为 3.0mm,有效波长为 550nm,问人眼刚能分辨两车灯时卡车离人有多远?

3-17 为使望远镜能分辨角距离为 3.00×10^{-7} rad 的两颗星,其物镜的直径至少应多大?为了充分利用此望远镜的分辨本领,望远镜应有多大的角放大率?假定人眼的最小分辨角为

2.68×10^{-4} rad.

3-18　高空遥测用照相机离地面 20.0km，刚好能分辨地面相距 10.0cm 的两点. 若观察波长为 5000Å 照相机物镜的直径有多大？为充分利用照相机的分辨本领，应选用多大分辨率的感光片？设相机焦距 $f=20$cm.

3-19　利用光栅的强度分布公式，证明双缝的夫琅禾费衍射强度分布为

$$I = 4I_0\left(\frac{\sin\alpha}{\alpha}\right)^2\cos\gamma$$

式中 $\alpha=\frac{\pi a}{\lambda}\sin\theta$，$\gamma=\frac{\pi d}{\lambda}\sin\theta$，$a$ 和 d 分别为缝宽和缝间距.

3-20　一块每厘米有 6000 条刻线的光栅，以白光垂直入射，白光的波长范围为 4000～7000Å. 试分别计算第一级和第二级光谱的角宽度. 两者是否重叠？

3-21　用氦氖激光器发出的红光（$\lambda=6328$Å）垂直入射到一平面透射光栅上，观察夫琅禾费衍射花样. 测得第一级极大出现在 38°的方向上，求光栅常数. 能否看到二级光谱？

3-22　用钠黄光（$\lambda=5893$Å）垂直入射到平面透射光栅上，测得第一级谱线的偏角为 19°30′，用另一波长未知的单色光入射时，测得第一级谱线的偏角为 15°6′.

（1）求未知波长.

（2）未知波长的谱线最多能看到第几级？

*3-23　有三条平行狭缝，宽度都是 a，缝距分别为 d 和 $2d$，证明正入射时其夫琅禾费衍射强度分布公式为

$$I_\theta = I_0\left(\frac{\sin\alpha}{\alpha}\right)^2[3+2(\cos2\beta+\cos4\beta+\cos6\beta)]$$

式中 $\alpha=\pi a\sin\theta/\lambda$，$\beta=\pi d\sin\theta/\lambda$.

*3-24　导出不等宽双缝的夫琅禾费衍射强度分布公式，缝宽分别为 a 和 $2a$，缝距 $d=3a$.

*3-25　有 $2N$ 条平行狭缝，缝宽相同都是 a，缝间不透明部分的宽度作周期性变化：$a,3a,a,3a,\cdots$（习题 3-25 图）. 求下列各种情况中的衍射强度分布：

（1）遮住偶数缝；

（2）遮住奇数缝；

（3）全开放.

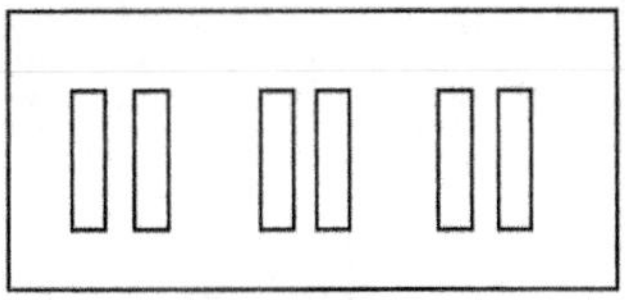

习题 3-25 图

3-26　画出 $N=6$，$d=1.5a$ 的平面透射光栅的强度分布曲线，并指出缺级. 假定入射光垂直入射.

3-27　一光栅每毫米有 200 条刻线，总宽度为 5.00cm.

（1）在一级光谱中，钠黄光双线（波长为 5890Å 和 5896Å）的角间距是多少？每条谱线的半角宽多大？双线能否分辨？

（2）在二级光谱中，在波长为 640nm 附近能够分辨的最小波长差是多少？

3-28　在氢和氘混合气体的发射光谱中，波长 656nm 的红色谱线是双线，双线的波长差为 1.8Å. 为能在光栅的第二级光谱中分辨他们，光栅的刻线数至少需多少？

3-29　平行的白光（波长范围为 390～700nm）垂直照射到平行的双缝上，双缝相距 $d=1.00$mm. 用一个焦距 $f=1.00$m 的透镜将双缝的干涉条纹聚焦在幕上. 若在幕上距中央白色条纹 3.00mm 处开一小孔，在该处检查透过小孔的光，问将缺少哪些波长？

3-30　已知闪耀光栅的闪耀角为 15°，平行光垂直于光栅平面入射，在一级光谱中，波长为

1μm 附近具有最大的强度，问光栅在 1mm 内应有多少条刻线？

3-31 一闪耀光栅每毫米有 1000 个刻槽，闪耀角为 $15°50'$，平行光垂直于光栅平面入射，求一级闪耀波长.

3-32 一闪耀光栅每毫米有 1200 个刻槽，闪耀角为 $20°$，平行光垂直于光栅平面入射.

(1) 求一级闪耀波长.

(2) 能观察到闪耀波长的几级光谱？

3-33 已知岩盐晶体的某晶面族的面间距为 2.82Å，X 射线在该晶面族上衍射时，在掠射角为 $1°$的方向上出现二级极大，求 X 射线的波长.

*第四章　傅里叶光学简介

自20世纪60年代激光出现以后,光学的重要发展之一是将数学中的傅里叶变换和通信中的线性系统理论引入光学,形成了一个新的光学分支——傅里叶光学.

傅里叶光学的产生导致了光学信息处理技术的兴起。我们知道,现今的无线电通信是将振幅或频率经过调制的电磁波发出去,其中包含的信息是时间的函数,而光学信息处理涉及的却是如何把光学系统的物平面上的光信息传播到系统的像平面,我们可以把物平面的复振幅分布和光强分布看成输入信息,而把像平面的复振幅分布和光强分布视为输出信息,所以光通信传递的是空间分布函数。但是从数学的角度来看,两者的数学变化规律有共同之处,即都能通过傅里叶变换对信息进行分析,从而能帮助我们从更高的角度来研究光学中一些新理论与实际问题。

傅里叶光学所讨论的物理内容,尽管仍然是光的传播、干涉、衍射和成像所遵循的规律,但由于傅里叶分析方法的引入,使我们对于这些现象的内在规律获得了更深入的理解.在激光技术发展的推动下,傅里叶光学在应用方面也开辟了一些崭新的领域,例如光学传递函数、光学信息处理及全息术等.这些方面已成为近十几年来特别引人注目的课题,今后无疑会有更丰硕的成果.

4-1　空间频率与频谱

空间频率是傅里叶光学中最基本的概念,我们应首先对它有一个正确的认识.下面我们先从平面单色波引出一般的空间频率的概念,然后再着重考察平面单色波场中任意平面波前上的复振幅分布,我们会得到一个很重要的结论,这就是一列平面单色光波总是和波前上一个基本的复振幅空间周期分布相联系.

一、平面单色光波与空间频率

我们知道,波动是一个时空过程,沿 z 方向传播的单色平面光波的表达式为

$$E = E_0 \cos 2\pi\left(\frac{t}{T} - \frac{z}{\lambda}\right)$$

或

$$E = E_0 \cos(\omega t - kz)$$

理想的单色平面光波最显著的特点是它既具有时间周期性又具有空间周期性,它反映出单色光波是一种时间(t)无限延续,空间 z 无限延伸的波动.为了描述单色光波时间周期性,通常将周期 T 称为单色光波的时间周期,它的倒数 $\nu=1/T$

称为时间频率，将 $\omega=2\pi/T$ 称为时间角频率；与此类似，为了描述单色光波的空间周期性，通常将波长 λ 称为单色光波的空间周期，$1/\lambda$ 称为空间频率，将波数 $k=2\pi/\lambda$ 称为空间角频率. 因此，空间频率是在空间呈现周期性分布的几何图形或物理量在某个方向上单位长度内重复的次数，其单位可用周/厘米. 如果两个单色波沿其传播方向有着不同的空间频率，这就意味着它们有不同的波长. 波的传播波形如图 4-1 所示，图 4-1(a)为某一位置观察到的单色平面波的光矢量随时间的变化，图 4-1(b)为某一时刻观察到的平面单色波光场的空间分布. 单色平面光波的时间周期性和空间周期性紧密相关，彼此之间通过关系式 $\lambda=vT$ 联系起来. 总之时间周期、频率是描述波在时间上重复性的物理量，而空间周期和空间频率是描述波在空间上重复性的物理量.

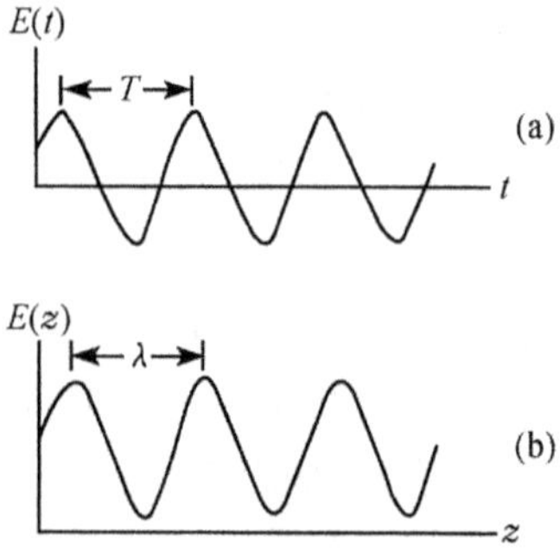

图 4-1　平面单色波波形

另一个我们很熟悉的一维空间周期函数是杨氏双缝干涉的光强分布，由式(2-5-6)可知

$$I(x)=2I_0\left(1+\cos\frac{kxd}{D}\right)$$

由于光强沿 x 方向周期性分布，产生了等间距明暗变化的干涉条纹. 对于此干涉场来说，空间周期就是干涉条纹的间隔($\Delta x=\lambda D/d$). 空间频率就是单位长度内的条纹数目. 由此可见，空间频率的概念本应比时间频率更为直观、具体，但问题的复杂性来自空间的维数. 波场是三维的，其中的一个波前也有二维，而不像时间频率只有一维.

在光学系统中，我们通常处理的是一个平面波前上的复振幅分布 $\widetilde{E}(x,y)$ 和光强分布 $I(x,y)$，这是二维的复空间分布函数. 在相干成像系统中关心的是前者 $\widetilde{E}(x,y)$；而在不相干成像系统中关心的是后者 $I(x,y)$. 为了研究二维空间分布函数的空间频率问题，我们先来考虑平面单色波场中任一平面波前上的复振幅分布.

一列沿空间任一方向 $\boldsymbol{k}=k\boldsymbol{k}_0$（$\boldsymbol{k}_0$ 为单位矢量）传播的平面单色波场(图 4-2)中的复振幅分布为

$$\widetilde{E}(\boldsymbol{r})=E_0\mathrm{e}^{\mathrm{i}\boldsymbol{k}\cdot\boldsymbol{r}}\qquad(4\text{-}1\text{-}1)$$

设 $\boldsymbol{k}$ 方向的方向余弦为$(\cos\alpha,\cos\beta,\cos\gamma)$，那么

$$\widetilde{E}(x,y,z)=E_0\mathrm{e}^{\mathrm{i}k(x\cos\alpha+y\cos\beta+z\cos\gamma)}\qquad(4\text{-}1\text{-}2)$$

设所考虑的是 $z=z_0$，的平面(图 4-3)，根据式(4-1-2)，就可得沿 $\boldsymbol{k}$ 方向传播的单色平面波在

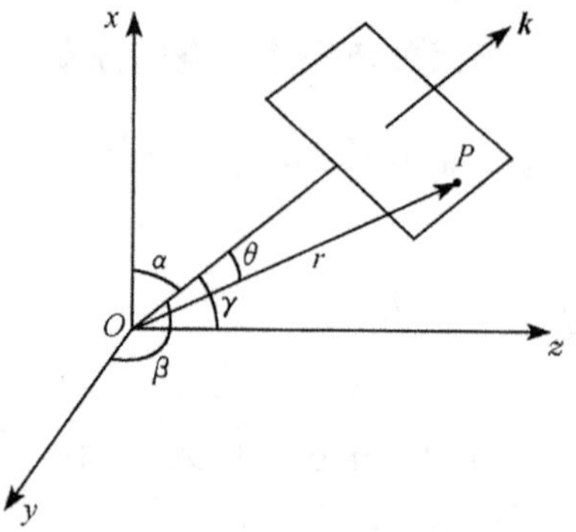

图 4-2　简谐平面波表示式的推导

$z=z_0$ 平面上的复振幅分布为

$$\widetilde{E}(x,y)=E_0\mathrm{e}^{\mathrm{i}kz_0\cos\gamma}\mathrm{e}^{\mathrm{i}k(\cos\alpha+y\cos\beta)}$$

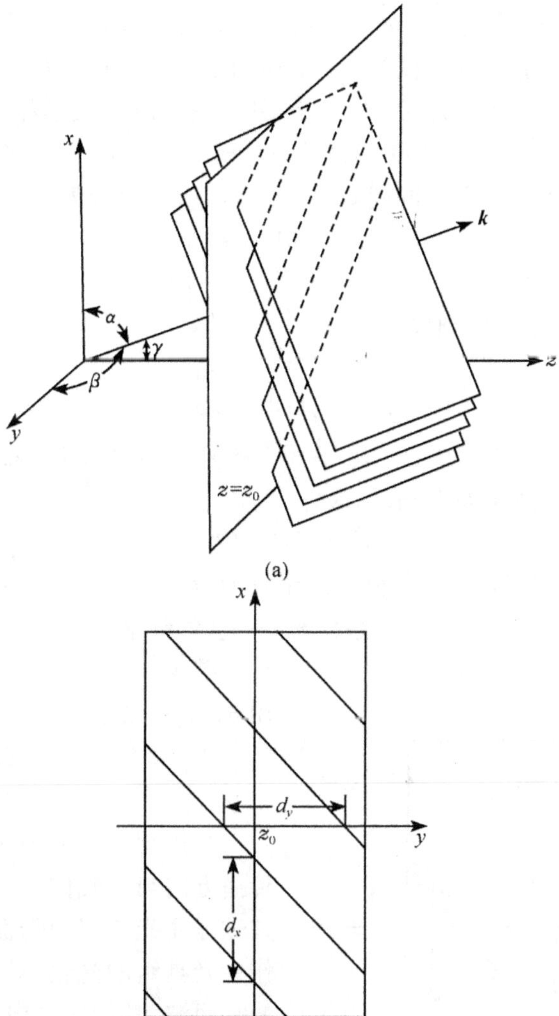

图 4-3　$z=z_0$ 平面上的复振幅分布

对于沿一定方向传播的平面波而言，$\cos\gamma$ 是常数，因此

$$\widetilde{E}(x,y)=A\mathrm{e}^{\mathrm{i}k(x\cos\alpha+y\cos\beta)} \tag{4-1-3}$$

式中 $A=E_0\mathrm{e}^{\mathrm{i}kz_0\cos\gamma}$ 是一个复常数. 从上式可知，x、y 平面上各点复振幅的差别就在于不同的 (x,y) 处有不同的相位. 现考查该平面上的相位分布. 在图 4-3(a)中，画出沿 $\boldsymbol{k}$ 方向传播的平面波的波面. 在 $z=z_0$ 平面与任一波面的交线上(图中用虚线

表示),各点的相位都等于该波面的相位值,这些交线构成了等相位线族,其方程为

$$\frac{2\pi}{\lambda}(x\cos\alpha + y\cos\beta) = \text{常量} \tag{4-1-4}$$

因此,$z=z_0$ 这个平面上复振幅分布的特点就表现在等相位线是一组如图 4-3(a)所示的平行线. 在传播方向余弦为 $\cos\alpha$、$\cos\beta$ 的一般情况下,如图 4-3(a)和方程式(4-1-4)可知,$z=z_0$ 平面上的等相位线是斜线. 图 4-3(b)表示相位依次相差 2π 的几条等相位线. 由式(4-1-3)可知,这时在 $z=z_0$ 平面上沿 x 方向与沿 y 方向的复振幅都是周期性变化的,其空间周期(用 d_x、d_y 表示)分别为

$$\left.\begin{aligned} d_x &= \lambda/\cos\alpha \\ d_y &= \lambda/\cos\beta \end{aligned}\right\} \tag{4-1-5}$$

而两个方向的相应的空间频率分别为

$$\left.\begin{aligned} u &= 1/d_x = \cos\alpha/\lambda \\ \upsilon &= 1/d_y = \cos\beta/\lambda \end{aligned}\right\} \tag{4-1-6}$$

将式(4-1-6)代入式(4-1-3)中,$z=z_0$ 平面上的复振幅的周期分布就可以用一组空间频率($u=\cos\alpha/\lambda$,$\upsilon=\cos\beta/\lambda$)表示为

$$\widetilde{E} = A\mathrm{e}^{\mathrm{i}2\pi(ux+\upsilon y)} \tag{4-1-7}$$

显然,也可认为上式代表一个传播方向余弦为 $\cos\alpha=\lambda u$,$\cos\beta=\lambda\upsilon$ 的单色平面波. 为了使用方便,有时可以用 α、β 的余角来表述空间频率.

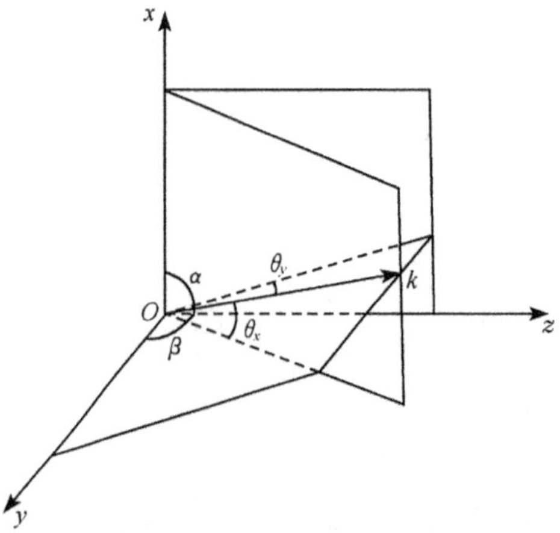

图 4-4　α、β 及其余角 θ_x,θ_y

图 4-4 表示了 α、β 的余角 θ_x、θ_y. 利用 θ_x 和 θ_y 来表示空间频率则有

$$\left.\begin{aligned} u &= \sin\theta_x/\lambda \\ \upsilon &= \sin\theta_y/\lambda \end{aligned}\right\} \tag{4-1-8}$$

当传播方向在 xz 平面内时,θ_x 就是传播方向与 z 轴的夹角. 当分析光波在共轴球面光具组中传播时,通常以 z 轴作为光具组的光轴. 对于子午面内传播的平面波,其传播方向用它和光轴的夹角 θ_x 来表示是很方便的. 在考虑光的衍射问题时,θ_x 角也就是衍射角. 由式(4-1-8)可知,对于沿 θ_x 角越大的方向传播的平面波,$z=z_0$ 平面上复振幅分布的空间频率越高.

上面通过考虑平面单色光波场中任一平面上的复振幅分布介绍了空间频率的物理意义. 可以看到,空间频率 u、υ 是用来描述平面单色波光场中一个平面上复振幅的基本周期分布的两个特征量,这一基本周期分布的数学表达式是 $\mathrm{e}^{\mathrm{i}2\pi(ux+\upsilon y)}$. 每一组($u$、$\upsilon$)的值对应一组空间频率成分,也对应一个沿一定方向传播的平面波.

二、单色波场中复杂的复振幅分布及其分解

如上面所述，在自由传播情况下，在单色平面波场中一个平面波前上的复振幅分布一般地是一种简单的周期分布．但是，当光波通过一个衍射屏继续传播时，它的复振幅将受到衍射屏的透射能力的调制，因此透射光波的复振幅分布一般是很复杂的．

假设光场中在 x、y 平面上有一个复杂的复振幅分布 $\widetilde{E}(x,y)$，那么根据傅里叶积分定理，$\widetilde{E}(x,y)$ 可以分解成无数个形式为 $e^{i2\pi(ux+vy)}$ 的基本周期函数的线性组合，即

$$\widetilde{E}(x,y)=\iint\limits_{-\infty}^{\infty}\widetilde{E}(u,v)e^{i2\pi(ux+vy)}\,du\,dv \tag{4-1-9}$$

这里

$$\widetilde{E}(u,v)=\iint\limits_{-\infty}^{\infty}\widetilde{E}(x,y)e^{-i2\pi(ux+vy)}\,dx\,dy \tag{4-1-10}$$

是函数 $\widetilde{E}(x,y)$ 的二维傅里叶变换，通常也简记为

$$\widetilde{E}(u,v)=\mathscr{F}\{\widetilde{E}(x,y)\}$$

而 $\widetilde{E}(x,y)$ 是 $\widetilde{E}(u,v)$ 的傅里叶逆变换，简记为

$$\widetilde{E}(x,y)=\mathscr{F}^{-1}\{\widetilde{E}(u,v)\}$$

$\widetilde{E}(u,v)$ 表征空间频率为 (u,v) 的基元函数所占相对比例（权重）的大小，而 u,v 分别是基本周期函数沿 x 方向和 y 方向的空间频率．$\widetilde{E}(u,v)$ 也称为 $\widetilde{E}(x,y)$ 的空间频谱或简称频谱．

另一方面，正如上面已经指出的，$e^{i2\pi(ux+vy)}$ 也代表一个传播方向余弦为 $\cos\alpha=\lambda u$，$\cos\beta=\lambda v$ 的单色平面波．因此，根据光波的叠加原理，式(4-1-9)的物理含义是，复振幅分布 $\widetilde{E}(x,y)$ 可以看作许多不同方向传播的单色平面波在 (x,y) 平面上相干叠加的结果（见图 4-5）．这些平面波的传播方向和空间频率 (u,v) 相对应，而振幅和相对相位决定于频谱 $\widetilde{E}(u,v)$．在这种意义上也可以说，无限多束平面单色波在 (x,y) 平面上的多光束干涉正是式(4-1-9)描述的傅里叶逆变换过程．

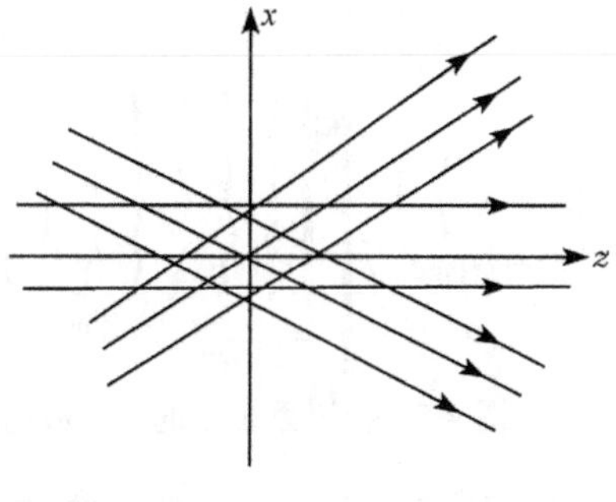

图 4-5 平面波相干叠加构成复杂的平面复振幅分布

再由波的独立传播原理可知，这许多平面单色波在 $z=\infty$ 区的平面处又彼此分离，代表不同空间频率的平面单色波落在此平面的不同位置，从而可以达到“分频”的目的．这种数学上的傅里叶变换和物理上的光学过程的对应，正是傅里叶光学产生的根据．

4-2 对夫琅禾费衍射的再认识

一、衍射系统及其屏函数

对于“衍射”问题，我们曾有过几种不同深度的认识.最初我们说，当光在传播过程中遇到障碍物时发生偏离直线传播，这种现象叫做**衍射**.在把惠更斯-菲涅耳原理运用到圆孔、圆屏、单缝等衍射问题后，我们意识到，衍射的发生，是由于光在传播中波面受到某种限制，亦即自由波面发生破损.现在我们要说，当光在传播过程中，由于种种原因而改变了波前的复振幅分布(包括振幅分布或相位分布)，后场不再是自由传播时的光波场，这便是衍射.以上各种说法都是可取的，它们反映了人们对衍射现象的认识逐步深入，其中最后一种说法对衍射现象因果关系的概括更为普遍和本质，它也是从菲涅耳-基尔霍夫衍射积分公式所能作出的最广泛的直接推论.

凡能使波前上复振幅分布发生改变的物，统称衍射屏.衍射屏可以是反射物，也可以是透射物.透射式衍射屏可以是圆孔、单缝、细丝、小球等；也可以是光栅、菲涅耳波带片等，甚至也可以是一幅风景照的底片、一张图片、一页数码字符等一类物体，也有如透镜这类透明的相位型衍射物.

以衍射屏为界，可将整个衍射系统分成前后两部分.前场为照明空间，充满照明光波场；后场为衍射空间，充满衍射光波场.一般说来照明光波比较简单，而衍射波场则比较复杂.

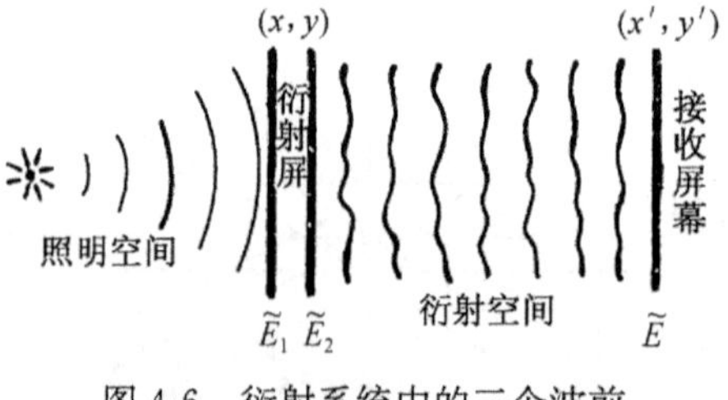

图 4-6 衍射系统中的三个波前

在一个衍射系统中，我们特别关心三个波前上的场分布.如图 4-6，衍射屏之前是照明光波前 $\tilde{E}_1(x,y)$，它称为入射场；衍射屏之后是衍射光波前 $\tilde{E}_2(x,y)$，它称为透射场(或反射场)；最后还有一个接收场 $\tilde{E}(x',y')$，它也属于衍射光波场.把波前 $\tilde{E}_1(x,y)$转化为波前 $\tilde{E}_2(x,y)$是衍射屏的作用，从波前 $\tilde{E}_2(x,y)$导出波前 $\tilde{E}(x',y')$是光的传播问题.两步合起来成为衍射.可以说，**衍射就是波前变换**.

衍射屏的作用可集中地用如下一个函数来表征：

$$\tilde{t}(x,y)=\frac{\tilde{E}_2(x,y)}{\tilde{E}_1(x,y)}$$

对于透射屏，它称为复振幅透过率函数；对于反射屏，它称为复振幅反射率函数.二者统称**屏函数**.

屏函数一般也是复数，它包括模和辐角两部分.$\tilde{t}(x,y)$的辐角为常数的衍射屏称为振幅型的屏函数；$\tilde{t}(x,y)$的模为常数的衍射屏称为相位型的屏函数.

任何形状的孔或遮光屏是最简单的振幅型衍射屏，其屏函数的形式为

$$\tilde{t}(x,y)=\begin{cases}1, & \text{透光部分}\\ 0, & \text{遮光部分}\end{cases}$$

透镜则是最常见的相位型衍射屏.

二、对夫琅禾费衍射的再认识

让我们回过头来讨论夫琅禾费衍射. 图 4-7 是一般的夫琅禾费衍射装置示意图. 设衍射屏位于 xy 平面，接收屏幕位于 $x'y'$平面上，照明光为平面单色光. 在普遍情况下，衍射场由菲涅耳-基尔霍夫积分公式(3-2-4)给出

$$\widetilde{E}(x',y')=-\frac{\mathrm{i}}{2\lambda}\iint(\cos\theta_0+\cos\theta)\widetilde{E}_2(x,y)\frac{\mathrm{e}^{\mathrm{i}kr}}{r}\mathrm{d}x\mathrm{d}y$$

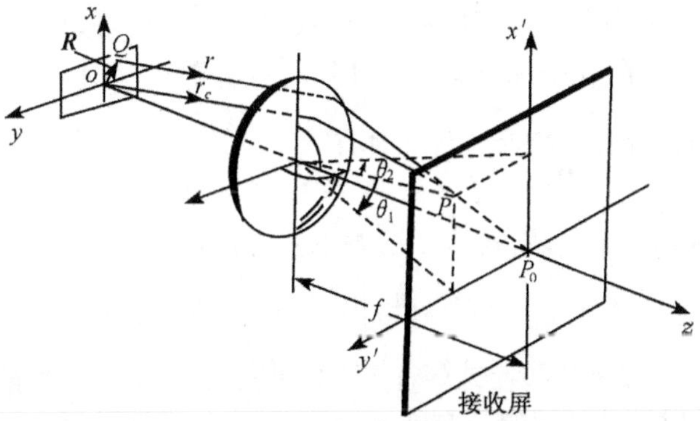

图 4-7　夫琅禾费衍射装置示意图

式中 $\widetilde{E}_2(x,y)=\widetilde{E}_1(x,y)\tilde{t}(x,y)$是衍射屏上的透射波前. 在满足傍轴条件的情况下，$\cos\theta_0\approx1$，$\cos\theta\approx1$，$1/r\approx$常数，于是上式化为

$$\widetilde{E}(x',y')=C\iint\widetilde{E}_2(x,y)\mathrm{e}^{\mathrm{i}kr}\mathrm{d}x\mathrm{d}y \tag{4-2-1}$$

由图 4-8 可见

$$r_0-r=\boldsymbol{R}\cdot\boldsymbol{k}_0=x\cos\alpha+y\cos\beta$$

这里 $\boldsymbol{R}=x\boldsymbol{i}+y\boldsymbol{j}$ 是 Q 点在 xy 平面内的位置矢量

$$\boldsymbol{k}_0=\cos\alpha\boldsymbol{i}+\cos\beta\boldsymbol{j}+\cos\gamma\boldsymbol{k}$$

是平行衍射光传播方向的单位矢量，r_0 与 r 分别是衍射屏中心及 Q 点到接收屏幕上任意点 $P(x',y')$的光程，显然它们都是(x',y')的函数. 如果用 α、β 的余角 θ_x、θ_y(即衍射角)表示，则有

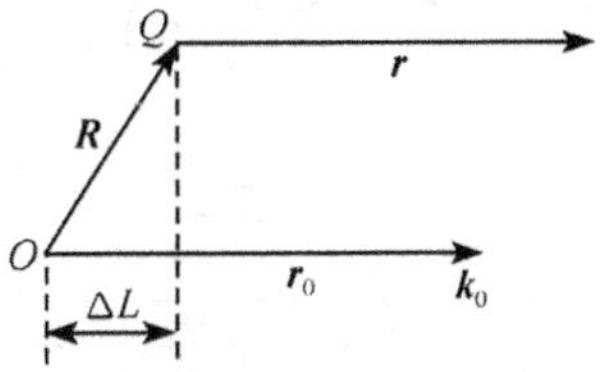

图 4-8　xy 平面上 Q 点和 O 点发出的平行光这样的光程差

$$r = r_0 - (x\sin\theta_x + y\sin\theta_y) \tag{4-2-2}$$

将上式代入式(4-2-1),可得

$$\begin{aligned}\widetilde{E}(x',y') &= Ce^{ikr_0}\iint \widetilde{E}_2(x,y)e^{-i2\pi\left(\frac{x\sin\theta_x}{\lambda}+\frac{y\sin\theta_y}{\lambda}\right)}dxdy \\ &= Ce^{ikr_0}\iint \widetilde{E}_2(x,y)e^{-i2\pi(xu+yv)}dxdy \\ &= Ce^{ikr_0}\iint \widetilde{E}_2(x,y)e^{-i2\pi\left(\frac{xx'}{\lambda f}+\frac{yy'}{\lambda f}\right)}dxdy\end{aligned} \tag{4-2-3}$$

在这里我们用到了关系式(4-1-8),并假定 x'、$y' \ll f$ 时

$$\sin\theta_x \approx \frac{x'}{f}, \quad \sin\theta_y \approx \frac{y'}{f}$$

由于后焦面的接收屏幕上的位置 P 可由衍射角 θ_x、θ_y 确定(当 x'、$y' \ll f$ 时,$x' \approx \theta_x f$,$y' \approx \theta_y f$),因而根据关系式(4-1-8)有

$$x' \approx \lambda f u, \quad y' \approx \lambda f v$$

所以 $\widetilde{E}(x',y')$ 可以看成 u、v 的函数. 于是式(4-2-3)也可写为

$$\widetilde{E}(u,v) = Ce^{ikr_0(u,v)}\iint \widetilde{E}_2(x,y)e^{-i2\pi(xu+yv)}dxdy \tag{4-2-4}$$

由于我们用平面单色光垂直照明,这时有

$$\widetilde{E}_2(x,y) = E_0\tilde{t}(x,y)$$

其中 E_0 为照射光的振幅,则式(4-2-4)与下式等价:

$$\widetilde{E}(u,v) = CE_0e^{ikr_0}\iint \tilde{t}_2(x,y)e^{-i2\pi(xu+yv)}dxdy \tag{4-2-5}$$

将式(4-2-4)、式(4-2-5)与式(4-1-11)对照表明,除了积分号前的相位因子 e^{ikr_0} 外,夫琅禾费衍射场的复振幅分布就是衍射屏的透射波前(或屏函数)的傅里叶变换. 在我们只关心衍射场的相对强度分布时;相位因子 e^{ikr_0} 不起作用,因此夫琅禾费衍射图样的强度分布可直接由 $\widetilde{E}_2(x,y)$ 的傅里叶变换求出

$$\begin{aligned}I(x',y') &= |\widetilde{E}(x',y')|^2 \\ &= |\mathscr{F}\{\widetilde{E}_2(x,y)\}|^2 = |\widetilde{E}(u,v)|^2\end{aligned}$$

应该注意,由于相位因子存在,衍射屏的平面和透镜后焦面复振幅分布之间的傅里叶变换关系不是准确的,或者说,后焦面上的复振幅分布并不完全是衍射屏透射波前的频谱函数,两者相差一个相位因子. 这一相位因子在接收一次衍射的强度分布时虽然不起作用,但是在后面我们将要讨论的相干光学处理系统中,要涉及二次衍射,这时若不消除这一相位因子,它将在第二次衍射中起作用,这样问题将会变得复杂. 由式(4-2-4)、式(4-2-5)容易看出,如果把衍射屏置于透镜的前焦面(图 4-9),由于透镜的等光程性,

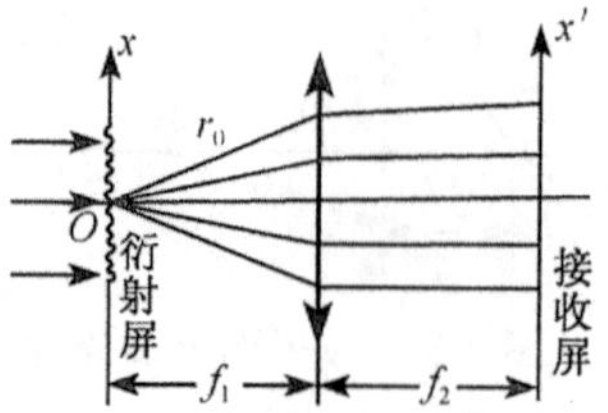

图 4-9　衍射屏置于透镜前焦面

这时从衍射屏中心到达后焦面任何位置的光程都相等，r_0 与 P 点的位置无关，因而相位因子 e^{ikr_0} 变成一个复常数. 这样一来，后焦面上的复振幅分布准确地成为屏函数的傅里叶变换了.

上面我们从数学上证明了接收屏上的复振幅分布是屏函数的傅里叶变换，如果从光学传播规律来分析，这一点也容易理解，我们设想，如果这里的透射波前 $E_2(x,y)$ 不是由照明光照射衍射屏形成的，而是由图 4-5 描述的许多平面波相干叠加而成. 这两种情况下，虽然 xy 平面左边的光场各不相同，但右边的光场却完全相同，这是因为菲涅耳-基尔霍夫公式告诉我们，衍射场完全由透射波前的复振幅分布确定，两种场合复振幅分布相同，所以右边的光场也相同，都是由许多携带了不同频谱信息的单色平面波构成.

综上所述，我们可以认为理想的夫琅禾费衍射系统是一种傅里叶频谱的分析器. 如果我们把一张复杂的图像作衍射屏，让平面单色光正入射在图像上时，通过夫琅禾费衍射，一定空间频率的信息就被一列特定方向的平面衍射波输送出去. 这些平面衍射波在近场区彼此交织在一起. 到了远场区彼此分离，或者通过透镜把不同方向的平面衍射波会聚到后焦面的不同位置上，形成一个个衍射斑(图 4-10). 后焦面上每一个衍射斑代表原图像中一种频率成分，频率越高的成分衍射角越大，在后焦面上离中心越远. 各衍射斑的强度正比于频谱的平方($|\widetilde{E}(u,v)|^2$). 总之一句话，原图像的傅里叶频谱形象直观地反映在夫琅禾费衍射系统的后焦面上. 这后焦面就是原图像的傅里叶频谱面，或简称傅氏面. 这样，对一张复杂的图像的数学上的傅里叶分解就可以在物理上付诸实现. 夫琅禾费衍射装置就是傅里叶分析器——这就是现代光学对夫琅禾费衍射的新认识. 这种新认识给光学和数学两方面都带来了好处：它给了光学一种强有力的数学手段——傅里叶分析，同时也为数学上进行傅里叶变换的运算创立了一门新技术——光学计算技术.

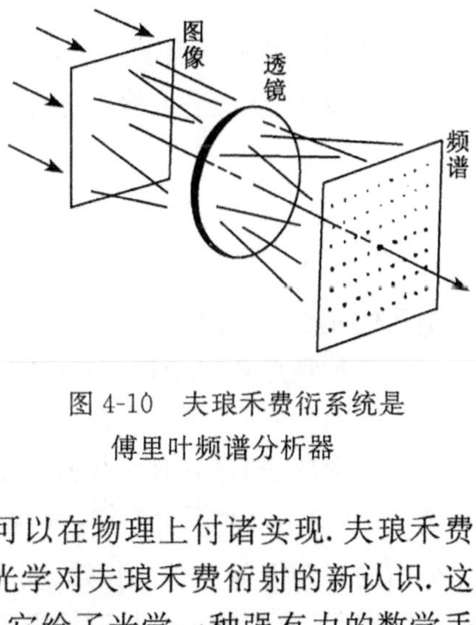

图 4-10 夫琅禾费衍系统是傅里叶频谱分析器

4-3 阿贝成像原理及阿贝-波特空间滤波实验

一、阿贝成像原理

1873 年，德国科学家阿贝(E. Abbe)在研究如何提高显微镜的分辨本领问题时，提出了关于相干成像的一个新原理.后来阿贝本人于 1893 年以及波特于 1906 年又用实验验证了阿贝成像原理.现在看来，当初的阿贝成像原理已为现代变换光学中正在兴起的空间滤波和信息处理理论奠定了基础.

如图 4-11 所示，用平行光照明傍轴小物 ABC，使整个系统成为相干成像系统，像成于 $A'B'C'$.如何看待这个系统的成像过程呢？

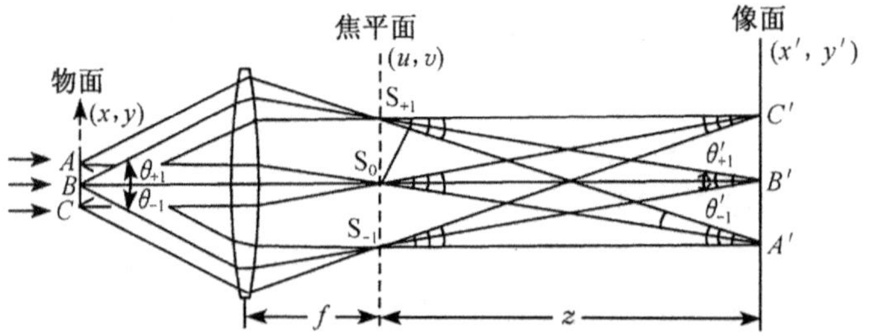

图 4-11　阿贝成像原理

一种观点着眼于点的对应：物是点 A、B、C 等的集合，它们都是次波源，各自发出球面波，经透镜后会聚到像点 A'、B'、C'等.物与像成点点对应

$$\text{物}\left\{\begin{array}{l} A \rightarrow A' \\ B \rightarrow B' \\ C \rightarrow C' \end{array}\right\}\text{像}$$

这是几何光学的观点.

另一种观点着眼于**频谱的转换**：物是一系列不同空间频率信息的集合，相干成像过程分两步完成.第一步是入射光经物平面(x,y)发生夫琅禾费衍射，在透镜的后焦面上形成一系列的衍射斑；第二步是多光束干涉，即各衍射斑发出的球面次波在像平面(x',y')上相干叠加，像就是干涉场.如果第一步在后焦面上形成一个连续分布的复杂衍射花样，则第二步从后焦面到像平面也可以理解为又一次衍射过程.这种两步成像的理论是波动光学的观点，这就是**阿贝成像原理**.阿贝成像原理又称为二次衍射成像理论.

对于显微镜来说，由于被观察物体通常总放在物镜前焦面附近，因而像面到物镜的距离(物距)比起物镜焦距大得多，像距比起置于后焦面位置的孔径光阑(出瞳)也要大得多，所以第二次衍射近似地也可以看作再一次的夫琅禾费衍射.从傅里叶光学的观点来看，在相干照明条件下通过两次夫琅禾费衍射成像的过程，就是物体复振幅分布的两次傅里叶变换，结果物体复振幅分布函数复原，自变量加负号，也就是得到物体的倒像.

如果我们进一步用频谱的语言来表达，阿贝成像原理的基本精神是把成像过程分成两步：第一次傅里叶变换起“分频”作用，把物平面的复振幅分布函数 $\widetilde{E}(x,y)$ 转变为它的频谱函数 $\widetilde{E}(u,v)$；第二次傅里叶变换起“合成”作用，又把频谱函数转变为像平面的复振幅分布函数 $\widetilde{E}'(x',y')$. 为方便起见，我们把 $\widetilde{E}(x,y)$ 称为物函数，$\widetilde{E}'(x',y')$ 称为像函数. 对于一个成像光学系统（如显微镜、照相机），我们总是希望图像尽可能还原，即希望所成的像除几何尺寸放大或缩小处，尽可能与原物相似. 从阿贝成像原理的眼光来看，这要求在分频与合成的过程中尽量不使频谱改变. 如果物平面包含一系列从低频到高频的信息，由于实际透镜的口径总是有限的，频率超过一定限度的信息将因衍射角过大而从透镜边缘之外漏掉（图 4-12），所以透镜本身总是一个“低通滤波器”. 丢失了高频信息的频谱再合成到一起时，图像的细节将变得有所模糊. 因此要提高系统成像的质量，就应该首先扩大透镜的口径. 另一方面在成像的光学系统中还存在着像差，透镜也可能有缺陷，因而不仅高频成分丢失，其他较低频率成分光波的传播也受到影响. 例如，某些频率成分的振幅降低，或者相位改变. 上述两个原因使得后焦面上实际的频谱分布 $\widetilde{E}'(u,v)$ 不再是物函数 $\widetilde{E}(x,y)$ 的傅里叶变换的严格结果 $\widetilde{E}(u,v)$. 我们将所有这些影响合并成一个函数 $T(u,v)$ 并称之为相干传递函数. $T(u,v)$ 的定义式为

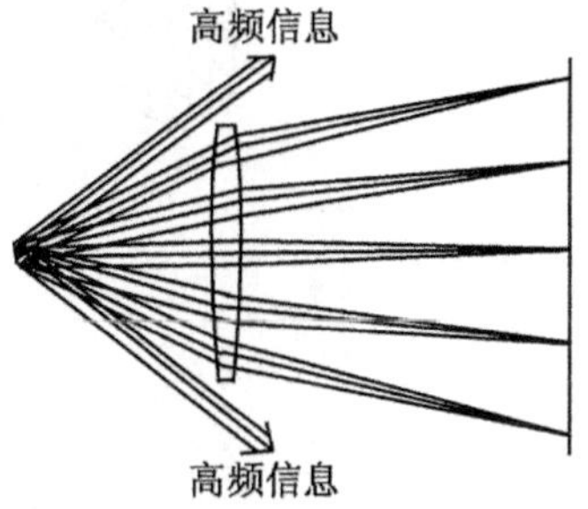

图 4-12　透镜的低通滤波作用

$$T(u,v)=\frac{\widetilde{E}'(u,v)}{\widetilde{E}(u,v)} \tag{4-3-1}$$

再经过第二次傅里叶变换，像函数实际上成为

$$\widetilde{E}'(x',y')=\iint\limits_{-\infty}^{\infty}T(u,v)\widetilde{E}(u,v)\mathrm{e}^{2\pi(xu+yv)}\,\mathrm{d}x\mathrm{d}y$$

即 $T(u,v)$ 与 $\widetilde{E}(u,v)$ 的乘积的傅里叶变换. 结果像函数 $\widetilde{E}'(x',y')$ 一般不再与物函数 $\widetilde{E}(x,y)$ 成正比. 也就是说 $\widetilde{E}'(x',y')$ 不再是 $\widetilde{E}(x,y)$ 理想的、真实的再现，从而使成像的质量下降. 显然只有当透镜无限大，且无缺陷与像差存在时，$T(u,v)=1$，这时像质最好. 当然在实际上是办不到的. $T(u,v)$ 偏离 1 越远，对成像质量的影响越大. 因而传递函数可以作为评价成像质量的更全面、更客观的标准，也为光学仪器的设计、制造和使用提供了统一的评价标准.

二、阿贝-波特空间滤波实验

阿贝-波特空间滤波实验是对阿贝成像原理最好的验证和演示. 如图 4-13 所示，是阿贝-波特实验的一般做法. 用相干光源照射一张细丝网格，在成像透镜的后

焦面上出现周期性网格的傅里叶频谱，最后这些频谱综合而在像面上复现网格的像. 如果在频谱面(后焦面)上放上各种结构的光阑，如狭缝、小圆孔、圆环或小圆屏，就能够以各种方式直接改变频谱，从而使像发生相应的变化. 这些光阑或与它们有相同性能的光学元件统称为空间滤波器.

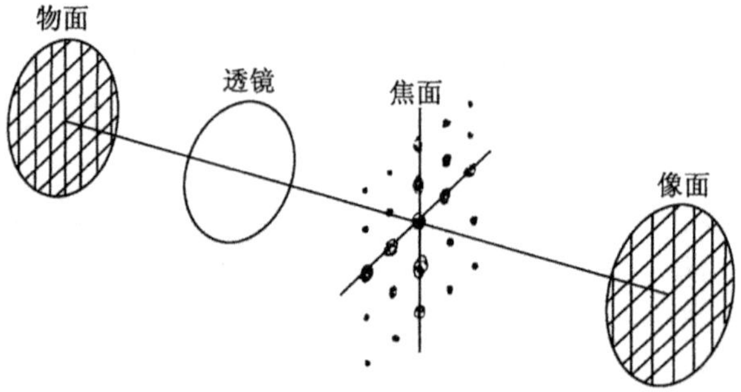

图 4-13 阿贝-波特实验

图 4-14(a)和(b)分别是网格的频谱和相应的像的照片. 物的周期性结构在焦平面上产生一系列分离的频谱分量，由于网格受到所在平面的有限孔径的限制，使得每个频谱分量都有一定的扩展. 现在我们在谱频面上，用空间滤波器来改变频谱的成分，并观察它对像结构的影响. 首先在频谱面上放置一个水平方向的狭缝，使它只通过中央一排水平方向的频谱分量(我们知道，这正是水平向一维光栅的夫琅禾费衍射花样)，结果像只包含网格的垂直结构，而完全没有水平结构(图 4-15(a)、(b)). 这说明，对象的垂直结构起作用的是沿水平方向的频谱分量. 如果把水平方向的狭缝旋转 90°成为垂直方向狭缝，并只让一列垂直方向的频谱分量通过，则所成 的像只有水平结构(图4-16(a)、(b)). 其次，在频谱面上放置一个大小可变的圆

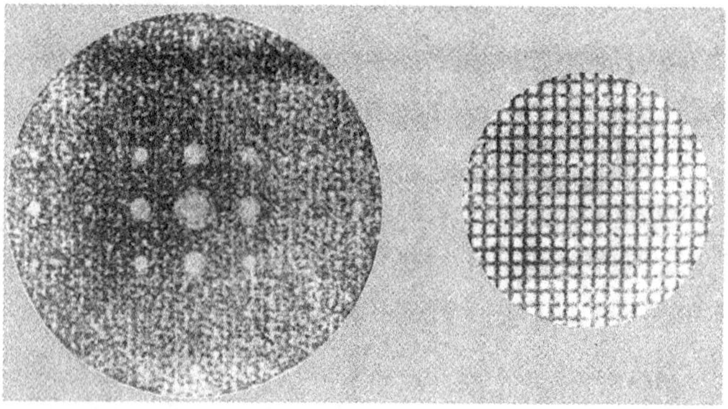

(a) (b)

图 4-14 网格的频谱及像

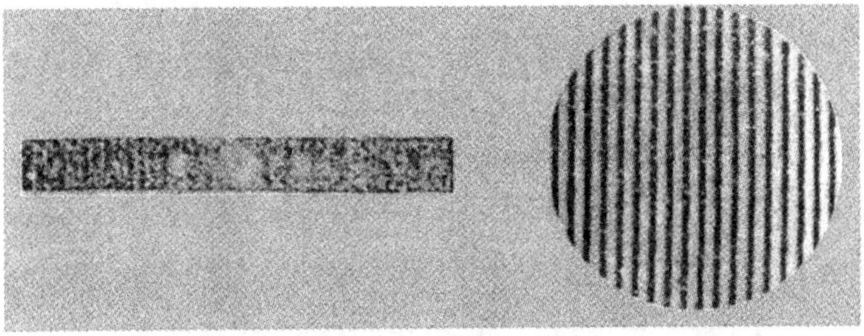

(a)　　(b)

图 4-15　水平狭缝滤波

(a)　　(b)

图 4-16　垂直狭缝滤波

形光阑(像照相机的光圈),当光阑很小,并只允许中央亮点代表的分量通过时,在像面上只看到一片均匀亮度,没有网格的像;然后把光圈加大,使中心光斑周围的四个光斑通过,而挡掉所有其他光斑,马上网格的像又奇迹般地出现了,不过这个光栅并不像网格物那样有棱有角,边缘分明,它具有圆滑的过渡区,光强变化很像正弦曲线的一部分.如果光阑继续逐渐增大,使通过的频谱分量增多,便可以看到网格的像由模糊逐渐变得清晰起来.这一实验使我们可以看到网格清晰的像是怎样由各频谱分量一步步综合出来.此外,如果在频谱面内用一个小圆屏挡住中央亮点的频谱分量,让其余频谱分量都通过,我们将会看到一个衬度反转的网格,如图 4-17(a)、(b)所示.还可使用其他空间滤波器来进一步改变像的结构和性质.例如,对于图 4-15 所示的情况,如果进一步用光阑挡住奇数级频谱,只让偶数级频谱通过,那么将看到像频率比图 4-15(b)所示的像频率增大一倍,如图 4-18(a)、(b)所示(图 4-18(b)是倍频像).这些实验现象从阿贝成像原理都很容易理解.当我们用空间滤波器只提取某些频谱分量时,我们只要想像一下什么样的光栅能产生这些相应的夫琅禾费衍射斑(即提取的频谱分量)就可以知道像是什么样了.

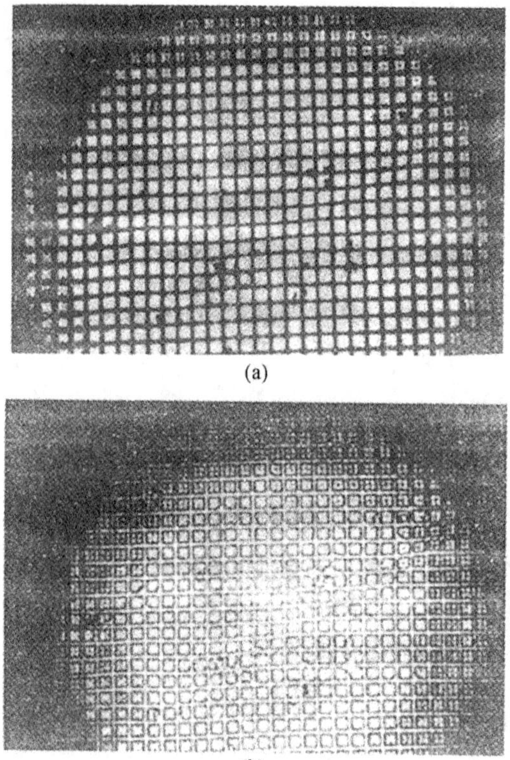

(a)

(b)

图 4-17 对比度反转现象

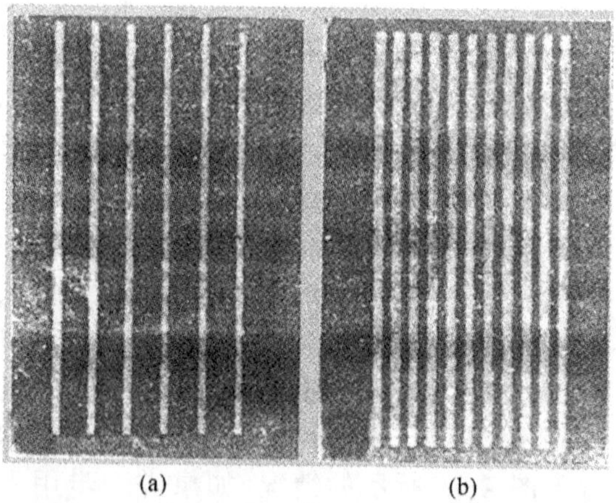

(a) (b)

图 4-18 倍频像

4-4 相干光学处理系统

阿贝-波特实验以其简单的装置十分明确地验证了阿贝成像原理，而且为光学信息处理提供了深刻的启示. 它告诉我们,阿贝成像原理不但使我们了解如何去改善成像质量,更重要的是:阿贝成像原理提供了一种新的频谱语言来描述信息,启发人们用改变频谱的手段来改造信息. 这正是现代变换光学中的空间滤波技术和光学信息处理的概念. 从激光问世后,空间滤波技术和光学信息处理得到迅速发展,并成为现代光学中的一个热门.

在阿贝-波特实验中,利用各种空间滤波器改变物和像的频谱从而改变像的结构,这就是一个简单的光学信息处理过程,即对输入图像(光学信息)进行了光学处理,因而阿贝-波特实验系统本身也就是一个相干光学处理系统.

不过,为了分析方便起见,一般在进行相干光学处理时,采用图 4-19 所示的双透镜系统(也称 $4f$ 系统). 这时输入图像(物)被置于透镜 L_1 的前焦面,若透镜 L_1 足够大,在 L_1 的后焦面上即得到图像准确的傅里叶变换(频谱). 并且,因为输入图像在 L_1 的前焦面通过 L_1 形成的像位于无限远,这就需要利用透镜 L_2 通过二次成像,使像回到有限远处. 在 $4f$ 系统中,L_1 的后焦面正好是 L_2 的前焦面,因此系统的像面位于 L_2 的后焦面,并且像面的复振幅分布是图像频谱准确的傅里叶变换.

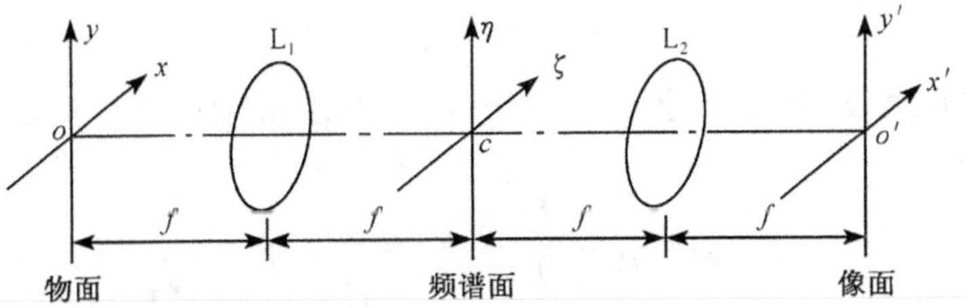

图 4-19　相干光学处理的双透镜($4f$)系统

从几何光学看,$4f$ 系统是两个透镜成共焦组合且放大率为 -1 的成像系统. 下面,从傅里叶光学的角度来分析一下系统的成像过程.

根据 4-2 节的讨论,在单色平面波照明下(相干照明),当输入图像置于透镜 L_1 的前焦面时,在 L_1 的后焦面上得到图像函数 $\widetilde{E}(x,y)$ 准确的傅里叶变换. 由式(4-2-3)略去常数因子,可得

$$\widetilde{E}(\xi,\eta)\propto\iint_{-\infty}^{\infty}\widetilde{E}(x,y)\mathrm{e}^{-\mathrm{i}2\pi\left(\frac{\xi x}{\lambda f}+\frac{\eta y}{\lambda f}\right)}\mathrm{d}x\mathrm{d}y \tag{4-4-1}$$

其中 ξ,η 是 L_1 后焦面(频谱面)的坐标. 由于 L_1 的后焦面与 L_2 的前焦面重合,所以在 L_2 的后焦面又得到频谱函数 $\widetilde{E}(\xi,\eta)$ 的傅里叶变换. 略去常数因子得

$$\widetilde{E}'(x',y')\propto\iint_{-\infty}^{\infty}\widetilde{E}(\xi,\eta)\mathrm{e}^{-\mathrm{i}2\pi\left(\frac{\xi x'}{\lambda f}+\frac{\eta y'}{\lambda f}\right)}\mathrm{d}\xi\mathrm{d}\eta \tag{4-4-2}$$

如果设 $x'=-x, y'=-y$，上式变成

$$\widetilde{E}'(x',y') = E'(-x,-y) \propto \iint_{-\infty}^{\infty} \widetilde{E}(\xi,\eta) e^{i2\pi\left(\frac{\xi x}{\lambda f}+\frac{\eta y}{\lambda f}\right)} d\xi d\eta \qquad (4\text{-}4\text{-}3)$$

上式正好是式(4-4-1)的傅里叶逆变换式. 所以有

$$\widetilde{E}(x',y') = E'(-x,-y) \propto \widetilde{E}(x,y)$$

上式表示通过两次傅里叶变换，像函数与物函数成正比，只是自变量改变符号，这意味着输出图像与输入图像相同，只是变成了一个倒像. 从上面的运算也可以看出，上述第二次傅里叶变换也可以视为傅里叶逆变换加图像倒置. 如果像平面坐标反向选取，第二次傅里叶变换可用傅里叶逆变换代替，即

$$\widetilde{E}'(x',y') \propto \mathscr{F}^{-1}\{\widetilde{E}(\xi,\eta)\} \qquad (4\text{-}4\text{-}4)$$

相干光学信息处理一般是在频谱面上进行，通过在频谱面上加入各种空间滤波器改变频谱而达到处理图像信息的目的. 假设空间滤波器的复振幅透射系数为 $\tilde{t}(\xi,\eta)$，那么通过空间滤波器的频谱函数就是

$$\widetilde{E}'(\xi,\eta) = \widetilde{E}(\xi,\eta) \cdot \tilde{t}(\xi,\eta) \qquad (4\text{-}4\text{-}5)$$

在不考虑透镜的孔径效应时，$\widetilde{E}'(\xi,\eta)$ 即为像的频谱，而 $\widetilde{E}(\xi,\eta)$ 是物(图像)的频谱. 所以有

$$\tilde{t}(\xi,\eta) = \frac{\widetilde{E}'(\xi,\eta)}{\widetilde{E}(\xi,\eta)} = T(\xi,\eta)$$

即空间滤波器的复振幅透射系数在目前情况下就是系统的相干传递函数. 在光学信息处理系统中，它又称为滤波函数. 在成像光学系统中我们希望 $T(\xi,\eta)\approx 1$，但在光学信息系统中却要求 $T(\xi,\eta)\neq 1$，以达到改造图像的目的.

所谓光学信息处理，从狭义上来说，就是应用图 5-19 所示的相干光学系统或相似的系统从物函数 $\widetilde{E}(x,y)$、频谱函数 $\widetilde{E}(\xi,\eta)$ 以及像函数 $\widetilde{E}'(x',y')$ 的相互关系出发，研究如何改变频谱以获得关于物函数中有用的信息和去掉其中无用干扰的课题；广义上来说，就是用光学系统的线性变换特性来完成对于输入数据 $f(x,y)$ 的变换计算，而给出所要求的输出数据 $f'(x',y')$. 下面我们举几个简单的、脍炙人口的例子以说明其一隅.

1. 激光输出的处理

在激光器的输出光束中，往往由于光学镜面的缺陷或附有灰尘，使激光发生衍射，结果在出射激光光斑上出现一些局部的衍射花纹，如图 4-20(a)所示. 这种光斑有花纹的激光束用于全息技术和干涉计量技术是有害的. 为了消除这些花

纹,可以用一个小孔作为滤波器滤去花纹的频谱. 因为光斑有花纹的激光束可以看成由两部分组成:呈高斯分布的光束(激光束在横截面内的振幅分布是高斯分布)和产生花纹的衍射光束,并且高斯分布函数的傅里叶变换仍然是一个高斯函数,因而它在图 4-20(c)中扩束透镜 L_1 的后焦面上的频谱分布主要是位于光轴附近,即以低频成分为主,而那些花纹的频谱主要属于高频成分,它们位于远离光轴的位置. 因此,在频谱面(L_1 后焦面)中心放置一个小孔滤波器就可以滤去属于花纹的高频成分,最后通过透镜 L_2 输出平行激光束中将没有这些花纹的干扰(图 4-20(b)).

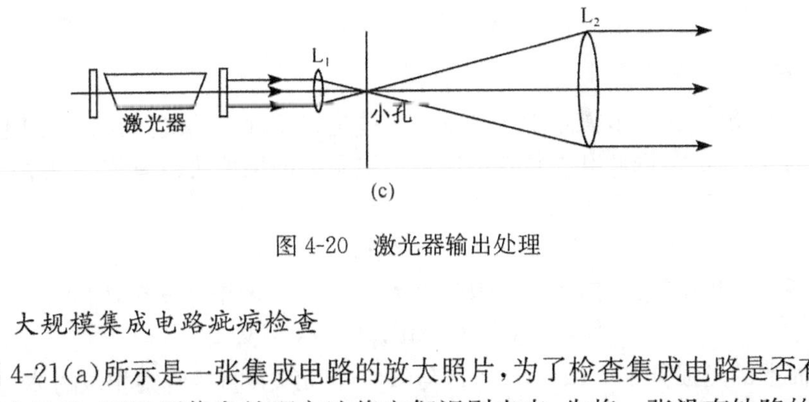

图 4-20　激光器输出处理

2. 大规模集成电路疵病检查

图 4-21(a)所示是一张集成电路的放大照片,为了检查集成电路是否有疵病,比如斑点缺陷,可以用信息处理方法将它们识别出来. 先将一张没有缺陷的集成电路的照片(掩模)放在相干处理系统的物面位置,并在频谱面上将它的频谱拍摄下来,得到一张负片,正片如图 4-21(b)所示. 再以此负片作为空间滤波器,安放在频谱面上. 这时,将被检查的集成电路掩模放在处理系统的物面上,如果它没有斑点缺陷,它的频谱就和标准掩模的频谱完全一样,因而被空间滤波器全部滤去,在像面上没有信息. 如果被检掩模有斑点缺陷,这些斑点的频谱将不会或绝大部分不会受到滤波器的阻挡,因此在像面上将留下这些斑点的信息. 这样一来,我们就可以一目了然地看出集成电路的疵病所在.

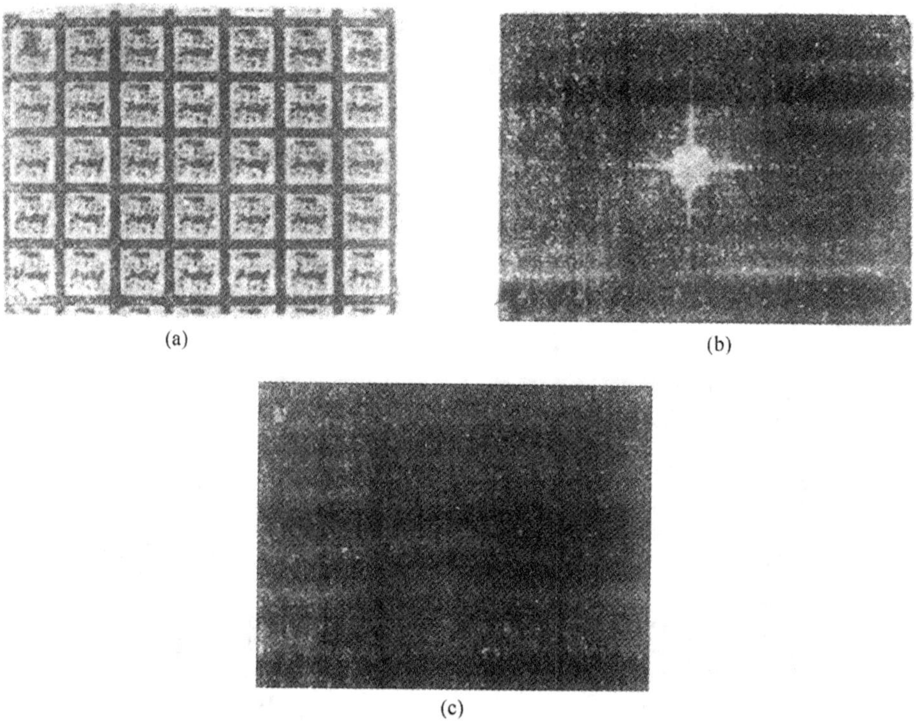

图 4-21　集成电路疵病检查

3. 相位物体的观察

有一些物体,例如显微术中所观察的一些生物切片,未染色的细菌、细胞等,它们对光的吸收很小,因此其上各处的振幅透射系数的模值可以看作 1. 但由于厚度或折射率不均匀,其透射系数有一个相位分布

$$\tilde{t}(x,y)=\exp[\mathrm{i}\varphi(x,y)] \tag{4-4-6}$$

这些物体称为相位物体. 由于像函数是 $\tilde{t}(x,y)$ 的二次傅里叶变换,因而有

$$\widetilde{E}'(x',y')\propto\exp[\mathrm{i}\varphi(-x,-y)]$$

而像平面上的光强分布 $I'(x',y')\propto 1$,与 (x',y') 无关. 直接观察相位物体时,看到的将是一片明亮,很难看出其轮廓,更无法看到其结构(厚度或折射率的变化). 因为人眼只能感受和辨别物体上光强度一定的差别,而并不能辨别物体引入的相位的差别. 所以,为了"看到"物体,必须设法把物体引入的相位变化转变为振幅的变化(即光强的变化). 下面讨论观察相位物体的两种方法.

(1) 暗场法(亦称纹影法)　把相位物体置于相干光学处理系统中的物面位置. 当单色平面波垂直通过物体时,由式(4-4-6),其复振幅分布为

$$\begin{aligned}\widetilde{E}(x,y)\propto\tilde{t}(x,y)&=\exp[\mathrm{i}\varphi(x,y)]\\&=1+\mathrm{i}\varphi(x,y)-\frac{1}{2}\varphi^2(x,y)\cdots\end{aligned}$$

一般被观察物很薄，引起的 $\varphi(x,y)$ 很小，可以略去 $\varphi^2(x,y)$ 以上的项

$$\widetilde{E}(x,y) \propto 1 + \mathrm{i}\varphi(x,y)$$

在透镜 L_1 的后焦面上得到 $\widetilde{E}(x,y)$ 的频谱为

$$\widetilde{E}(u,v) \propto \mathscr{F}\{1 + \mathrm{i}\varphi(x,y)\} = \delta(u,v) + \mathrm{i}\Phi(u,v) \tag{4-4-7}$$

式中 $\delta(u,v)$ 和 $\Phi(u,v)$ 分别为 1 和 $\varphi(x,y)$ 的傅里叶变换. $\delta(u,v)$ 对应于零级谱（透镜 L_1 后焦面中央的一个亮点）；$\Phi(u,v)$ 有一定的扩展范围，它可以看作相位物体产生的衍射图样. 如果在频谱面上光轴处设置一个小圆屏作为空间滤波器，滤去零级谱 $\delta(u,v)$，则由频谱面透过的频谱为

$$\widetilde{E}'(u,v) = \mathrm{i}\Phi(u,v)$$

再经透镜 L_2 进行一次逆变换（同时像面坐标反向选取），在像面上得到的复振幅分布为

$$\widetilde{E}'(x',y') = \mathscr{F}^{-1}\{\mathrm{i}\Phi(u,v)\} = \mathrm{i}\varphi(x',y')$$

光强分布为

$$I'(x',y') = |\varphi(x',y')|^2$$

可见，在像面上得到了正比于物体相位分布平方的光强度，使我们可以通过观察到的光强分布来分析物体的相位分布.

暗场法广泛应用于检验光学零件加工质量，在弹道学和空气动力学中研究冲击波等方面. 不过，从位相分布转变成光强分布时，最后得到的光强分布不是相位分布的线性函数，这将给分析带来不便. 这也是暗场法的不足之处.

(2) 泽尼克相衬法　由上面的讨论不难看出，如果不对相位物体的频谱作任何处理，相位物体所成像的强度分布为

$$I'(x',y') = |1 + \mathrm{i}\varphi(x',y')|^2 \approx 1$$

上式最后由于 $\varphi^2 \ll 1$，略去了 $\varphi^2(x',y')$ 项. 上式表明，像面上的光强没有变化. 泽尼克认为，所以没有光强变化是由于相位物体产生的衍射光与很强的直射光之间相位差 90°；如果能够改变这个相位正交关系，那么这两部分光就会有效地干涉，产生可观察的像强度变化. 为此，他使用了这样的空间滤波器称为泽尼克相板，它既使零级谱透射系数的模值衰减，又使零级谱的相位引入一个附加的相位延迟 $\pi/2$. 泽尼克相板如图 4-22 所示，它是在一块平玻璃板上，在与零级谱相应的中心位置镀上适当厚度的膜层制成. 泽尼克相板的透射系数为

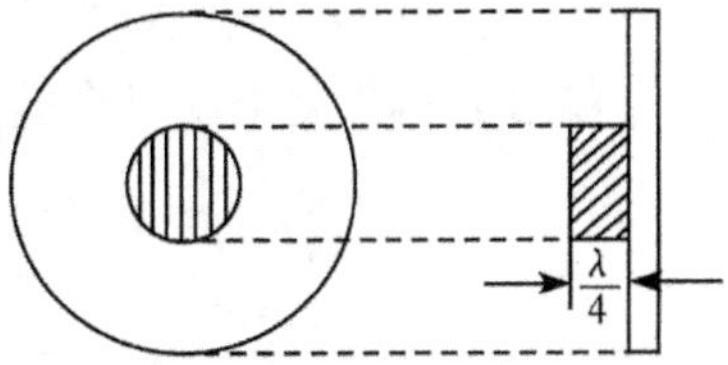

图 4-22　泽尼克相板

$$\tilde{t}(u,v) = \begin{cases} \pm\,\mathrm{i}A, & \text{零级谱位置} \\ 1, & \text{其他频谱位置} \end{cases}$$

式中 $0 < A < 1$. 在频谱面上加相板后，透出的频谱函数为（利用式(4-4-7)）

$$\widetilde{E}'(u,v) = \widetilde{E}(u,v)\tilde{t}(u,v)$$
$$= \pm \mathrm{i}A\delta(u,v) + \mathrm{i}\Phi(u,v)$$

因此,像面的复振幅分布为

$$\widetilde{E}'(x',y') = \mathscr{F}^{-1}\{\widetilde{E}(u,v)\}$$
$$= \pm \mathrm{i}A + \mathrm{i}\varphi(x',y')$$

光强分布为

$$I'(x',y') = A^2 \pm 2A\varphi(x',y') + \varphi^2(x',y')$$
$$\approx A^2 \pm 2A\varphi(x',y') \tag{4-4-8}$$

这样,原来看不见的物体像出现了光强分布,并且它与物体的相位分布成线性关系,因而光强分布可以作为物体引入的相位分布的直接指示. 利用泽尼克相衬法于 1947 年由蔡司工厂制成相衬显微镜,可以说,它是光学信息处理概念下的第一个产品,泽尼克于 1953 年荣获诺贝尔奖. 图 4-23(a)是用一般生物显微镜拍摄的硅藻、纤维和细菌的照片,图 4-23(b)是对同样的标本用相衬显微镜拍摄下来的照片.

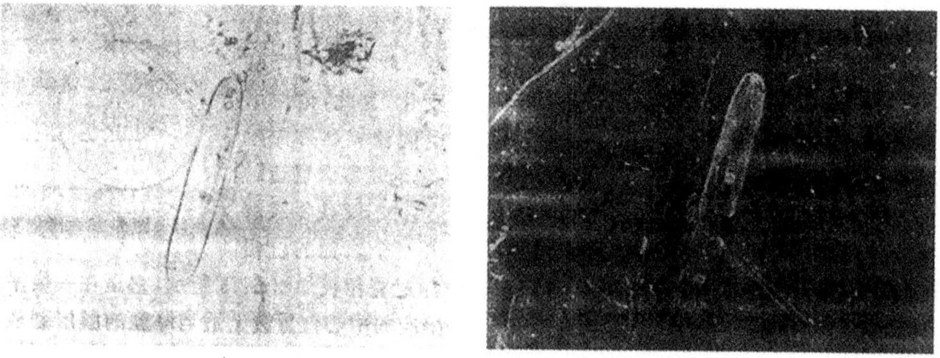

(a) (b)

图 4-23 普通显微镜和相衬显微镜拍摄的照片

根据第三章关于反衬度的定义,相衬像的反衬度为

$$\gamma = \frac{I_{\max} - I_{\min}}{I_{\max} + I_{\min}} = \frac{(A^2 + 2A\varphi_{\max}) - (A^2 + 2A\varphi_{\min})}{(A^2 + 2A\varphi_{\max}) + (A^2 + 2A\varphi_{\min})}$$
$$= \frac{\varphi_{\max} - \varphi_{\min}}{A + \varphi_{\max} + \varphi_{\min}} \approx \frac{\Delta\varphi}{A + 2\varphi} \tag{4-4-9}$$

可见,光强分布的反衬度与 A 有关,A 较小时可以得到反衬度较大的物体像分布. 一般人眼可分辨的最小反衬度约为 0.1. 在 $A=1$,$\varphi\approx\Delta\varphi$ 的条件下,由式(4-4-9)可求出可观察的最小相位变化为

$$\Delta\varphi = \frac{A\gamma}{1-2\gamma} = \frac{0.1}{0.8} \approx 0.13(\mathrm{rad})$$

当 $A=0.01$ 时,可观测的最小相位变化为

$$\Delta\varphi=\frac{0.01\times0.1}{1-0.2}\approx0.0013(\mathrm{rad})$$

虽然相板零级谱处透射系数模值 A 很小时，可得到反衬度比较大的像分布，且可以观察物体更小的相位变化，但是当 A 值太小($A\approx0$)时，式(4-3-8)中的 φ^2 项不可忽略，并且 $I'(x',y')\approx\varphi^2(x',y')$，这时实际上相衬法就变成暗场法了.

4-5 全息技术原理

全息术早在 1948 年就由伽博(D. Gabor)发现，但是，由于受光源条件的限制①，在激光出现以前，对全息术的研究进展缓慢，在 20 世纪 60 年代激光出现以后，全息术得到迅速的发展. 目前，全息术在干涉计量、信息储存、光学滤波以及光学模拟计算等方面得到越来越广泛的应用. 伽博也因此而获得 1971 年度的诺贝尔物理学奖. 本节只就全息术的原理作一般性介绍.

一、全息照相与普通照相的区别

全息术和普通照相术的原理完全不同. 普通照相通常是通过照相机物镜成像，在底片平面上将物体发出的或它散射的光波的强度分布(即振幅分布)记录下来. 由于底片上的感光物质只对光强度有响应，对相位分布不起作用，所以在照相过程中把光波的相位分布这个重要的光信息丢失了. 因而，在所得到的照片中，物体的三维特征消失了，不再存在视差，改变观察角度时，并不能看到像的不同侧面. 全息术则完全不同，由全息术产生的像是完全逼真的立体像，当以不同的角度观察时，就像观察真实的物体一样，能够看到像的不同侧面，也能在不同的距离聚焦.

为什么全息术会有如此奇特的效果呢? 为了回答这个问题，我们先简单地论述一下人是怎样“看见”一个物体的.

某个物体发射或散射的光波进入我们的眼睛时，我们就“看见”了这个物体. 从近距作用的观点来看，人们“看见”物体的直接原因是进入人眼的物光波，而不是物体本身. 比如当你从镜子中看到一只猫时(图 4-24)，实际上镜子“里面”并没有猫. 猫在镜子外面，但从镜子外面发出的光波通过镜子反射后确实进入了你的眼睛，使你“看见”了镜子里面的物体——虚物体.

根据惠更斯-菲涅耳原理(或者菲涅耳-基尔霍夫衍射公式)，我们可以用一个封闭波前 Σ 把光源或反射光波的物体包围起来. 由于 Σ 内有光源，因此可称为“有源空间”；Σ面外没有光源，称“无源空间”. 如果我们要求无源空间任一点的光振

① 全息术要求光源有很好的时间相干性与空间相干性.

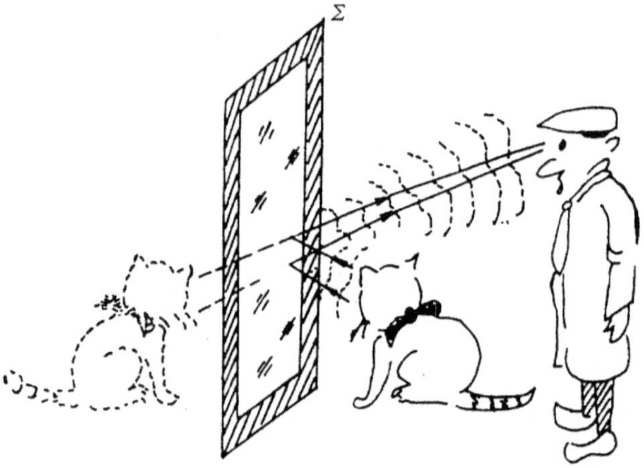

图 4-24 “虚物体”

动，可以用菲涅耳-基尔霍夫衍射积分公式

$$\widetilde{E}(p)=\frac{-\mathrm{i}}{2\lambda}\iint_{\Sigma}(\cos\theta_0+\cos\theta)\widetilde{E}_0(Q)\frac{\mathrm{e}^{\mathrm{i}kr}}{r}\mathrm{d}\Sigma$$

式中 Q 代表波前 Σ 上的任意点，$\widetilde{E}_0(Q)$ 是波前上的复振幅分布，简称波前函数或波前. 上式充分说明，无源空间任一点 P 的振动由波前上的复振幅分布 $\widetilde{E}_0(Q)$ 唯一地确定，即波前 Σ 上的 $\widetilde{E}_0(Q)$ 确定了无源空间的整个光场.

再看图 4-25，想像一个人通过窗户看到房里有一只小猫. 如果人们有办法把小猫的散射光波在窗户面上的复振幅分布 $\widetilde{E}_0$(窗)记录下来，并且在小猫不存在的情况下再现原来窗面的光振动，那么根据惠更斯-菲涅耳原理，窗外的光场将被“重建”，人眼又能接收到小猫的物光波，使我们重新“看见”事实上已不复存在的猫.

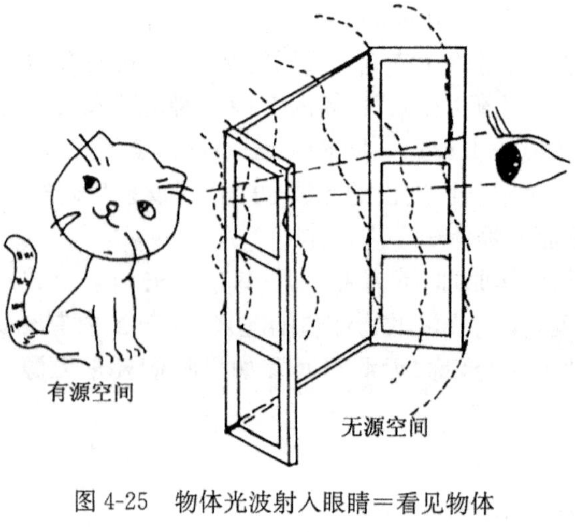

图 4-25　物体光波射入眼睛＝看见物体

这个"虚猫"和原来的猫具有相同的形状、大小、位置，因而是立体的、逼真的、生动的，完全是真实物体的精确"复制品". 如何记录波前上光波的全部信息(振幅分布和相位分布)；如何使这一物光波前再现，这就是全息术要解决的两个基本问题.

二、波前的全息记录

具体说来，全息术可分为两个过程. 第一个过程是利用干涉方法记录物体散射的光波在某一个波前平面上的复振幅分布，这就是波前的全息记录. 通过干涉方法能够把物体光波在某波前的相位分布转换成光强分布，从而被照相底片记录下来. 因为我们知道，两个干涉光波的振幅比和相位差决定着干涉条纹的强度分布，所以在干涉条纹中就包含了物光波的振幅和相位信息. 典型的全息记录装置如图 4-26 所示：从激光器发出的相干光波被分束器分成两束，一束经扩束后照明物体，经物体反射或散射后射向照相底片上，这束光称为物光波；另一束经扩束和准直后得平行光束，也照到感光底片上，这束光称参考光波. 在照相底片平面上，物光波和参考光波叠加发生干涉. 将记录干涉图样的照相底片适当曝光与冲洗，就得一张全息图——全息照片(见图 4-27(a)). 所以全息图不是别的，正是参考光波与物光波干涉图样的记录. 显然，全息照片本身和原始物体没有任何相像之处.

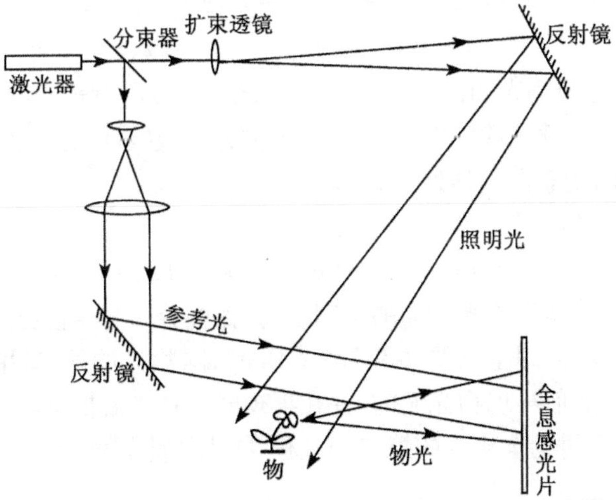

图 4-26　制作全息底片的光路图

下面用一个简单的数学公式来表示波前的全息记录过程.

设全息感光底片平面为 xy 平面，物光波和参考光波在该平面上的复振幅发布分别为

$$\widetilde{E}_{\mathrm{O}}(x,y)=O(x,y)\mathrm{e}^{[\mathrm{i}\varphi_{\mathrm{O}}(x,y)]}$$
$$\widetilde{E}_{\mathrm{R}}(x,y)=R(x,y)\mathrm{e}^{[\mathrm{i}\varphi_{\mathrm{R}}(x,y)]}$$

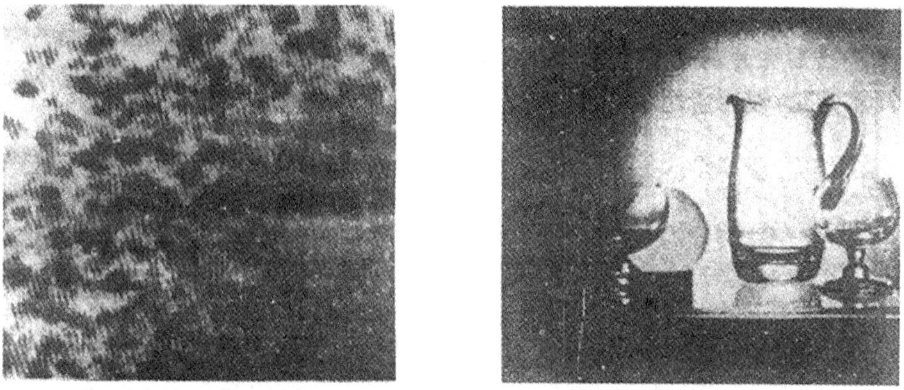

(a) (b)

图 4-27 制作全息底片的光路图

其中，$O(x,y)$和 $R(x,y)$分别为物光波和参考光波的实振幅分布，$\varphi_O(x,y)$和 $\varphi_R(x,y)$ 分别为物光波和参考光波的相位分布. 在照相底片平面上，上述两光波干涉产生的光强度分布为

$$\begin{aligned} I(x,y) &= (\widetilde{E}_O + \widetilde{E}_R)(\widetilde{E}_O^* + \widetilde{E}_R^*) \\ &= \widetilde{E}_O\widetilde{E}_O^* + \widetilde{E}_R\widetilde{E}_R^* + \widetilde{E}_O\widetilde{E}_R^* + \widetilde{E}_R\widetilde{E}_O^* \\ &= O^2 + R^2 + OR\mathrm{e}^{\mathrm{i}(\varphi_O-\varphi_R)} + OR\mathrm{e}^{-\mathrm{i}(\varphi_O-\varphi_R)} \end{aligned} \tag{4-5-1}$$

将照相底片适当曝光和冲洗后，便得一张全息图. 所谓适当曝光和冲洗，就是要求冲洗后底片的透射系数与曝光时底片上的光强成线性关系. 为简单起见，设两者之比为 1，因此，全息图的透射系数为

$$\begin{aligned} \tilde{t}(x,y) &= I(x,y) \\ &= O^2 + R^2 + OR\mathrm{e}^{\mathrm{i}(\varphi_O-\varphi_R)} + OR\mathrm{e}^{-\mathrm{i}(\varphi_O-\varphi_R)} \end{aligned} \tag{4-5-2}$$

从上式可见，我们确实把物光波前的全部信息(振幅分布与相位分布)记录下来了. 但事情并不那么单纯，即全息图并不那么“干净”，除物光波外，其中还混杂着参考光波的许多信息. 如何再现物光波前，并在再现时把物光波信息与其他信息分离开来? 下面我们接着讨论全息术的第二个过程，物光波前的再现.

三、物光波前的再现

全息术的第二个过程是利用衍射原理进行光波的再现，如图 4-28 所示. 用一个光波(它在大多数情况下是与记录全息图时用的参考光波完全相同)再照明全息图，光波在全息图上就好像在一块复杂光栅上一样发生衍射，在衍射光波中将包含有原来的物光波，因此当观察者迎着物光波方向观察时，便可看到物体的再现像. 这是一个虚像，它具有原始物体的一切特征. 此外，还有一个实像，称为共轭像. 它不需要借助透镜就能够拍摄下来，只要将感光底片放在实像所处的位置即可. 图

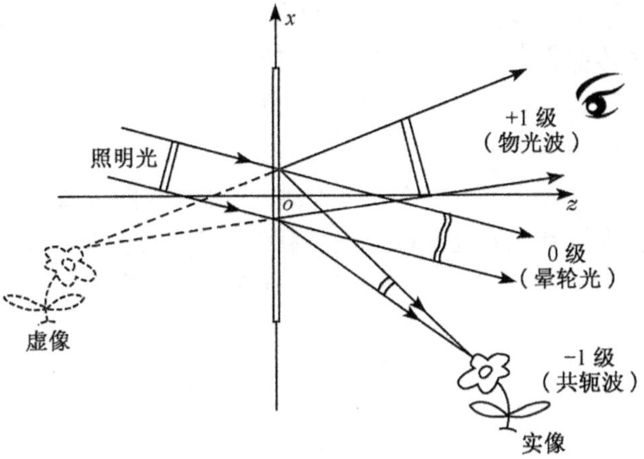

图 4-28　物光波的再现

4-27(b)就是物体再现像的照片. 下面我们再定量地分析一下上述的物理过程.

假设当再现物光波时的照明光波在全息图平面上的复振幅分布为

$$\widetilde{E}_{C}(x,y)=C(x,y)e^{i\varphi_{c}(x,y)}$$

那么，透过全息图的光波在 x,y 平面上的复振幅分布为

$$\begin{aligned}\widetilde{E}_{D}(x,y)&=\widetilde{E}_{C}(x,y)\tilde{t}(x,y)\\&=(O^2+R^2)Ce^{(i\varphi_C)}+ORCe^{i(\varphi_O+\varphi_C-\varphi_R)}\\&\quad+ORCe^{i(\varphi_C-\varphi_O+\varphi_R)}\end{aligned}\qquad(4\text{-}5\text{-}3)$$

上式是再现时衍射光波的表达式，也是全息术的基本公式. 上式包括的三项代表了衍射光波的三个成分.

如果使用和参考光波完全相同的光波作再现时的照明光波，即

$$\widetilde{E}_{C}(x,y)=\widetilde{E}_{R}(x,y)=R(x,y)e^{i\varphi_{R}(x,y)}$$

那么，式(4-5-3)变为

$$\begin{aligned}\widetilde{E}_{D}(x,y)&=(O^2+R^2)Re^{(i\varphi_R)}+R^2Oe^{(i\varphi_O)}\\&\quad+R^2e^{(i2\varphi_R)}Oe^{(-i\varphi_O)}\end{aligned}\qquad(4\text{-}5\text{-}4)$$

式中第一项显然是照明光波本身，只是它的振幅受到(O^2+R^2)的调制. 如果照明光波是均匀的，R^2 在整个全息图上可认为是常数，那么振幅只受到 O^2 的影响. 由于光波的传播方向由相位因子确定，而第一项的相位因子正是照明光波的相位因子，所以在总的衍射光波中，这一部分仍沿着照明光波方向传播. 式(4-5-4)中第二项除常数因子 R^2 外，和物光波的表达式完全相同，因而它代表原来的物光波. 观察这个波的效果与观察物体本身相同，当迎着这个光波观察时，就会看到一个和原来物体一模一样的虚像(图 4-28). 式(4-5-4)第三项包含波函数 $O(x,y)e^{-i\varphi_O(x,y)}$ 和相位因子 $e^{i2\varphi_R}$，前者代表物光波的共轭波，它的波面的曲率和物光波相反. 当物光波是发散的球面波时，其共轭波就是会聚的球面波. 因此与物光波相反，共轭波在

全息图的另一侧形成物体的“实像”，称为共轭像. 相位因子 $e^{(i2\varphi_R)}$ 对共轭波的影响通常是转动它的传播方向，对此我们可举个简单的例子来说明. 假定物光波是沿 z 轴(与全息图面垂直)传播的平面波，参考光波是波矢量在 xz 平面内与 z 轴夹角为 θ 的平面波的情况(图 4-29(a)). 这时 $\varphi_O(x,y)=0$，$2\varphi_R(x,0)=2kx\sin\theta$，因此，这时第三项代表沿着 $\theta'=\arcsin(2\sin\theta)$ 方向传播的平面波(图 4-29(b)). 可见，共轭波将沿着不同于物光波和照明光波的方向传播. 这三个波在离开全息图传播了一段距离后就分开，因而观察者能够不受干扰地观察物体的像.

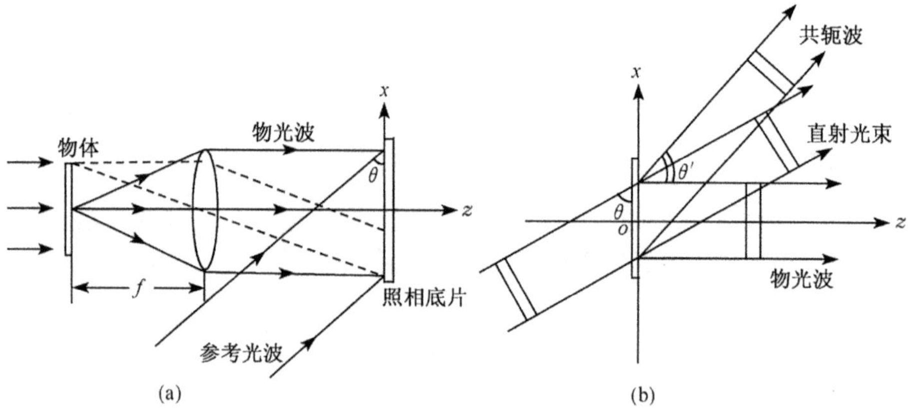

图 4-29　$e^{i2\varphi_R}$ 因子对共轭波影响

四、全息术的应用

自 20 世纪 60 年代以来，全息术因为其具有广泛的应用前景受到人们的关注。人们很快联想到可以发展全息影视、全息显微术以及立体广告等，但因全息术涉及光波的相位分布的记录和再现，往往需要有高度稳定性的光源和光路，另外，全息术的实用化，还需能产生便宜的大功率激光器，所以目前全息术还基本处于实验研究阶段，要使全息术发展到实用阶段，还需解决许多技术课题. 下面我们解释一些全息术的应用.

1) 全息干涉计量术

利用全息图使不同时刻的两个物光波前发生干涉，可对物体的变化进行精密测量，这种测量方法称为全息干涉计量术，全息干涉计量术有一次曝光全息干涉法、二次曝光全息干涉法和连续曝光全息干涉法. 它们的相同点在于，将变化的或变形的(如热胀冷缩后)或位移后的(如振动物)物体的物光波与标准物(如热胀冷缩前或静止时的物)的物光波分两次或多次记录在同一张全息图上，于是，这张全息图就可以同时再现两个或多个物光波，这些物光波相干叠加产生一套干涉花样，人们从对干涉条纹的观测分析，可以比较精确地测量出物体的微小形变或位移，全息干涉计量术的优点是能使不同时刻的物光波进行干涉，进行比较，有利于精确测量物体变化的过程和程度. 另外，这种测量术，测量对象广泛，可以对任意形状、任意表面和各种尺寸的凝聚物、岩石样品、金属构件、电子元件等进行干涉计算，而且不需要规则的测量样品、高质量的光学元件和严格精确的光路布局.

2）傅里叶变换全息图和超高密度资料存储

物体或图像的信息即可包含在它发出的物光波中，也蕴含在光波的傅里叶频谱内. 因此用全息的方法，既可以通过直接记录物光波，也可以通过记录物光波的频谱来记录物体信息. 物体或图像频谱的全息记录称为傅里叶全息图，图 4-30 是傅里叶全息图的制作与读出装置示意图. 在全息存储装置（图 4-30(a)）中，激光被分束器(BS)分为两束，一束经 M_2 反射后作为参考光照在位于 L_2 后焦面上的照相底片 H 上，另一束经反射镜 M_1、扩束镜 K、准直透镜 L_1，变成平行光束照射在图像上，透过图像的物光波经过分析透镜 L_2，在 L_2 的后焦面上得到物光波的傅里叶频谱场，参考光与频谱光的干涉花样被放置在 L_2 后焦面上的底片记录下来，成为全息图. 当图像的高频成分比较少或截止频率比较低时，频谱全息图的尺寸一般大大小于图像的尺寸，在进行全息记录时，每一幅图像都用图 4-30(a)的装置写入到 1mm 左右的光点中去，排成列阵或"唱片"，这种全息图称为傅里叶全息存储片. 由此可见傅里叶全息存储片可进行高密度的信息存储. 在"读出"装置中，用一个声光偏转器 D 控制细激光束偏转，对全息图上的光点列阵扫描. 这个激光束为参考光，它能再现从谱面投射的物光（图 4-30(a)中的光波 O). 如果傅里叶全息图列阵后面再放一个透镜，就能在其后焦面P上获得图像，在这里，透镜又使频域中

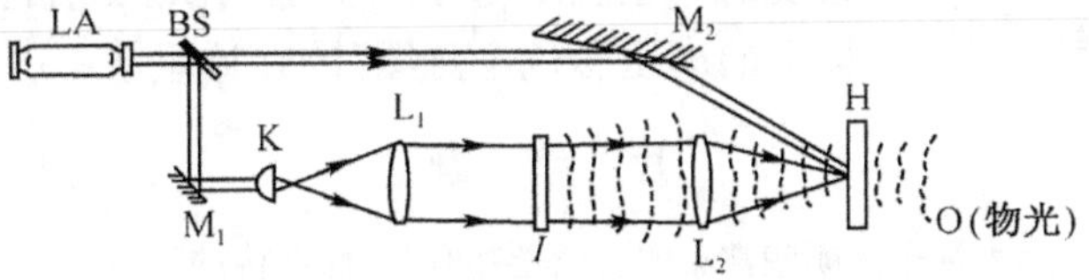

(a) 写入

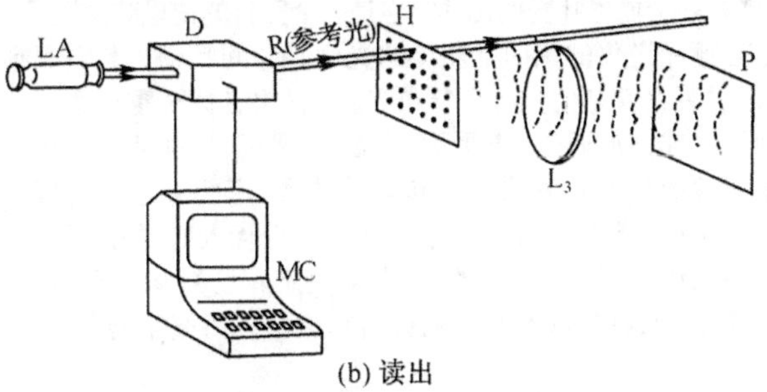

(b) 读出

LA 激光器　BS 分光镜　M_1、M_2 反光镜　K 扩束镜　L_1 准直镜　L_2 分析透镜　H 相片底片

图 4-30　傅里叶变换全息图的写入与读出装置示意图

的信号还原成为空间中的信号，进一步可以用计算机来控制偏转器，并对列阵中的光点编码. 把所需读出图像的编码输入计算机，声光偏转器就使参考光偏转到对应的光点上，屏幕 P 上就呈现所需阅读的图像，从而实现了自动检索.

全息存储的特点是大容量、高密度、低噪声、高分辨率和高保真度。目前研究的新动向是如何进一步提高存储密度，并寻找更加优良的存储介质，特别是可以随机写入和读出的介质(类似于计算机中的随机存储器——RAM).

3) 超声微波与红外光的全息术

全息术的基本原理是通过记录和再现物体发出的信号波，生成物体的像，因此，信号波不局限于可见光，它可以是超声波、微波，也可以是红外线. 尤其是对某些光不透明的介质，它们可能对超声波是可以透过的；对远离的目标，微波、红外更适合用作照明波(可见光在大气与水中衰减很快)，因此各种波的全息术，对探测和军高侦察等方面都有很重要的意义. 图 4-31 是观察水下物体的超声全息术示意图，水中安置两个相干超声波源，一个发出参考波束，另一个超声波经物体反射成为物波，两束波的干涉条纹通过水面波现显出来，将超声波的干涉条纹拍摄下来就制作成超声全息图，尔后用激光照明全息图，就可再现成可供人们直接观测的物体或图像.

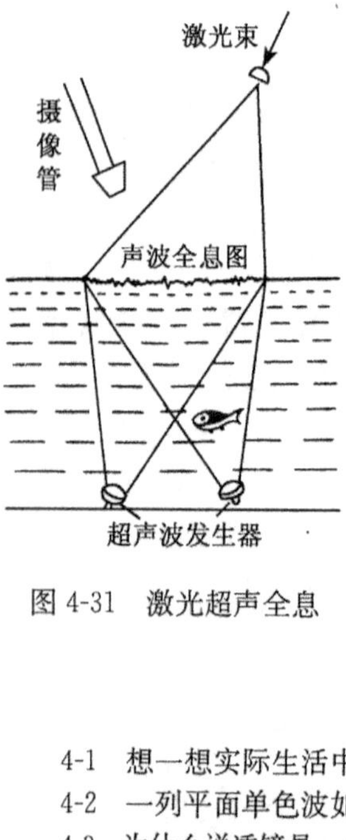

图 4-31 激光超声全息

除上述全息术的应用外，常见的全息图尚有用白光再现的体全息图与彩虹全息图以及经常出现在贺卡，商标上的模压彩色全息图片. 在这里就不一一介绍了.

思 考 题

4-1 想一想实际生活中有哪些常见的、具有空间周期性结构的事物.

4-2 一列平面单色波如何与一个平面波前上的复振幅空间分布相联系？

4-3 为什么说透镜是一个傅里叶变换元件？它是一个完善的傅里叶变换元件吗？为什么？

4-4 通常在一台光栅光谱仪的焦面上获得的光谱是时间频谱还是空间频谱？

4-5 "夫琅禾费衍射装置就是傅里叶分析器"这一思想有什么重要意义？

4-6 分别有平面波和球面波通过 xy 平面，则在 xy 平面上的相位分布各有什么特点？

4-7 已知制作全息片的参考光束的方向和物的位置，用此全息片重现物光波时应在什么方向寻找物的虚像？分别讨论照明光沿原参考光方向及垂直入射两种情形.

4-8 全息片上干涉条纹的间距大小由什么因素决定？已知物光和参考光与 z 轴均夹 20° 角，问对感光片的分辨率有什么要求(感光片的分辨率通常以每毫米能分辨的线数表示.)

习 题

4-1 振幅为 A，波长 $\frac{2}{3}\times10^4\,\text{nm}$ 的单色平面波的方向余弦为 $\cos\alpha=\frac{2}{3}$，$\cos\beta=\frac{1}{3}$，$\cos\gamma=$

$\frac{2}{3}$，试求它在 xy 平面上的复振幅及空间频率.

4-2　波长为 500nm 的单色平面波在 xy 平面上的复振幅分布为(空间频率单位为 mm^{-1})：

$$\widetilde{E}(x,y)=e^{i[2\times10^{3}\pi(x+1.5y)]}$$

试决定平面波的传播方向.

4-3　振动方向相同的两列波长同为 400nm 的平面波照射在 xy 平面上.两波的振幅为 A，传播方向与 xz 平面平行.与 z 轴的夹角分别为 10°和－10°(习题 4-3 图).求：

(1) xy 平面上的复振幅分布及空间频率；

(2) xy 平面上的光强分布及空间频率.

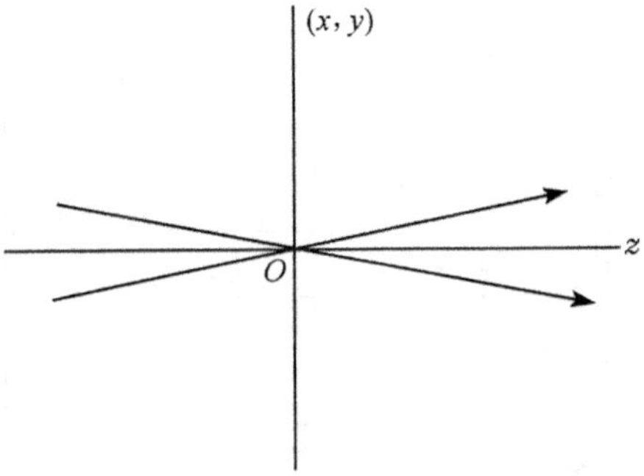

习题 4-3 图

4-4　求下列函数的傅里叶频谱,并画出原函数及频谱的图形.

(1) $E(x)=\begin{cases}A\sin(2\pi u_0 x), & |x|\leqslant L\\ 0, & |x|>L\end{cases}$

(2) $E(x)=\begin{cases}A\sin^2(2\pi u_0 x), & |x|\leqslant L\\ 0, & |x|>L\end{cases}$

(3) $E(x)=\begin{cases}e^{-ax}, a>0, & x>0\\ 0, & x<0\end{cases}$

(4) 高斯函数

$$E(x)=e^{-\pi x^2}$$

4-5　试用傅里叶变换方法,求出单色平面波以入射角 θ_i 斜入射到光栅上(习题 4-5 图),光栅的夫琅禾费衍射图样的强度分布.

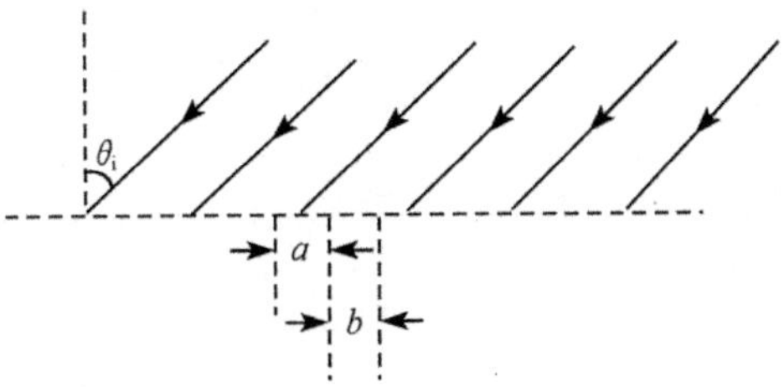

习题 4-5 图

4-6　将上题中的衍射屏换成两块正交叠合的光栅，它们的振幅透射系数分别为

$$t_1(x) = 1 + \cos(2\pi u_0 x), \quad |x| \leqslant L$$
$$t_2(y) = 1 + \cos(2\pi v_0 x), \quad |y| \leqslant L$$

试求这一光栅组合的夫琅禾费衍射图样的强度分布.

4-7　将一个受直径 $d=2\text{cm}$ 的圆孔限制的物体置于透镜的前焦面上（习题 4-7 图），透镜的直径 $D=4\text{cm}$，焦距 $f=50\text{cm}$，照明波长 $\lambda=600\text{nm}$. 问：

(1) 在透镜后焦面上，强度准确代表物体的傅里叶频谱的模的平方的最大空间频率是多少？

(2) 在多大的空间频率以上，其频谱为零？尽管物体可以在更高的空间频率上有不为零的傅里叶分量.

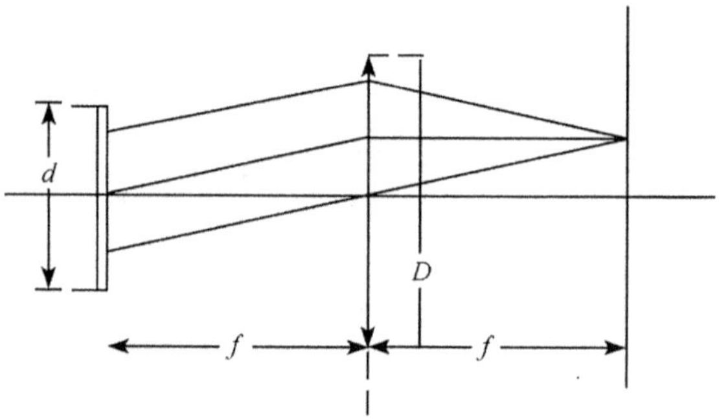

习题 4-7 图

4-8　假定透过一个衍射物体的光场分布的最低空间频率为 20mm^{-1}，最高空间频率为 200mm^{-1}. 采用单个透镜作为空间频谱分析系统，要使最高频和最低频的一级频谱分量在频谱平面上相距 90mm，问透镜的焦距需要多大？设工作波长为 500nm.

4-9　在图 4-19 所示的相干光学处理系统中在 xy 平面上放置一块正弦光栅，其振幅透射系数为

$$t(x) = \frac{1}{2} + \frac{1}{2}x\cos(2\pi u_0)$$

(1) 在频谱面的中央设置一小圆屏挡住光栅的零级谱，求这时像面上的光强分布；

(2) 移动小圆屏，挡住光栅的 -1 级谱，像面上的光强分布又是怎样？

第五章　光的电磁性

光的干涉和衍射现象充分显示了光的波动性，本章将介绍光的电磁性．首先光的偏振现象清楚地显示光的横波性，这一点是和光的电磁理论完全一致的，或者说，这也是光为电磁波的一个有力证明．另一方面，光在各向同性介质中传播时，介质对光的吸收，色散与散射，以及光在介质界面或各向异性介质中传播时，光波的偏振状态发生的变化，所有这些现象是光波与介质电磁相互作用的结果，都充分体现了光的电磁性．

5-1　光的横波性

一、光是横波

光是横波，这一点是如何发现的呢？让我们先从纵波与横波的特征谈起．我们已经知道，纵波的振向与传播方向一致，横波的振向与传播方向垂直，因此，纵波与横波有一个显著的区别，在纵波的场合下，通过波的传播方向所作的所有平面内的振动情况都相同，即波振动对传播方向具有轴对称性，横波则不具有相对传播方向的轴对称性，对横波而言，如果把通过波的传播方向同时又包含振动矢量在内的平面称为振动面，振动面与包含传播方向的其他平面在物理上显然并不等价，因此，我们只要发现光波相对光的传播方向（光线）具有不对称性，由此就可断定光是横波．1809 年马吕斯偶然发现，当把一片电气石晶体对着从玻璃上反射过来的光线，并将晶片以光线为轴旋转时透过晶片的光的强度会周期性的增强和减弱（见图 5-1），我们不需分析这种现象的具体机制，仅从现象反映出来的不对称性，就可以判断光是横波了．

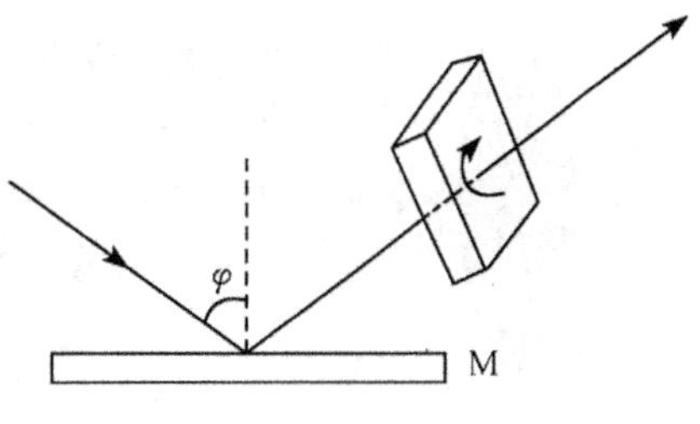

图 5-1　光波对于光线方向不对称性实验

自从麦克斯韦预言光就是电磁波之后，光的电磁理论对光的横波性作了很好的说明，电磁理论告诉我们，光波是一种纯粹的横波，振动着的光矢量垂直于光的传播方向．但是在与传播方向垂直的平面内仍有两维自由度，所以光矢量还可能有各式各样的振动状态，我们称之为光的偏振状态或偏振结构．最常见的光的偏振态有五种：自然光、部分偏振光、线偏振光、椭圆偏振光和圆偏振光．下面我们分别作介绍.

二、自然光和偏振光

读者可能会问为什么马吕斯必经从反射光线上发现光的不对称性？实际上，若通过电气石晶片观察普通光源（太阳光、白炽灯等）直接发出的光，当我们转动晶片时，光强并不改变，这是为什么？原因在于，普通光源的发光来自大量原子的光辐射，具有随机性.虽然每个原子一次发出的光波，振动方向不变，但是各个原子发出的光，不但初相位而且振动方向都是无规则的，迅速地变化着，就其平均效果来说任何方向上都具有相同的平均振幅和能量，如图 5-2(a)所示，这种光称为自然光.也就是说，对自然光而言，没有哪个方向上的横振动更占优势，如果失去了这种均衡性，就叫做偏振，例如：一束光始终保持振动方向(即振动面)不变，这种光称为线偏振光或平面偏振光.若把自然光中所有方向的振动投影到相互垂直的两个方向上，则这两个方向上的平均总振幅应相等.所以自然光可分解为两个振幅相等、振向垂直，相互间没有固定相位关系的线偏振光.

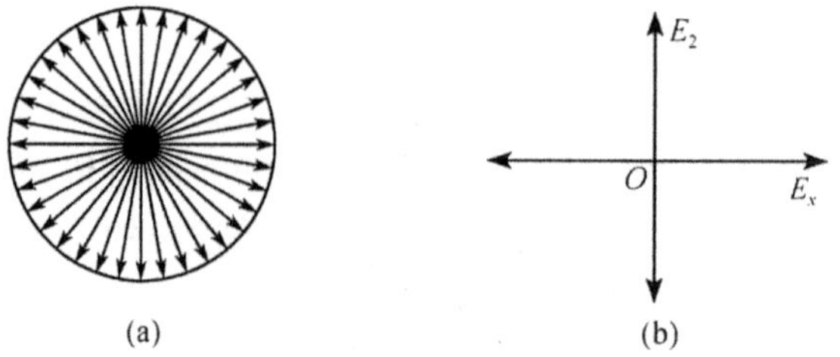

图 5-2　自然光及其分解

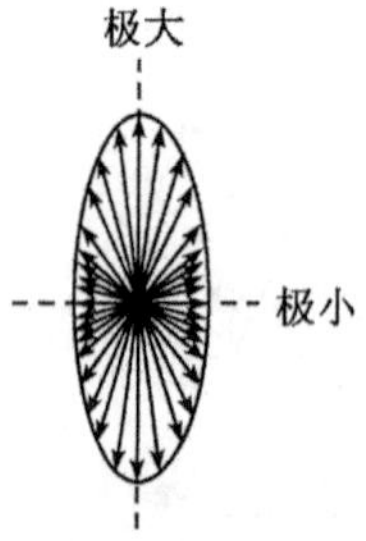

图 5-3　部分偏振光中振动的分布

在自然光与平面偏振光之间有一种**部分偏振光**，它的振动方向也是随机地迅速变化着，但是在某一方向的振动占有优势，振幅最大，与之垂直的方向振幅最小.其振幅情况可用图 5-3 表示.这种光可以看作是一个平面偏振光与一个自然光混合而成的.其中的平面偏振光的振动方向就是这个部分偏振光的振幅最大方向.

若最大振幅和最小振幅所对应的光强分别为 $I_{\max}$ 和 $I_{\min}$，通常定义偏振度 P 来衡量部分偏振光的偏振程度

$$P \equiv \frac{I_{\max} - I_{\min}}{I_{\max} + I_{\min}} \tag{5-1-1}$$

若 $P=0$，光波是自然光，偏振度最小；若 $P=1$，光波是线偏振光；当 $0<P<1$ 时，光波是部分偏振光.

我们用图 5-4 所示的记号来表示平面偏振光、自然光和部分偏振光.图 5-6(a)表示向右传播的平面偏振光，短线段表示光的振动方向，其振动面平行图面.图

5-4(b)表示振动方向垂直图面的线偏振光，小圆点表示光的振动方向与图面垂直. 图 5-4(c)表示自然光，因为自然光可以分解成两个互相垂直的、等振幅的、独立的线偏振光. 其短线段数目与小圆点数目一样，表示自然光中两种振动成分相等. 图 5-4(d)表示图面上振动占优势的部分偏振光，图 5-4(e)表示垂直图面振动占优势的部分偏振光.

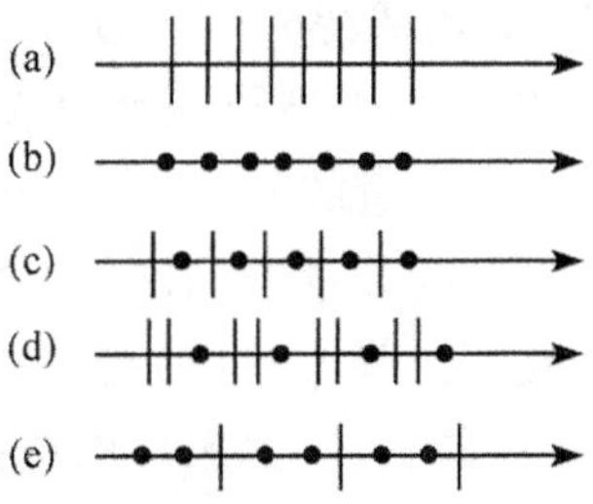

图 5-4　线偏振光、自然光、部分偏振光的图形表示

在自然界里见到的光大多是自然光，至多是部分偏振光，例如湖面或雪地反射的阳光就是部分偏振光. 一般人工光源产生的光也是自然光. 但在许多实际应用中，我们需要理想的平面偏振光. 因此，如何从自然光产生偏振光，就是我们首先要讨论的问题. 总的说来，我们可以通过二向色性、反射、折射、双折射等方法把自然光变成偏振光. 下面我们将分别介绍.

5-2　偏振光的产生

一、由二向色性产生线偏振光

1. 二向色性与偏振片

有些各向异性的晶体对不同振动方向的线偏振光具有选择吸收的性质. 例如，天然的电气石晶体是六角形的片状(图 5-5)，长对角线的方向称为它的光轴. 当光线射在这种晶体表面上时，光矢量与光轴平行时被吸收得很少，光可以较多地通过(图 5-5(a))；光矢量与光轴垂直时被吸收得较多，光通过得很少(图 5-5(b))，这种特性称为**二向色性**. 在天然的晶体中，电气石晶体具有最强的二向色性，1mm 厚的电气石可以把垂直光轴振动的光矢量全部吸收掉，使透射光成为振动方向与其光轴方向平行的线偏振光.

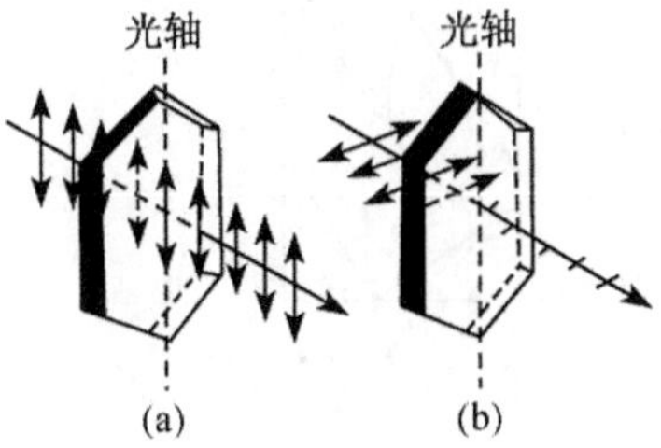

图 5-5　电气石晶体的二向色性

一般，晶体的二向色性还与光波波长有关，因此当振动方向互相垂直的两束线偏振白光通过晶体后会呈现出不同的颜色. 这也是二向色性这个名称的由来.

除电气石外，有些有机化合物的晶体，如碘化硫酸奎宁也有二向色性.

目前广泛使用的获得偏振光的器件，是人造偏振片，叫做 H 偏振片，它就是利用二向色性获得偏振光的. 其制作方法是，把聚乙烯醇膜在碘溶液中浸泡后，在较高的温度下拉伸 3～4 倍，再烘干制成. 浸泡过的聚乙烯醇膜经过拉伸后，碘-聚乙烯醇分子沿着拉伸方向规则地排列，形成一条条导电的长链. 碘中具有导电能力的电子能够沿着长链方向运动. 入射光波中沿着长链方向的电场矢量(或电矢量的分量)推动电子运动而做功，因而被强烈地吸收；而垂直链方向的电矢量(或分量)不对电子做功，能够透过. 这样，透射光就成为线偏振光. 偏振片(或其他偏振器件)允许透过的光矢量的振动方向称为它的透振方向(或透光轴). 显然，H 偏振片的透振方向垂直于拉伸方向. 人造偏振片主要优点为，它是薄片，面积可做得很大，既轻便又廉价，因此使用很广泛. 其缺点是带有选择吸收性，使透射的偏振光带有颜色.

2. 起偏与检偏

偏振器件既可以用来使自然光变为平面偏振光——起偏，也可以用来鉴别线偏振光、自然光和部分偏振光——检偏. 用作起偏的偏振仪器叫做起偏器，用作检偏的偏振仪器叫做检偏器.

如图5-6所示，偏振片P_1是起偏器，偏振片P_2是检偏器，箭头表示偏振片的

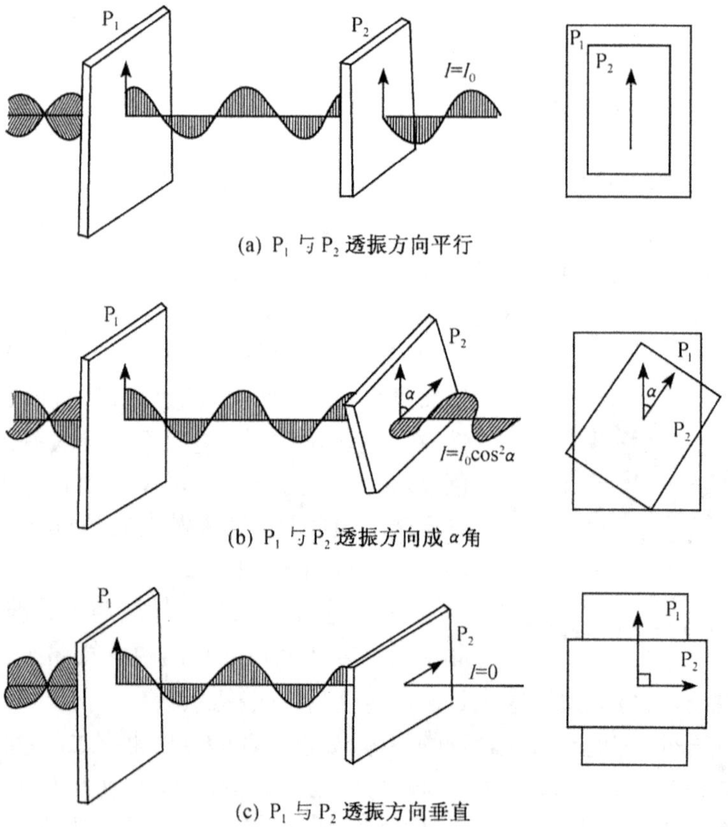

图 5-6 起偏与检偏

透振方向.入射的自然光通过 P_1 以后,便形成了线偏振光.由于自然光可以分解成振动方向互相垂直、振幅相等的二个独立线偏振光,所以自然光的总光强等于每个线偏振光的光强(用 I_0 表示)的 2 倍.如果忽略偏振器件对透振方向光的吸收、散射和反射造成的能量损失,则自然光通过 P_1 后光强将减少一半.当 P_1 和 P_2 的透振方向平行时,从 P_2 透射的光最强($I=I_0$),如图 5-6(a)所示.当 P_1 与 P_2 的透振方向成 α 角时(图 5-6(b)),透过 P_2 的光强为

$$I = I_0\cos^2\alpha \tag{5-2-1}$$

其中 I_0 是透过起偏器 P_1 的线偏振光的强度.I 为透过检偏器 P_2 的光强.

式(5-2-1)所表达的线偏振光通过检偏器后透射光强随 α 角变化的规律,叫做**马吕斯定律**.

马吕斯定律是由实验得到的,也很容易用振幅分解的方法,从理论上导出.

由马吕斯定律可知,当 $\alpha=90°$时(图 5-6(c)),P_1 与 P_2 的透振方向垂直,透过的光强为 0,这称为**消光**.

虽然人眼不能直接区分自然光、部分偏振光和线偏振光,但利用检偏器很易区分它们.将检偏器对准光线,以光线为轴,旋转检偏器一周,同时观察透过检偏器的光强.若是线偏振光,则透过的光强会发生变化,并且将经历两次最大和两次消光.对部分偏振光,将能观察到光强的变化,但不产生消光.

二、用反射和折射产生偏振光,布儒斯特定律

马吕斯曾发现,当一束光入射到玻璃板上时,反射光是部分偏振光,并且当入射角大约为 57°时,反射光具有最大的偏振度,后来布儒斯特(D. Brewster)发现折射光也是部分偏振光.用电磁理论也可以证明,光在两种介质界面上反射和折射时,反射光和折射光确实都是部分偏振光.现在用检偏器很容易对此进行检验.

总之,实验和理论都表明:自然光照射在介质表面发生反射和折射时,反射光与折射光一般说来都是部分偏振光.反射光中垂直入射面的光振动占优势,在折射光中则平行于入射面的振动占优势,如图 5-7 所示.

改变入射角时,反射光和折射光的偏振度也发生变化.当入射角 θ_i 等于某一角度 θ_b 时,反射光为线偏振光.布儒斯特在 1811 年根据实验总结出一条定律,称为**布儒斯特定律**.其内容如下:对于一定的介质分界面,当入射角 $\theta_i=\theta_b$,而 θ_b 满足式(5-2-2)时

$$\tan\theta_b = \frac{n_2}{n_1} \tag{5-2-2}$$

反射光是线偏振光,它的振动方向和入射面垂直(图 5-8).式(5-2-2)中 n_1 和 n_2 是界面上下两种介质的折射率,θ_b 称为布儒斯特角或全偏振角.

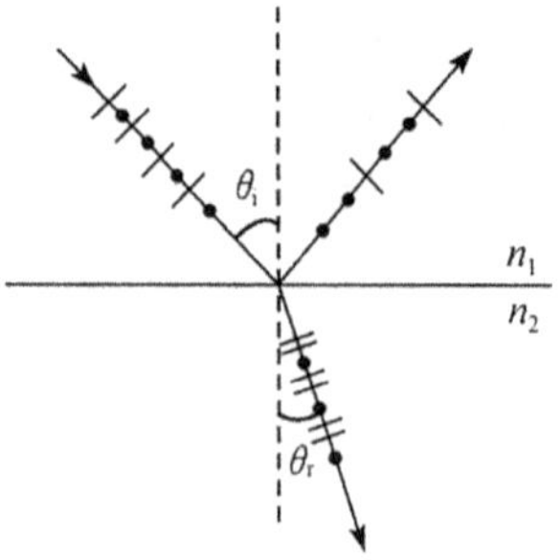

图 5-7　反射和折射时的偏振现象

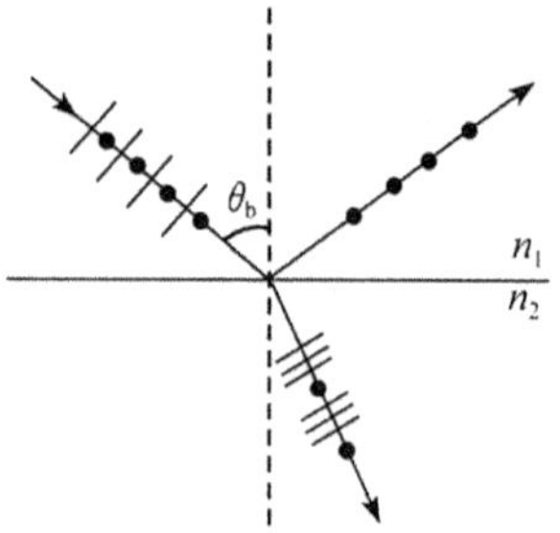

图 5-8　布儒斯特定律

普通的玻璃的折射率为 1.54 左右，空气折射率接近于 1，根据式(5-2-2)可以求出，当自然光从空气射向玻璃时的布儒斯特角约 57°.

关于布儒斯特定律，提醒大家注意一点，就是当自然光以布儒斯特角入射时，反射光虽然是全偏振的，但折射光仍为部分偏振光(图 5-8)，只不过这时折射光的偏振程度最高而已.

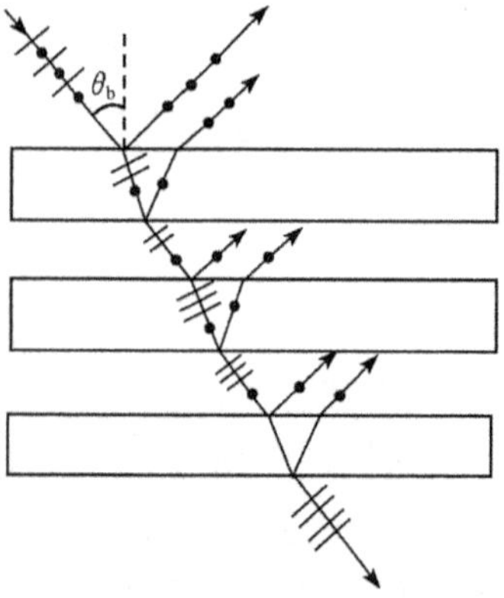

图 5-9　用玻璃片堆获得线偏振光

利用布儒斯特条件下的反射光，可以得到线偏振光，但往往光强较小. 透射光强虽然较大，但却是部分偏振光. 为了得到比较理想的线偏振光，可以让自然光通过一个由多片玻璃叠合而成的片堆(图 5-9)，并使入射角等于布伦斯特角. 这样经过多次的反射和折射，可以使折射光有很高的偏振度，并且光强也可以达到入射自然光的 50%左右.

利用布儒斯特定律可以制作偏振分束器，其结构如图 5-10(a)所示. 将一块正方体玻璃切成两块大小相同的等腰直角棱镜，再在棱镜的斜面上交替镀上高折射率和低折射率的薄膜(图 5-10(b)是中间薄膜层的放大图)，最后胶合起来. 当自然光垂直入射分束器，在多层膜上反射和折射后，分成两束相互垂直的反射光和透射光. 多层膜的作用相当于玻片堆，为了能在每个界面上满足布儒斯特条件，必经使光线满足 $\theta_H+\theta_L=90°$. 这是 θ_H 和 θ_L 分别是高折射率薄膜和低折射率薄膜中光线与界面法线的夹角. 由折射定律可知光线必然满足

$$n\sin45° = n_H\sin\theta_H = n_L\sin\theta_L \tag{5-2-3}$$

若多层膜选定后，利用上面两式可得出制作分束器的玻璃棱镜的折射率

$$n = \sqrt{2 \cdot n_H n_L} / \sqrt{n_H{}^2 + n_L{}^2}$$

为了使透射光是更纯的线偏振光，多层膜又是 S 波的增反膜，这只需根据干涉

原理求出每层膜的厚度就能办到. 利用这种偏振分束器可以从自然光中同时得到两束振向垂直的线偏振光.

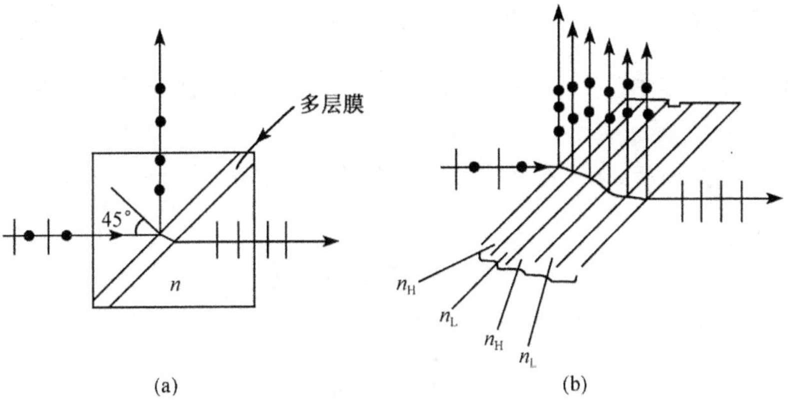

图 5-10　偏振分束器

利用布儒斯特定律还可以产生线偏振的激光. 例如，在外腔式气体激光器中(图 5-11)，激光管两端的透明窗(通称布儒斯特窗)B_1、B_2 就是安置成使入射光的入射角成为布儒斯特角. 在这种情况下，光矢量垂直于入射面的光(常称 S 波)，在一个窗上的一次反射损失约占 S 波的 15%，虽然 S 波在激光管内会得到能量补充，但由于损失大于增益，所以激光器谐振腔(反射镜 M_1 和 M_2 之间的腔体)不能对 S 波起振. 而对于光矢量平行于入射面的光波(P 波)，它在布儒斯特窗上没有反射损失，因而衰减很小，可以在腔内形成稳定的振荡，并从反射镜射出. 这样，外腔式气体激光器输出的激光是线偏振光.

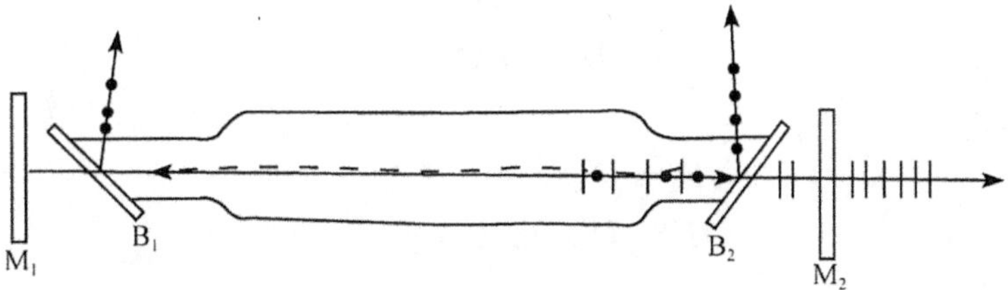

图 5-11　激光器布儒斯特窗的作用

*5-3　菲涅耳公式

光在两种介质界面上除了传播方向可能改变外，还会发生能流的分配、相位的跃变以及偏振态的变化等问题，这些问题可根据光的电磁理论，由电磁场的边界条件求得全面的解决. 本节先推导菲涅耳公式，然后讨论一些由菲涅耳公式得到的有关光在电介质表面反射和折射的主要性质，如反射率和折射率、布儒斯特角、半波损失等.

一、菲涅耳公式的推导与布儒斯特定律的解释

我们在 2-2 节中曾介绍了平面单色光波(即平面简谐电磁波)的性质，现简单重复如下：

(1) 光波是横波，光矢量 $\boldsymbol{E}$、磁矢量 $\boldsymbol{H}$ 和波矢量 $\boldsymbol{K}$ 互相垂直并构成右手正交系.

(2) $$\sqrt{\varepsilon_0\varepsilon_r}\boldsymbol{E}_0=\sqrt{\mu_0\mu_r}\boldsymbol{H}_0$$

对大多数非铁磁物质 $\mu_r\approx1$，我们又已知 $n\approx\sqrt{\varepsilon_r}$ 所以上式也可写为

$$H_0=\sqrt{\frac{\varepsilon_0}{\mu_0}}nE_0 \tag{5-3-1}$$

其中 E_0、H_0 分别为平面单色光波中光矢量与磁矢量的振幅.

(3) 光矢量与磁矢量同相位.

另外，电磁理论还告诉我们，电磁波通过介质界面时必定遵从这样的边界条件：在介质界面上电磁波中的电矢量 $\boldsymbol{E}$ 与磁矢量 $\boldsymbol{H}$ 沿界面的切向分量在任何时刻、任何位置总是连续的，即在介质界面上不会发生跃变.

现在我们根据以上知识来推导菲涅耳公式. 设入射光为平面单色光波，以入射角 θ_i 射到介质界面上，两种介质的折射率分别为 n_1 与 n_2. 在这种情况下，由实验和理论都可证明反射光、折射光将都是平面单色光波. 于是可以写成

入射光

$$\left.\begin{aligned}\boldsymbol{E}&=\boldsymbol{E}_0\mathrm{e}^{\boldsymbol{k}\cdot\boldsymbol{r}-\omega t}\\ \boldsymbol{H}&=\boldsymbol{H}_0\mathrm{e}^{\boldsymbol{k}\cdot\boldsymbol{r}-\omega t}\end{aligned}\right\} \tag{5-3-2a}$$

反射光

$$\left.\begin{aligned}\boldsymbol{E}'&=\boldsymbol{E}'_0\mathrm{e}^{\boldsymbol{k}'\cdot\boldsymbol{r}-\omega' t}\\ \boldsymbol{H}'&=\boldsymbol{H}'_0\exp(\boldsymbol{k}'\cdot\boldsymbol{r}-\omega' t)\end{aligned}\right\} \tag{5-3-2b}$$

折射光

$$\left\{\begin{aligned}\boldsymbol{E}''&=\boldsymbol{E}''_0\mathrm{e}^{\boldsymbol{k}''\cdot\boldsymbol{r}-\omega'' t}\\ \boldsymbol{H}''&=\boldsymbol{H}''_0\exp(\boldsymbol{k}''\cdot\boldsymbol{r}-\omega'' t)\end{aligned}\right. \tag{5-3-2c}$$

其中 $\boldsymbol{k}$、$\boldsymbol{k}'$、$\boldsymbol{k}''$ 与 ω、ω'、ω'' 分别是相应光波的波矢量与圆频率.

由于振动方向垂直于入射面的线偏振光(S 波)和振动方向平行于入射面的线偏振光(P 波)在界面上反射、折射时具有不同的振幅关系与相位关系，所以需要分别加以讨论. 在实际情况中，入射光可以是自然光也可以是任意振动方向的线偏振光，但是总可以把入射光分解成垂直于入射面的分量 E_s 和平行于入射面的分量

E_p. 这就是说,总可以把入射光分解为 S 波与 P 波,然后分别予以讨论.

1. 光矢量垂直于入射面(即 S 波情形条件下)的菲涅耳公式

如图 5-12(a)所示,入射光、反射光、折射光的光矢量都垂直于入射面. 并且我们规定光矢量的正方向都指向读者,在图中用⊙表示. 根据各光波波矢的方向及平面电磁波的第一条性质,可以分别定出 $\boldsymbol{H}$、$\boldsymbol{H}'$、$\boldsymbol{H}''$的正方向(图 5-12(a)).

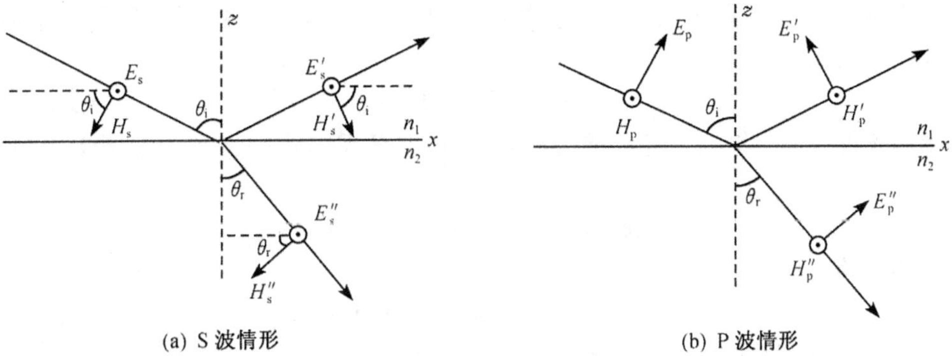

图 5-12 菲涅耳公式的推导

注意到介质 1 中的总光矢量为入射光与反射光的叠加,而介质 2 中只有折射波. 这时设 $z=0$ 平面为介质界面,根据光矢量在介质界面上连续的条件可得

$$E_{so}e^{i(K_x x+K_y y-\omega t)}+E'_{so}e^{i(K'_x x+K'_y y-\omega' t)}=E''_{so}e^{i(K''_x x+K''_y y-\omega'' t)} \tag{5-3-3}$$

上式必须在任何时刻对整个界面成立(即对任意 x、y、t 成立). 因此三个指数因子必须是同样的函数,因而有

$$\omega=\omega'=\omega'' \tag{5-3-4}$$

$$\left.\begin{aligned}k_x&=k'_x=k''_x\\k_y&=k'_y=k''_y\end{aligned}\right\} \tag{5-3-5}$$

由式(5-3-4)可知,反射光、折射光和入射光的频率相同. 如图 5-12(a),取入射光波矢在 xz 平面上,于是 $k_y=0$,由式(5-3-5)可知 k'_y 和 k''_y 亦为零. 因此,反射波和折射波都在同一平面内.

以 θ_i、θ'和 θ_r 分别代表入射角、反射角和折射角,有

$$\left.\begin{aligned}k_x&=k\sin\theta_i\\k'_x&=k\sin\theta'\\k''_x&=k\sin\theta_r\end{aligned}\right\} \tag{5-3-6}$$

设 v_1 与 v_2 为电磁波在两介质中的相速度

$$\left.\begin{aligned}k=k'&=\frac{2\pi}{\lambda_1}=\frac{\omega}{v_1}\\k=k''&=\frac{2\pi}{\lambda_2}=\frac{\omega}{v_2}\end{aligned}\right\} \tag{5-3-7}$$

把式(5-3-6)、式(5-3-7)代入式(5-3-5)得

$$\left.\begin{aligned}&\theta_i=\theta'\\&\frac{\sin\theta_i}{\sin\theta_r}=\frac{v_1}{v_2}=\frac{n_2}{n_1}\end{aligned}\right\}\tag{5-3-8}$$

这就是我们熟知的反射和折射定律,上面我们顺便用电磁理论证明了反射和折射定律.

由于式(5-3-4)与式(5-3-5)的成立,于是从式(5-3-3)可得到光矢量的振幅之间的关系式

$$E_{so}+E'_{so}=E''_{so}\tag{5-3-9}$$

再由磁矢量在介质界面上连续的边界条件,同时考虑到式(5-3-4)、式(5-3-5)可得

$$H_0\cos\theta_i-H'_0\cos\theta_i=H''_0\cos\theta_r$$

利用式(5-3-1),上式变为

$$n_1\cos\theta_i E_{so}-n_1\cos\theta_i E'_{so}=n_2\cos\theta_r E''_{so}\tag{5-3-10}$$

由式(5-3-9)和式(5-3-10),可解出

$$\frac{E'_{so}}{E_{so}}=\frac{n_1\cos\theta_i-n_2\cos\theta_r}{n_1\cos\theta_i+n_2\cos\theta_r}=-\frac{\sin(\theta_i-\theta_r)}{\sin(\theta_i+\theta_r)}\tag{5-3-11}$$

$$\frac{E''_{so}}{E_{so}}=\frac{2n_1\cos\theta_i}{n_1\cos\theta_i+n_2\cos\theta_r}=\frac{2\cos\theta_i\sin\theta_r}{\sin(\theta_i+\theta_r)}\tag{5-3-12}$$

在推导上面二个公式中的后面一个等式时,用了折射定律

$$n_1\sin\theta_i=n_2\sin\theta_r$$

式(5-3-11)、式(5-3-12)就是光矢量垂直于入射面条件下的菲涅耳公式,它给出了入射光、反射光、折射光的光矢量的振幅之间的关系.

2. 光矢量平行于入射面(P 波情形)条件下的菲涅耳公式

如图 5-12(b),入射光、反射光、折射光的光矢量均在入射面内(平行于入射面),规定其正方向如图上箭头所示.相应的磁矢量垂直入射面向外,用⊙表示.与 S 波情形类似,根据电磁波在界面上遵从的边界条件,可以得到两个振幅关系式

$$E_{po}\cos\theta_i-E'_{po}\cos\theta_i=E''_{po}\cos\theta_r\tag{5-3-13}$$

$$H_0+H'_0=H''_0\tag{5-3-14}$$

再利用式(5-3-1),式(5-3-14)可化为

$$n_1E_{po}+n_1E'_{po}=n_2E''_{po}\tag{5-3-15}$$

解式(5-3-13)与式(5-3-15)组成的方程组,并利用折射定律可得

$$\begin{aligned}\frac{E'_{po}}{E_{po}}&=\frac{n_2\cos\theta_i-n_1\cos\theta_r}{n_2\cos\theta_i+n_1\cos\theta_r}\\&=\frac{\tan(\theta_i-\theta_r)}{\tan(\theta_i+\theta_r)}\end{aligned}\tag{5-3-16}$$

$$\frac{E''_{po}}{E_{po}}=\frac{2n_1\cos\theta_i}{n_2\cos\theta_i+n_1\cos\theta_r}$$
$$=\frac{2\sin\theta_i\cos\theta_r}{\sin(\theta_i+\theta_r)\cos(\theta_i-\theta_r)}\qquad(5\text{-}3\text{-}17)$$

式(5-3-16)与式(5-3-17)是P波情形下的菲涅耳公式.

利用菲涅耳公式很容易解释在反射、折射时的偏振态的变化及布儒斯特定律.

当入射角为布儒斯特角 θ_b 时(θ_b 由 $\tan\theta_b=n_2/n_1$ 确定),由折射定律——$\frac{\sin\theta_i}{\sin\theta_r}=\frac{n_2}{n_1}$可以证明,这时 $\theta_i+\theta_r=90°$. 证明如下.

我们将布儒斯特定律与折射定律相比较有

$$\tan\theta_b=\frac{\sin\theta_b}{\cos\theta_b}=\frac{n_2}{n_1}=\frac{\sin\theta_b}{\sin\theta_r}$$

所以有 $\cos\theta_b=\sin\theta_r=\cos\left(\frac{\pi}{2}-\theta_r\right)$,即 $\theta_b+\theta_r=\pi/2$. 由此可见,当入射角为布儒斯特角时,反射光与折射光互相垂直,再由式(5-3-16)可知,这时等式右边分母 $\tan(\theta_i+\theta_r)\to\infty$,导致 $E'_{po}=0$. 这表明反射光中不包含平行入射面的光振动分量,成了线偏振光.

当 $\theta_i\neq\theta_b$ 时,由式(5-3-11)与式(5-3-16)可得

$$\left|\frac{E'_{po}}{E'_{so}}\right|=\left|\frac{\tan(\theta_i-\theta_r)}{\tan(\theta_i+\theta_r)}\bigg/\frac{\sin(\theta_i-\theta_r)}{\sin(\theta_i+\theta_r)}\right|$$
$$=\left|\frac{\cos(\theta_i+\theta_r)}{\cos(\theta_i-\theta_r)}\right|\leqslant 1$$

而由式(5-3-12)与式(5-3-17)又可得

$$\left|\frac{E''_{po}}{E''_{so}}\right|=\left|\frac{1}{\cos(\theta_i-\theta_r)}\right|\geqslant 1$$

所以反射光和折射光都是部分偏振光,反射光中 E'_{so}成分大些,折射光中 E''_{po}成分大些.

二、反射光与入射光的相位关系与半波损失

我们假设入射光、反射光都是平面单色光波,因此入射光与反射光在介质界面上的波函数可写为

入射光

$$\boldsymbol{E}=E_0\boldsymbol{\sigma}e^{i(K_x x+K_y y-\omega t)}$$
$$=\widetilde{E}_0\boldsymbol{\sigma}e^{-i\omega t}\qquad(5\text{-}3\text{-}18)$$

反射光

$$\begin{aligned} \boldsymbol{E} &= E'_0 \boldsymbol{\sigma} e^{i(K_x x + K_y y - \omega t)} \\ &= \widetilde{E}'_0 \boldsymbol{\sigma} e^{-i\omega t} \end{aligned} \tag{5-3-19}$$

其中 $\boldsymbol{\sigma}$,$\boldsymbol{\sigma}'$分别为图 5-12 中规定的入射光、反射光光矢量的正方向的单位矢量. 这里仍假定 $z=0$ 平面为介质界面.

由上面的论述我们已知在介质界面上式(5-3-18)与式(5-3-19)中的相位因子相等.

反射光振幅与入射光振幅之比称为振幅反射率,记为 $r=\dfrac{E'_0}{E_0}$. 当然对于 S 波与 P 波具有不同的振幅反射率. S 波的振幅反射率 $r_s=E'_{so}/E_{so}$;P 波的振幅反射率 $r_p=E'_{po}/E_{po}$. r_s、r_p 分别由式(5-3-11)与式(5-3-16)确定.

现在我们考虑振幅反射率引起的入射光与反射光之间的相位跃变. 根据振幅反射率的定义有 $E'_0=rE_0$,则反射光的波函数式(5-3-19)可改为

$$\boldsymbol{E}' = E_0 r \boldsymbol{\sigma}' e^{i(K_x x + K_y y - \omega t)} \tag{5-3-20}$$

一般情况下,振幅反射率可以是复函数,即

$$r = |A| e^{i\delta} \tag{5-3-21}$$

$|A|$为复数的模,δ 为复数的幅角. 将式(5-3-21)代入式(5-3-20)可得

$$\boldsymbol{E}' = E_0 \boldsymbol{\sigma}' |A| e^{i\delta} e^{i(K_x x + K_y y - \omega t)} \tag{5-3-22}$$

比较式(5-3-20)与式(5-3-18)我们会发觉,若不考虑单位方向矢量的不同,入射光与反射光之间(也可以说,$\widetilde{E}_0$ 与 $\widetilde{\boldsymbol{E}}'_0$ 之间)有了一个相位差 δ. 这个相位差正好是振幅反射率的幅角. 作为重要特例,当 r 为正实数($r=|A|$)时,此相位差为 0;当反射率为负实数时($r=|A|e^{i\pi}$),此相位差为 π.

根据菲涅耳公式可计算出与每一入射角 θ_i 相对应的振幅反射率 r_s、r_p 的值,从而画出 r_s 和 r_p 随的 θ_i 而变的曲线.

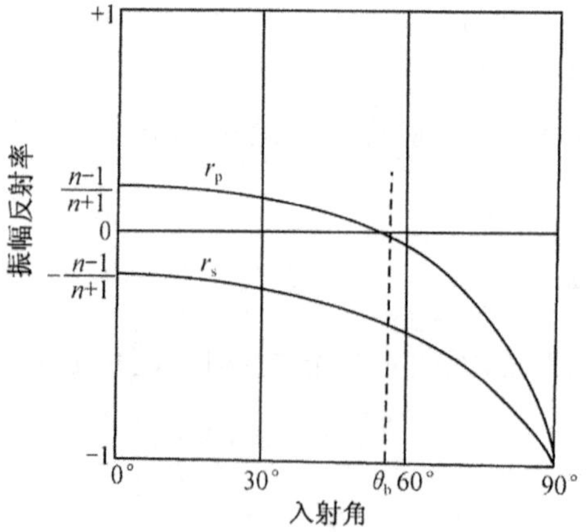

图 5-13

现按 n_1 和 n_2 的大小分两种情况讨论:

(1) $n_{21}=\dfrac{n_2}{n_1}>1$,即光在光疏→光密界面上反射的情形.

图 5-13 画出了 r_s 和 r_p 随 θ_i 而变的曲线(r_s,r_p 始终是实数). 从曲线可知,随着 θ_i 的增加,反射率减少. 并且,当 $\theta_i<\theta_b$ 时,$r_p>0$ 即 P 分量在反射前后复振幅 $\widetilde{E}_{op}$ 与 $\widetilde{E}'_{op}$ 的相位差 $\delta_p=0$;$\theta_i>\theta_b$ 时,$r_p<0$,E_{op} 与 $\widetilde{E}'_{op}$ 相位差为 $\delta_p=\pi$. 对

于S分量,则不论入射角为何值,r_s 始终为负实数,表明 $\widetilde{E}_{so}$ 与 $\widetilde{E}'_{so}$ 的相位差 $\delta_s=\pi$. S分量和P分量情形下,复振幅 $\widetilde{E}_o$ 与 $\widetilde{E}'_o$ 的相位差由图5-14表示.

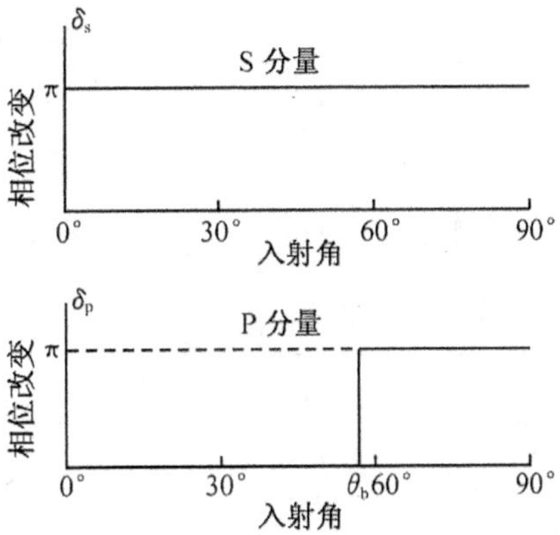

图 5-14

(2) $n_{21}=\dfrac{n_2}{n_1}<1$,即光在光密→光疏界面上反射的情况.

图5-15中曲线表示光线从光密介质射到光疏介质时,在界面上的 r_s 和 r_p 随入射角变化的情形. 从图5-15中可看出随着入射角的增大,振幅反射率也增加,这与第一种情形正好相反. 并且,在 $\theta_i<\theta_c$ 的范围内,r_s 始终为正,表明 $\widetilde{E}_{so}$ 与 $\widetilde{E}'_{so}$ 的相位差 $\delta_s=0$. r_p 在 $\theta_i<\theta_b$ 时为负,表明 $\widetilde{E}_{po}$ 与 $\widetilde{E}_{p'o}$ 的相位差 $\delta_p=\pi$;在 $\theta_b<\theta_i<\theta_c$(全反射的临界角)时,$r_p$ 为正实数,相位差 $\delta_p=0$;当 $\theta_i>\theta_c$ 时,r_s、r_p 为复数,其模为1,表示产生了全反射,这时 $\widetilde{E}_o$ 与 $\widetilde{E}'_o$ 的相位差等于 r_s、r_p 的幅角,下面就来计算之. 在全反射时 $n_{21}=\dfrac{n_2}{n_1}<1$,临界角满足 $\sin\theta_c=\dfrac{n_2}{n_1}=n_{21}$,在 $\theta_i>\theta_c$ 的区域 $\sin\theta_i>n_{21}$,所以

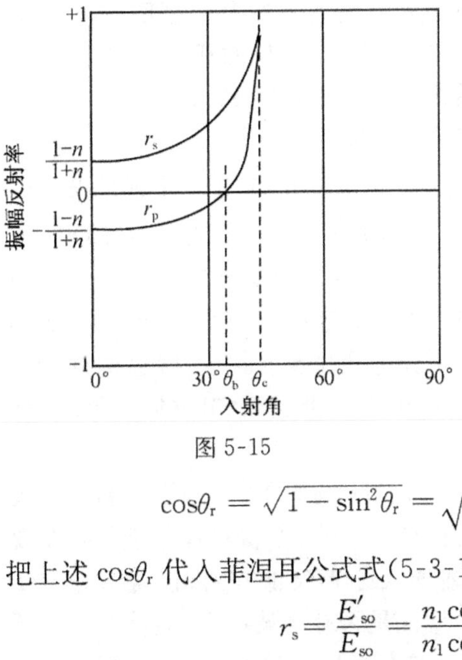

图 5-15

$$\cos\theta_r=\sqrt{1-\sin^2\theta_r}=\sqrt{1-\frac{\sin^2\theta_i}{n_{21}^2}}=\frac{\mathrm{i}}{n_{21}}\sqrt{\sin^2\theta_i-n_{21}^2}$$

把上述 $\cos\theta_r$ 代入菲涅耳公式式(5-3-11)和式(5-3-16),得

$$r_s=\frac{E'_{so}}{E_{so}}=\frac{n_1\cos\theta_i-n_2\cos\theta_r}{n_1\cos\theta_i+n_2\cos\theta_r}$$

$$=\frac{\cos\theta_i-\mathrm{i}\sqrt{\sin^2\theta_i-n_{21}^2}}{\cos\theta_i+\mathrm{i}\sqrt{\sin^2\theta_i-n_{21}^2}}=\mathrm{e}^{\mathrm{i}\delta_s}\tag{5-3-23}$$

$$r_p=\frac{E'_{po}}{E_{po}}=\frac{n_2\cos\theta_i-n_1\cos\theta_r}{n_2\cos\theta_i+n_1\cos\theta_r}$$

$$=\frac{n_{21}^2\cos\theta_i-\mathrm{i}\sqrt{\sin^2\theta_i-n_{21}^2}}{n_{21}^2\cos\theta_i+\mathrm{i}\sqrt{\sin^2\theta_i-n_{21}^2}}=\mathrm{e}^{\mathrm{i}\delta_p}\tag{5-3-24}$$

由于式(5-3-23)和式(5-3-24)的分子、分母为共轭复数,所以商亦为复数,且其模为1. 容易计算它们的幅角为

$$\delta_s = 2\arctan\frac{\sqrt{\sin^2\theta_i - n_{21}^2}}{\cos\theta_i} \tag{5-3-25}$$

$$\delta_p = 2\arctan\frac{\sqrt{\sin^2\theta_i - n_{21}^2}}{n_{21}^2\cos\theta_i} \tag{5-3-26}$$

这也就是全反射的$\widetilde{E}_o$与$\widetilde{E}'_o$的相位差. 图 5-16 表示了相位差δ_s和δ_p随θ_i变化的情形. 现在我们再来讨论反射光的半波损失问题.

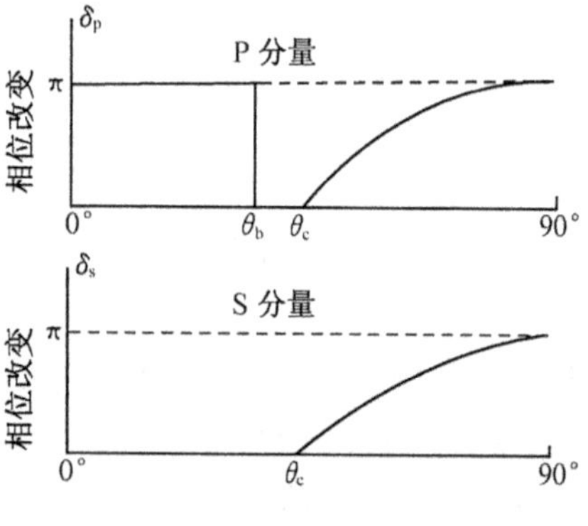

图 5-16

(1) 入射光为 S 波，由光疏介质入射到光疏-光密界面上，由图 5-12(a)可见，入射光矢量$\boldsymbol{E}_s$与反射光矢量$\boldsymbol{E}'_s$规定的正方向相同(都指向读者). 而这时r_s为负实数，这说明实际的反射光矢量与规定的正方向相反，因而也同入射光矢量的方向相反. $\widetilde{E}_s$与$\widetilde{E}'_s$的相位差δ_s即$\boldsymbol{E}_s$与$\boldsymbol{E}'_s$的相位差等于π. 反射前后产生π的相位跃变，或者说由于反射产生了半波损失.

(2) 当入射波为 P 波时，由于规定的入射光矢量的正方向与反射光矢量的正方向并不平行，所以问题显得较为复杂. 在正入射情形下($\theta_i=0$)，规定的正方向$\boldsymbol{\sigma}$与$\boldsymbol{\sigma}'$方向正相反，而$r_p>0$，$\delta_p=0$，这时实际入射光矢量和反射光矢量方向正相反，反射光产生半波损失. 在掠射时，$\theta_i\approx 90°$，$\boldsymbol{\sigma}$与$\boldsymbol{\sigma}'$近似平行；$r_p<0$，实际入射光矢量方向与反射光矢量方向相反，反射光也产生半波损失. 除这两种情形外，由于入射光矢量与反射光矢量方向成一定角度，因此比较它们的相位没有什么绝对的意义.

(3) 在第二章讨论薄膜干涉时，我们关心的是：从薄膜的上下表面反射的两束光之间有没有π的相位差，或者说有没有半波损失，这对于研究薄膜干涉是很重要的. 图 5-17 是几种情形下薄膜上下表面反射的实际光矢量方向(包含 S 波与 P 波). 可以看出，就一束光而言，往往很难笼统地说是否有半波损失；但就上下两反射光束来说，在介质两侧折射率相同的情况下，它们之间有效光程差中总要添加一项$\pm\lambda/2$，或者说，有效光程差中总有半波损失.

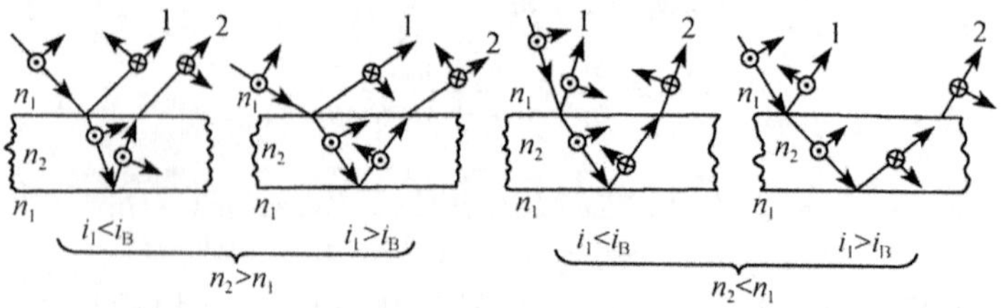

图 5-17　介质层上下表面反射光之间的半波损失

5-4　扫描隧道光学显微镜

一、全反射与隐失波

众所周知，当光由光密介质(n_1)入射到其与光疏介质(n_2)的界面上，而入射角θ_i大于临界角θ_c时，将发生全反射，这时反射光的光强等于入射光的光强. 那么全反射时的折射光波又有什么特点呢? 下面就分析这个问题.

由于从电磁场的边界条件导出的式(5-3-5)及菲涅耳公式是普遍成立的，在全反射时也同样满足

$$\begin{aligned} k''_x &= k_x = k_1\sin\theta_i = (n_1\omega/c)\sin\theta_i \\ k''_y &= k_y = 0 \end{aligned} \tag{5-4-1}$$

其中$k_1=n_1\omega/c$是光密介质中的波数. 这时折射光波矢$\boldsymbol{k}''$的z分量应为

$$k''_z = (k''^2-(k''^2_x+k''^2_y))^{1/2} = (\omega/c)(n_2^2-(n_1\sin\theta_i)^2)^{1/2} \tag{5-4-2}$$

由于全反射的临界角θ_c满足$\sin\theta_c=n_2/n_1$，所以当入射角θ_i大于θ_c时，显然有$\sin\theta_i>\sin\theta_c=n_2/n_1$，即$n_1\sin\theta_i>n_2$，因此式(5-4-2)右边为虚数，可改写为

$$k''_z = \mathrm{i}(\omega/c)((n_1\sin\theta_i)^2-n_2^2)^{1/2} = \mathrm{i}\Omega \tag{5-4-3}$$

式中已设$\Omega=(\omega/c)((n_1\sin\theta_i)^2-n_2^2)^{1/2}$. 将式(5-4-3)代入式(5-3-2″)，可得全反射时的折射波为

$$\boldsymbol{E}'' = \boldsymbol{E}''_0\exp(\mathrm{i}(k''_x x+k''_z z-\omega t)) = \boldsymbol{E}''_0\mathrm{e}^{-\Omega z}\exp[\mathrm{i}(k_x x-\omega t)] \tag{5-4-4}$$

上式表明，透射波的振幅沿z轴指数衰减，其波阵面则沿分界面(x方向)传播，由于这种波具有通过界面后振幅随空间急剧衰减而消失的特征，故现代光学称之为隐失波. 因为隐失波只限制在介质分界面上，不能向远处传播，所以又称为非辐射场. 若定义隐失波的穿透深度t为使振幅衰减为原来的1/e的空间距离. 则由式(5-4-4)易得

$$t = 1/\Omega = \lambda_0/[2\pi((n_1\sin\theta_i)^2-n_2^2)^{1/2}] \tag{5-4-5}$$

式中，λ_0为真空中的光波长. 由上式可知，隐失波的穿透深度t仅为波长数量级.

二、受抑全反射与扫描隧道光学显微镜

如图5-18所示，将两块玻璃棱镜，用一层空气隔开，入射光以大于临界角的入射角射到棱镜-空气界面上，若空气隙的厚度$d\gg t$时，发生全反射；而当$d<t$时，实验发现反射光将减弱，而有光穿过空气隙从第二个棱镜中射出. 随着空气隙变薄，反射光会进一步减弱，而穿透光增强，这种现象称为受仰全

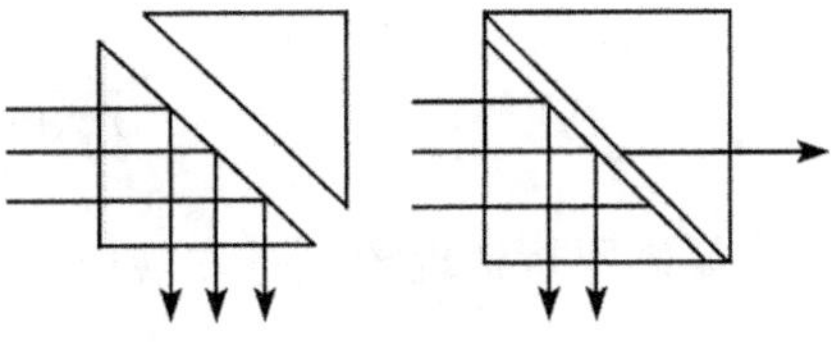

图5-18

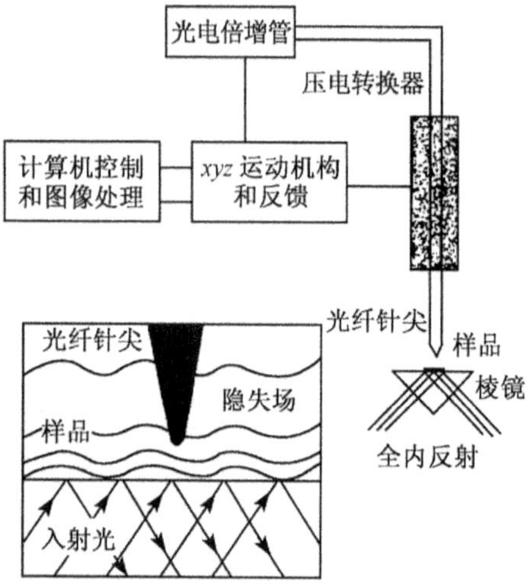

图 5-19 PSTM 工作原理示意图

反射或光子隧道效应. 在受仰全反射过程中,隐失波能量转换成穿透光波的能量,并且转换效率强烈地依赖光疏介质的厚度 d 及其折射率 n_2. 利用这一特征,人们研制了扫描隧道光学显微镜(photon scanning tunnelling microscope, PSTM)其工作原理如图 5-19 所示,一个具有表面微结构的透明样品,紧贴于样品台上(玻璃棱镜的上表面),光束从棱镜一侧入射,在上界面发生全反射,这样就在样品及其附近产生一隐失场;当一个光纤探针接近样品表面,进入隐失波后,通过光子隧道效应,将有光进入探针,进入探针的光强随探针与样品表面的距离按指数衰减,反应相当敏感. 用光电倍增管、三维运动机构、反馈和压电晶体管,构成一个横向扫描和纵向距离的测控系统,以保证在横向扫描过程中进入探针的光强不变,这样即保证了扫描过程中探针到样品表面的距离不变. 探针随样品表面的起伏而升降的过程被计算机记录和编程最后给出样品表面的精细图像.

近年来扫描隧道光学显微镜发展很快,在生物材料、超高密度信息存储等技术领域的研究和探索中取得了许多新的成果. 但它的理论和实验技术都还有许多方面有待进一步提高,特别是实验的重复性和易操作性等.

另外,受仰全反射还经常用于为平面光波导耦合能量. 平面光波导(也称薄膜光波导)是集成光学器件中的一个基本元件,在集成光路中光沿光波导传播,如何把激光束的光能耦合到平面波导中去,或反过来从光学波导中将光能耦合出来是其所涉及的一个基本问题. 若将激光直射到波导端面,耦合效应一般只有 10%～20%. 而采用棱镜-薄膜耦合器,耦合效率可达 80%左右. 如图 5-20 所示,当光在棱镜-空气界面上发生全反射时,在空气隙中产生隐失波,而在空气-薄膜界面又将隐失波转换成薄膜波导中的传播波. 由光的可逆性原理,同样装置也可用来将薄膜波导中的能量耦合出来.

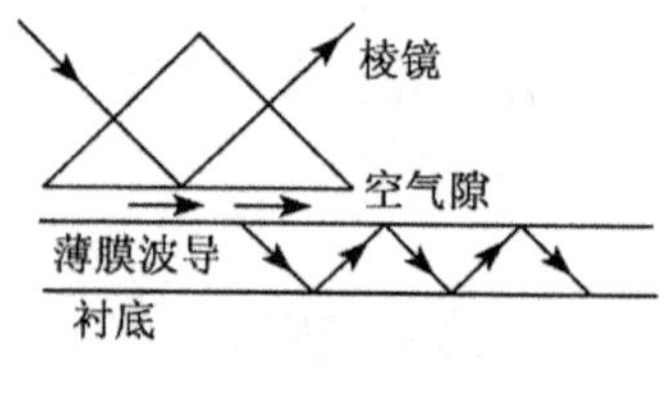

图 5-20

5-5 光的双折射

一、晶体双折射现象的基本规律

人们很早就发现,当一束光射到方解石晶体的表面上时会产生两束折射光(图

5-21(a)),它们沿着略微不同的方向行进,在离开晶体后变成两束光.这种现象称为晶体的双折射现象.因而通过方解石晶体去看任一物体时,可以看到两个物体.例如,在白纸上涂一黑点,并通过方解石去看它,可以看到两个黑点.

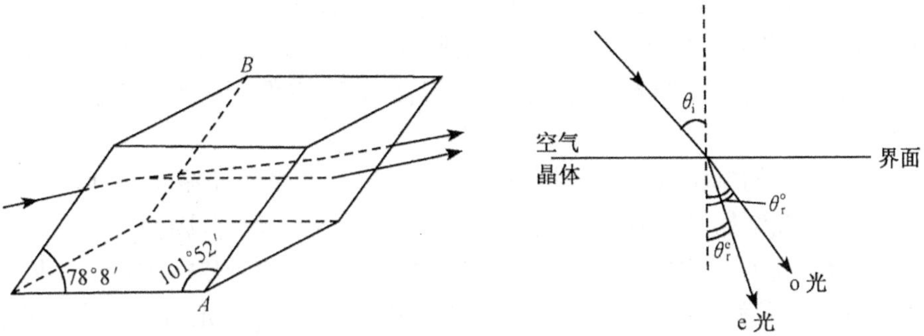

(a) 方解石中的双折射现象　　(b) 晶体界面上的双折射

图 5-21　晶体双折射

方解石也叫冰洲石,它是碳酸钙($CaCO_3$)的一种透明晶体.对于方解石的双折射现象的进一步研究还可以发现下述规律性:

(1) 寻常光线与非常光线　双折射产生的两条折射光中,有一条满足通常的折射定律,这条折射光称为寻常光线,简称 o 光.所谓满足通常的折射定律,就是:这条折射光线必定在入射面内,而且当入射角 θ_i 增大时折射角 θ_r^o 也随之增大,两者正弦之比

$$\frac{\sin\theta_i}{\sin\theta_r^o}=n_o$$

其中 n_o 为常数,叫做晶体对 o 光的折射率.(图 5-21(b))

另一条折射光线不满足通常的折射定律,这条折射光称为非常光线,简称 e 光.这也就是说:对 e 光来说,当入射角 θ_i 变化时虽然折射角 θ_r^e 也随之变化,但两者正弦之比 $\sin\theta_i/\sin\theta_r^e$ 不是一个常数,且一般情况下这条光线也不在入射面内.

(2) 光轴　实验中改变入射光的方向,我们发现在晶体中存在一个特殊的方向,当光线在晶体内沿着这特殊的方向传播时不发生双折射现象,这样的特殊方向称为**晶体的光轴**.注意光轴不是一条线,而是一个方向;或者说凡与这方向平行的直线都是光轴.

方解石晶体是个六面体,如图 5-21(a),每个面都是平行四边形,它的角度是 78°8′及 101°52′(简作 78°及 102°),它有八个顶点,其中有两个特殊的顶点 A 与 B,相交于 A 点(或 B 点)的三个面角都是 102°,即三个角都是钝角.过三个面角都是 102°的顶点(图中 A 或 B)作直线,使得这条直线与过此顶点的三条棱边成相等的角度.这条直线的方向即为方解石的光轴.方解石晶体只有一个光轴方向,故称为单轴晶体。

(3) o 光 e 光都是线偏振光　在单轴晶体内部，由光轴和晶体表面法线组成的面称为晶体的**主截面**. 由 o 光线和光轴组成的面为 o **主平面**；由 e 光线和光轴组成的平面称为 e **主平面**. 一般情形下，o 主平面和 e 主平面是不重合的. 但是，实验和理论都指出，若入射面(入射光与晶体表面法线组成的平面)与晶体的主截面重合时，则 o 光和 e 光都在这个平面内，即 o 主平面，e 主平面与晶体主截面三者重合为一. 在实际上，都有意选择入射面与晶体主截面重合，以便所研究的双折射现象大为简化.

如果用检偏器来检验晶体双折射产生的 o 光和 e 光的偏振状态，就会发现 o 光和 e 光都是线偏振光，并且，o 光的光矢量与 o 主平面垂直，因而总是与光轴垂直；e 光的光矢量在 e 主平面内，因而它与光轴的夹角就随着传播方向的不同而改变. 由于 o 主平面和 e 主平面在一般情况下并不重合，所以 o 光和 e 光的光矢量方向一般地也不互相垂直，只有当入射面为晶体主截面时，o 主平面与 e 主平面重合，o 光矢量与 e 光矢量互相垂直. 顺便指出，只有在晶体内部光线才有必要分为 o 光和 e 光，它们具有不同的传播特性，一旦从晶体透出进入各向同性介质后就成为普通的线偏振光，无所谓 o 光和 e 光了.

以上就是光在方解石晶体中双折射的实验规律.

除方解石外，许多晶体具有双折射的性能. 双折射晶体有两类，像方解石、石英、红宝石、冰等一类晶体只有一个光轴方向，是单轴晶体；像云母、蓝宝石、硫磺等一类晶体有两个光轴方向，它们叫做双轴晶体. 光在双轴晶体内的传播规律比上面描述的更为复杂.

二、惠更斯对双折射现象的解释

运用光的电磁理论可对光在晶体中的双折射现象作出严格的理论解释，但理论计算稍微复杂些. 早在光的电磁理论诞生之前，惠更斯就对晶体的双折射现象作出了解释. 惠更斯所用的方法虽然只是一种“唯象”理论，没有从光波与物质相互作用这一本质上来解释双折射现象，但在对双折射作出初步说明这一有限范围内，其结论与电磁理论和实验是相符的，并且用惠更斯作图法确定光在晶体内传播方向、振动方向等特性时具有简单直观的优点. 下面我们就来介绍之.

1. 单轴晶体中光波的波面

第一章中曾介绍怎样用惠更斯原理和惠更斯作图法来解释各向同性介质中的折射现象. 惠更斯作图法解决了光波进入第二介质后向什么方向传播的问题，从而证明了折射定律. 惠更斯作图法中重要的一点是必须确定次光波波面的形状，由于光在各向同性介质中传播时，各个方向的光速相同，所以每一个次光源(例如图1-2中的 A_1 点)发出的次波都是球面波.

为了解释双折射现象，惠更斯根据双折射现象的实验结果，对单轴晶体中的波面做了如下假定：

(1) 根据有两条折射光这一事实，他认为晶体中任一点发出的次波应该有两个，相应有两个波面.

(2) 根据寻常光线遵从通常折射定律，他认为寻常光线的次波面应该是球面. 而非常光线的波面显然不再是球面，他假定它为旋转椭球面(这表示了对非常光而言，它在晶体中各方向的光速是不同的)，即图 5-22 中的虚线表示的波面.

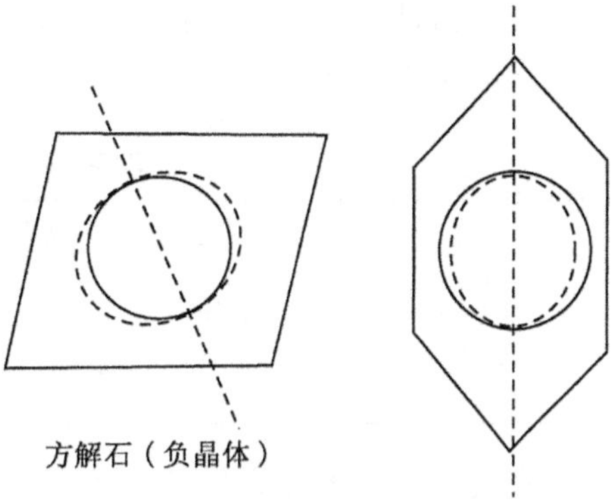

图 5-22　晶体中的波面

(3) 根据在光轴方向不发生双折射，寻常光和非常光重合在一起，他认为在光轴方向这两个波面(球面和椭球面)应该是相切的，表示在光轴方向传播时这两种光具有相同的速度(V_o). 由图可见，在垂直光轴方向传播时 o 光和 e 光的光速差别最大，我们把垂直光轴方向上的 e 光光速记为 V_e.

图 5-23 画出了点光源在晶体中的波面立体图. 图中 O 点代表晶体中一个发光点，从 O 点发出的两个波面是以 O 点为中心的一个球面和一个以光轴为轴心旋转椭球面. 两者在光轴方向相切. 现在的光学根据 V_e 和 V_o 的大小把晶体分成正晶体和负晶体两大类. $V_e>V_o$ 的晶体称为**负晶体**，$V_e<V_o$ 的晶体称为**正晶体**. 方解石是负晶体，石英是正晶体. 我们知道，真空中光速 c 与介质中光速 v 之比，等于该介质的折射率 n，即 $n=c/v$，对于 o 光，晶体的折射率 $n_o=c/V_o$. 但对 e 光由于它的光速因传播方向而异，所以它的折射率也随方向变化. 例如，沿光轴方向 e 光的光速与 o 光相同，因而折射率也等于 n_o，沿垂直光轴的方向 e 光的光速与 o 光光速差别最大，相应的e光折射率与n_o的差别也最大，沿这个方向的e光折射率通

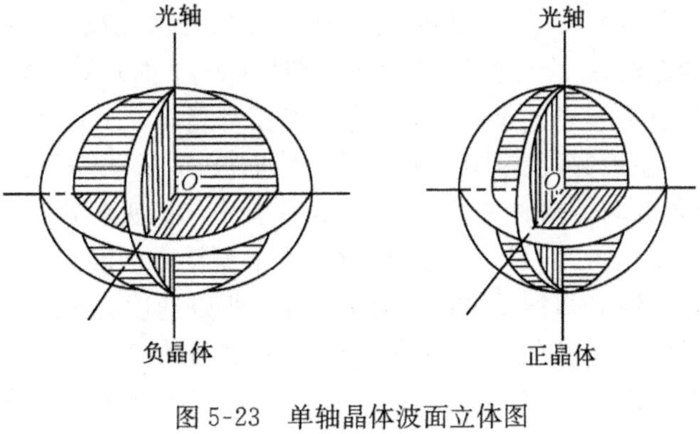

图 5-23　单轴晶体波面立体图

常用 n_e 表示，$n_e=c/V_e$. 在其他方向的 e 光折射率介于 n_o 与 n_e 之间. n_o、n_e 称为单轴晶体的两个**主折射率**. 对正晶体，$n_o<n_e$；对负晶体，$n_o>n_e$. 主折射率反映了晶体的双折射性质，是晶体的一个重要特征量. 表 5-1 列出了方解石，石英对不同频率光波的主折射率.

表 5-1 单轴晶体的 n_o 与 n_e

光波波长	方解石(冰洲石)		石英(水晶)	
	n_o	n_e	n_o	n_e
4046.56Å	1.68134	1.49694	1.55716	1.56671
5460.72Å	1.66168	1.48792	1.54617	1.55535
5892.90Å	1.65836	1.48641	1.54425	1.55336

惠更斯虽然根据实验事实，认识到晶体存在两个波面. 对两个波面作了基本正确的描绘，从而解释了双折射. 但是他没有进一步阐明，为什么在晶体中会出现两个不同形状的波面. 所以说，他的理论只是一种唯象的理论，即没有作出更本质的解释的理论.

在晶体中产生双折射，出现不同形状的波面，原因在于晶体的各向异性. 由于晶体内部原子、分子有规则的排列，结果从晶体内部一点向四面八方看去，各个方向的情况(例如原子间的距离)反而不相同. 非晶体中原子完全混乱，从平均效果来看，结果各方向情况反而相同. 正是晶体的这种结构上的各向异性，造成了光学性能上的各向异性. 晶体光学性能上的各向异性，主要表现在光在晶体中的传播速度和光振动的方向有关. 当光的振动方向垂直于光轴时，它的传播速度是 V_o，当光的振动方向平行于晶体的光轴时，它的传播速度是 V_e，当光的振动方向既不平行又不垂直于光轴时，它的速度是介于 V_o 与 V_e 之间. 由此出发，就能说明晶体中两个不同形状波面的成因了.

设晶体中 O 点有一发光点，向四周发出自然光. 为了分析波面的形状. 我们可以过 O 点的光轴 Oz 作晶体的某一截面(图 5-24)中的 yz 平面)，只要考虑该截面上波面的截线的形状就可以了. 自然光总可以(其实任何光波一般都可以)分解成两个互相垂直的振动，一个光的振动方向与截面(yz 平面)垂直，并且在截面内向各个方向传播时总是和光轴垂直，因此传播速度都是 V_o，于是形成了图 5-24(b)中的圆形波面，容易想像，在空间中看就是一球面波面了. 另一光振动方向与截面平行，这种光向各方向传播时，振动方向与光轴有不同的夹角，(图 5-24(c))因此，不同方向传播速度不同. 沿 Oz 方向传播时，由于振动方向和光轴垂直，所以速度为 V_o，沿 Oy 方向传播时，振动方向与光轴平行，所以速度为 V_e，沿任意 OA 方向传播时因为振动方向与光轴既不平行也不垂直，光速介于 V_o 与 V_e 之间，所以这种光形成椭圆形波面. 在空间中看，就是一个以 Oz 为轴线的旋转椭球面了. 由图上可见，以上两波面在轴 Oz 方向上相切. 这样就解释了为什么晶体中会生成两个

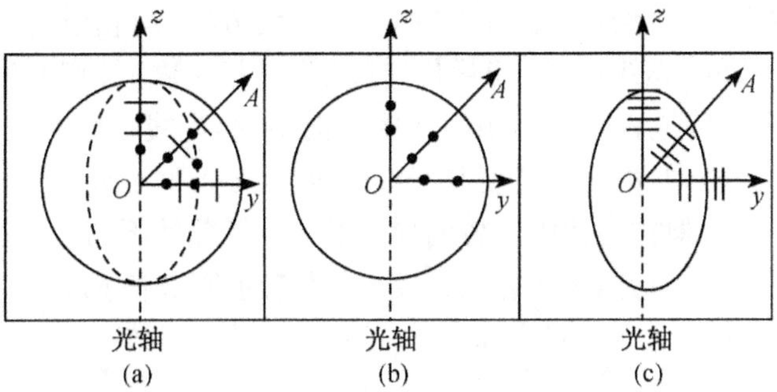

图 5-24　两种波面的形成

波面. 为清楚起见,我们把图 5-24(a)中两个波面分别画在图 5-24(b)、(c)中.

2. 惠更斯作图法

有了单轴晶体中次波波面的概念,就可以用惠更斯原理解释双折射现象,利用惠更斯作图法求出 o 光、e 光在晶体中的传播方向和偏振方向. 由于晶体中次波波面的特殊性给光在晶体中的传播带来了新的特点. 下面我们通过几个具体例子加以说明.

(1) 设平面波正入射到正晶体(如石英)的表面上(图 5-25),光轴在入射面内,因而入射面与主截面重合. 在 t_0 时刻入射波前(等相面)到达晶体表面,表面上各次波中心将开始向晶体内发出次波. 经 Δt 时间后,各次波波面如图 5-25 所示,图中只画出从 A 和 B 两点发出的两组次波作为代表,o 光的球面次波面与 e 光的椭球次波面在光轴方向相切. 作球面次波的公切面 CD,就是 o 光的新波阵面;作椭球次波面的公切面 EF 就得到 e 光的新波阵面. 从图 5-25 可见,CD 和 EF 均与晶体表面平行,这就是说,o 光和 e 光的波阵面均沿晶体表面法线方向(即入射光方向)向前推进,但它们推进的速度不相同,说明 o 光和 e 光具有不同的相速度.

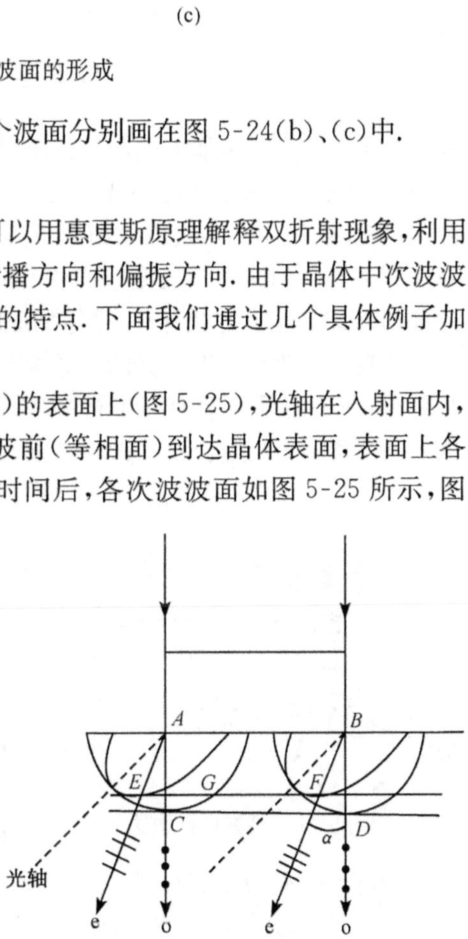

图 5-25　惠更斯作图法

我们更感兴趣的是光能量的传递方向,即光线方向. 波阵面上各点的能量(即各切点处的能量)都来自各相应次波的中心,所以只要自次波中心引一直线通过切点,该直线就代表能量传递的方向. 如图 5-25 的例子中,从次波中心 A 和 B 作直线通过球面次波的切点 C 和 D,所得直线 AC、BD 就代表晶体中 o 光线的传播方向. 同样,连接次波中心和椭球次波切点的直线 AE 和 BF 就代表晶体中 e 光的传播方向. 由上可知,o 光的能量传播方向(光线方向)与相位传递方向(波阵面推进方向)是一致的,光线速度(能量传递速度)与相速度(等相面推进速度)也相等;但对 e 光,能量传递方向与等相面传播方向不同,光线速度一般也不等于相速度. 在各向同性介质中,由于相速度与光线速度的大小和方向均相同,所以往往不加区别(如同 o 光);但在晶体中对各向异性的 e 光情况就不同了,就有必要对它们加以区别. 由图 5-25 可知,e 光的相速度(因为它垂直波阵面又称法向速度)为:$v_n=AG/\Delta t$,e 光波面上 E 点的能量来自 A 点,Δt 时间内传播了 AE 这段距离,所以光线速度为

$$v_s=\frac{AE}{\Delta t}=\frac{AG}{\cos\alpha\cdot\Delta t}=\frac{v_n}{\cos\alpha}$$

式中 α 是 e 光光线传播方向与 e 光波阵面传播方向之间的夹角. 顺便说明一下,惠更斯作图法中的次波波面是从次波中心经过 Δt 时间,光能量同时到达的点组成的曲面. 因此次波中心到次波波面某点连线长度为 $v_s\Delta t$,v_s 为连线方向的光线速度. 由于同一方向的线速度与相速度并不相同,所以次波波面不是等相面,但次波波面的公切面却是光束的波阵面,是等相面.

现在再来考察 o 光、e 光的偏振情况,o 光和 e 光都是线偏振光,它们的振动方向分别与它们的主平面垂直和平行. 在图 5-25 的例子中,o 光和 e 光的主平面及晶体的主截面均与图画重合,所以 o 光的振动与图画垂直,e 光的振动与图面平行.

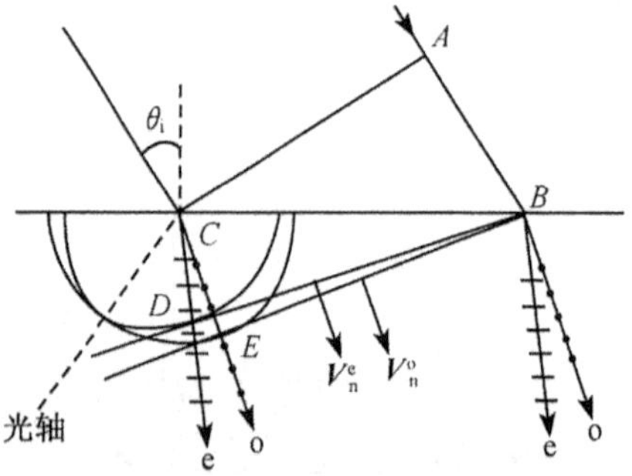

图 5-26　惠更斯作图法

(2) 光轴在入射面内,并与表面成一斜角(图 5-26). 平行光(即平面波 AC)以入射角 θ_i 射到表面 BC 上,当 A 点次波达到 B 点时,左端 C 点附近已产生两个次波波面. 倘若晶体是正晶体,则 e 光的波面在内,o 光波面在外,在光轴方向上两次波面相切. 从 B 点作椭球面的切面 BD,就是 e 光的波阵面(即等相面). 从 B 点作球面的切面 BE,就 o 光的波阵面. 从 C 点到两切点 D、E 分别作直线 CD、CE,就得到 e 光与 o 光的光线传播方向. 图中还画出了 e 光、o 光的振动方向及波阵面传播方向. 其中 $\boldsymbol{V}_n^e$ 表示 e 光波阵面速度矢量,$\boldsymbol{V}_n^o$ 表示 o 光波阵面传播速度矢量. 现在情况下,o 光、e 光两条光线都在入射面内. 但 e 光光线并不垂直于其波阵面.

若光轴不在入射面内,则非常光一般也不在入射面内(光轴垂直入射面的情况例外). 假定图 5-26 的图面仍表示入射面,但光轴不在图面内,则由图可想像,此时 e 光波阵面 BD 不在图面内,因为切点 D 已不在图面内. 可见 e 光光线也不在图面内,但 o 光光线 CE 仍在图面内.

(3) 光轴平行于晶体表面，但垂直于入射面. 为明确起见，假定晶体是正晶体，此时入射面(图 5-27)和非常光次波面的截线也是一个圆，半径比寻常光的圆要小. 在图 5-27 中作出了寻常光和非常光的波阵面及光线方向. 并标出两光的偏振方向. 由图 5-27 显见，这种情况下，e 光也遵守普通的折射定律. 因为不论入射角为何值，e 光总满足

$$\frac{\sin\theta_i}{\sin\theta_r} = \frac{c}{V_e} = n_e$$

n_e 为晶体对 e 光的主折射率，是一常数.

(4) 负晶体，平行光垂直入射，光轴方向与晶体表面平行同时又平行入射面，如图 5-28 所示. 在此情形下，o 光和 e 光的波阵面均与晶体表面平行，且 o 光和 e 光都沿同一方向(入射光方向)传播，但它们有不同的相速度，因此两个波阵面一前一后并不重合，随着传播距离的增加，o 光和 e 光之间的程差也不断增加. 此外，从图 5-28 可知，这时 e 光的相速度与能量传递速度相等.

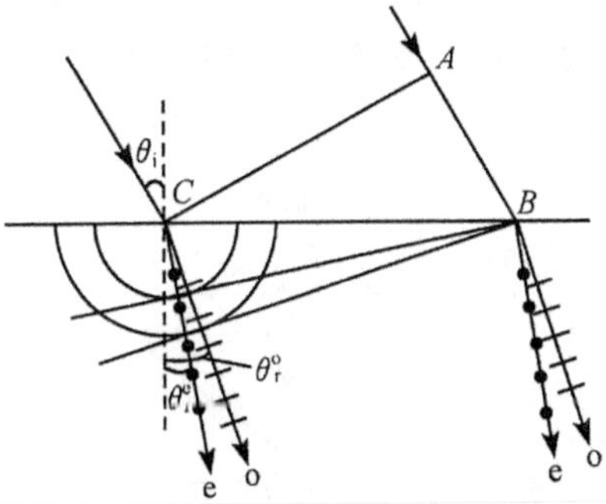

图 5-27　正晶体，光轴垂直于图面，自然光斜入射

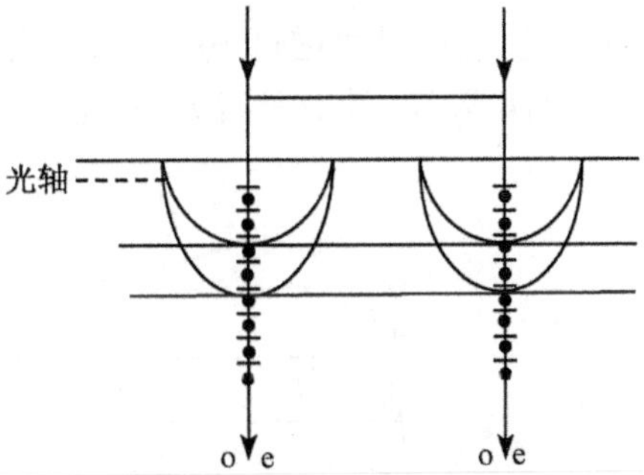

图 5-28　负晶体，光轴平行于晶体表面，自然光垂直入射

5-6　晶体光学器件

一、晶体偏振器

双折射现象的重要应用之一是制作偏振器件. 因 o 光和 e 光都是 100%的线偏振光，这一点比偏振片和玻璃片堆等振偏器性能更优越. 利用 o 光和 e 光折射规律的不同可以将它们分开，这样我们就可以得到很好的线偏振光. 下面我们介绍几种用双折射晶体制成的偏振器件.

1) 尼科耳棱镜

尼科耳棱镜(W. Nicol)是用得最广泛的双折射偏振器，它的构造是这样的：如图 5-29(a)取一方解石晶体，长度约为宽度的三倍. 光线预计将由端面入射，按定

义可知包含光轴和入射界面法线的平面 $ABCD$ 为主截面. 将两端面磨去一部分(见图 5-29(a)),使主截面锐角的角度由 71°变为 68°. 然后将晶体沿垂直主截面 $ABCD$ 且过对角线 AC 的平面剖开磨平,然后再用加拿大树胶粘合. 这就制成了尼科耳棱镜. 图 5-29(b)是尼科耳棱镜主截面的正视图,制作尼科耳棱镜时通常 $\angle BAC$ 为直角. 让自然光沿棱镜的长边方向射入端面,进入晶体后分成 o 光与 e 光,它们都在主截面内,其中 o 光以约 76°的入射角到达 AC 面的加拿大树胶上. 对钠黄光,加拿大树胶的折射率为 $n=1.550$,比方解石对 o 光的折射率 $n_o=1.658$ 小,因此对 o 光来说,是从光密介质射到光疏介质,而且入射角 76°已经超过了全反射的临界角

$$\theta_c = \arcsin\frac{1.550}{1.658} \approx 70°$$

因此在 AC 面树胶层上被全反射而不能穿过 AC 面. 被反射的 o 光射到尼科耳棱镜的侧面时,被涂黑的侧面所吸收. 再看 e 光,由于加拿大树胶折射率大于方解石对 e 光的折射率 $n_e=1.516$(注意,这里的 n_e 不是方解石的主折射率),因此 e 光不产生全反射而透过 AC 继续前进,最后从端面 DC 出来,它的振动方向平行于端面 AB 或 CD 的对角线方向(见图 5-29(c)).

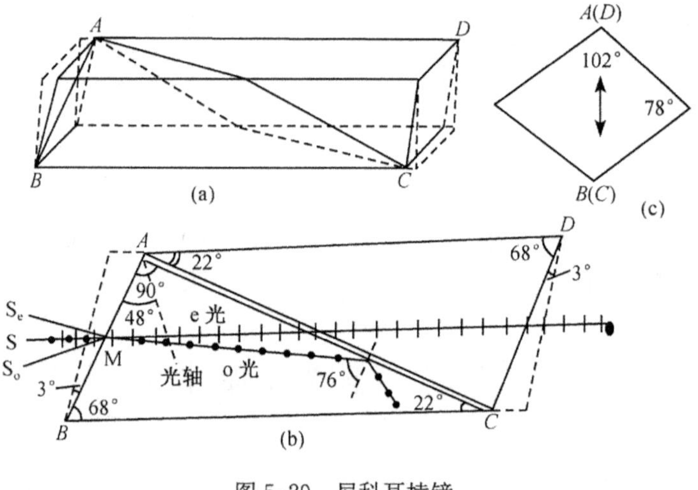

图 5-29　尼科耳棱镜

尼科耳棱镜的一个缺点是入射光束的会聚角不能过大. 设想图 5-29(b)中的入射线 SM 向下偏离,则 o 光投在剖面上的入射角减小. 当入射线达到某一位置 S_oM 时,o 光将不发生全反射;若 SM 向上偏离,则 e 光与光轴的夹角变小,从而折射率更大,且投在 AC 面上的入射角也增大. 当入射线达到一定位置 S_eM 时,e 光也会被全反射掉. 计算表明,入射光线上,下两方的极限角

$$\angle S_oMS \approx \angle S_eMS = 14°$$

使用尼科耳棱镜时，入射光束的会聚角不能超过此限. 由于加拿大树胶吸收紫外线，故尼科耳棱镜对此波段的光也不适用.

2）渥拉斯顿（Wollaston）棱镜和洛匈（Rochon）棱镜

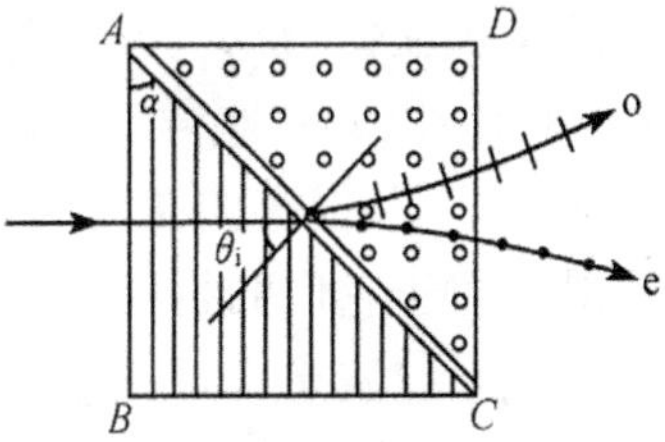

图 5-30　渥拉斯顿棱镜

如图 5-30 所示，渥拉斯顿棱镜是由两块方解石直角棱镜沿斜面交合而成. 棱镜 ABC 光轴与 AB 平行. 棱镜 ACD 的光轴与主截面 ACD 垂直.

让自然光垂直入射 AB 面，在棱镜 ABC 中分成 o 光和 e 光，它们都沿垂直光轴方向传播，但相速度不同. 到达界面 AC 时，两条光线被分开. 在 ABC 棱镜中的 o 光到了 ACD 中成了 e 光，而在 ABC 中的 e 光到了 ACD 中成了 o 光. 另外要注意，在界面 AC 处发生折射时，因为 ADC 的光轴垂直于入射面，这两条光线都符合通常的折射定律（对照 5-5 节）.

对于 ABC 中的 o 光来说，折射角 θ_r^e 满足

$$n_o \sin\theta_i = n_e \sin\theta_r^e$$

对方解石来说，$n_o > n_e$，所以有 $\theta_r^e > \theta_i$，这表明光束在 AC 面折射时偏离法线更远了. 对 ABC 中的 e 光束来说，有

$$n_e \sin\theta_i = n_o \sin\theta_r^o$$

所以 $\theta_r^o < \theta_i$. 光束在 AC 面折射时靠近法线偏折. 当图中 α 角为 45°时，这两束偏振光出射时夹角达到 20°41′，分得相当开了.

与渥拉斯顿棱镜类似的还有图 5-31 所示的两种棱镜. 图 5-31(a)所示的，叫洛匈棱镜，也是由两块方解石制成的. 与渥拉斯顿棱镜的差别只在于第一棱镜的光轴方向不同. 其原理读者可自行分析. 图 5-31(b)所示的棱镜左边用一块折射率 $n=n_e$（方解石对 e 光的折射率）的玻璃，替代了渥拉斯顿棱镜中的方解石. 其原理与洛匈棱镜类似，并不难于分析.

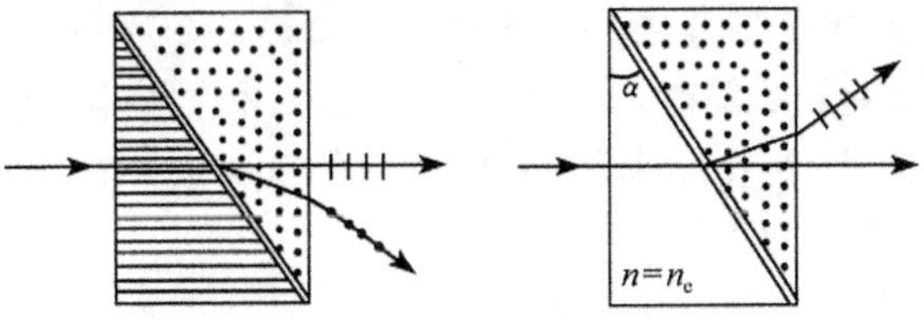

(a) 洛匈棱镜　(b) 玻璃-方解石棱镜

图 5-31　其他棱镜

二、波晶片——相位延迟片

用双折射晶体除了可以制作偏振器件外，另一重要用途是制作波晶片. 波晶片

是从单轴晶体(石英、方解石等)中切割下来的平行平面板,其表面与晶体的光轴平行(图 5-32(a)). 这样一来,当一束平行光正入射时,分解成的 o 光和 e 光传播方向虽然不改变,但它们在波晶片内的相速度 V_o、V_e 不同(参见上节图 5-28),或者说波晶片对于它们的折射率 $n_o=c/V_o$,$n_e=c/V_e$ 不同,设波晶片的厚度为 d,则 o 光和 e 光通过波晶片时所经过的光程也不同.

o 光经过的光程

$$L_o = n_o d$$

e 光经过的光程

$$L_e = n_e d$$

同一时刻两光束在出射界面上的相位比入射界面上落后如下数值:

o 光

$$\varphi_o = \frac{2\pi}{\lambda} n_o d$$

e 光

$$\varphi_e = \frac{2\pi}{\lambda} n_e d$$

这里 λ 是光束在真空中的波长. 这样一来,当两光束通过波晶片 o 光的相位相对于 e 光多延迟了

$$\delta_{o-e} = \varphi_o - \varphi_e = \frac{2\pi}{\lambda}(n_o - n_e)d \tag{5-6-1}$$

显然,对于正晶体来说,$\delta_{o-e}<0$,对于负晶体来说,$\delta_{o-e}>0$.

从式(5-6-1)可知,δ_{o-e}除了与折射率之差(n_o-n_e)成正比外,还与波晶片厚度 d 成正比. 适当地选择厚度 d,可以使两光束之间产生任意数值的相对相位延迟 δ_{o-e},所以波晶片可以称为相位延迟片或称相位分离片. 在实际中最常用的波晶片是四分之一波长片——简称 $\lambda/4$ 片,其厚度 d 满足关系式

$$(n_o - n_e)d = \pm\lambda/4 \tag{5-6-2}$$

于是 $\delta_{o-e}=\pm\pi/2$;其次是二分之一波长片——简称 $\lambda/2$ 片和全波片,它们的厚度分别满足(n_o-n_e)$d=\pm\lambda/2$ 和 λ,即 $\delta=\pm\pi$ 和 2π. 但是实际上满足式(5-6-2)的 $\lambda/4$ 片的厚度 d 非常小,制作起来很困难. 实际的 1/4 波片都用较厚的晶片,使其产生的光程差为

$$(n_o - n_e)d = \frac{\lambda}{4} + m\lambda$$

式中 m 为整数. 光程差增加 $m\lambda$(相位差增加 $2m\pi$)对结果没有影响,其效果与真正的 1/4 波片完全相同. 对 1/2 波片和全波片也类似.

现在来考察 o 光和 e 光的振动方向和经过波晶片后相位的延迟情况. 在波晶片的特定条件下(光轴平行于表面,光线正入射),e 光振动与光轴在同一方向上,o

光振动方向垂直于光轴. 为了更好地描述 o 光、e 光的振动方向，往往在晶体反射表面上设立坐标系(见图 5-32(b)). 此坐标系以 e 振动(光轴方向)为横轴(x 轴)，o 振动方向为纵轴(y 轴)，光传播方向为 z 轴.

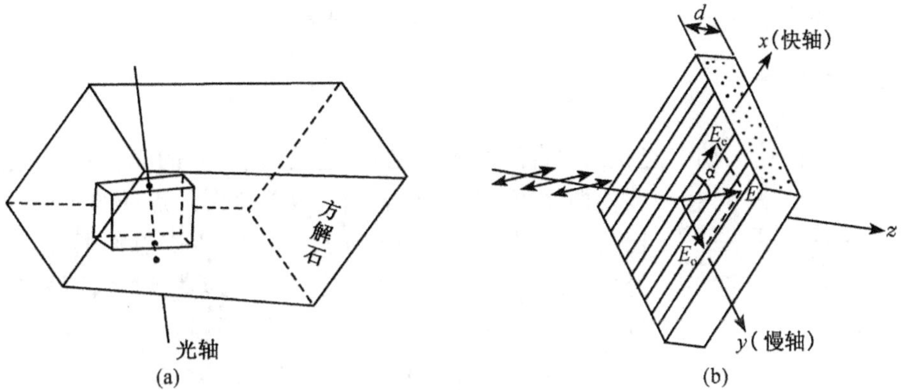

图 5-32　波晶片示意图

如果有一束沿任意方向振动的线偏振光正入射到波晶片表面上时，其振动可按此坐标系分解成 o 分量和 e 分量，两分量各有各的速度和光程，最后出射时彼此间产生附加相位延迟. 这样两束出射光可用下面的波函数表示：

$$\left.\begin{aligned} E_x &= E_e\cos\left(wt-\frac{2\pi}{\lambda}n_e d\right) \\ E_y &= E_o\cos\left(wt-\frac{2\pi}{\lambda}n_o d\right) \\ &= E_o\cos\left(wt-\frac{2\pi}{\lambda}n_e d-\delta_{o-e}\right) \end{aligned}\right\} \tag{5-6-3}$$

其中 $E_o=E\sin\alpha$，$E_e=E\cos\alpha$，分别是 o 光、e 光的振幅. E 是入射线偏振光的振幅. α 是λ 射光振动方向与光轴的夹角.

在实际应用中，我们主要关心沿哪个方向振动的出射光相位超前或滞后，而不关心它们在晶体内到底是 o 光还是 e 光，所以习惯把 x 轴和 y 轴分为快轴和慢轴. 沿快轴振动的光称快光，其传播速度快，相应的介质折射率小，经过波晶片后相位的延迟也较少；沿慢轴方向振动的光称慢光. 它在晶体中的行为与快光相反. 通过波晶片后慢光相对快光的相位将多延迟 δ'，显然有

$$\delta'=\frac{2\pi}{\lambda}\mid n_o-n_e\mid d=\frac{2\pi}{\lambda}(n_{慢}-n_{快})d \tag{5-6-4}$$

式中 $n_{慢}$、$n_{快}$ 分别表示波晶片对慢光和快光的折射率. 对于负晶体波晶片，e 光比 o 光速度快，所以光轴方向是快轴，与之垂直的方向是慢轴. 若设 x 轴为快轴方向，y 轴为慢轴方向，从波晶片出射的两束光的波函数可改写为

$$\left.\begin{aligned}E_x &= E_{快}\cos\left(\omega t-\frac{2\pi}{\lambda}n_{快}\,d\right)\\ E_y &= E_{慢}\cos\left(\omega t-\frac{2\pi}{\lambda}n_{快}\,d-\delta'\right)\end{aligned}\right\}\qquad(5\text{-}6\text{-}5)$$

由于 δ' 总是大于零的量，所以慢光的相位总是比快光滞后.

三、补偿器

波片只能使振动方向互相垂直的两光束之间产生固定不变的光程差，能任意改变两光束光程差的器件称为**补偿器**. 常见的补偿器有巴比涅(Babinet)补偿器和索列尔(Soleil)补偿器. 巴比涅补偿器是由两块楔角很小的楔形石英板组成，两楔的光轴互相垂直(图 5-33). 上楔中的 o 光和 e 光进入下楔后相应地变成 e 光和 o 光. 因楔角很小，o 光和 e 光在下楔中实际并不分开，因此，穿过补偿器后两垂直光振动之间的相位差为

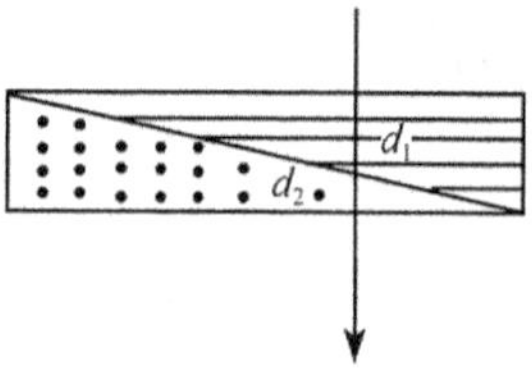

图 5-33　巴比涅补偿器

$$\begin{aligned}\Delta\varphi &= \frac{2\pi}{\lambda}[(n_o-n_e)d_1+(n_e-n_o)d_2]\\ &= \frac{2\pi}{\lambda}[(n_o-n_e)(d_1-d_2)]\end{aligned}$$

式中 d_1 和 d_2 是光在上下楔内经过的厚度. 显然，光在补偿器的不同部位通过时，d_1 和 d_2 值也不同，这就得到不同的相位差，巴比涅补偿器的缺点是只能用于很窄的光束，因为宽光束在不同部位会产生不同的相位差. 索列尔补偿器则克服了这一缺点，这种补偿器是由两个光轴平行的石英楔和一块两表面平行的石英薄片组成，薄片的光轴与两楔的光轴垂直，上楔可借助于微动螺丝在下楔的斜面上平行移动(图 5-34). 上楔移动时，两楔的总厚度发生连续变化，这使两楔厚度与薄片厚度的差值可连续地改变，从而相位差也可作连续调节.

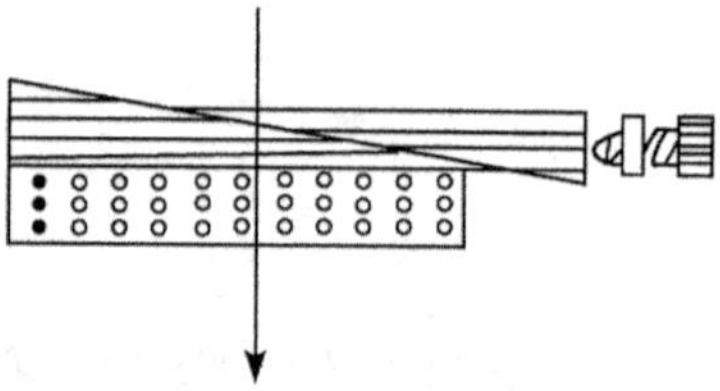

图 5-34　索列尔补偿器

5-7　椭圆偏振光的获得和检验

一、振动方向垂直、频率相同的两列线偏振光的叠加与椭圆偏振光的获得

什么是椭圆偏振光，椭圆偏振光又是如何获得的呢? 让我们先来看看振动方向互相垂直、频率相同、有固定相位差的两列线偏振光的叠加有何特点.

设有两列频率相同、有固定相位差的线偏振光，沿 z 轴方向传播(图 5-35(a))．它们的振动方向分别为 x 轴和 y 轴方向．于是它们的波函数可写为

$$E_x = E_{x0}\cos\left(\omega t - \frac{2\pi}{\lambda}z\right)$$

$$E_y = E_{y0}\cos\left(\omega t - \frac{2\pi}{\lambda}z - \delta\right) \tag{5-7-1}$$

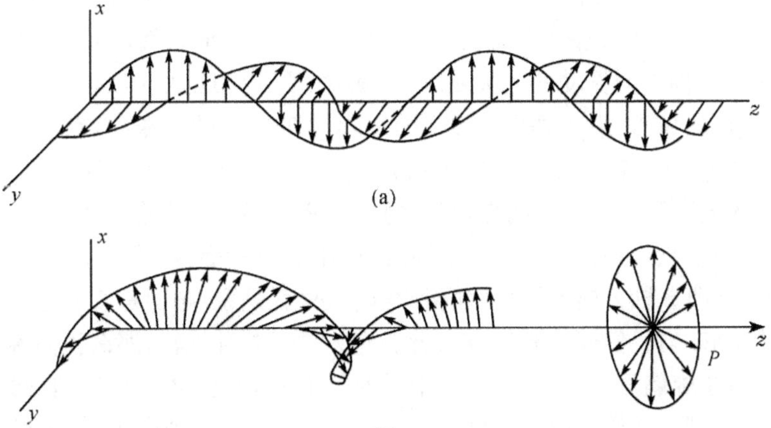

图 5-35　两列线偏振光的叠加

这样两列线偏振光的叠加波有什么特点呢？一般说来，有如下几点：

(1) 从它随时间的变化来看，在光场中每一点的光矢量均以光的传播方向为轴，以圆频率 ω 为角速度在波面内作旋转运动；同时光矢量的大小也在变化，以至于光矢量在旋转中端点描出一椭圆，在图 5-35(b)中只画出 P 点的光矢量随时间的变化．

(2) 从它的瞬时空间分布来看叠加光波沿传播方向各点的光矢量在同一瞬间构成类似"螺旋形楼梯"的形状(图 5-35(b))．

(3) 由于两束光振动方向互相垂直，所以不发生双束光干涉情况下曾发生的能量重新分配的现象，更不会产生干涉条纹．

满足上述特点的光就是**椭圆偏振光**．

为什么上述的两列线偏振光的叠加波会有这些特点呢？现在让我们来看看它们叠加的情况．

当这两列光波相遇时，光场中每一点都有两个互相垂直、频率相同、具有固定相位差 δ 的光矢量，总的光矢量是这两个光矢量的矢量和．略去(5-7-1)式波函数的相位中与 z 坐标有关的因子，两振动可表示为

$$\left.\begin{aligned} E_x &= E_{xo}\cos(\omega t) \\ E_y &= E_{yo}\cos(\omega t - \delta) \end{aligned}\right\} \tag{5-7-2}$$

式中 E_{xo} 和 E_{yo} 为两光振动的振幅，δ 为相位差. 合成光矢量可表示为

$$\boldsymbol{E} = E_x\boldsymbol{i} + E_y\boldsymbol{i} = \boldsymbol{i}E_{xo}\cos(\omega t) + \boldsymbol{j}E_{yo}\cos(\omega t - \delta)$$

式中 $\boldsymbol{i}$ 和 $\boldsymbol{j}$ 为两坐标轴方向的单位矢量. 上式表明合成矢量的大小和方向不断随时间而变，随时间而变的方式又决定于相位差 δ.

图 5-36 中，用矢量图法对固定相位差 $\delta=\pi/4$ 的两个垂直光振动进行了合成. 其中图 5-36(a)表示 x 轴方向的光振动. 当旋转矢量逆时针转动时，它在 x 轴的投影即表示沿 x 轴方向振动的光矢量大小. 因为 E_x 初相位为 0，所以 $t=0$ 时，旋转矢量处于“1”的位置. 左上角图 5-36(b)表示 y 轴方向的光振动，旋转矢量开始处于 $-\pi/4$ 位置. 两个旋转矢量都以角速度 ω 逆时针旋转. 右上角图 5-36(c)画出合成光矢量的大小和方向随时间变化的情形. 从图 5-36 中可见，合成光矢量随着时间的变化为其端点沿着一个椭圆轨道在画面中逆时针旋转. 请注意，这时合成光波的传播方向(即 z 轴方向)垂直画面指向读者，也就是说，画面是读者迎着光波的方向看到的情形. 当我们迎着光的方向看去光矢量逆时针旋转，那么我们称这样的椭圆偏振光是**左旋偏振光**；若合成光矢量顺时针旋转，则称之为**右旋偏振光**. 作椭圆轨道的外切矩形，并使矩形的边分别平行于 x 轴和 y 轴. 则由图 5-36 可见外切矩形平行于 x 轴的边长正好等于 2 倍的 E_{xo}；而平行于 y 轴的边长度为 $2E_{yo}$. 因而椭圆轨道和外切矩形的关系正好是合成光矢量和两个垂直分振动的振幅的关系，以后，当需要将椭圆偏振光沿任意两个互相垂直方向分解时也应当注意这点.

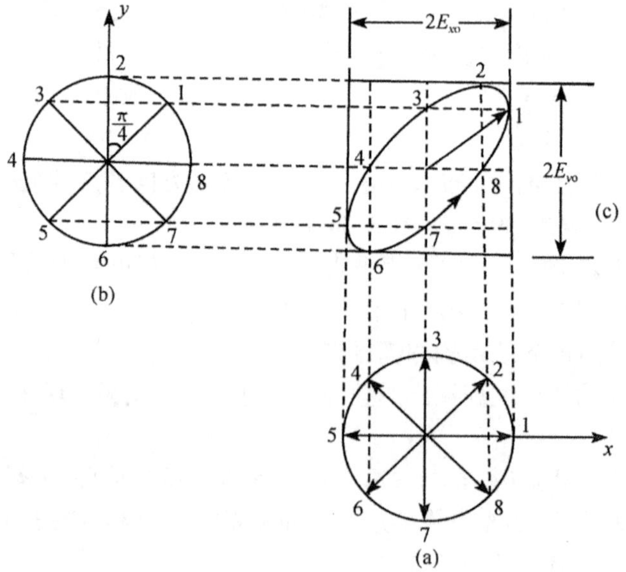

图 5-36　两个垂直光矢量的合成($\delta=\pi/4$)

在普遍情况下($\delta=0\sim2\pi$),由式(5-7-2)中的两式消去 t,可得轨迹方程

$$\frac{E_x^2}{E_{xo}^2}+\frac{E_y^2}{E_{yo}^2}-\frac{2E_xE_y}{E_{xo}E_{yo}}\cos\delta=\sin^2\delta \tag{5-7-3}$$

这是个一般椭圆方程,它与边长为 $2E_{xo}$,$2E_{yo}$的矩形相内切. 不过椭圆的主轴方向可以是倾斜的. 主轴究竟朝哪一边倾斜,以及是左旋还是右旋,都由相位差 δ 确定. 图 5-37 分别给出当 δ 从 0 到 2π 变化时,合成的椭圆偏振光的大致情形.

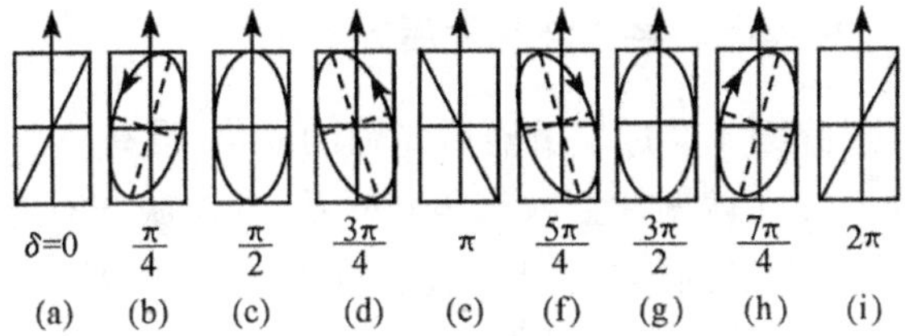

图 5-37　δ 与椭圆偏振光的关系

从图 5-37 中可看出,当 δ 为 π 的整数倍时合成光仍为线偏振光;当 δ 为 $\pi/2$ 的奇数倍时,得到的是正椭圆(即主轴与 x 轴和 y 轴平行). 特别当 E_{xo}等于 E_{yo}时,椭圆轨道化为圆形轨道,这样的合成光波称为**圆偏振光**. 因此要想获得圆偏振光. 两列线偏振光必须具有相同的振幅且两光波之间的相位差 δ 等于$\frac{\pi}{2}$的奇数倍.

从图中还可看出,当 δ 在第一、二象限时,合成的椭圆偏振光是左旋的;δ 在三、四象限时,合成的椭圆偏振光是右旋的.

上面我们叙述了振动方向垂直、频率相同、有固定相位差的两列线偏振光叠加后成为椭圆偏振光波的情况. 那么,实际的椭圆偏振光是如何获得的呢?

自然界的大多数光源发出的是自然光,要获得椭圆偏振光,只需令自然光先后通过一个起偏器和一个波晶片即可. 如图 5-38 所示,由起偏器出射的线偏振光射到波晶片中去时,被分解成$\boldsymbol{E}_o$和$\boldsymbol{E}_e$(或$\boldsymbol{E}_{快}$和$\boldsymbol{E}_{慢}$)两个振动,由于它们在晶体内传

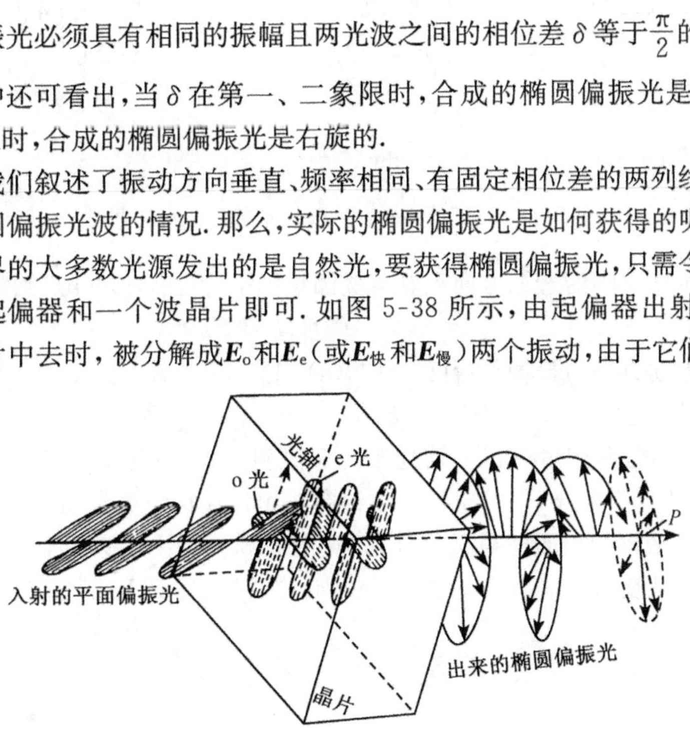

图 5-38　椭圆偏振光的获得

播速度不同，穿过晶体时产生一定附加的相位差 δ. 射出晶片后两光束速度恢复到一样，这两束线偏振光之间的关系正好符合上述的条件，合成以后一般得到椭圆偏振光.

请注意：用波晶片获得的椭圆偏振光的偏振状态与线偏振光入射波晶片的方位、波晶片中产生的附加相位差的大小都很有关系. 具体的分析将在下一个问题中进行.

二、椭圆偏振光经过检偏器和经过波晶片后的变化

我们先考虑椭圆偏振光经过检偏器后光强的变化. 设有一椭圆偏振光，其半长轴为 E_{1o}，半短轴为 E_{2o}. 在偏振片上取直角坐标系，令透振方向为 x 轴，y 轴与透振方向垂直. 当椭圆偏振光射到偏振片时，光矢量被分解成 E_x，E_y 两个分量，见图 5-39，其中只有 E_x 分量能顺利通过，而 E_y 分量不能通过. 这时出射光的强度 $I=E_{ox}^2$（E_{ox} 是 E_x 的振幅）.

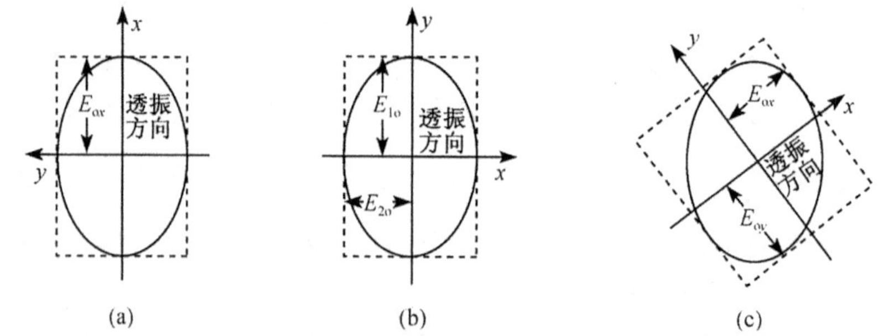

图 5-39　椭圆偏振光通过检偏器后强度的变化

如果偏振片 x 轴的透振方向正好与椭圆短轴平行（图 5-39(b)）则

$$E_{ox} = E_{2o}, \quad 强度\ I = E_{2o}^2$$

如果 x 轴的振动方向与长轴平行（图 5-39(a)）则

$$E_{ox} = E_{1o}, \quad I = E_{1o}^2$$

当偏振片的振动方向相对椭圆主轴处于任意倾斜位置时（图 5-39(c)），虽然定量计算 E_{ox} 的大小比较复杂，但是定性的结论完全可以用以下方法得出. 作一个两边分别与 x、y 轴平行的矩形框与椭圆外切（见图 5-39(c)中心虚线），这矩形两边的长度之半就是椭圆沿 x 轴和 y 轴方向分振动的振幅 E_{ox} 和 E_{oy}. 由图上不难看出，这时

$$E_{2o} < E_{ox} < E_{1o}$$

从而

$$E_{2o}^2 < I < E_{1o}^2$$

例题 1　有一束长、短轴分别为 E_a 和 E_b 的左旋椭圆偏振光入射一块透振方向 P 与其长轴夹角为 α 的偏振片，试求这束椭圆偏振光经过偏振片后的光强.

解　先将这束椭圆偏振光沿其自身的长、短轴方向分解为两个分量，由椭圆偏振光知识可知为

$$\begin{cases} E_1 = E_a\cos\omega t \\ E_2 = E_b\cos\left(\omega t - \dfrac{\pi}{2}\right) \end{cases}$$

以上两分量正是左旋正椭圆偏振光的分量表达式，两分量相位差为$\frac{\pi}{2}$. 由偏振片的知识可知，通过偏振片的光是上述两分量在透振方向的投影，即

$$\begin{cases} E_{P1} = E_a\cos\alpha\cos\omega t \\ E_{P2} = E_b\sin\alpha\cos\left(\omega t - \dfrac{\pi}{2}\right) \end{cases}$$

这两束光振动方向平行，满足干涉条件，在通过偏振片后发生干涉，干涉光强即通过偏振片后的光强，由光的干涉理论可得，

$$\begin{aligned} I &= (E_a\cos\alpha)^2 + (E_b\sin\alpha)^2 + 2E_a\cos\alpha E_b\sin\alpha\cos\frac{\pi}{2} \\ &= E_a^2\cos^2\alpha + E_b^2\sin^2\alpha = (E_a^2 - E_b^2)\cos^2\alpha + E_b^2 \end{aligned}$$

由于式中 $0\leqslant\cos^2\alpha\leqslant 1$，所以上式表明当 α 变化时总有 $E_b^2\leqslant I\leqslant E_a^2$.

综上所述，如果入射光是椭圆偏振光，转动检偏器的透振方向时，透射光的强度在极大值 $I=E_{1o}^2$ 和极小值 $I=E_{2o}^2$ 之间变化，但不会发生消光现象. 这一特点与部分偏振光相似.

如果入射光是圆偏振光，转动检偏器的透振方向时，透射光的强度不变，其特点与自然光无异. 以上结论请读者自己分析.

下面我们再来考虑椭圆偏振光经过波晶片后偏振态的变化.

图 5-40 描述了一列椭圆偏振光通过波晶片后偏振态变化的情况. 为了更易理解，从一束椭圆偏振光入射波晶片到改变了偏振态的椭圆偏振光出射，这一过程可以认为由三个步骤组成：第一，椭圆偏振光在入射表面分解为快光和慢光（或o光

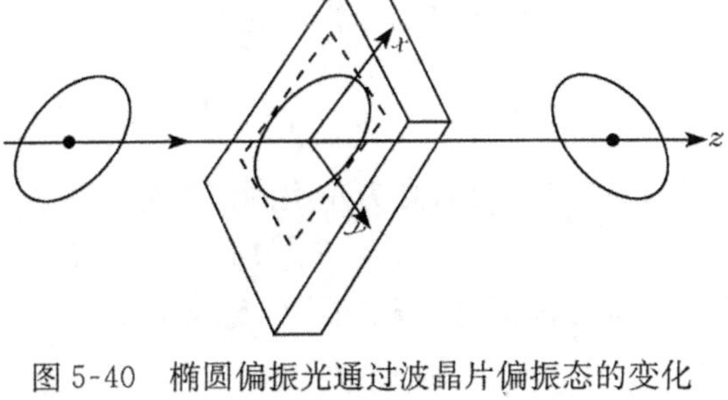

图 5-40　椭圆偏振光通过波晶片偏振态的变化

和 e 光);第二,在波晶片内部引起两束光的附加相位差,这一过程可称之为相位分离;第三,出射后两束线偏振光重新合成,合成后的椭圆偏振光一般具有与入射光不同的偏振态.现在我们分别考虑每一个步骤.

第一步,分解:在波晶片入射表面设立直角坐标系,x 轴为快轴,若是负晶体则与光轴方向平行,y 轴为慢轴,z 轴与传播方向一致.将入射光的光矢量沿快轴方向和慢轴方向分解为快光和慢光,求出其振幅 E_{ox},E_{oy}和入射点两个分振动的相位差 $\delta_{入}$.对于椭圆光,如何定性地求 E_{ox},E_{oy},$\delta_{入}$,需要对照图 5-37 来分析,详见下面举例.

第二步,附加相位差的产生:在波晶片内由于快光和慢光的传播速度不同而产生附加相位差.由式(5-6-4)可知慢光比快光多延迟的相位大小为

$$\delta' = \frac{2\pi}{\lambda}(n_{慢} - n_{快})d = \frac{2\pi}{\lambda} \mid n_o - n_e \mid d$$

若波晶片为 $\lambda/4$ 片,则

$$\delta' = \pi/2$$

第三步,重新合成:由波晶片出射的光其振幅仍为 E_{ox}和 E_{oy},从而合成光矢量端点的轨迹与边长为 $2E_{ox}$,$2E_{oy}$的矩形内切,矩形的各边分别与 x,y 轴平行.出射光两分量的相位差用 $\delta_{出}$ 表示.由于在晶体内产生了附加相位差 δ',所以,$\delta_{出}=\delta_{入}+\delta'$.

出射的合成光波的偏振态要根据 $\delta_{出}$ 的大小对照图 5-37 重新具体分析.

通过上面三个步骤的分析,我们就能确定椭圆偏振光通过波晶片后偏振态的变化.下面我们举几个例子.

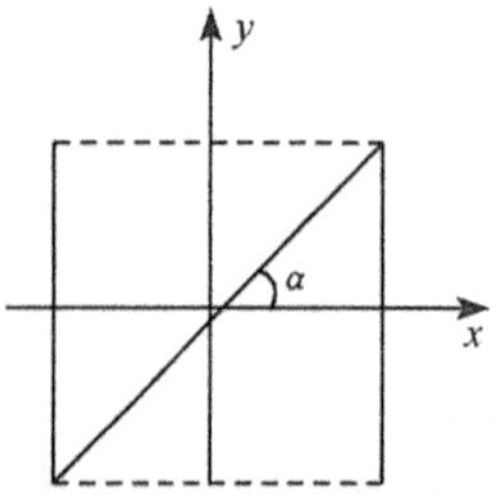

图 5-41 线偏光通过 $\lambda/4$ 片后

例题 2 入射光为线偏振光,其振动方向如图 5-41 所示(注意是迎光观察),与快轴的夹角为 α,波晶片为 $\lambda/4$ 片(即 $\delta'=\pi/2$),问 $\alpha=45°$,135°时的出射光的偏振状态?

解 对照图 5-37 可知,入射线偏振光振动方向与快轴的夹角为 45°,135°时,$\delta_{入}$ 分别为 0 和 π;分振动的振幅分别为

$$E_{ox} = E_o\cos\alpha, \quad E_{oy} = E_o\sin\alpha$$

这里 E_o 为入射光振幅.经过 $\lambda/4$ 片后,由于 $\delta'=\pi/2$,所以

当 $\alpha=45°$时

$$\delta_{出} = \delta_{入} + \delta' = \pi/2$$

当 $\alpha=135°$时

$$\delta_{出} = 3\pi/2$$

再对照图 5-37 可知,当 $\alpha=45°$时出射光为左旋圆偏振光

$$E_{ox} = E_{oy} = E_o\cos 45°$$

当 $\alpha=135°$时出射光为右旋圆偏振光,若 α 不为 45°或 135°时

$$E_{ox} \neq E_{oy}$$

出射光将为正椭圆偏振光.

例题 3　入射光为右旋椭圆偏振光，波晶片为 $\lambda/4$ 片（即 $\delta'=\pi/2$），α 代表其慢轴与椭圆长轴的夹角，问 $\alpha=0°, 45°$ 时，出射光的偏振状态.

解　如图 5-42，作各边分别平行于 x, y 轴的矩形框与椭圆外切，此矩形框的边长即为 $2E_{ox}$ 和 $2E_{oy}$. 将图 5-42 中的入射光光矢量端点轨迹与图 5-37 对比，就可知道，$\alpha=0°, 45°$ 时的 $\delta_{入}$ 分别为 $3\pi/2$ 和第四象限的某个角度. 加上 $\delta'=\pi/2$ 后，即得 $\delta_{出}=2\pi$ 和第一象限内的某个角度. 再次对照图 5-37 可判知，出射光的偏振状态将如图 5-42 中的右边两图所示，$\alpha=0°$ 时，为第一、三象限内的线偏振光，$\alpha=45°$ 时为左旋斜椭圆偏振光. 请读者自己分析一下如果入射光是圆偏振光时，则无论 $\lambda/4$ 片的光轴方向如何，出射光总是线偏振光.

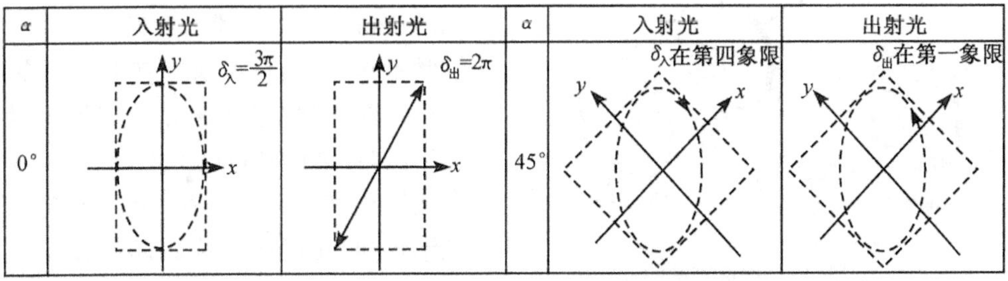

图 5-42　椭偏光过 $\lambda/4$ 片后偏振态的变化

综上所述，椭圆偏振光经过 $\lambda/4$ 片后偏振状态的变化可以利用图 5-37 用一种简单方法来确定. 这就是，首先按照入射光的偏振状态（如旋转方向、长轴与快轴的夹角等）确定其在图 5-37 中属第几格描述的偏振态，然后向右移动两格，此格即描述了出射光的偏振状态. 类似情况有，若通过 $\lambda/2$ 片，则移动四格，第四格即出射光的偏振态. 不过请注意，第一格和最后一格实际上是相同的，应看成一格.

另外，由于自然光和部分偏振光是一系列独立的、偏振方向不同的线偏振光组成的，它们经过 $\lambda/4$ 片后有的仍是线偏振光，有的成为圆偏振光，而大部分是长短轴比例各不相同的椭圆偏振光，这时出射光在宏观上仍是自然光或部分偏振光.

三、各种偏振状态的判别方法

假定入射光有五种可能性，即自然光、部分偏振光、线偏振光、圆偏振光、椭圆偏振光. 由上述内容可知，利用偏振片的消光特性可以将线偏振光区分出来，但不能区分自然光和圆偏振光、部分偏振光和椭圆偏振光. 而利用一块 $\lambda/4$ 片可以把圆偏振光和椭圆偏振光变为线偏振光，但不能把自然光和部分偏振光变为线偏振光. 把偏振片和 $\lambda/4$ 片两者结合起来使用，就可以把上述五种光完全区分开. 检验的步骤可用表 5-2 来说明，装置参见图 5-43.

表 5-2　偏振光的检验

第一步	令入射光通过偏振片 Ⅰ,改变偏振片 Ⅰ 的透振方向 P_1,观察透射光强度的变化(图 5-43(a))				
观察到的现象	有消光	强度无变化		强度有变化,但无消光	
结　论	线偏振光	自然光或圆偏振光		部分偏振或椭圆偏振	
第二步		①令入射光依次通过 $\lambda/4$ 片和偏振片 Ⅱ,改变偏振片 Ⅱ 的透振方向 P_2,观察透射光的强度变化(图 5-43(b))		②同步骤①,只是 $\lambda/4$ 片的光轴方向必须与第一步中偏振片 Ⅰ 产生的强度极大或极小的透振方向重合	
观察到的现象		有消光	无消光	有消光	无消光
结　论		圆偏振光	自然光	椭圆偏振	部分偏振

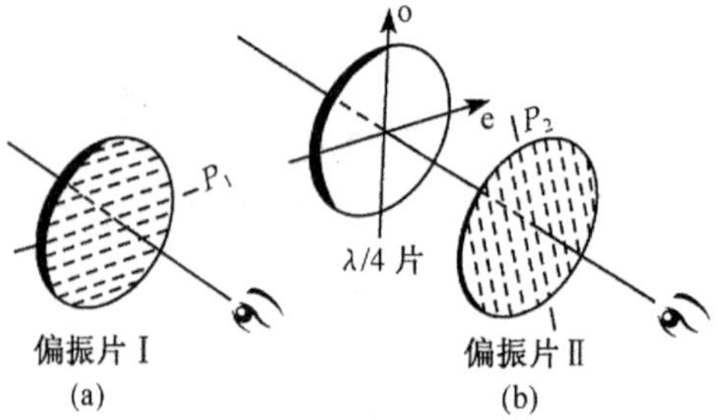

图 5-43　偏振态的检验

最后应当指出的是,在实验室中用的偏振片和 $\lambda/4$ 片上透振方向和光轴常常是不标明的,这就使我们的第二步判断椭圆偏振光和部分偏振光时发生困难.请读者自己考虑,如何用两个偏振片和一个 $\lambda/4$ 片(透振方向和光轴未知)正确区分椭圆偏振和部分偏振光.

5-8　平行偏振光的干涉

当两束频率相同、有固定相位差、振动方向互相垂直的线偏振光相遇而叠加后将成为椭圆偏振光,而不会发生干涉现象.光的相干条件告诉我们,只有两束不但频率相同、有固定相位差,而且振动方向平行的线偏振光相遇才会发生干涉.下面我们通过一个典型装置来说明平行传播的偏振光的干涉是如何发生的,它的基本原理是什么?

平行偏振光干涉实验装置如图 5-44(a)所示,在两个偏振片 Ⅰ、Ⅱ 之间插入一块厚度为 d 的波晶片,三个元件彼此平行,平行光线正入射到这一系统上,直接用眼睛或屏幕可以观察出射光波强度随各元件取向的变化.图 5-44(b)是偏振片的透振方向及波晶片的光轴在幕上的投影图.

实验结果表明:

(1) 当波晶片的厚度均匀时,单色光入射,幕上照度是均匀的,转动任何一个元件,幕上的强度都会变化;

(2) 白光入射时,幕上出现彩色,转动任何元件时,幕上颜色发生变化,这种现象叫做**显色偏振**;

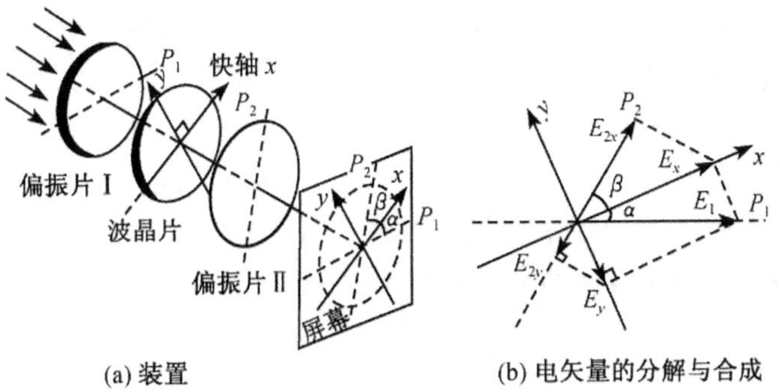

图 5-44　平行传播的偏振光的干涉

(3) 如果波晶片厚度不均匀(例如是尖劈状的),幕上出现等厚干涉条纹,白光照明时条纹带有彩色.

下面我们通过计算来解释这些现象.

如图 5-44(a)所示入射光经过偏振片变成沿其透振方向 P_1 振动的线偏振光,设其光矢量为 $\boldsymbol{E}_1$,振幅为 $\boldsymbol{E}_{1o}$,此线偏振光投射到波晶片上以后分解为快光 $\boldsymbol{E}_x$ 和慢光 $\boldsymbol{E}_y$,设 x 轴与 P_1 轴的夹角为 α,$\boldsymbol{E}_x$ 和 $\boldsymbol{E}_y$ 的振幅分别是

$$E_{ox} = E_{1o}\cos\alpha, \quad E_{oy} = E_{1o}\sin\alpha$$

光线从波晶片穿出射到偏振片Ⅱ上,x 分量和 y 分量中都只有它们在其透振方向 P_2 上的投影 $\boldsymbol{E}_{2x}$ 和 $\boldsymbol{E}_{2y}$ 才能通过. 设 P_2 与 x 轴的夹角 β(注意,α、β 都取小于 $\frac{\pi}{2}$ 的正角),则 $\boldsymbol{E}_{2x}$,$\boldsymbol{E}_{2y}$ 的振幅分别为

$$A_{2x} = E_{ox}\cos\beta = E_{1o}\cos\alpha\cos\beta$$

$$A_{2y} = E_{oy}\sin\beta = E_{1o}\sin\alpha\sin\beta$$

因为 $\boldsymbol{E}_{2x}$ 与 $\boldsymbol{E}_{2y}$ 振动方向相同,又是从偏振片Ⅰ出射的同一束线偏振光分裂出来的,所以它们是相干的. 最后偏振片Ⅱ射出的光线,其总强度应是 $\boldsymbol{E}_{2x}$ 和 $\boldsymbol{E}_{2y}$ 的相干叠加的结果. 设 $\boldsymbol{E}_{2x}$ 和 $\boldsymbol{E}_{2y}$ 的合成振动为

$$\boldsymbol{E}_2 = \boldsymbol{E}_{2x} + \boldsymbol{E}_{2y}$$

现在我们再来考虑 $\boldsymbol{E}_{2x}$ 与 $\boldsymbol{E}_{2y}$ 之间的相位差 $\delta_{出}$ 的大小. 考虑到 P_1、P_2、x 轴之间可以有各种取向,$\delta_{出}$ 应由两个因素决定:

(1) 由波晶片引起的相位差 δ'. $\boldsymbol{E}_x$ 与 $\boldsymbol{E}_y$ 通过波晶片时产生的附加相位差

$$\delta' = \frac{2\pi}{\lambda} \mid n_o - n_e \mid d$$

它与晶片的厚度成正比,与波长成反比.

(2) 投影相位差 δ'',如图 5-44(b)所示;P_1、P_2 在不同象限,投影到 P_2 方向的两光矢量方向相反,表明相应振动间存在数值为 π 的附加相位差,这种由于投影产生的附加相位差(用 δ'' 表示)可称之为投影相位差. 当 P_1、P_2 在同一象限时,投影

到 P_2 的两光矢量方向相同，这时投影相位差 $\delta''=0$. 因而从偏振片Ⅱ出射的二束光 $\boldsymbol{E}_{2x}$ 与 $\boldsymbol{E}_{2y}$ 的总的相位差

$$\delta_{出}=\delta'+\delta''=\frac{2\pi}{\lambda}\mid n_o-n_e\mid d+\begin{cases}0 & (P_1、P_2\ 同象限)\\ \pi & (P_1、P_2\ 异象限)\end{cases} \tag{5-8-1}$$

现在再回过头来考虑 $\boldsymbol{E}_{2x}$ 与 $\boldsymbol{E}_{2y}$ 的相干叠加后光强分布.

根据同振动方向简谐振动合成原理，$\boldsymbol{E}_2$ 的振幅应为

$$\boldsymbol{E}_{2o}=\sqrt{A_{2x}^2+A_{2y}^2+2A_{2x}A_{2y}\cos\delta_{出}}$$

从而强度为

$$\begin{aligned}I_2&=E_{2o}^2\\&=A_{2x}^2+A_{2y}^2+2A_{2x}A_{2y}\cos\delta_{出}\\&=E_{1o}^2(\cos^2\alpha\cos^2\beta+\sin^2\alpha\sin^2\beta+2\cos\alpha\cos\beta\sin\alpha\cos\beta\cos\delta_{出})\end{aligned} \tag{5-8-2}$$

将式(5-8-1)代入式(5-8-2)就得到出射光强度 I_2 的普遍公式. 下面我们就用上述这个普遍公式来解释三个实验现象. 从式(5-8-2)可见，I_2 与 α、β 有关，这就说明了实验现象(1)中强度与偏振片Ⅰ、Ⅱ和波晶片的取向有关的事实. 为了说明实验(2)，我们先看两个简单的特例：①P_1 与 P_2 垂直，x 轴(快轴)为它们的角平分线(图 5-45(a))；②P_1、快轴不动，将 P_2 转到与 P_1 平行(图 5-45(b)). 在这两种情况下，$\alpha=\beta=45°$，前者 $\delta''=\pi$(P_1，P_2 不在同一象限)，后者 $\delta''=0$，所以，

当 $P_1\perp P_2$ 时

$$I_2=\frac{E_{1o}^2}{2}[1+\cos(\delta'+\pi)]=\frac{E_{1o}^2}{2}(1-\cos\delta')$$

当 $P_1/\!/P_2$ 时

$$I_2=\frac{E_{1o}^2}{2}(1+\cos\delta') \tag{5-8-3}$$

式中 $\delta'=\frac{2\pi}{\lambda}|n_o-n_e|d$ 是由波晶片产生的相位差. 由式(5-8-3)可知，影响 I_2 的因素很多，如 λ、d、$|n_o-n_e|$ 等，下面我们分别讨论它们的后果. 首先考虑波长 λ 对 I_2 的影响.

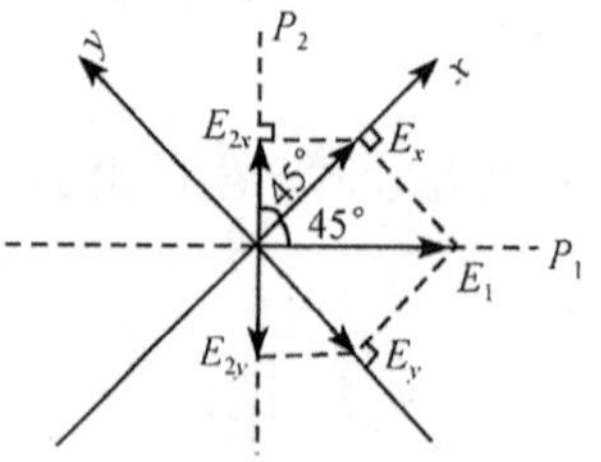

(a) $P_1\perp P_2$ 光轴成 45° 角

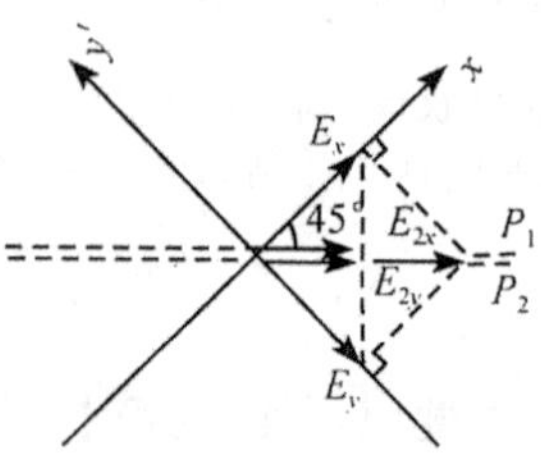

(b) $P_1/\!/P_2$ 光轴成 45° 角

图 5-45　两个简单特例的电矢量

白光是各种波长的单色光组成的，如果其中缺了某种颜色（例如红色）的光，则呈现出它的互补色（绿色）来.

对于给定的波晶片，它具有一定的(n_o-n_e)和d，如果某单色波长λ_1满足下式

$$\delta'=\frac{2\pi}{\lambda_1}\mid n_o-n_e\mid d=2m\pi(m=\text{整数})$$

则$\cos\delta'_1=1$，由式(5-8-3)可知：

$$P_1\perp P_2\text{ 时},I_2=0(\text{消光})$$
$$P_1 /\!/ P_2\text{ 时},I_2=E_{1o}^2(\text{极大})$$

对于另外一种波长为λ_2的单色光，可能有

$$\delta'_2=\frac{2\pi}{\lambda_2}\mid n_o-n_e\mid d=(2m+1)\pi\qquad(m\text{ 为整数})$$

这时$\cos\delta'_2=-1$，由式(5-8-3)可知

$$P_1\perp P_2\text{ 时},I_2=E_{1o}^2(\text{极大})$$
$$P_1 /\!/ P_2\text{ 时},I_2=0(\text{消光})$$

如果入射光中同时包含有波长为λ_1和λ_2的光，则$P_1\perp P_2$时显出波长为λ_2的颜色，$P_1/\!/P_2$时显示出波长为λ_1的颜色. 白光中包含各种可能的波长，随着P_2的转动，将显出各种色彩的变换来. 这便是显色偏振产生的原因.

另外，当P_1、P_2与波晶片快轴之间的方位固定后，显色偏振显示的颜色（称干涉色）与波晶片的光程差$|n_o-n_e|d$相对应，因此矿物分析工作者就根据实验编制出显色与光程差对应表，只要根据所观察到的干涉色，就可查表得知相应的光程差，再测出晶片的厚度，可求得晶片的双折射率. 若在光路中插入上节介绍过的补偿器，由于光程差的改变，将使干涉色发生变化，据此可决定晶片是正晶体还是负晶体，从而进行矿物分析.

当晶片的厚度及双折射率均匀时，幕上的干涉场只是均匀的亮暗和颜色的变化，而没有出现干涉条纹. 如果换一块厚度不均匀或者双折射率不均匀的晶片，则由于经过波晶片不同处的两束出射光之间光程差不同，因而造成干涉光强度不均匀即出现明暗或彩色干涉条纹. 波长为λ的单色光正入射且$P_1\perp P_2$时，在那些厚度d满足

$$\delta'=\frac{2\pi}{\lambda}\mid n_o-n_e\mid d=2m\pi$$

的地方，$\cos\delta'=1$，$I_2=0$，出现暗纹；而厚度d满足

$$\delta'=\frac{2\pi}{\lambda}\mid n_o-n_e\mid d=(2m+1)\pi$$

的地方，$\cos\delta'=-1$，$I_2=E_{1o}^2$，出现亮纹；同样不难分析出，当$P_1/\!/P_2$时的情形. 用白光照明时各种波长的光干涉条纹不一致，在某种颜色的光出现暗纹的地方就显

示出它的互补色来，这样幕上就出现彩色条纹. 以上便解释了实验(3)中观察到的现象.

偏振光的干涉在实际中得到了广泛的应用. 利用偏振光的干涉对矿物晶体进行光学性质的研究是鉴别各种矿物的重要手段；以偏振光的干涉作为基础的光测弹性技术也已用于固体内部的应力分析，这点在 5-9 节中还要详细说明.

5-9　人为双折射

前面说的双折射现象都是天然晶体所具有的. 实验发现，许多各向同性的透明介质(包括固体、液体、气体)在某些外加条件的影响下会变成对光的各向异性体(例如对这些物体沿某一方向施加压力，或外加一电场、磁场等). 物质在外界条件作用下所具有的这种非永久性的光学各向异性，就叫做人为**双折射性**.

一、由形变引起的人为双折射

实验表明，原来是各向同性的透明介质在机械应力作用下，显示出光学上的各向异性，从而产生双折射，这种现象称作**光弹性效应**或称**应力双折射**. 图 5-46 是观察光弹性效应的实验装置示意图，P_1 和 P_2 是两个透振方向正交的偏振片，两者之间放入一块各向同性的透明物质 B(例如玻璃、有机玻璃等)，这时眼睛通过 P_2 可观察光的强弱，当 B 内部不受应力时，具有光学各向同性的特性，不产生双折射，在 $P_1 \perp P_2$ 的条件下入射光不能通过 P_2. 但是一旦 B 受到外力而使它发生形变时，B 就变成各向异性了. 在外加压力的方向(严格讲是内部所受应力的方向)立即出现人为的“光轴”，这时 B 就相当于一块能产生双折射的晶片. 当光通过样品 B 时会分解成 o 光和 e 光，再通过第二个偏振片后将产生偏振光的干涉，这时眼睛通过 P_2 可以观察到干涉图样.

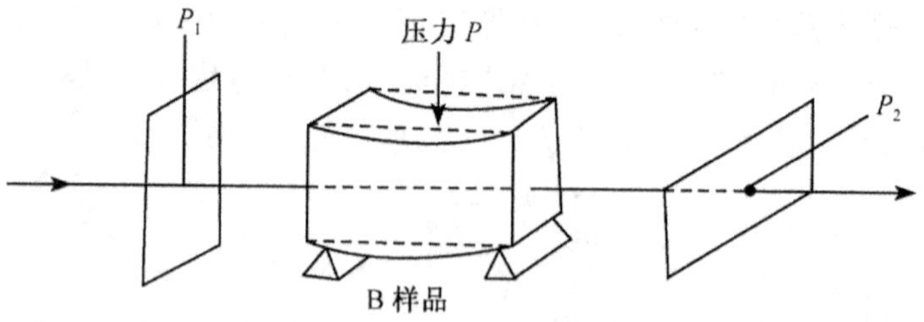

图 5-46　光弹性效应实验装置示意图

压力引起形变，就是引起在施力方向上的物质的原子间距变小了，而在垂直力方向上的原子间距变大. 因而物质表现出各向异性，使它像一个“单轴晶体”.

实验证明，这时这块物体对于 o 光和 e 光主折射率之差，$n_o - n_e$ 正比于物体内

部的应力 P 即

$$n_o - n_e = KP \tag{5-9-1}$$

其中 K 是比例常数.

如果 B 内部的应力作均匀分布，则通过它不同部分的 o 光和 e 光均有相同的相位差

$$\delta = \frac{2\pi}{\lambda} \mid n_o - n_e \mid L = \frac{2\pi}{\lambda} LKP \tag{5-9-2}$$

式中 L 是样品 B 的长度. 偏振片 P_2 后将有均匀的视场；如果应力分布不均匀，P_2 后将能观察到干涉条纹. 用白光作光源时，将观察到由于显色偏振而得到的彩色条纹.

样品 B 中应力分布对应一定的光程差分布，光程差分布又对应一定的干涉图样，所以干涉图样分布就反映了样品 B 中的应力分布情况. 这个原理为检验透明非晶体中是否存在有害的应力，研究物体内部各处受力情况(应力分布)提供了极有效的方法. 在建筑学、机械设计等方面，可用此法分析建筑物或机械内部应力分布情况. 办法是先用透明材料(如有机玻璃、环氧树脂等)做成与实物相似的缩小的模型，按照实际发生的情况对其各部分施加负载. 把这模型放在透振方向正交的偏振片 P_1、P_2 之间，观察并分析产生的干涉图样，就可得知应力分布情况. 这种利用偏振光的干涉来测定物体内部应力分布的方法称为**光测弹性**. 图 5-47 中的照片是圆盘受压和钩子受拉后观察到的干涉条纹.

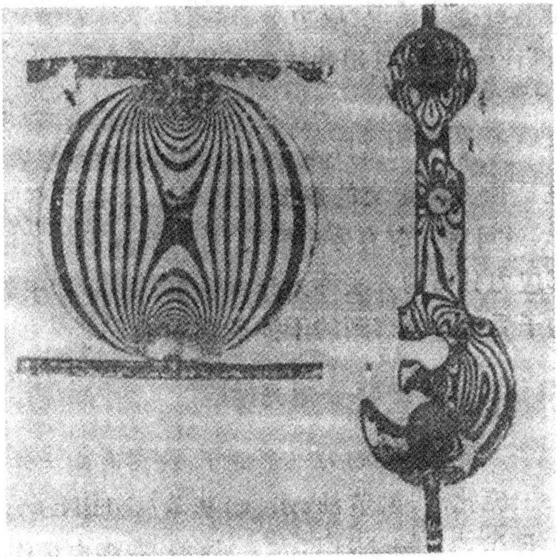

图 5-47　圆盘受压和钩子受拉时观察到的干涉条纹

二、电场引起的双折射——电光效应

这是人为双折射现象的另一个例子.许多各向同性的物质,如玻璃、树脂、二硫化碳、松节油、水、硝基苯($C_6H_5NO_2$)、硝基甲苯($C_7H_7NO_2$)、磷酸二氢铵($NH_4H_2PO_4$)等,在强电场作用下(场强≈10^4V/cm)会出现双折射性.这种现象称为电光效应或克尔效应.

克尔效应可用图 5-48 的装置来演示.把装有平板电容器的玻璃容器(叫做克尔盒)放在正交的两个偏振器 P_1、P_2 之间,容器中放进要观察的溶液(如硝基苯).不加电场时,液体是各向同性的,因此光不能通过两个正交的偏振器.加电场后,液体现出单轴晶体的特性,这时就有光通过第二个偏振器 P_2.实验证明,在克尔效应中光轴方向与外电场方向一致,n_o-n_e 与场强 E 平方成正比.因此 o 光和 e 光的相位差 δ 等于

$$\delta=\frac{2\pi d}{\lambda}(n_o-n_e)=BdE^2 \tag{5-9-3}$$

这里 d 是在电场中物质的长度,λ 是入射光在真空中的波长,B 是克尔常数,对各种液体而言,硝基苯的克尔常数 B 最大.

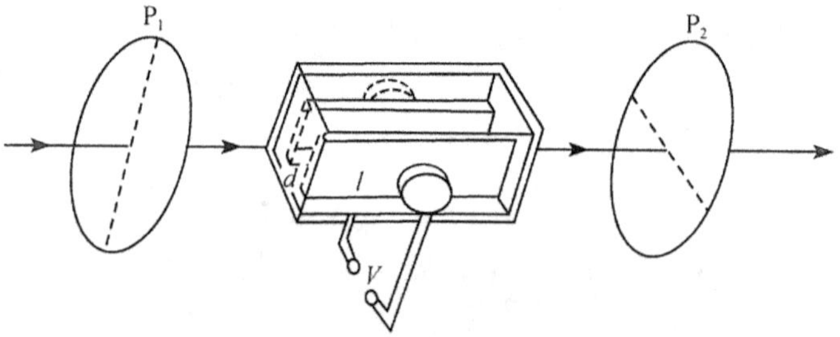

图 5-48　观察克尔效应的装置

在现代激光通信和电视图像传输装置中常常利用克尔效应对通信激光进行调制,从而把声音或图像信号加到激光上去.方法是:首先,把声音或图像信号变成电信号,把它加到图 5-48 装置中的克尔盒的电容器上.然后让激光通过偏振片与克尔盒,由于通过克尔盒后 o 光和 e 光的相位差由克尔盒的场强 E 决定,所以最后从装置出射的激光的强度(或振幅)是随加在克尔盒上的电压信号的变化而变化的.这样就使这束激光的振幅受到了调制.

物质分子的各向异性是产生克尔效应的原因.在没有外电场时,物质分子由于热运动而作无规则排列,在宏观上表现出光学各向同性.当存在外电场时,物质产生极化,分子沿电场方向的取向产生优势,遂呈现宏观上的各向异性,因为电场的这种作用是非常迅速的,所以克尔效应的一个很大特点是弛豫时间非常短促,仅仅

10^{-9} s 左右（弛豫时间是加上电场到产生双折射，或去掉电场到双折射性质消失的时间间隔）. 弛豫时间极短使克尔效应在高速自动控制中有重要的应用价值. 例如可以利用图 5-48 做超快速的（即没有惯性的）光路开关装置（“光闸”），将电信号瞬时间转化为光信号，这是其他装置无法实现的. 因此克尔效应在高速摄影、光速测定以及激光技术中获得广泛应用.

克尔效应中电场方向与光的传播方向垂直，故也称横向电光效应. 泡克耳斯（F. Pockels）发现一些单轴晶体在纵向电场（与光的传播方向一致）作用下会改变其双折射性质，成为双轴晶体，这种现象称为**泡克耳斯效应**或**纵向电光效应**. 通常把磷酸二氢钾晶体（KH_2PO_4，简称 KDP 晶体）放置在两块导电玻璃板之间，导电玻璃板构成能产生电场的电容器，晶体的光轴与电容器极板垂直，入射光沿晶体的光轴（即电场方向）入射. 与观察克尔效应一样，也用正交偏振片系统进行观察. 在不加电场时，入射光在晶体内沿光轴传播不发生双折射，光不能通过 P_2，加上几千伏的电压时，晶体在电场作用下光学性质起了变化，由单轴晶体变为双轴晶体，于是沿垂直原来的光轴（光传播方向）方向振动，但振向相互垂直的两光矢量（或两垂直分量）就具有了不同的相速度和折射率，这样引起入射光在晶体中分成快光和慢光，穿过晶体后产生一定的相位差，因产生干涉而将有一部光通过 P_2. 泡克耳斯效应与电场强度成线性关系，这是不同于克尔效应的一个特点. 由于克尔盒有很多缺点，例如对硝基苯液体的纯度要求很高（否则克尔常数下降，弛豫时间变长），而且有毒、液体不便携带等，所以泡克耳斯效应近来被更广泛地用作光的高速开关.

三、科顿-穆顿(Cotton-Mouton)效应

如果把强磁场作用到透明的液体介质上，液体分子会在磁场的感应下形成一定的规则排列，因而表现出像单轴晶体那样的双折射性质. 这种效应叫科顿-穆顿效应. 当光沿着垂直于磁场的方向通过液体时就会分解为两束线偏光，一束线偏振光的光矢量平行于磁场，另一束线偏振光的光矢量垂直于磁场. 两束线偏振光的折射率之差正比于磁场强度的平方.

5-10　旋 光 现 象

一、自然旋光

当一束线偏振光通过某些物质时，光的振动方向会随着传播距离增大逐渐转动. 这种现象称为**旋光现象**. 旋光现象最早是在 1811 年由阿喇果在石英晶片中观察到的. 稍后，比奥（Biot）在一些蒸气和液态物质中也观察到同样的现象. 图 5-49 是观察石英旋光性的实验装置. P_1 和 P_2 是两正交偏振片，Q 是石英晶片，其光轴

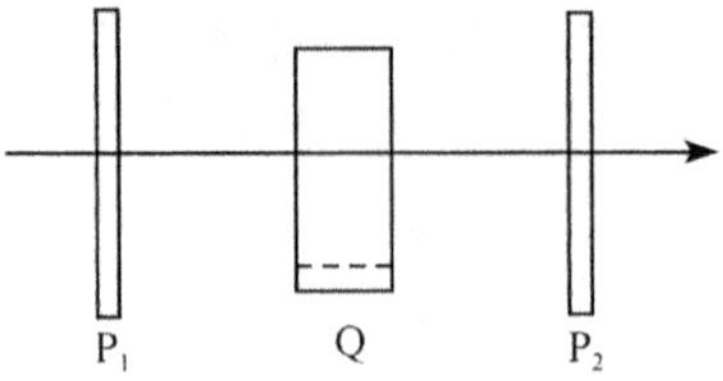

图 5-49　观察石英旋光性装置

与表面垂直.从 P_1 出来的线偏振光垂直入射到石英晶片上,发现有光通过 P_2,但将 P_2 旋转一适当角度后,仍可达到消光.这说明从石英晶片穿出的光仍是线偏振光,只不过其振动方向转过了一个角度.图 5-50 画出了石英晶片内光振动方向逐渐变化的情景.

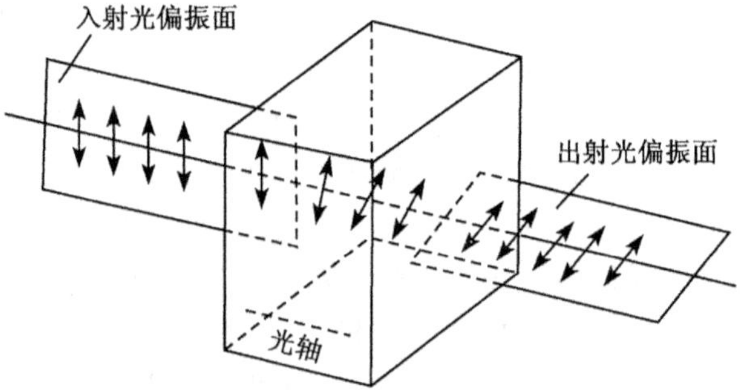

图 5-50　石英晶体的旋光现象

实验表明,一定波长的线偏振光通过旋光物质时,光矢量转过的角度 Ψ 与在该物质中通过的距离 d 成正比

$$\Psi = \alpha d \tag{5-10-1}$$

比例系数 α 称为该物质的旋光率,单位用度/mm,旋光率的大小不仅与物质有关,还与波长有关.因此在复色光照射下,不同波长的光波的光矢量旋转的角度不同,这种现象叫**旋光色散**.图 5-51 大致表示了石英的旋光色散情况,对 1mm 厚的石英晶片,红光大约转过 15°,紫光则转过大约 50°,其他色光介于两者之间.

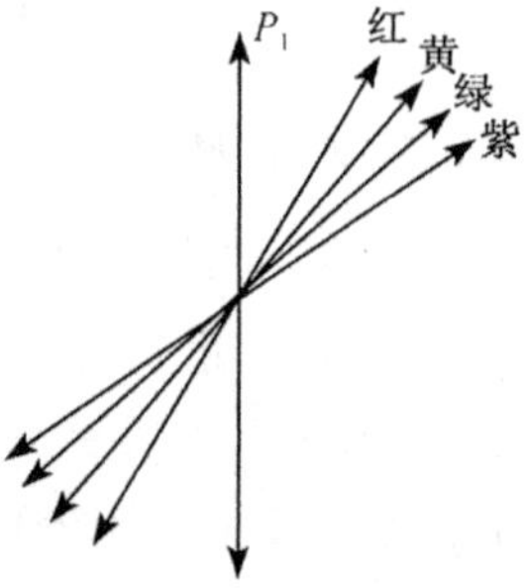

图 5-51　旋光色散

对于旋光的溶液,光矢量转过的角度 Ψ 除了正比于光在溶液中通过的距离 d,还和溶液的浓度 C 成正比,即

$$\Psi = [\alpha] dC \tag{5-10-2}$$

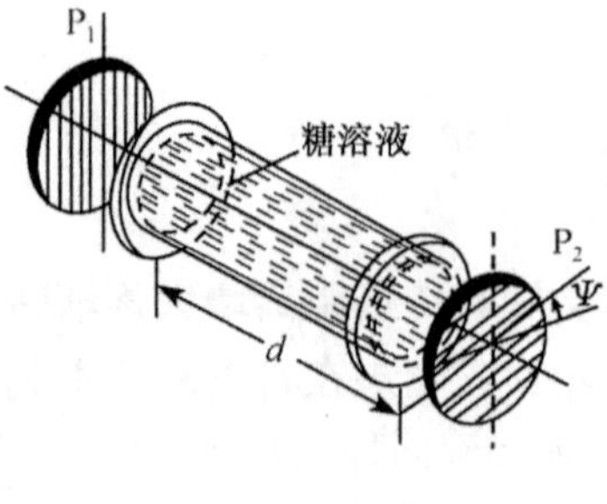

图 5-52　量糖计

比例系数$[\alpha]$叫做该溶液的**比旋光率**.它与溶质和溶剂的种类、所用波长和温度有关,$[\alpha]$的单位通常用度/[dm·(g/cm³)].利用旋光现象可测定溶液的浓度,量糖计就是根据旋光原理设计的测量仪器.量糖计的结构如图 5-52 所示.起偏器 P_1 产生的线偏振光经过糖溶液后,振动方向转过了 Ψ 角,借助于检偏器 P_2 可测出 Ψ 角,根据已知的$[\alpha]$和 d,应用公式(5-10-2)就可求得浓度 C.

实验还发现，具有旋光性质的物质有左旋与右旋之分. 当迎着光线观察时，使光矢量顺时针旋转的物质称**右旋物质**，逆时针旋转的物质称**左旋物质**. 自然界存在的石英晶体既有右旋的，也有左旋的. 它们的旋光率相同，但方向相反. 右旋石英和左旋石英分子式（SiO_2）相同. 但分子排列结构是镜像对称的，这种具有相同的分子式而旋光性质不同的物质称为旋光异构体. 许多具有旋光性质的有机药物、生物碱、生物体中的各种糖类、氨基酸等都存在着两种旋光异构体. 区别右旋和左旋对了解分子结构和有关性质是重要的. 对某些药物来说，左旋和右旋的异构体疗效迥然不同.

为了解释石英晶体中发生的旋光现象，菲涅耳作了这样的假设：沿晶体光轴传播的线偏振光可以分解为两个沿相反方向旋转的等频率、等振幅的圆偏振光；在旋光晶体中，这两个圆偏振光有不同的传播速度. 在右旋晶体中，右旋圆偏振光（简称 R 光）的传播速度较快；而在左旋晶体中，左旋圆偏振光（简称 L 光）传播速度较快. 简言之，按菲涅耳理论，晶体的旋光性是由于在光轴方向上，对于旋转方向相反的圆偏振光有不同的传播速度所致. 下面我们就根据这个假设来解释旋光现象.

设 V_L、V_R 分别为左旋和右旋圆偏振光沿光轴方向的传播速度，$n_L = C/V_L$ 和 $n_R = C/V_R$ 为与之相应的折射率. 由于旋转方向相反的圆偏振光具有不同的速度或者说不同的折射率. 因而经过旋光晶体产生不同的相位滞后

$$\varphi_L = \frac{2\pi}{\lambda} n_L d, \quad \varphi_R = \frac{2\pi}{\lambda} n_R d$$

式中 λ 为真空中波长，d 为旋光晶体的厚度. 请注意，圆偏振光的相位即旋转光矢量的角位移，例如 ωt 就是光场中某处旋转光矢量随时间转过的角度. 相位滞后的作用与 ωt 相反，它引起同时刻的光矢量随传播距离增加而角度倒转.

当两种圆偏振光经过晶片时，在出射界面上左旋圆偏振光的光矢量 $\boldsymbol{E}_L$ 和右旋圆偏振光的光矢量 $\boldsymbol{E}_R$ 的瞬时位置（图 5-53(b)）比同一时刻入射界面上的位置（图 5-53(a)）分别落后一个角度 φ_L 和 φ_R. 对于 L 光，φ_L 是由入射界面上 $\boldsymbol{E}_L$ 的位置顺时针向右旋转到出射界面上同一时刻 $\boldsymbol{E}_L$ 的位置所转过的角度. 同理 φ_R 是由入射界面上 $\boldsymbol{E}_R$ 的位置向左旋转到出射界面上同一时刻 $\boldsymbol{E}_R$ 的位置所转过

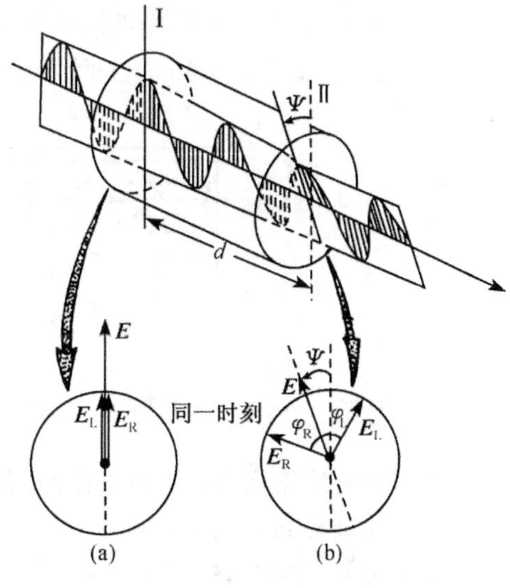

图 5-53　旋光性的解释

的角度.

为了简便,设入射线偏振光的振动面在竖直方向,并取它在入射界面上的初相位为 0,即在 $t=0$ 时刻入射光的光矢量 $\boldsymbol{E}$ 方向朝上并具有极大值. 因此将它分解为左、右旋圆偏振光后,$\boldsymbol{E}_L$,$\boldsymbol{E}_R$ 的瞬时位置都与 $\boldsymbol{E}$ 一致(图 5-53(a)). 图 5-53(b)显示了同一时刻出射界面上的情形,$\boldsymbol{E}_L$ 和 $\boldsymbol{E}_R$ 分别向右和向左转了一个角度 φ_L 和 φ_R.

当光束穿出晶片后左、右旋圆偏振光和传播速度恢复一致,我们又可以将它们合成为一个线偏振光. 其偏振方向在 $\boldsymbol{E}_L$ 和 $\boldsymbol{E}_k$ 瞬时位置的角平分线上. 从图 5-53(b)不难看出,此方向相对于原来的竖直方向转过了一个角度 Ψ,其大小为

$$\Psi=\frac{1}{2}(\varphi_L-\varphi_R)=\frac{\pi}{\lambda}(n_L-n_R)d \tag{5-10-3}$$

上式表明,偏振面转动的角度 Ψ 与旋光晶片的厚度 d 成正比. 当 $n_L>n_R$ 时,$\Psi>0$,晶体是右旋的;当 $n_L<n_R$ 时,$\Psi<0$,晶体是左旋的. 这样就解释了晶体的旋光性.

菲涅耳在提出上述假设的同时,设计了如图 5-54 所示的复合棱镜验证了它. 让一线偏振光垂直入射组合棱镜的 AB 面上,这个复合棱镜由右旋石英和左旋石英制成的直角棱镜互相胶合而成,其光轴都平行于底边. 光在第一个棱镜内不折射,但沿光轴 R 光和 L 光以不同速度传播. 在第一块棱镜和第二块棱镜的交界面上,由于晶体旋光性质的变化,L 光传播速度由小变大,这相当于从光密介质向光疏介质折射,折射光线远离法线;R 光则相反,可认为是由光疏介质向光密介质的折射,折射光线接近法线. 结果在第二个棱镜中 L 光和 R 光分开. 与此同理,以后每经过一个界面 R 光与 L 光更加分离. 最后对这组合棱镜出射的两束光进行实验分析,证明它们确为理论所预计的两种圆偏振光.

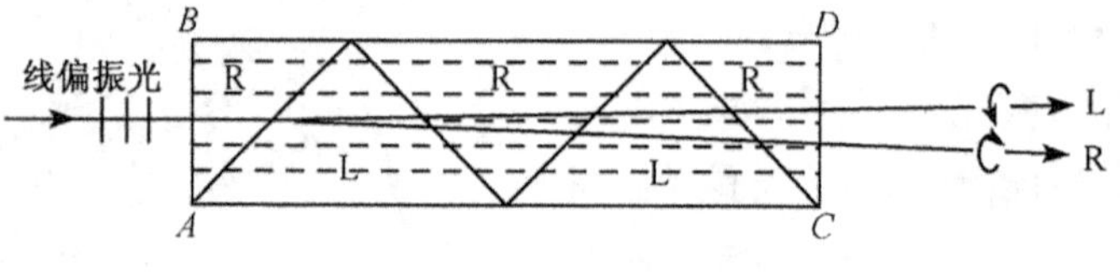

图 5-54 菲涅耳复合棱镜

二、磁致旋光——法拉第效应

在强磁场的作用下,物质的光学性质会发生改变,这就是所谓**磁光效应**. 磁光效应中比较重要的有法拉第效应和 5-9 节提到的科顿-穆顿效应.

1846 年法拉第发现在磁场的作用下,本来不具有旋光性的物质也产生了旋光性,即能使光矢量的振动面发生旋转. 这种现象叫做**磁致旋光**或**法拉第效应**. 利用

图 5-55 所示的装置就可以观察法拉第效应. 由起偏器 P_1 产生的线偏振光，光线穿过带孔的电磁铁(或螺线管)沿着(或逆着)磁场方向透过样品. 当励磁线圈中没有电流时，令检偏器 P_2 的透振方向与 P_1 正交，这时发生消光现象，它表明振动面在样品中没有旋转. 通入励磁电流产生强磁场后，则发现必须将 P_2 的透振方向转过 Ψ 角，才出现消光. 这表明，光的振动面在样品中转了角度 φ，这就是磁致旋光现象.

图 5-55　磁致旋光

实验表明，法拉第旋转效应有如下规律：

(1) 对于给定的介质，转角 Ψ 与样品的厚度 d 和磁感应强度 B 成正比

$$\Psi = VBd \tag{5-10-4}$$

比例系数 V 叫做韦尔代(Verdet)常数. 一般物质的韦尔代常数很小，相对来说，V 值比较大的有二硫化碳(CS_2)液体($V=0.042(')/(\mathrm{cm}\cdot\mathrm{Gs})$)和某些重火石玻璃($V$ 可达 $0.09(')/(\mathrm{cm}\cdot\mathrm{Gs})$).

(2) 磁致旋光也分右旋和左旋两种，旋转方向完全由物质本身的性质和磁场的方向决定. 对于绝大多数物质来说，当线偏振光通过时，如果沿磁场方向传播，振动面向左旋；当光束逆着磁场方向传播时振动面将右旋(注意判断左、右旋都是迎着光看，得到的结论). 换言之，如果顺着磁场方向看，则光振动面总是顺时针旋转. 这类物质称为正旋体. 但是，也有一些物质是负旋体. 因此如果用一反光镜让光束来回通过磁光介质(图 5-56(b))，回到原处时实际振动面旋转了 2Ψ 的角度. 这一点与自然旋光完全不同. 自然旋光的左右旋由旋光物质决定；与光的传播方向无关. 无论从旋光物质的那一端入射，迎光看去线偏振光振动面旋转方向是一定的. 因而用反光镜将光束反射回原处时(图 5-56(a))，其振动面将恢复初始位置. 利用法拉第效应的这一性质可制成单通光闸，即只允许光从一个方向通过的装置. 这在激光的多级放大装置中往往是必要的，因为光学放大系统中有许多界面，它们都会把一部分光反射回去，这对前级的装置会造成干扰和损害. 装了单通开关就可避免这一点. 图 5-57 画出了单通开关示意图，偏振器 P 的透振方向与前级放大输出激光的偏振方向一致，再让磁致旋光的角度恰好等于 45°，则经后级放大器界面反射回来的激光再经过磁光介质后，其振动方向和 P 成

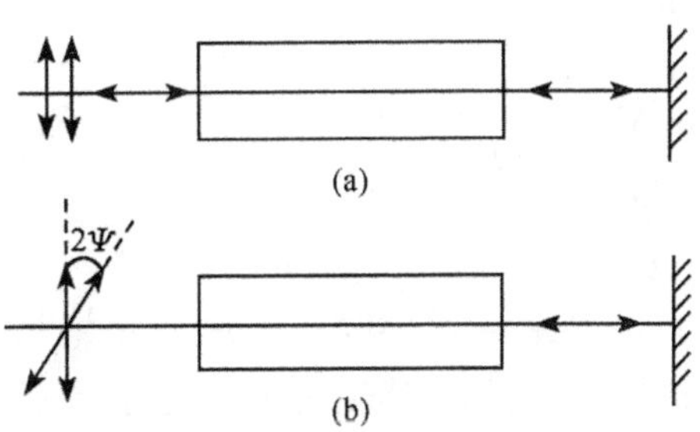

图 5-56　自然旋光与磁致旋光的比较

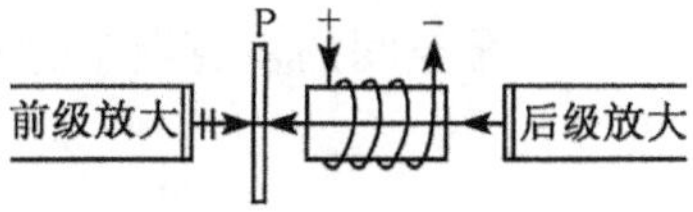

图 5-57　单通开关示意图

90°而不能通过 P 回到前级放大装置中去. 另外,利用图 5-57 所示的装置可以对激光进行调制,这在激光通信中也是非常重要的.

*5-11　双折射的电磁理论简介

前面我们用惠更斯的唯象理论解释了晶体的双折射现象,本节中将从电磁理论出发对其做进一步的论述.

一、各向异性介质中能流 $\boldsymbol{S}$ 的方向和波矢 $\boldsymbol{k}$ 的方向为何不同

由 5-5 节中可知,在各向异性介质中光线方向(能流方向)与波振面传播方向一般并不相同,其原因如下.

在各向同性线性介质中电位移矢量 $\boldsymbol{D}$ 与电场强度 $\boldsymbol{E}$ 有线性关系:$\boldsymbol{D}=\varepsilon_0\varepsilon\boldsymbol{E}$,其中 ε 是相对介电常数,上式表明 $\boldsymbol{D}$ 与 $\boldsymbol{E}$ 方向一致. 但是在各向异性介质中由于分子结构以及分子在宏观排列上的各向异性导致分子的电极化率各向异性,从而介质的介电常数一般是张量,而 $\boldsymbol{D}$ 与 $\boldsymbol{E}$ 方向一般并不相同. 在晶体中存在着三个正交的方向,称为主轴方向,在这三个方向上 $\boldsymbol{D}$ 的各个分量与 $\boldsymbol{E}$ 的各个分量分别有关系

$$D_x=\varepsilon_0\varepsilon_xE_x,\quad D_y=\varepsilon_0\varepsilon_yE_y,\quad D_z=\varepsilon_0\varepsilon_zE_z \tag{5-11-1}$$

三个关系式合起来可写为矩阵关系式

$$\begin{pmatrix}D_x\\D_y\\D_z\end{pmatrix}=\varepsilon_0\begin{pmatrix}\varepsilon_x&0&0\\0&\varepsilon_y&0\\0&0&\varepsilon_z\end{pmatrix}\begin{pmatrix}E_x\\E_y\\E_z\end{pmatrix} \tag{5-11-2}$$

或写成等价的张量形式

$$\boldsymbol{D}=\varepsilon_0\boldsymbol{\varepsilon}\cdot\boldsymbol{E} \tag{5-11-3}$$

其中

$$\boldsymbol{\varepsilon}=\begin{pmatrix}\varepsilon_x&0&0\\0&\varepsilon_y&0\\0&0&\varepsilon_z\end{pmatrix}$$

即相对介电常数张量. 对于单轴晶体,有 $\varepsilon_x=\varepsilon_y=n_o^2$,$\varepsilon_z=n_e^2$(其中 n_o、n_e 为单轴晶体的两个主折射率). 所以单轴晶体具有轴对称性,这里的对称轴为 z 轴,也就是晶体的光轴. 对于双轴晶体而言,则有 $\varepsilon_x\neq\varepsilon_y\neq\varepsilon_z$. 由式(5-11-2)和式(5-11-3)可知一般情况下 $\boldsymbol{D}$ 与 $\boldsymbol{E}$ 的方向是不相同的,除非 $\varepsilon_x=\varepsilon_y=\varepsilon_z$.

无源空间的麦克斯韦方程组中有两式为

$$\nabla\times\boldsymbol{E}=-\frac{\partial}{\partial t}\boldsymbol{B} \tag{5-11-4}$$

$$\nabla\times\boldsymbol{H}=\frac{\partial}{\partial t}\boldsymbol{D} \tag{5-11-5}$$

将平面单色光波中的 $\boldsymbol{D}$、$\boldsymbol{E}$、$\boldsymbol{H}$ 的表达式写在一起，可表示为

$$\begin{pmatrix}\boldsymbol{D}\\ \boldsymbol{E}\\ \boldsymbol{H}\end{pmatrix}=\begin{pmatrix}\boldsymbol{D}_0\\ \boldsymbol{E}_0\\ \boldsymbol{H}_0\end{pmatrix}\exp[\mathrm{i}(\boldsymbol{k}\cdot\boldsymbol{r}-\omega t)] \tag{5-11-6}$$

其中波矢 $\boldsymbol{k}=(\omega n/c)\boldsymbol{k}_0$，$\boldsymbol{k}_0$ 是沿波阵面传播方向的单位矢量. 将式(5-11-6)代入式(5-11-4)、式(5-11-5)，得到

$$\boldsymbol{k}\times\boldsymbol{E}=\omega\boldsymbol{B}=\omega\mu_0\mu_r\boldsymbol{H} \tag{5-11-7}$$

$$\boldsymbol{k}\times\boldsymbol{H}=-\omega\boldsymbol{D}=-\omega\varepsilon_0\boldsymbol{\varepsilon}\cdot\boldsymbol{E} \tag{5-11-8}$$

由式(5-11-7)、式(5-11-8)可知，$\boldsymbol{H}\perp\boldsymbol{k}$，$\boldsymbol{H}\perp\boldsymbol{E}$，$\boldsymbol{H}\perp\boldsymbol{D}$ 故 $\boldsymbol{E}$，$\boldsymbol{D}$，$\boldsymbol{k}$ 同处于垂直于 $\boldsymbol{H}$ 的平面内. 又由式(5-11-8)知 $\boldsymbol{D}\perp\boldsymbol{k}$ 由于 $\boldsymbol{E}$ 与 $\boldsymbol{D}$ 不同向，故 $\boldsymbol{E}$ 并不垂直于 $\boldsymbol{k}$（见图 5-58 中表示的各矢量的方位关系），代表能量传播方向的是玻印亭矢量 $\boldsymbol{S}=\boldsymbol{E}\times\boldsymbol{H}$，因为 $\boldsymbol{S}\perp\boldsymbol{H}$，所以 $\boldsymbol{S}$ 也与 $\boldsymbol{E}$、$\boldsymbol{D}$、$\boldsymbol{k}$ 共面，而 $\boldsymbol{S}\perp\boldsymbol{E}$，所以显然 $\boldsymbol{S}$ 与 $\boldsymbol{k}$ 方向并不一致.

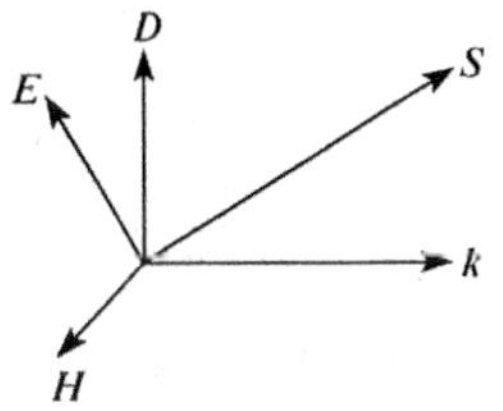

图 5-58

二、各向异性介质中的电磁波动方程

双折射现象的根本原因在于各向异介质中不同振向的光矢量具有不同的相速度，下面从理论上对此加以阐述.

首先考虑各向异性介质中的平面单色波满足的波动方程. 将式(5-11-7)代入式(5-11-8)，（在光学波段中，可以假设相对磁导率 $\mu_r=1$）可得

$$\boldsymbol{k}\times(\boldsymbol{k}\times\boldsymbol{E})=-\omega^2\mu_0\boldsymbol{D}=-\omega^2\mu_0\varepsilon_0\boldsymbol{\varepsilon}\cdot\boldsymbol{E} \tag{5-11-9}$$

利用矢量恒等式 $\boldsymbol{A}\times(\boldsymbol{B}\times\boldsymbol{C})=(\boldsymbol{A}\cdot\boldsymbol{C})\boldsymbol{B}-(\boldsymbol{A}\cdot\boldsymbol{B})\boldsymbol{C}$，式(5-11-9)进一步化为：

$$\boldsymbol{k}(\boldsymbol{k}\cdot\boldsymbol{E})-(\boldsymbol{k}\cdot\boldsymbol{k})\boldsymbol{E}=-\omega^2\mu_0\varepsilon_0\boldsymbol{\varepsilon}\cdot\boldsymbol{E} \tag{5-11-10}$$

再将以下关系式代入上式

$$D_i=\varepsilon_0\sum_j\varepsilon_{ij}E_j$$

$$\boldsymbol{k}\cdot\boldsymbol{k}=\sum k_ik_i=(n\omega/c)^2$$

$$\mu_0\varepsilon_0=1/c^2$$

再经过简单变化可得

$$\sum_j[\varepsilon_{ij}+(c/\omega)^2k_ik_j]E_j=n^2E_i \tag{5-11-11}$$

式中 $i,j=x,y,z$.

式(5-11-11)也可写成矩阵形式

$$\begin{pmatrix}\varepsilon_x & 0 & 0\\ 0 & \varepsilon_y & 0\\ 0 & 0 & \varepsilon_z\end{pmatrix}\begin{pmatrix}E_x\\ E_y\\ E_z\end{pmatrix}+(c/\omega)^2\begin{pmatrix}k_xk_x, k_xk_y, k_xk_z\\ k_yk_x, k_yk_y, k_yk_z\\ k_zk_x, k_zk_y, k_zk_z\end{pmatrix}\begin{pmatrix}E_x\\ E_y\\ E_z\end{pmatrix}=n^2\begin{pmatrix}E_x\\ E_y\\ E_z\end{pmatrix} \tag{5-11-12}$$

式(5-11-12)即晶体中光传播的基本公式,根据线性代数知识,上式又称为本征方程,n^2 称为本征值,E_x,E_y,E_z 构成本征矢 $\boldsymbol{E}$. $v=c/n$ 即为具有一定偏振态的本征矢 $\boldsymbol{E}$ 相应的相速度. 故解出本征值 n^2 和本征矢 $\boldsymbol{E}$,即可得知光的偏振态与相速度的关系.

三、单轴晶体($\varepsilon_x=\varepsilon_y=n_o^2,\varepsilon_z=n_e^2$)中电磁波动方程的解

1) $\boldsymbol{k}$ 矢量沿主轴的 y 轴方向

这时波矢 $\boldsymbol{k}$ 只有 y 分量,故波矢可写成

$$\boldsymbol{k}=(n\omega/c)\begin{pmatrix}0\\1\\0\end{pmatrix} \tag{5-11-13}$$

即除了 $k_y=(n\omega/c)$之外,$k_x=k_z=0$. 将式(5-11-13)代入式(5-11-12),有

$$\begin{pmatrix}\varepsilon_x-n^2 & 0 & 0\\ 0 & \varepsilon_x & 0\\ 0 & 0 & \varepsilon_z-n^2\end{pmatrix}\begin{pmatrix}E_x\\E_y\\E_z\end{pmatrix}=0 \tag{5-11-14}$$

上述方程有非零解的条件是系数行列式为零,即

$$\begin{vmatrix}\varepsilon_x-n^2 & 0 & 0\\ 0 & \varepsilon_x & 0\\ 0 & 0 & \varepsilon_z-n^2\end{vmatrix}=0 \tag{5-11-15}$$

从而解得两个本征值,分别为

$$n_1^2=\varepsilon_x=n_o^2$$
$$n_2^2=\varepsilon_z=n_e^2$$

将 n_1^2,n_2^2 分别代入式(5-11-14),易求出相应的两个本征矢 $\boldsymbol{E}_1$,$\boldsymbol{E}_2$ 为

$$\boldsymbol{E}_1=E_0\begin{pmatrix}1\\0\\0\end{pmatrix},\quad \boldsymbol{E}_2=E_0\begin{pmatrix}0\\0\\1\end{pmatrix} \tag{5-11-16}$$

由式(5-11-16)可知,本征矢 $\boldsymbol{E}_1$ 沿主轴 x 轴振动(只有 x 分量),其振动方向垂直于光轴(z 轴)故为 o 光,其相速度等于 $v_o=c/n_o$. 本征矢 $\boldsymbol{E}_2$ 振动方向平行于 z 轴(光轴),故为 e 光,其相速度等于 $v_e=c/n_e$.

2) $\boldsymbol{k}$ 矢量与光轴成 θ 角

不失一般性,我们可以假设 $\boldsymbol{k}$ 矢量在 yz 平面内,这时 $\boldsymbol{k}$ 可表示为

$$\boldsymbol{k}=(\omega n/c)\begin{pmatrix}0\\ \sin\theta\\ \cos\theta\end{pmatrix}$$

于是有

$$\begin{pmatrix}k_xk_x,k_xk_y,k_xk_z\\ k_yk_x,k_yk_y,k_yk_z\\ k_zk_x,k_zk_y,k_zk_z\end{pmatrix}=(n\omega/c)^2\begin{pmatrix}0&0&0\\ 0&\sin^2\theta&\sin\theta\cos\theta\\ 0&\sin\theta\cos\theta&\cos^2\theta\end{pmatrix}\tag{5-11-17}$$

将式(5-11-17)代入式(5-11-12)得

$$\begin{pmatrix}\varepsilon_x-n^2&0&0\\ 0&\varepsilon_x-n^2(1-\sin^2\theta)&n^2\sin\theta\cos\theta\\ 0&n^2\sin\theta\cos\theta&\varepsilon_z-n^2(1-\cos^2\theta)\end{pmatrix}\begin{pmatrix}E_x\\ E_y\\ E_z\end{pmatrix}=0\tag{5-11-18}$$

由上式的系数行列式等于零可得

$$(\varepsilon_x-n^2)[(\varepsilon_x-n^2\cos^2\theta)(\varepsilon_z-n^2\sin^2\theta)-n^4\sin^2\theta\cos^2\theta]=0\tag{5-11-19}$$

由式(5-11-19)可解出两个解

$$n_1^2=\varepsilon_x=n_0^2\tag{5-11-20}$$

$$n_2^2=[\cos^2\theta/\varepsilon_x+\sin^2\theta/\varepsilon_z]^{-1}=[\cos^2\theta/n_o^2+\sin^2\theta/n_e^2]^{-1}\tag{5-11-21}$$

将 n_1^2 代入式(5-11-18)，可得

$$(\varepsilon_x-\varepsilon_x)E_x=0\tag{5-11-22}$$

$$\sin\theta E_y+\cos\theta E_z=0\tag{5-11-23}$$

$$\sin\theta\cos\theta E_y+(\varepsilon_z/\varepsilon_x-\sin^2\theta)=0\tag{5-11-24}$$

式(5-11-23)和式(5-11-24)构成求解 E_y，E_z 的二元一次齐次方程组，由于系数行列式不为零，故 $E_y=E_z=0$. 于是本征矢 $\boldsymbol{E}_1$ 为

$$\boldsymbol{E}_1=\boldsymbol{E}_0\begin{pmatrix}1\\ 0\\ 0\end{pmatrix}\tag{5-11-25}$$

因为 $\boldsymbol{E}_1$ 的振动方向(x 轴)垂直于光轴，故为 o 光其折射率为 n_o. 再将 n_2^2 代入式(5-11-18)，可得

$$(\varepsilon_x-n_2^2)E_x=0\tag{5-11-26}$$

$$(\varepsilon_x-n_2^2\cos^2\theta)E_y+n_2^2\sin\theta\cos\theta E_z=0\tag{5-11-27}$$

$$n_2^2\sin\theta\cos\theta E_y+(\varepsilon_z-n_2^2\sin^2\theta)E_z=0\tag{5-11-28}$$

因为 $\varepsilon_x\neq n_2^2$，所以 $E_x=0$ 由式(5-11-27)可见

$$E_y/E_z=-n_2^2\sin\theta\cos\theta/(n_o^2-n_2^2\cos^2\theta)$$

将式(5-11-21)代入上式，且设本征矢 $\boldsymbol{E}_2$ 与 z 轴夹角为 ψ，于是有

$$\tan\psi=E_y/E_z=-(n_e/n_o)^2\cos\theta/\sin\theta=-\cot\theta(n_e/n_o)^2\tag{5-11-29}$$

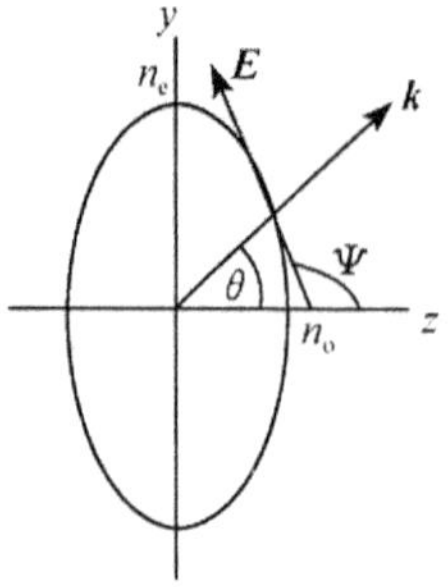

图 5-59

此时也可得到

$$E_2 = E_0 \begin{pmatrix} 0 \\ \sin\psi \\ \cos\psi \end{pmatrix} \qquad (5\text{-}11\text{-}30)$$

其中 $\psi=\arctan[-\cot\theta(n_e/n_o)^2]$，从式(5-11-30)可知 E_2 为 e 光.

再由式(5-11-21)可得

$$n_2^2\cos^2\theta/n_o^2 + n_2^2\sin^2\theta/n_e^2 = 1 \qquad (5\text{-}11\text{-}31)$$

式(5-11-31)为椭圆方程，它说明沿不同角度 θ 传播的光具有不同的折射率，为了描述这种性质在各向异性介质中引入了折射率椭球的概念(见图 5-59).

5-12 光的吸收、色散和散射

一、光的吸收

除了真空，任何介质对光波(电磁波)都不是绝对透明的. 因此光的强度随着在介质中传播距离增加而逐渐减弱. 这是由于光的能量一部分被介质吸收后转化为其他形式的能量(例如热量、化学能等)，另一部分光波由于介质的不均匀性被散射到四面八方. 这里所指的吸收是真正的吸收(吸收的光能转化为介质的能量)，不包括由于反射和散射引起的光强减弱.

1. 线性吸收定律

设单色平行光束沿 x 方向通过均匀介质(图 5-60)，光的强度在经过厚度为 dx 的一层介质时强度由 I 减少到 $I-dI$. 实验表明，在相当大的光强范围内，减少的光强 dI 正比于 I 和 dx，有

$$-dI = \alpha I dx \qquad (5\text{-}12\text{-}1)$$

式中 α 是与光强无关的比例系数，称为该物质的**吸收系数**. 将式(5-12-1)改为

$$\frac{dI}{I} = -\alpha I dx$$

然后在 0 到 l 区间对 $\boldsymbol{x}$ 积分，即得

$$I = I_0 e^{-\alpha l} \qquad (5\text{-}12\text{-}2)$$

式中 I_0 和 I 分别为 $x=0$ 和 $x=l$ 处的光强.

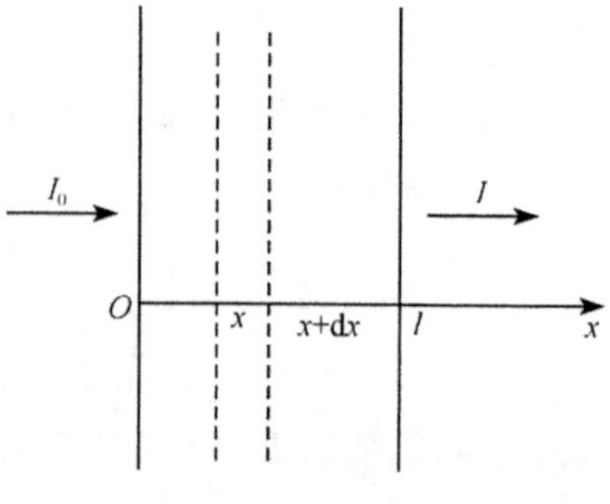

图 5-60 光的吸收规律

公式(5-12-2)称为**布格定律**(P. Bouguer)或**朗伯定律**(J. H. Lambert)因式(5-12-1)中的 α 与 I 无关，该式是光强 I 的线性

微分方程，故朗伯定律描述了光吸收的线性规律.

吸收系数 α 标志了介质对光吸收能力的大小. α 越大，介质对光的吸收就越强. 应该指出，朗伯定律有一定的适用范围. 在研究强激光传播规律的非线性光学领域内，吸收系数 α 和其他许多系数(如折射率)一样，与光的强度有关. 因此，在研究介质对激光的吸收时，朗伯定律不再成立.

当光通过溶液时，光被透明溶液中溶解的物质吸收. 实验证明，这时吸收系数 α 与溶液浓度 C 成正比. 即

$$\alpha = AC \tag{5-12-3}$$

式中 A 是一个与浓度无关的常数，取决于吸收物质的分子特性. 将式(5-12-3)代入式(5-12-2)，得到

$$I = I_0 e^{-ACl} \tag{5-12-4}$$

此式称为**比尔**(Beer)**定律**. 比尔定律只有在每个分子的吸收本领不受周围邻近分子的影响时才成立. 当溶液浓度很大，分子间的相互作用影响到它们的吸收本领，这时就会发生对比尔定律的偏离. 在比尔定律成立的情况下，通过实验测定光在溶液中被吸收的比例，根据式(5-12-4)可求出溶液的浓度.

2. 一般吸收和选择吸收

若物质对各种波长 λ 的光的吸收程序几乎相等，即吸收系数 α 与 λ 无关，则这种吸收称为**一般吸收**. 例如空气、纯水、无色玻璃等在可见光范围内都产生一般吸收，故当可见光通过这些物质后只改变光的强度而不改变颜色.

若物质对某些波长的光吸收特别强烈，而对其他波长的光吸收较少，则这种吸收称为**选择吸收**.

选择吸收性是物体呈现颜色的主要原因. 例如，绿色玻璃是把入射的白光中的红色和蓝色光吸收掉，只剩下绿色光透射过去，带色物体一般有体色和表面色的区别. 物体由于选择吸收而呈现的颜色称为体色. 对于呈体色的物体，入射光透进了物体内部，经物体内部的反射和散射作用后再从物体内射出. 由于光在物体内部的传播过程中，物体对不同波长的光成分有不同的吸收，所以从物体内重新射出的光就呈现出一定的颜色. 呈现体色的物体的透射光和反射光的颜色是一样的. 还有一些物体，特别是金属，对于某种颜色光的反射率特别强，于是被它们反射的光就呈现这种颜色，而由它们透射的光是这种颜色的互补色(某种颜色和它的互补色混合后是白色). 例如，被黄金薄膜反射的光呈现黄色，而由它们透射的光则是绿色. 这类物体的颜色是由于物体表面的选择反射形成的，所以叫表面色.

从广阔的电磁波谱来考虑，任何物质对电磁波的吸收都包含有一般吸收和选择吸收两种情况. 在可见光范围内具有一般吸收特性的物质，往往在红外和紫外波段有选择吸收. 例如，普通玻璃对可见光是透明的，对红外线和紫外线因有强烈吸收而表现为不透明. 所以在红外光谱仪和紫外光谱仪中的棱镜都不能用普通玻璃

制作. 红外光谱仪中的棱镜常用对红外线透明的 NaCl 晶体或 CaF_2、LiF 晶体制作，紫外光谱仪中的棱镜则需用石英制作.

地球的大气层对可见光和波长在 3000Å 以上的紫外线是透明的. 波长短于 3000Å 的紫外线则被空气中的臭氧强烈吸收. 对于红外辐射，大气只在某些狭窄的波段内是透明的. 这些透明的波段称为“大气窗口”. 吸收红外辐射的主要是大气中的水蒸气. 因而研究大气变化情况与红外窗口之间的关系，有助于红外导航、跟踪、遥感等技术的发展，也是气象预报的一个依据.

3. 吸收光谱

观察物质对光选择吸收的装置如图 5-61 所示，让具有连续光谱的白光通过吸收物质后再经光谱仪分析，就可以将不同波长的光被吸收的情况显示出来，形成所谓“吸收光谱”. 在吸收光谱中相应于那些强烈吸收的光的波长位置上就会出现一条条暗线.

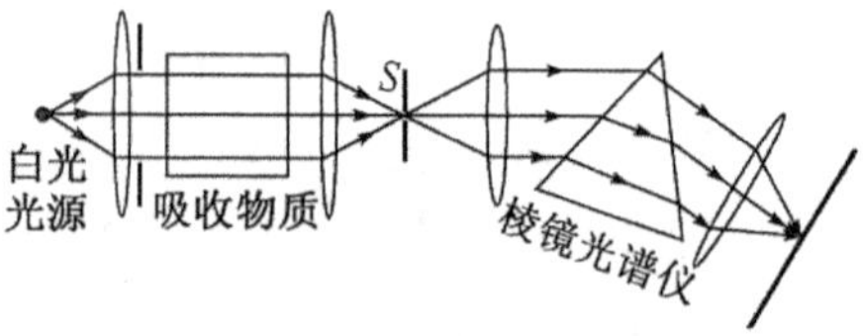

图 5-61　观察吸收光谱的实验装置

每一种物质能选择吸收的波长是特定的，它反映了物质本身的特性. 稀薄原子气体的吸收峰很窄，所形成的原子吸收光谱是线状光谱. 原子吸收光谱的灵敏度很高，混合物或化合物中极少量原子含量的变化，会在光谱中反映出吸收系数很大的改变. 历史上就曾靠这种方法发现了铯、铷、铊、铟、镓等多种新元素，近几十年来，原子吸收光谱在化学的定量分析中得到了广泛的应用.

太阳光谱也是典型的线状吸收光谱，即在太阳发出的白光的连续光谱背景上呈现一条条黑色吸收线，夫琅禾费首先发现并用字母 A、B、C、……来标志，称为**夫琅禾费谱线**(图 5-62). 这些谱线是处于温度较低的太阳大气中的原子对更加炽热的内核发射的连续光谱进行选择吸收的结果. 把这些谱线的波长与地球上已知物质的原子光谱进行对比，发现了太阳表层中包含的 60 多种化学元素.

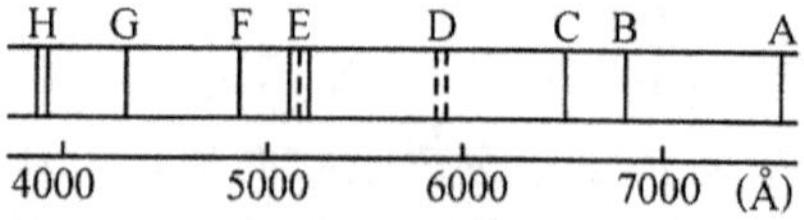

图 5-62　夫琅禾费谱线

与原子气体的线光谱不同，分子气体、液体和固体的吸收谱线密集地组成带状，故称带状吸收光谱(或称带光谱).

不同分子有明显不同的红外吸收光谱，即使是分子量相同、其他物理化学性质也基本相同的同质异构体，红外吸收光谱也显著不同，所以红外吸收光谱广泛用来定性鉴定或定量测定有机化合物. 对分子红外吸收光谱的研究，可以得出分子的振动频率，从而有助于对分子力和分子结构的研究.

值得注意的是，任何物质不但有特定的吸收光谱也有特定的发射光谱. 同一物质的吸收光谱和发射光谱之间有严格的对应关系. 发射光谱中的亮线与吸收光谱中的暗线一一对应.这就是说,某种物质自身发射哪些波长的光,它就强烈地吸收那些波长的光.

由于光的吸收与色散有密切的联系,有关它们的理论解释,将在下一小节一起介绍.

二、光的色散

不同波长(或频率)的光在同一种介质中传播时具有不同的相速度 v,或者说同一种介质对不同波长的光波来说具有不同的折射率($n=c/v$),这种现象称为**光的色散**. 1672 年牛顿首先利用三棱镜的色散效应把日光分解为彩色光带. 现在常用的分光仪器——棱镜光谱仪就是根据色散原理制成的. 定量研究色散现象的结果表明,对于每种特定的介质,折射率 n 是波长 λ(或频率 ν)的一定函数,即 $n=f(\lambda)$. 这一函数通常被称为色散函数. 为了表征介质的折射率随波长变化的程度和趋势,又将折射率对于波长的导数定义为介质的**色散率**,即

$$\frac{\mathrm{d}n}{\mathrm{d}\lambda}=\frac{\mathrm{d}f(\lambda)}{\mathrm{d}\lambda}$$

1. 正常色散

测量各种波长的光线通过不同介质制成的棱镜时的最小偏向角,并利用折射率与最小偏向角的关系式,就可求出不同介质的折射率 n 与波长 λ 之间的关系曲线,即色散曲线. 实验表明,凡对可见光透明的物质,它们的色散曲线形状很相似(见图 5-63),其共同的特点如下:

(1) 波长越长,折射率越小;

(2) 随着波长增大,色散率 $\mathrm{d}n/\mathrm{d}\lambda$ 降低;

(3) 波长很长时,色散率趋于 0.

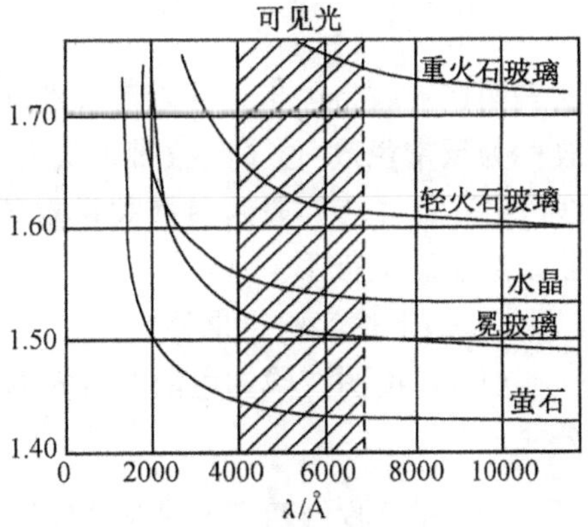

图 5-63　正常色散曲线

这样的色散称为正常色散. 当一束白光通过介质发生正常色散时,根据上述特点可以断定:白光中紫光比红光偏折得更厉害,在形成的光谱中,紫端比红端展得更开.

柯西(Cauchy)于 1836 年首先给出了正常色散的经验公式

$$n=A+\frac{B}{\lambda^2}+\frac{C}{\lambda^4}$$

式中 λ 是入射光在真空中的波长,A、B、C 是与物质有关的常数,其数值由实验数据确定. 当波长变化范围不大时,柯西公式可只取前两项

$$n = A + \frac{B}{\lambda^2} \tag{5-12-5}$$

此式经过微分后，即得介质的色散率为

$$\frac{dn}{d\lambda} = -\frac{2B}{\lambda^3} \tag{5-12-6}$$

因常数 B 为正值，故上式表明，正常色散的色散率 $dn/d\lambda<0$，且色散率的数值随波长的增加而减少，与实验曲线相符.

2. 反常色散

如果折射率的测量范围包括那些强烈吸收的波段，则可发现，在吸收带附近的色散曲线的形状与正常色散曲线大不相同. 图 5-64 是石英的色散曲线，图中的可见光范围属于正常色散，曲线 PQ 满足柯西公式. 当向红外区域延伸并接近石英的吸收带时(图中 R 点)，曲线明显偏离正常色散曲线而急剧下降，折射率的减少比柯西公式预示的要快得多. 在吸收带内，由于石英强烈吸收红外线，通过的光非常微弱，使折射率通常很难进行测量，必须采用很薄的石英片. 在吸收带内的色散曲线如图 5-64 中虚线所示. 值得注意的是，此段虚线是上升的. 这表明在吸收带内折射率随波长的增加而增大，即 $dn/d\lambda>0$，这与正常色散相反，故称为**反常色散**. 过了吸收带再次进入透明波段时，曲线又逐渐恢复为正常色散曲线(图 5-64 中 ST 段)，色散关系重新遵从柯西公式，但常数 A、B、C 换为新数值，曲线趋于新的极限.

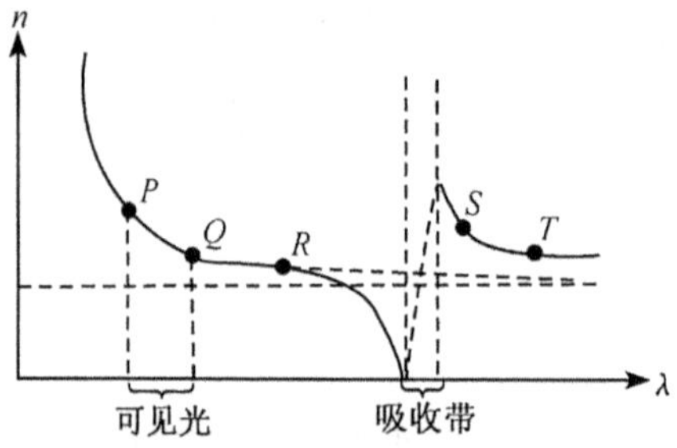

图 5-64　石英的色散曲线

总之，上述实验结果显示：

(1) 在透明波段的色散曲线符合柯西公式；在吸收带内及其附近不符合柯西公式.

(2) 在吸收带两旁的区域，不管是否符合柯西公式，总有 $\frac{dn}{d\lambda}<0$，属于正常色散；而在吸收带内，则有 $dn/d\lambda>0$，属于反常色散.

应该指出，所谓"正常色散"和"反常色散"都是历史上沿用下来的名称. "反常色散"并非反常，它正是描述了物质在吸收区域内普遍遵从的色散规律.

3. 一种物质的全部色散曲线

虽然各种物质的色散曲线各不相同，若考察它们在整个电磁波谱范围内的色散曲线，就会发现它们有些共同的规律. 为了说明这些规律，图 5-65 画出了一种理想介质在波长由 0 增加到几千米范围内的全部色散曲线. 由图 5-65 可见，整个色散曲线由若干正常色散区和反常色散区(吸收带)相间分布构成. 在相邻两个吸收带之间,折射率 n 单调下降,通过一个吸收带(反常色散区)时,n 急剧增大,而且随着波长 λ 的增长,曲线总的趋势不断抬高,即各正常色散区所满足的柯西公式中的常数 A 不断加大. 当 $\lambda=0$ 时,各种物质的折射率都等于 1. 对于极短波段(硬 X 射线和 γ 射线),折射率略小于 1. 因此当这些波长的光用比临界角大的角度由真空射向介质表面时,会发生全反射. 到无线电长波波段,折射率将随波长的增加而趋近一个恒定的极限值,其数值等于介质的相对介电常数 ε_r 的平方根.

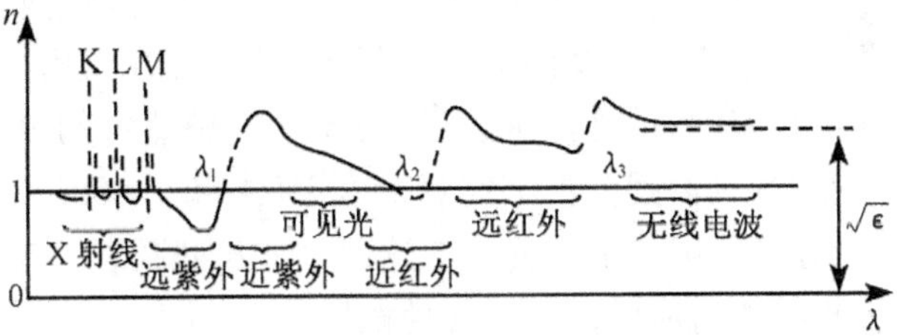

图 5-65　理想介质的全部色散曲线

4. 色散的观察

(1) 正常色散的观察　1672 年以后,牛顿首先利用交叉棱镜法形象地观察到与色散曲线相类似的色散图像. 交叉棱镜法的装置如图 5-66 所示,从 S 发出的白光经透镜 L_1 变为平行光束,经两个棱边相互垂直的三棱镜 P_1、P_2 色散后,再由透镜 L_2 会聚在光屏 D 上. 如果没有棱镜 P_2,则因 P_1 对光的水平偏折在光屏上将得到水平方向的彩色光带 ab(图中虚线所示). 加上 P_2 后,通过棱镜 P_1 的各色光束还要向下偏折,其偏折程度由 P_2 的折射率确定. 如果两棱镜的材料相同,在光屏上显示与 ab 成一倾斜角的直光带 a′b′;如果两棱镜的材料不同,倾斜光带 a′b′将是弯曲的,这弯曲彩色光带的形状大致显示出棱镜 P_2 材料的色散特性,其水平方向的展宽相当于建立波长 λ 的坐标(注意波长的分布是非均匀的),竖直方向的偏离相当于建立折射率 n 的坐标.

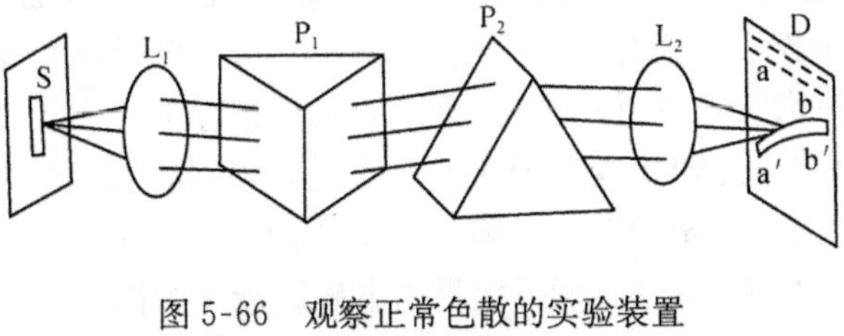

图 5-66　观察正常色散的实验装置

(2) 反常色散的观察　在金属蒸气中最容易观察到反常色散. 1904 年伍德(R. W. Wood)利用交叉棱镜法巧妙地显示出钠蒸气在可见光范围内的反常色散.

实验装置如图 5-67 所示,其中 T 为一水平钢管,它的两端用玻璃窗密封,沿管底部堆放一些金属钠,管内抽成真空. 当管底下面加热同时冷却管的上部,管内的金属钠受热蒸发,钠蒸气扩散到管上部又遇冷而凝结. 从而在管内形成下部密度大,上部密度小的钠蒸气气柱,由于蒸气密度的递减引起其折射率的递减,因此管内的钠蒸气柱就等效于一个棱镜,其厚度从上往下增加,棱边水平且与管轴垂直(见图 5-67 中 T′),一束白光经水平狭缝 S_1、透镜 L_1 后变成平行光,经 T 管射出后再由透镜 L_2 聚焦在分光仪的狭缝 S_2 上. 分光仪由狭缝 S_2、透镜 L_3、L_4 和棱镜 P 组成,P 的棱边是竖直的,与钠蒸气棱镜正交. 当管子 T 未加热时,管内气体密度均匀,光束通过它时不发生偏折,由 S_1 发出的白光经 S_2 进入分光仪后,在 L_4 的焦面上得到一条水平的连续光带. 当钠受热蒸发后,由于管内钠蒸气的色散作用,不同波长的光发生不同程度的偏折. 因为钠蒸气对 $\lambda=5890\text{Å}$ 和 $\lambda=5896\text{Å}$ 两种波长的光产生强烈吸收,所以分光仪屏幕上的光带在这两个波长处断裂并在附近发生扭转. 此即与钠的两条吸收线相对应的两个反常色散区.

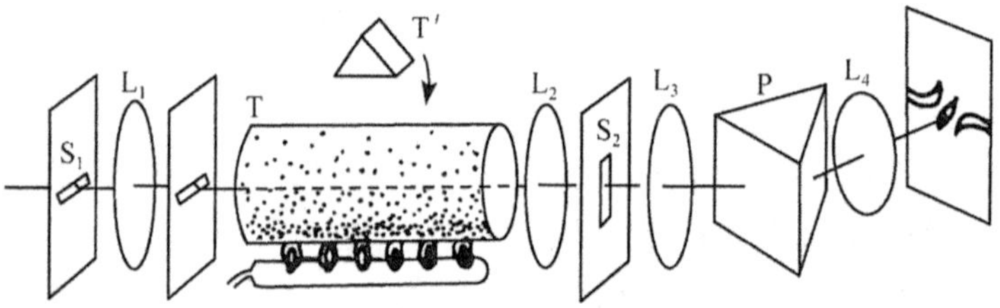

图 5-67 观察反常色散的实验装置

三、吸收和色散的经典理论

利用经典物理模型对光的吸收和色散现象可以做初步的解释. 我们知道物质的分子和原子是由电子、原子核和离子组成的,在经典理论中常把这些带电粒子看成受一定准弹性力束缚,能以一定的固有频率作简谐振动的简谐振子. 因为这些简谐振子带有电荷,故而它们又是电偶极振子. 当光通过物质时,电磁波中的电场对于物质中的电偶极振子来说是一个周期性的策动力,使振子作受迫振动. 入射光波消耗一定的能量来激发这种受迫振动,受迫振动的能量除一部分用于次波的再辐射外,剩下的部分将最终转变成振子的无规热运动能,从而使物质发热. 这就是上面所说的真吸收. 当入射光频率与电偶极振子的固有频率一致时,引起谐振. 这时电场对振子所做的功大大增加,能量大量由电磁波传递给振子,这导致入射电磁波本身的强度大大减少. 因此,满足谐振条件的入射光波将被物质强烈吸收.

经典电磁理论还告诉我们,当带电粒子具有加速度时就会发射电磁波,且发射电磁波的强度正比于加速度的平方. 因而在入射光波作用下作受迫振动的电偶极振子也会辐射次光波，次光波的频率与入射光波的频率相同. 由于电子的质量轻，产生的加速度大，因此产生的次光波也最强烈，与之相比其他电偶极振子的次波都可以忽略. 当电磁波入射到介质内部时，使介质中大量电子作受迫振动而产生次波. 这些次波和入射光波是相干的，它们相干叠加后就形成了在介质中传播的电磁波. 与次波相干叠加的结果也使得合成波的相位将不同于原入射光波的相位，这就意味着合成波和原入射光波具有不同的相速度. 若合成波的相位比入射波超前，则表明合成波的相速大于入射波的相速；反之，则合成波的相速小于入射光波. 由于合成波的相位改变是相干叠加的结果，它必然依赖于次波和入射光波的相位差，因而也依赖于电子受迫振动的状况. 而受迫振动的状况同策动力频率与振子固有频率之差有极大的关系，这就导致不同频率的入射波进入同一种介质后产生不同的相速度，即导致光的色散现象.

因为光波的相速度 $v=c/n$，所以色散现象的产生也可以解释为介质对于不同频率的入射光有不同的折射率. 下面我们就用麦克斯韦电磁理论和洛伦兹的经典电子论来研究这个问题.

由麦氏电磁理论可知，$n=\sqrt{\varepsilon_r\mu_r}$. 而 $\varepsilon_r=1+\chi$，且对于透明介质 $\mu_r\approx1$，于是有

$$n^2=\varepsilon_r=1+\chi \tag{5-12-7}$$

式中 χ 是电极化率，根据电磁理论，它由介质的极化强度 P 和介质中的电场强度 E 的关系确定，即有

$$\chi=P/\varepsilon_0E$$

于是

$$n^2=1+P/\varepsilon_0E \tag{5-12-8}$$

这是用宏观电学量表示的折射率表达式.

按照洛伦兹(Lorentz)电子论模型，组成物质的原子或分子内的带电粒子(电子和原子核)在电场作用下，形成振荡电偶极子. 若近似认为原子核静止不动，则原子的电偶极矩为 $\boldsymbol{P}_{原}=e\boldsymbol{r}$. 其中 e 是电子的电荷，$\boldsymbol{r}$ 是电子离开平衡位置的位移. 若单位体积内含有 N 个原子，则介质的极化强度矢量为

$$\boldsymbol{P}=N\boldsymbol{P}_{原}=Ne\boldsymbol{r} \tag{5-12-9}$$

根据牛顿第二定律可写出电子受迫振动的动力学方程为

$$m\ddot{\boldsymbol{r}}=e\boldsymbol{E}_{\text{eff}}-m\omega_0^2\boldsymbol{r}-m\Gamma\dot{\boldsymbol{r}} \tag{5-12-10}$$

式中 m 是电子质量，ω_0 是电子的固有频率，$\ddot{\boldsymbol{r}}$ 是加速度，$\boldsymbol{E}_{\text{eff}}$是电子在入射电磁波进入介质后受到的有效电场. 因为在介质中存在大量原子(或分子)，一个电子除受入射场作用外，还有周围其他原子对它的作用. 但是，如果我们只考虑较稀薄的气体情况，原子之间的相互作用可以忽略，这时可以认为有效电场等于入射电场

$\boldsymbol{E}_i(E_i = E_o e^{(-i\omega t)})$，这样式(5-12-10)右边第一项即为 $e\boldsymbol{E}_i$，即入射光波对电子的电场力(由于电子速度 $v \ll C$，所以入射光波对电子的磁场力可以忽略)，第二项是电子受到的准弹性力，第三项是与速度成正比的阻尼力①，Γ 是阻尼系数.

设式(5-12-10)的稳定解为

$$\boldsymbol{r} = \boldsymbol{r}_o e^{-i\omega t}$$

代入式(5-12-10)得

$$(-\omega^2 + \omega_o^2 - i\Gamma\omega)\boldsymbol{r}_o = \frac{e}{m}\boldsymbol{E}_o \tag{5-12-11}$$

因此

$$\begin{aligned}\boldsymbol{r}_o &= \frac{e\boldsymbol{E}_o}{m(\omega_o^2 - \omega^2 - i\Gamma\omega)} \\ &= \frac{e\boldsymbol{E}_o e^{i\delta}}{m\sqrt{(\omega_o^2 - \omega^2)^2 + \Gamma^2\omega^2}}\end{aligned} \tag{5-12-12}$$

式中的 δ 满足

$$\tan\delta = \frac{\Gamma\omega}{\omega_o^2 - \omega^2}$$

将式(5-12-12)代入式(5-12-9)可得到介质的极化强度矢量 P

$$P = Ne\boldsymbol{r} = \frac{Ne^2\boldsymbol{E}_o e^{-i\omega t}}{m(\omega_o^2 - \omega^2 - i\Gamma\omega)} \tag{5-12-13}$$

再将式(5-12-13)代入式(5-12-8)即可得到折射率平方的公式

$$n^2 = 1 + \frac{Ne^2}{\varepsilon_o m(\omega_o^2 - \omega^2 - i\Gamma\omega)} \tag{5-12-14}$$

上式表明折射率 n 是一个复数. 我们先分析复折射率的物理意义. 将 n 写成复数形式，则

$$n = n' + in''$$

然后代入沿 z 方向传播的平面单色光波的波函数，可得

$$\begin{aligned}\boldsymbol{E} &= \boldsymbol{E}_o e^{i(k_o nz - \omega t)} \\ &= \boldsymbol{E}_o e^{i[k_o(n' - in'')z - \omega t]} \\ &= \boldsymbol{E}_o e^{-k_o n'' z} e^{i(k_o n' z - \omega t)} \\ &= \boldsymbol{E}_o e^{-k_o n'' z} e^{-i\omega\left(t - \frac{z}{\omega/k_o n'}\right)}\end{aligned} \tag{5-12-15}$$

式中 k_o 为光波在真空中的波矢的绝对值.

---

① 阻尼力由电子的辐射和原子之间的碰撞所产生. 电子作加速运动发射电磁波，其本身能量逐渐减少. 另外，原子之间的碰撞也可造成电子能量的损耗. 这两种作用使电子运动好像受到阻力一样，这就是阻尼力. 通常阻尼力很小，可视其大小与速度成正比.

式(5-12-15)表示了一列沿 z 方向振幅不断衰减的平面单色波. 若不考虑光的散射,则光波的衰减完全由光的吸收造成. 这时将式(5-12-15)与式(5-12-2)相比较可知

$$\alpha = 2k_0 n'' \tag{5-12-16}$$

式(5-12-15)还表明光在介质中的相速度 v 应当由复数折射率的实部确定,即

$$v = \frac{\omega}{k_0 n'} = c/n' \tag{5-12-17}$$

由此可见,复折射率的实部表示了光波在介质中的传播速度将发生改变,与普通折射率的意义相同;它的虚部 n'' 则表明了介质对光的吸收效应. 这样,复折射率就把吸收和色散这两种密切联系的现象结合起来,同时表达出来.

将式(5-12-14)的实部和虚部分别写出来,则有

$$\begin{aligned} n^2 - 1 = &\frac{Ne^2(\omega_0^2 - \omega^2)}{m\varepsilon_0[(\omega_0^2 - \omega^2)^2 + \Gamma^2\omega^2]} \\ &+ \mathrm{i}\frac{Ne^2\Gamma\omega}{m\varepsilon_0[(\omega_0^2 - \omega^2) + \Gamma^2\omega^2]} \end{aligned} \tag{5-12-18}$$

对于气体 $n \approx 1$,可以写出

$$\begin{aligned} n^2 - 1 &= (n+1)(n-1) \\ &\approx 2(n-1) = 2(n' + \mathrm{i}n'' - 1) \end{aligned}$$

将上式与式(5-12-18)对照,有

$$n' = \frac{Ne^2(\omega_0^2 - \omega^2)/(2m\varepsilon_0)}{(\omega_0^2 - \omega^2) + \Gamma^2\omega^2} + 1 \tag{5-12-19}$$

$$n'' = \frac{Ne^2\Gamma\omega/(2m\varepsilon_0)}{(\omega_0^2 - \omega^2)^2 + \Gamma^2\omega^2} \tag{5-12-20}$$

图 5-68 的实线和虚线分别表示出气体的色散曲线和吸收曲线(以 ω 为自变量). 反常色散发生在固有频率附近,并与选择吸收区相对应.

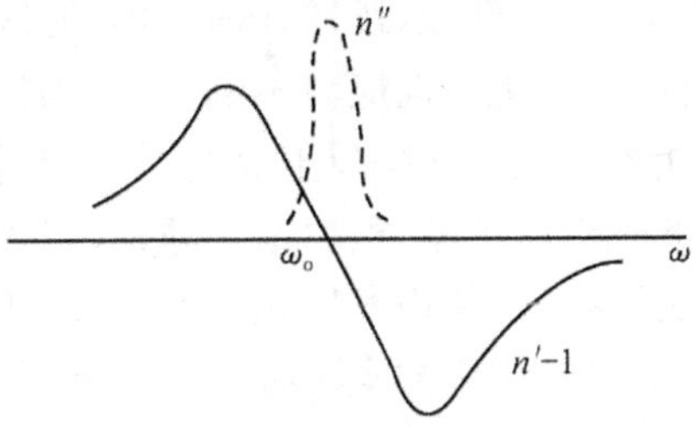

图 5-68　气体的色散曲线和吸收曲线

对于液体和固体介质来说,问题就变的复杂,但并未引出更多的物理内容,而且在要求不高时,式(5-12-19)、式(5-12-20)还能近似地适用. 故我们不作进一步的研究.

还必须指出,在上面的讨论中我们把问题简化了,即认为介质中电子只有一个固有频率. 更正确的模型应是每个原子中有多种电子振子,设它们的固有频率和阻尼常数分别为 $\omega_1, \omega_2, \cdots$ 和 $\Gamma_1, \Gamma_2, \cdots$,它们的数目为 $f_1, f_2, \cdots$. 这样一来,式(5-12-13)应推广为如下形式:

$$P = \frac{Ne^2 \boldsymbol{E}_i}{m} \sum_j \frac{f_j}{(\omega_j^2 - \omega^2) - i\Gamma_j \omega} \tag{5-12-21}$$

其中 N 为单位体积内的原子数，显然 $\sum_j f_j = Z$（原子序数）. 这样折射率公式也要作相应的改变. 容易得出

$$n^2 = 1 + \frac{Ne^2}{\varepsilon_0 m} \sum_j \frac{f_j}{(\omega_j^2 - \omega^2 - i\Gamma_j \omega)} \tag{5-12-22}$$

这时 n 的实部随 ω 的变化曲线类似于图 5-68 所示. 在每一个 $\omega=\omega_j$ 附近，对应有一个吸收带和反常色散区. 在这些区域外，是正常色散区.

以上是有关色散和共振吸收的经典电子论. 这理论是个半唯象的定性理论，它不能正确地告诉我们某种介质中应有怎样的共振频率 ω_j 和相应的振子数目 f_j，准弹性振子的图像与微观粒子的量子模型相差甚远. 因此，对色散和吸收的正确回答要靠量子力学. 不过经典理论给出的 n^2 的表达式(5-12-22)式在形式上是正确的，量子力学给出同一形式的表达式，只是对 ω_j、Γ_j、f_j 等参量作了新的解释. 其中 ω_j 是两个量子能级间共振跃迁的频率；f_j 正比于跃迁概率，被称为“振子强度”. 有关量子论的初步概念，将在第八章介绍.

四、光的散射

1. 光的散射和不均匀性的关系

从天窗射入一束阳光. 当屋内尘土飞扬时，从侧面可以清楚地看到一根光柱，如果空气很清洁时，光柱就显得很淡. 同样，光线通过均匀的透明介质（如玻璃、清水）时，从侧面是很难看到光线的. 但如果介质不均匀，例如有悬浮微粒的浑浊液体，我们便可以从侧面清晰地看到光束的轨迹. 这些现象说明，当介质的均匀性受到破坏时有些光线就会离开原来的传播方向，向各个方向传播. 这种现象称为光的散射.

我们知道，按照几何光学，光线在均匀介质中沿直线传播，除了正对光线的方向外，其他方向应看不到光亮. 当光线经过两种均匀介质的界面后也只会出现一条折射光线和一条反射光线. 从光与物质相互作用的理论出发，可以解释几何光学和光的散射现象. 根据这个理论，当入射光波射在介质中时，将激起介质中的电子作受迫振动，从而发出相干的次波. 应当注意，这与惠更斯-菲涅耳原理中所假设的次波不同，这里的次波有真实的振源. 理论上可以证明，当介质足够大，只要分子的密度是均匀的，入射光波与众次波相干叠加结果，只剩下遵从几何光学规律的光线，沿其余方向的光振动完全抵消. 当然，从微观的尺度(10^{-8}cm)来看，任何物质都由一个个分子、原子组成，没有物质是均匀的. 这里所谓“均匀”分布，是以光波的波长(10^{-5}cm)为尺度来衡量的，即在这样大小的范围内密度的统计平均是均匀的.

如果介质的均匀性遭到破坏，即尺度达到波长数量级的邻近介质小块之间在

光学性质上(如折射率)有较大的差异,在入射光波的作用下,它们作为次波源将辐射振幅大小不同的次波,彼此的相位也有差别,这样一来次波相干叠加的结果除了一部分光波仍沿着几何光学规定的方向传播外,在其他方向上不能完全抵消,造成散射光.

不但光的散射是由介质的不均匀性引起,而且光的散射的性质也与不均匀性的尺度有很大的关系.简单地说,尺度与波长可比拟的不均匀性引起的散射,也可看作是它们的衍射作用.如果介质中不均匀团块的尺度远大于波长的数量级,散射又可看成是在这些团块上的反射和折射了.

按照不均匀团块的性质、散射可分为两大类:

(1) 悬浮质点的散射　如胶体、悬浊液、含有烟、雾、灰尘的大气中的散射属于此类.此类散射又称廷德尔(Tyndall)散射.

(2) 分子散射　即使十分纯净的液体和气体,也能产生比较微弱的散射.这是由于分子热运动造成密度的局部涨落引起的.这种散射,称为分子散射,当物质处在气、液二相的临界点时密度涨落很大,光线照射其上就会发生强烈的分子散射,这种散射光称为临界乳光.

2. 光的散射规律

为了解释天空为什么呈蔚蓝色,瑞利研究了细微质点的散射问题,提出了散射光强与 λ^4 成反比的规律,这就是有名的瑞利散射定律.由瑞利散射定律可知,如果入射光波中光强按波长的分布用函数 $f(\lambda)$ 表示,则散射光的强度与波长的关系为

$$I_s(\lambda) \propto \frac{f(\lambda)}{\lambda^4}$$

瑞利散射定律仅在散射微粒的线度比光的波长小的情况下成立.在此情况下.作用在散射微粒上的入射光场可视为交变的均匀场,散射体在这样的场中极化只感生电偶极矩而无更高级的电矩.根据电磁理论,电偶极振子的辐射场强 E 正比于它所作的受迫振动频率的平方.瑞利认为,由于分子热运动破坏了散射微粒之间固定的位置关系,它们辐射的次波不再相干,所以在计算散射光强时不是把次波的振幅而是把次波的光强叠加起来,次波的光强和它的振幅的平方成正比.于是感生电偶极辐射的机制就导致了正比于 ν^4 或 λ^{-4} 的散射规律.

较大颗粒对光的散射不遵从瑞利散射定律.米(G. Mie)和德拜(P. Debye)以球形质点为模型计算了电磁波的散射.计算结果证明:只有球半径 $a < 0.3\lambda/(2\pi)$ 时,瑞利散射定律是正确的.当 a 较大时,散射强度与波长的依赖关系就不十分明显了.图 5-69 给出了米-德拜计算的结果.

利用上述散射规律,可以解释一些我们熟悉的自然现象.例如,晴朗的天空蔚

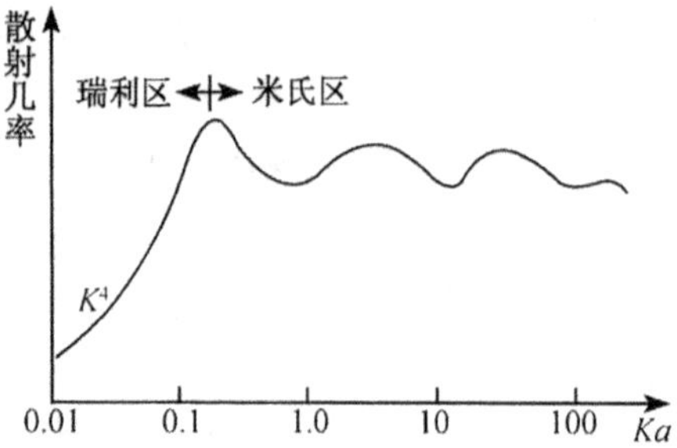

图 5-69 瑞利散射和米氏散射

蓝而明亮，是由于太阳光通过大气层时，受到大气分子散射的结果. 根据瑞利散射定律，阳光中波长较短的蓝光比波长较长的红光散射强烈，蓝光在大气层中多次散射使天空呈现蔚蓝色. 如果没有大气，太阳光得不到大气分子的散射，那么即使在白天，人们仰观天空，将看到光辉夺目的太阳悬挂在漆黑的背景中. 这景象正是宇航员在宇宙中航行时经常见到的. 又如，清晨或傍晚，看到太阳呈红色，这是因为此时太阳光几乎平行于地平面，穿过的大气层最厚，散射效应最显著，日光中的短波部分几乎都侧向散射，仅剩下波长较长的红光部分到达地面，所以可以见到火红的朝阳和夕阳. 天空中的白云是大气中水滴组成的，这些水滴的线度甚至比可见光的波长更大，瑞利散射定律不适用. 各种波长的光波有几乎相同强度的散射，这就是云雾呈白色的缘故.

思 考 题

5-1 自然光投射在一对正交的偏振光片上，光不能通过，如果把第三块偏振片放在它们中间，最后是否有光通过？为什么？

5-2 已知光在某界面上能产生全反射，临界角是 45°，为使反射光为线偏振光，入射角应是多大？

5-3 证明当光束射在平行平面玻璃板上时，如果在上表面反射时发生全偏振，则折射光在下表面反射时也将发生全偏振.

5-4 一般情况下晶体中的 e 光不遵守折射定律指的是什么？在特殊情形下 e 光也遵守折射定律，指的是什么情形？

5-5 若入射光为线偏振光，且入射面与晶体主截面重合. 则当入射光振动方向与晶体主截面平行、垂直和夹任意角时，折射光的偏振性质如何？

5-6 怎样使右旋圆偏振光变成左旋圆偏振光？有几种方法能使线偏振光的振动面旋转 90°角？

5-7 怎样鉴别玻璃板、偏振片、1/4 波片和 1/2 波片？

5-8 在思考题 5-8 图中虚线代表光轴，试根据图中所画的折射情况判断晶体的正负.

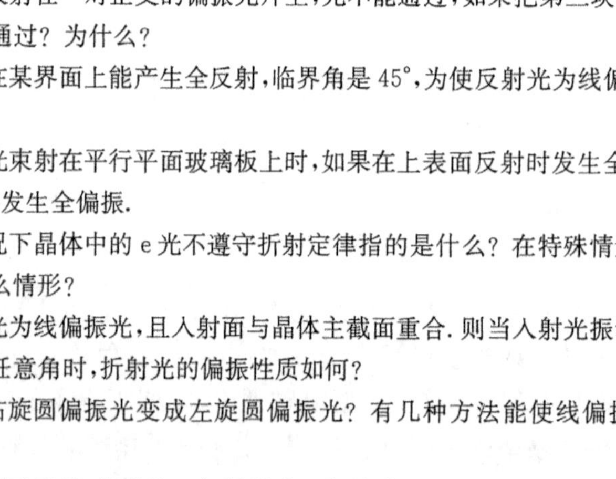

思考题 5-8 图

5-9 确定自然光经过思考题 5-9 图中的棱镜后双折射光线的传播方向和振动方向,设晶体是正的.

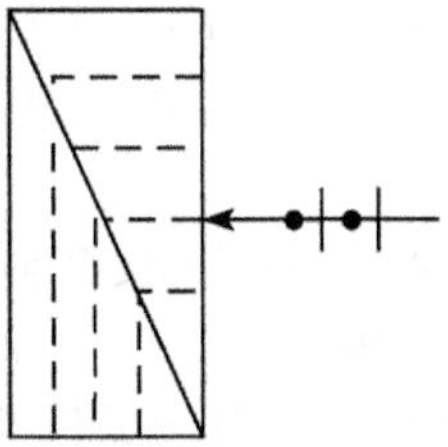

思考题 5-9 图

5-10 如思考题 5-10 图所示为杨氏干涉装置,S 为单色自然光源,S_1 和 S_2 为双孔.

(1) 如果在 S 后放置一偏振片 P 干涉条纹是否发生变化?有何变化?

(2) 如果在 S_1、S_2 之前再各放置一偏振片 P_1、P_2,它们的透振方向相互垂直,并都与 P 的透振方向成 45°角,幕 Σ 上的强度分布如何?

(3) 在 Σ 前再放置一偏振片 P,其透振方向与 P 平行,试比较在这种情形下观察到的干涉条纹与 P_1、P_2、P'都不存在时的干涉条纹有何不同?

(4) 同(3),如果将 P 旋转 90°,幕上干涉条纹有何变化?

(5) 同(3),如果将 P 撤去,幕上是否有干涉条纹?

(6) 类似(2)的布置,屏幕上的 F_0和 F_1 分别是未加 P_1,P_2 时 0 级和 1 级亮纹所在处,F'、F''、F'''是 F_0F_1 的四等分点.试说明 F_0、F_1 及 F'、F''、F'''各点的偏振状态.

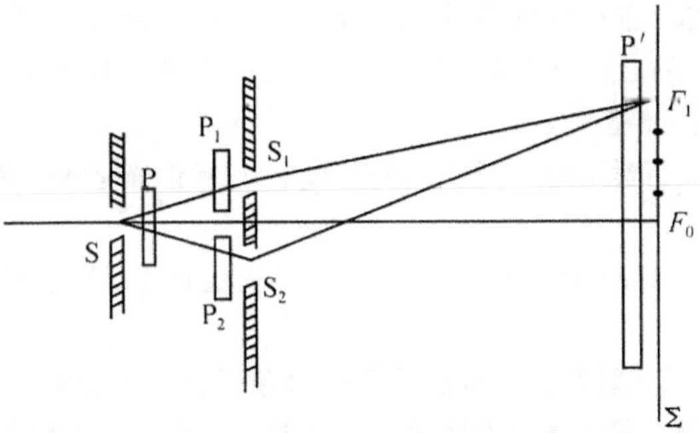

思考题 5-10 图

5-11 如思考题5-11图所示,入射光通过一偏振片P和一个1/4波片后,射到一镀银的反射镜

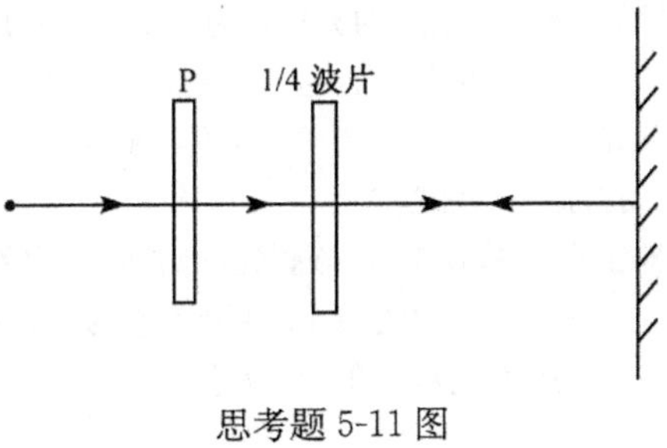

思考题 5-11 图

上，经反射后沿原路返回.若P的透振方向与1/4波片的光轴成45°角，问反射光能否通过偏振片P而返回光源.

5-12　指出物质的天然旋光与磁致旋光在现象上的重大区别.

5-13　光通过介质后其强度会减弱，是否完全由介质对光吸收所致？使透射光减弱的因素中有哪些是遵从指数衰减规律？

5-14　什么是光的色散现象？何谓正常色散和反常色散？什么情况下出现反常色散？

5-15　根据物质的正常色散曲线，试回答：

(1) 在三棱镜色散现象中，何种颜色的光偏折的最厉害？

(2) 可见光(波长范围4000～7000Å)入射三棱镜上产生色散现象，问哪个波段的光偏折的角度变化较大？

5-16　为什么点燃的香烟冒出的烟是淡蓝色的，而吸烟者口中吐出的烟却呈白色？

5-17　既然眼睛对黄-绿光最为敏感，为什么危险信号又用红色？

5-18　一块白色石头沉于水池底，由水面看石头，常见其边缘有蓝色与橙色条纹.为什么？蓝色在外圈还是内圈？

习　题

5-1　在测定感光乳胶特性的实验中，需要用一系列不同强度的光使感光片曝光，这些不同强度的光可借助两个偏振片得到，为使感光片以1.0∶0.8∶0.6∶0.4∶0.2∶0的光强比曝光，两个偏振片的透振方向应有多大的夹角？

5-2　四个偏振片依次前后排列，每个偏振片的偏振化方向均相对于前一偏振片沿顺时针方向转过30°角.若入射的自然光光强为I_0，则透过此偏振片系统的光强是多大？(不考虑由吸收、散射和反射等引起的光能损失.)

5-3　一束光入射到折射率为1.72的火石玻璃上，设反射光是线偏振光，则光在火石玻璃中的折射角等于多少？

5-4　有一空气-玻璃界面，已知光从空气一侧入射时的布儒斯特角为58°，光从玻璃一侧入射时的布儒斯特角是多少？

5-5　自然光以57°角入射到空气-玻璃界面上，玻璃折射率为1.54.通过计算可知，S分量的振幅透射率为59.3%，P分量的振幅透射率64.9%.试计算反射光和透射光的偏振度.

*5-6　自然光以布儒斯特角入射由八块$n=1.560$的平行玻璃板组成的玻片堆，求通过玻璃片堆后的光的偏振度(忽略玻璃对光的吸收).

*5-7　线偏振光的振动面和入射面之间的夹角称为振动的方向角.设入射线偏振光的方位角为α，入射角为i，求折射光和反射光的方位角$\alpha_2\alpha'_1$(已知两介质的折射率为n_1和n_2).

5-8　一束线偏振的钠黄光垂直射入一块方解石晶体，振动方向与晶体的主截面成20°角，试计算o、e两光束折射光的相对振幅和强度.

5-9　两大小相同的冰洲石晶体A、B前后排列，强度为I_0的自然光垂直于晶体A的表面入射后相继通过A、B(习题5-9图).A、B的主截面之间夹角为α(图中$\alpha=0$)，求$\alpha=0°,45°,90°$时由B射出光线的数目和每个的强度(忽略反射、吸收等损失).

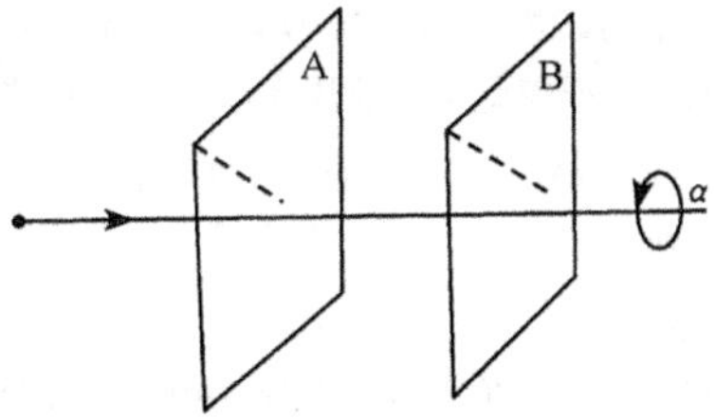

习题 5-9 图

5-10 用惠更斯作图法决定习题 5-10 图中两情形的 o 光和 e 光的传播方向和振动方向.

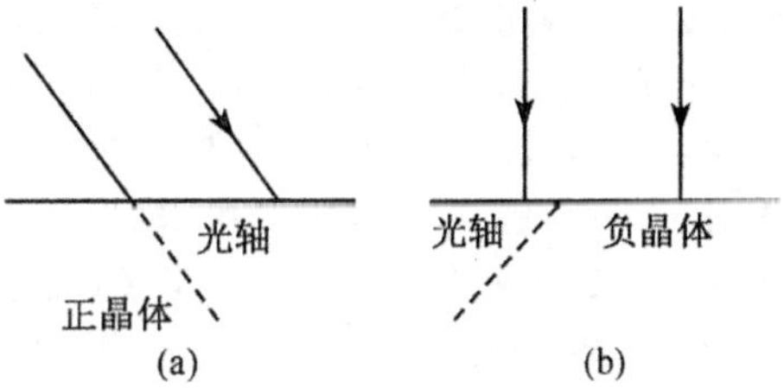

习题 5-10 图

5-11 一束钠黄光掠入射到冰的晶体平板上,光轴与入射面垂直,平板厚度为 4.20mm,求 o 光和 e 光射到平板对面上两点的间隔. 已知对于钠黄光冰的 $n_o=1.3090$,$n_e=1.3104$.

5-12 习题 5-12 图为方解石做成的渥拉斯顿棱镜,$\alpha=15°$,一束单色自然光垂直入射,计算两条出射光线间的夹角.

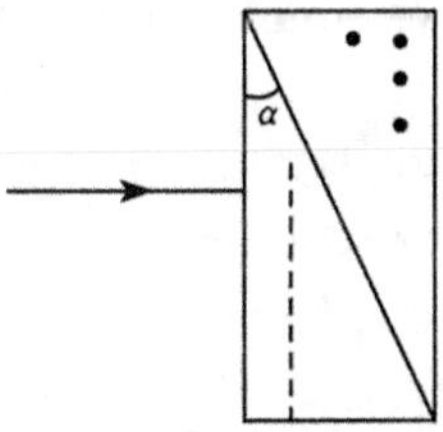

习题 5-12 图

5-13 习题 5-13 图为尼科耳棱镜的主截面,已知$\angle CAC'=90°$,$\angle ACC'=68°$,对 o 光的折射率 $n_o=1.658$,粘合胶的折射率 $n=1.550$. SM 平行棱边 AA'. 假如光沿 S_0M 方向入射时棱镜中的 o 光刚好能在胶合面 AC' 上全反射,若入射光以更大的角度入射,则 o 光将不发生全反射从而使尼科耳棱镜失去起偏作用. 试求 $\angle S_0MS$.

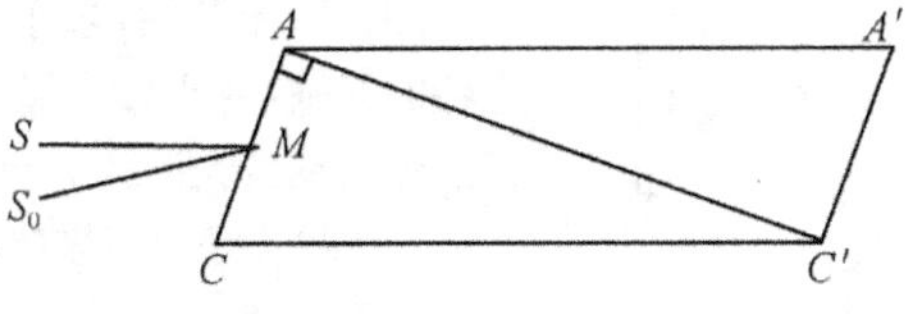

习题 5-13 图

5-14　用石英晶片制作适用于钠黄光($\lambda=589$nm)的 1/4 波片,晶片的最小厚度是多少?已知石英的双主折射率之差 $n_e-n_o=0.009$. 怎样用此 1/4 波片产生一长短轴之比为 2∶1 的右旋椭圆偏振光?

5-15　线偏振光垂直射入一块光轴平行于表面的方解石晶片上,入射光的振动面与晶片主截面夹 30°角,方解石的双主折射率之差 $n_o-n_e=0.172$.

(1) 求晶片中两种光的强度比;

(2) 为使晶片对钠黄光($\lambda=589$nm)成为 1/2 波片,其厚度是多少?

(3) 从该 1/2 波片透出的线偏振光的振动面相对于入射光的振动面转过了多大角度?

5-16　椭圆偏振光垂直入射到方解石做成的 1/4 波片上,其光轴与 y 轴一致,试决定在下列情况下从 1/4 波片透出的光的偏振态:

(1) 入射光为右旋椭圆偏振光,椭圆的长轴与 1/4 波片的快轴(即光轴)方向一致;

(2) 入射光为左旋椭圆偏振光,椭圆的长轴与 1/4 波片的快轴一致;

(3) 入射光为右旋椭圆偏振光,椭圆的长轴在一、三象限(迎着光线看).

5-17　两正交偏振片之间放置一方解石晶片,晶片的光轴与其表面平行,并与第一偏振片的透振方向夹 45°角,以波长为 589nm 的钠黄光垂直入射. 若要使透过第二偏振片的光强为最大,晶片的最小厚度应等于多少? 入射光强 I_0 时,透射光强是多少?

5-18　在两块平行偏振片间放置一方解石晶片,其光轴与晶片表面平行,并与第一偏振片的偏振化方向夹 15°角,以钠黄光垂直入射. 若要使从第二偏振片透出的光为极小值,则晶片厚度是多少? 至少算出三种厚度. 此时透射光强与入射光强之比是多少?

5-19　一块厚 0.025mm 的方解石晶片,其光轴与表面平行,放置在两正交偏振片之间. 从第一偏振片出来的线偏振光垂直入射到晶片上,振动方向与晶片的光轴方向夹 45°角.

(1) 透过第二个偏振片的光在可见光谱(4000～7000Å)中缺少哪些波长?

(2) 若两偏振片的振方向互相平行,则透射光中缺少哪些波长? 假定双主折射率之差 $n_o-n_e=0.72$ 可看作常数.

5-20　楔形水晶棱镜顶角 0.5°,棱边与光轴平行,置于正交偏振片之间,使其主截面与两偏振片的透振方向都成 45°角,以水银的 4047Å 的紫色平行光正入射.

(1) 通过第二偏振片看到的干涉图样如何?

(2) 相邻暗纹的间隔 d 等于多少?

(3) 若将第二偏振片的透振方向转 90°,干涉图样有何变化?

(4) 维持两偏振片正交,但把晶片的主截面转 45°,使之与第二偏振片的透振方向垂直,干涉图样有何变化?

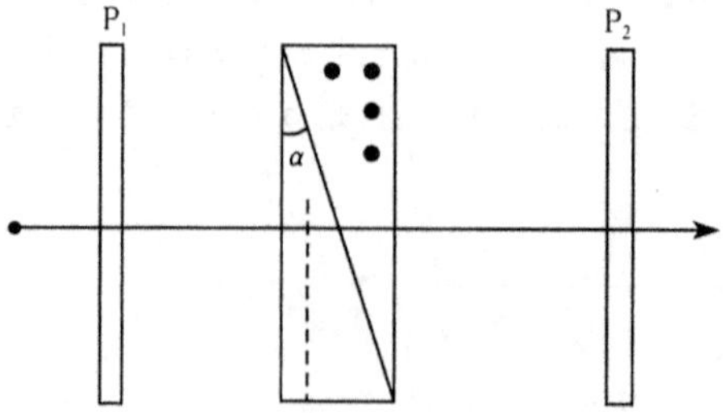

习题 5-21 图

5-21　将巴比涅补偿器(习题 5-21 图)放在正交偏振片之间,光轴与它们的透振方向成 45°角,你将看到什么现象? 若楔角 $\alpha=2.75°$,用平行的钠黄光照明,求干涉条纹的间隔. 转动补偿器的光轴,对干涉条纹有什么影响? (已知石英晶体对钠黄光而言 $n_o=1.544 n_e=1.553$)

5-22　线偏振光照在巴比涅补偿器上(习题 5-21 图),通过偏振片观察时在中央两楔形棱镜

厚度 $d_1=d_2$ 处有一暗线(消光)，与中央暗线距离 a 处又有一暗线．今以一同样波长的椭圆偏振光照在此巴比涅补偿器上，发现暗线移至离中央 b 处．

(1) 求椭圆偏振光在补偿器晶体中分解成的两个振动分量的初始相位差与 a、b 的关系．

(2) 如果椭圆的长短轴正好分别与两楔形棱镜的光轴平行，试证此时 $b=a/4$．

(3) 设已知偏振片的透振方向与补偿器一楔的光轴夹角为 θ，找出 θ 与(2)问中椭圆长短轴比值的关系．

5-23　把一片垂直于光轴切割的石英晶片插入平行偏振片系统中，以钠黄光为光源，石英片的厚度等于多大时光不能通过第二个偏振片？已知石英对钠黄光的旋光率为 21.7°/mm．

5-24　一未知浓度的葡萄糖水溶液装在 12.0cm 长的管子中，当一线偏振光通过葡萄糖溶液时，振动面转过 1.23°，求葡萄糖溶液的浓度．已知葡萄糖溶液的比旋光率为 20.5°/(dm·g·cm^{-3})．

5-25　某玻璃的吸收系数 $\alpha=10^{-2}cm^{-1}$，问经过 1cm 厚的玻璃后，透射光强为原光强的百分之几？

5-26　某种介质的吸收系数 α 为 $0.32cm^{-1}$，求透射光强为入射光强的 0.1、0.2、0.5 及 0.8 时，介质的厚度各为若干？

5-27　红光透过 15m 深的海水后其强度减弱到原来的四分之一，求：

(1) 海水对红光的吸收系数；

(2) 光强减弱到 1%时透过海水的深度．

5-28　一浓度为 0.02g/100ml 的某溶液以 5890Å 波长的光入射，测得透射光强为入射光强的 40%，用同种光同样厚度的容器测量一未知浓度的同种溶液，得透射光强为入射光强的 60%，求未知浓度．

5-29　一种光学玻璃对于波长为 4358Å 和 5461Å 种光的折射率分别为 1.6130 和 1.6026，试应用科希公式计算这种玻璃对波长 6000Å 的光的折射率 n 和色散率 $dn/d\lambda$．

5-30　一玻璃棱镜顶角为 50°，设它的色散特性可用二常数的柯西公式来描述，其中 $A=1.53974$，$B=4.6528\times10^5$ Å^2．求此棱镜对波长 5500Å 调到最小偏向角时的角色散率．

5-31　波长为 6.7Å 的 X 射线，从真空射入到某玻璃界面，发生全反射的最大掠射角不超过 0.1°，求玻璃对这种 X 射线的折射率．

5-32　设白光中波长为 6900Å 的红光与波长为 4300Å 的蓝光强度相同，问在散射光中两者的比例是多少．

5-33　摄影者知道用橙黄色滤色镜拍摄天空时，可增加蓝天和白云的对比．设照相机的镜头和底片的灵敏度将光谱范围限制在 3900Å 到 6200Å 之间，并设太阳光谱在此范围内可看成是常数．若滤色镜把波长在 5500Å 以下的光全部吸收，天空的散射光被它去掉百分之几？

第六章　光的量子性

关于光的本性的认识曾经历了螺旋式的上升过程，如前所说，19 世纪杨氏和菲涅耳的干涉，衍射实验，使光的波动说战胜了光的微粒说，1865 年麦克斯韦的电磁理论又为光的波动说建立了牢固的理论基础. 至此，光在空间的传播是一种波动过程已成为无可辩驳的事实. 然而在 19 世纪末 20 世纪初，人们在深入研究光的发射及光与物质的相互作用时，发现了一些新的实验现象，如黑体辐射，光电效应，X 射线的康普顿散射和原子光谱规律等，在这些实验中光的行为无法用波动理论来解释，这迫使人们对光的本性作进一步的思考，从而导致了光的量子性概念的建立，揭示了光具有粒子和波动的双重特性，即光的波粒二象性. 本章将通过几个历史上著名的实验来阐述光的量子性和光的波粒二象性.

6-1　热辐射与普朗克的量子假设

我们知道任何物体在任何温度下都在发射各种波长的电磁波，这是因为一切物体的分子都含有带电粒子，所以分子作热运动时就会不断地发射电磁波，这种现象称为热辐射. 由于 19 世纪冶金高温测量技术及天文学等方面的需要，使人们对热辐射的研究产生了极大的兴趣，从而极大的推动了关于热辐射的研究.

为了叙述热辐射的规律，我们先引进几个描写物体热辐射现象的物理量.

1) 单色辐射本领 $r(\lambda, T)$

在热辐射体表面取一面元 $\mathrm{d}s$，如果单位时间从 $\mathrm{d}s$ 面元发射出来的，波长范围在 $\lambda \sim \lambda + \mathrm{d}\lambda$ 之间的能量为 $\mathrm{d}E(\lambda, T)$，则辐射的能量 $\mathrm{d}E(\lambda, T)$ 与 $\mathrm{d}s$ 的面积和波长间隔 $\mathrm{d}\lambda$ 成正比，即有

$$\mathrm{d}E(\lambda, T) = r(\lambda, T)\mathrm{d}\lambda \mathrm{d}s$$

其中比例系数 $r(\lambda, T)$ 就叫作该物体的单色辐射本领. 因此有

$$r(\lambda, T) = \frac{\mathrm{d}E(\lambda, T)}{\mathrm{d}\lambda \mathrm{d}s} \tag{6-1-1}$$

所以单色辐射本领的数值表示在单位时间内，从辐射体的单位表面积上所辐射的在波长为 λ 附近的单位波长间隔内的光能量.

2) 总辐射本领 R

如果考虑所有波长的辐射，则单位时间从单位表面积上辐射的总能量叫作该物体的总辐射本领，记为 R，如果单位时间上从面元 $\mathrm{d}s$ 上辐射的总能量是 $\mathrm{d}E$，则

根据定义有

$$R=\frac{\mathrm{d}E}{\mathrm{d}s}$$

由于

$$\mathrm{d}E=\int_0^\infty \mathrm{d}E(\lambda,T)=\mathrm{d}s\int_0^\infty r(\lambda,T)\mathrm{d}\lambda$$

所以

$$R=\int_0^\infty r(\lambda,T)\mathrm{d}\lambda \tag{6-1-2}$$

上式给出了总辐射本领和单色辐射本领之间的关系.

实验表明,热物体的单色辐射本领 $r(\lambda,T)$是波长和温度的某种函数,对于不同的物体,此函数也不相同. 后一情况给我们带来一些麻烦,各种物体有各自的函数形式 $r(\lambda,T)$这使我们寻求热辐射的普遍规律时问题变得复杂化了.

3) 单色吸收本领或单色吸收系数 $\alpha(\lambda,T)$

任何物体在热辐射的同时,也吸收从周围物体发出的辐射能,单色吸收本领就是用来描述物体吸收辐射能的能力大小的物理量. 假设单位时间辐射到物体表面上波长为$\lambda\sim\lambda+\mathrm{d}\lambda$的光的能量为 $\mathrm{d}E_\lambda$,其中被物体吸收的部分为 $\mathrm{d}E'_\lambda$,则物体的单色吸收本领定义为

$$\alpha(\lambda,T)=\frac{\mathrm{d}E'_\lambda}{\mathrm{d}E_\lambda} \tag{6-1-3}$$

可见,$\alpha(\lambda,T)$表示辐射到物体表面光能量中被吸收的百分数. 所以也有书上把 $\alpha(\lambda,T)$称为物体的吸收系数. 自然,$\alpha(\lambda,T)$永远不可能大于 1. 因为照射到物体上的光能量总有一部分被反散和散射(对于透明物体还有部分透射),因此吸收的能量只是入射能量的一部分.

同一物体的辐射本领 $r(\lambda,T)$和吸收本领之间有一定联系,这可以用图 6-1 的理想实验来证明. 图中 n 个物体 $A_1,A_2,A_3,\cdots$放置在一个与外界隔离的封闭的容器内(它与外界无能量的交换). 如果容器内部是真空的,则物体之间只能通过辐射相互交换能量. 经过一段时间后,所有的物体包括容器在内一定会达到热平衡,各物体具有相同的温度 T. 此时各物体在单位时间内放出的能量应等于吸收的能量. 因此这实验说明辐射本领大的物体,其吸收本领也一定大. 辐射本领小的物体,吸收本领也一定小. 只有这样才能和其他物体保持有相同的,而且是不变的温度 T. **基尔霍夫定律**指出:物体的单色辐射本领和单色吸收本领的比值,与物质的性质无关,对所有物体而言,它只是波长和温度的函数.

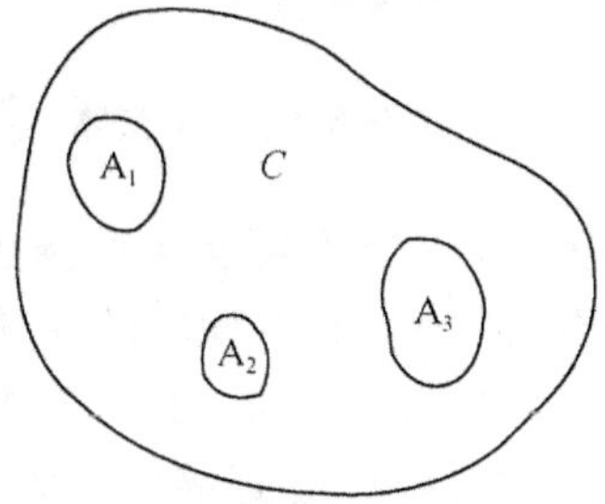

图 6-1　说明基尔霍夫原理的理想实验

如果物体 $A_1, A_2, A_3, \cdots$ 的单色辐射本领和单色吸收本领各为 $r_1, r_2, r_3, \cdots$ 和 $\alpha_1, \alpha_2, \alpha_3, \cdots$ 则基尔霍夫辐射定律的数学表达式为

$$\frac{r_1(\lambda, T)}{\alpha_1(\lambda, T)} = \frac{r_2(\lambda, T)}{\alpha_2(\lambda, T)} = \frac{r_3(\lambda, T)}{\alpha_3(\lambda, T)} = \cdots = f(\lambda, T) \tag{6-1-4}$$

式中 $f(\lambda, T)$ 是对所有物体都适用的普适函数.

基尔霍夫定律的表达式(6-1-4)表明,尽管各种辐射体 $r(\lambda, T)$ 的函数形式不同,但比值 $\frac{r(\lambda, T)}{\alpha(\lambda, T)}$(即函数 $f(\lambda, T)$)却是相同的. 所以,如果说辐射本领 $r(\lambda, T)$ 表现了各种辐射体的"个性",则比值 $f(\lambda, T)$ 表现了所有热辐射体的"共性". $f(\lambda, T)$ 和个别物体的性质无关,它反映了热辐射的普遍规律性. 因此下面的任务是从实验上和理论上找出 $f(\lambda, T)$ 的函数形式.

一、绝对黑体和黑体辐射定律

从式(6-1-4)中很容易看出普适函数 $f(\lambda, T)$ 的物理意义,它表示吸收本领 $\alpha(\lambda, T)=1$ 的物体的单色辐射本领. 对所有波长吸收本领 $\alpha(\lambda, T)=1$ 的物体,我们称之为**绝对黑体**,或简称黑体. 所以,为了从实验上定出普适函数 $f(\lambda, T)$ 的形式,只需要找到绝对黑体,并测出其单色辐射本领随波长和温度的变化即可.

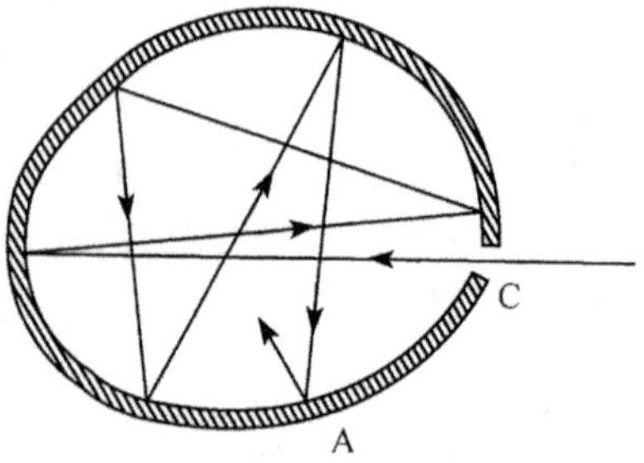

图 6-2 人工黑体

可惜自然界中没有理想的黑体. 涂有一层煤烟或黑色珐琅质的物体,其吸收本领仅在有限的波长间隔内接近于 1,而在较远的红外线区域,吸收本领即显著地小于 1. 但是可以用人工方法造一个较为理想的黑体. 为此只要做一个如图 6-2 所示的带有小孔 C 的几乎密闭的容器 A,将容器均匀的加热到某一温度下,则这个容器就相当于绝对黑体. 因为 A 上只有一个小孔 C,所以经小孔 C 射入容器的光线经过多次反射后才有可能从 C 跑出去. 由于经过了多次反射而损失了绝大部分的能量,射出的光是极其微弱的. 亦即小孔 C 的吸收本领对所有波长都几乎等于 1. 所以,孔 C 的辐射将很接近绝对黑体的辐射.

实际上,上述绝对黑体模型通常用耐火材料做成,形状为狭长的管子. 为了避免光线立刻反射回来. 管内装有许多带孔的模壁. 将管内装以电炉,这样可使管壁加热到所欲达到的温度 T. 由管末端的小孔发出的辐射,其性质与绝对黑体辐射相近. 用这种绝对黑体的模型可研究温度达到 3000K 时的辐射.

图 6-3 是研究黑体光谱中辐射能量按波长分布的实验装置图. A 是黑体,L 是透镜,S_P 是装有光栅的单色仪,T 是接收器(例如热电偶).

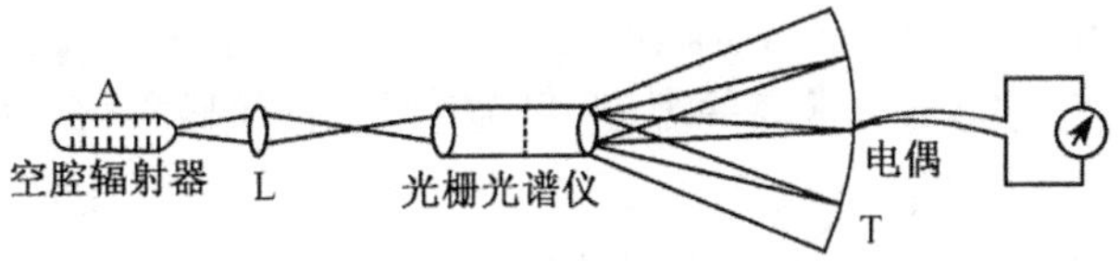

图 6-3　黑体辐射的测量装置

图 6-4 中画出了一组在不同温度下黑体的光谱能量分布曲线(即黑体辐射的单色辐射本领随波长的变化曲线). 可以看出:黑体的辐射本领 $r_0(\lambda,T)$ 随温度升高很快地上升. 其次,每条曲线有一最大值,当温度升高时,这最大值即向短波方向移动. 这两点完全符合我们的日常经验,即温度越高,辐射越强,同时发光的颜色也发生改变.

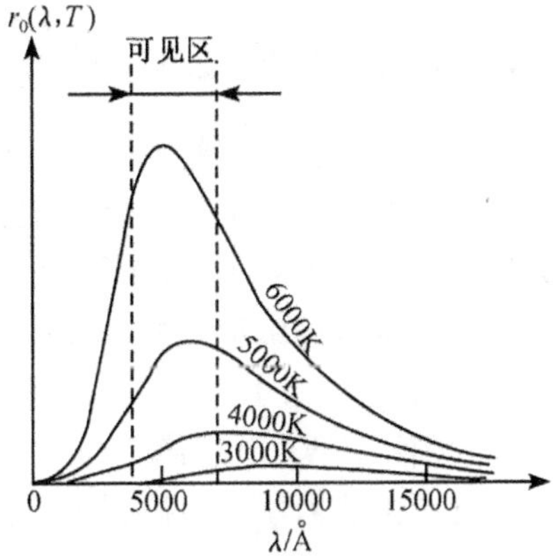

图 6-4　不同温度下的 r_0-λ 实验曲线

以上说的黑体辐射的两个特点在物理学中已经用两个物理定律表示出来.

1. 斯特藩-玻尔兹曼(Stefan-Boltzman)定律

1879 年和 1884 年斯特藩和玻尔兹曼先后从实验和理论上得出:绝对黑体的总辐射本领与物体绝对温度的四次方成正比,即

$$R = \sigma T^4 \tag{6-1-5}$$

式中 $\sigma=5.670\times10^{-8}\,\mathrm{W/(m^2\cdot K^4)}$,称为斯特藩-玻尔兹曼常量. 总辐射本领 R 就是图 6-4 中相应温度的曲线下的面积,可见温度越高,则辐射越强.

2. 维恩(Wien)位移定律

1893 年维恩根据热力学原理推知:任何温度下的黑体单色辐射本领 $r(\lambda,T)$ 都有一个极大值,这极大值对应的波长 λ_m 与绝对温度成反比,即

$$\lambda_m = \frac{b}{T} \tag{6-1-6}$$

实验测得

$$b = 0.288\,\mathrm{cm\cdot K}$$

b 也是个普适常数. 这就是**维恩位移定律**.

上式中的温度采用绝对温度,波长以厘米为单位. 从维恩位移定律可知,绝对黑体温度越高,对应于最大辐射本领 $r(\lambda,T)$ 的波长 λ_m 就越短,即短波长的辐射加强了.

以上两个定律可用来测定物体(严格说是黑体)的温度. 所以这两个定律是光测高温学的基础. 只要用光学方法测出了高温发光体的总辐射本领 R,或者与单色

辐射本领极大值相对应的波长 λ_m，就可用式(6-1-5)和式(6-1-6)定出温度. 用光学方法测温度的优点是能测非常高的温度，目前这是测高温的主要方法. 具体细节不多介绍了. 光测高温方法在解决许多实际问题上也是适用的，在实际上往往被测物体很接近黑体，例如实验室或工厂里的炉灶就是这种物体. 若在炉子上开一小孔来进行测量，则炉子与黑体极其相似.

二、黑体辐射定律和普朗克公式

从实验上找到了绝对黑体的单色辐射本领随 λ, T 变化的曲线(图 6-4)以后，进一步就要从理论上确定这一变化曲线应满足的函数形式，即确定 $r_0(\lambda, T)$ 的函数形式. 在 19 世纪末，许多物理学家作了巨大的努力，然而，所有想从经典理论中得到这一函数正确形式的尝试都遭到失败，但是这些工作对揭露经典理论的矛盾起了重大的作用. 其中最有代表性的是维恩、瑞利和金斯的工作.

1) 维恩(Wien)定律

维恩由热力学的讨论得出黑体辐射能量的分布公式为

$$r_0(\lambda, T) = \frac{c^5}{\lambda^5} f\left(\frac{c}{\lambda T}\right)$$

式中 c 为光速. 函数 $f(c/(\lambda T))$ 的形式不能单独由热力学得出. 维恩在进一步对黑体的发射和吸收过程作了一些特殊假设后得出

$$r_0(\lambda, T) = C_1 \lambda^{-5} e^{-\frac{c_2}{\lambda T}} \tag{6-1-7}$$

式中 C_1 和 C_2 均为普适常数，分别称为第一和第二辐射常数，式(6-1-7)称为维恩公式. 图 6-5 画出了同一温度下的实验曲线和维恩曲线. 由图可见，维恩公式在波长较短时与实验结果符合较好，在长波段则产生了明显的系统偏离.

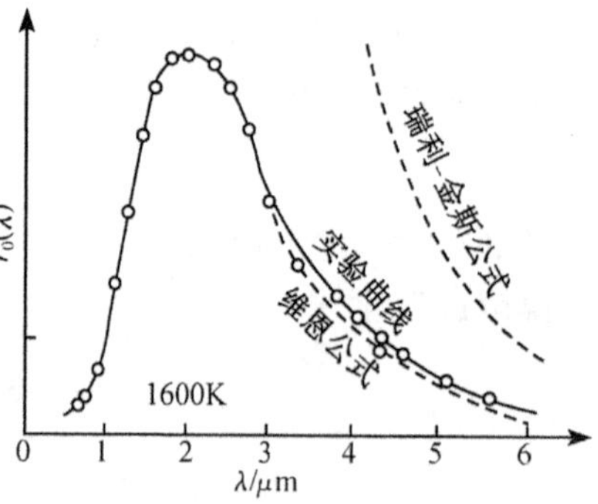

图 6-5 同一温度下的实验曲线以及维恩公式曲线和瑞利-金斯公式曲线

2) 瑞利-金斯(Rayleigh-Jeans)定律

随后瑞利与金斯曾尝试用经典的电磁理论及经典统计理论解决这个问题. 他们将黑体看成一个内壁为金属面的封闭空腔，在这样的腔内存在着稳定的电磁场，这个电磁场由各种频率 ν，各种空间取向的电磁驻波所组成. 这些驻波的形成可看成是不同频率的电磁波在腔的金属面来回反射的结果(见图 6-6). 他们从经典的电磁理论求得在封闭空腔内的单位体积及频率间隔 $d\nu$ 内的电磁驻波的数目为 $(8\pi\nu^2/c^3)d\nu$. 然后，按照经典统计理论中的能量均分定理，每一种电磁驻波应分配以平均能量

KT(其中电场能$\frac{1}{2}KT$,磁场能$\frac{1}{2}KT$),K 是玻尔兹曼常量,T 是绝对温度. 因此求得腔内频率在 $\nu\sim\nu+\mathrm{d}\nu$ 之间的电磁波能量密度(称能量密度谱密度)为

$$\rho(\nu,T)\mathrm{d}\nu=\frac{8\pi\nu^2}{c^3}KT\mathrm{d}\nu \tag{6-1-8}$$

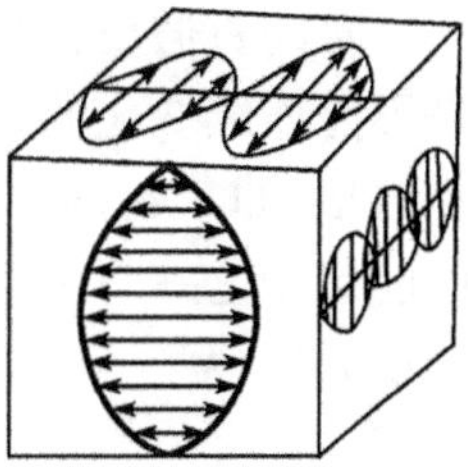

图 6-6　金属腔内的电磁驻波

将这封闭腔开一个小孔,能量就流泄出来,这就类似于黑体辐射. 并且单位时间,从单位面积小孔流出的,频率在 ν 附近的单位波长间隔的能量就应当是黑体的单色辐射本领 $r_0(\lambda,T)$,容易想到,$r_0(\lambda,T)$应当和空腔内的能量密度谱密度 $\rho(\lambda,T)$(单位体积内存在的在 ν 附近的单位频率间隔的电磁波能量)成正比(即腔内相应频率的能量越大,小孔对该频率的辐射越强). 事实上,可以从理论上严格证明 $r_0(\nu,T)=\frac{c}{4}\rho(\nu,T)$,式中 c 是光速. 由此得到

$$r_0(\nu,T)\mathrm{d}\nu=\frac{2\pi}{c^2}\nu^2KT\mathrm{d}\nu \tag{6-1-9}$$

再由关系 $\lambda=c/\nu$,$|\mathrm{d}\nu|=(c/\lambda^2)\mathrm{d}\lambda$ 及 $r_0(\nu,T)\mathrm{d}\nu=r_0(\lambda,T)\mathrm{d}\lambda$,可将式(6-1-9)改写为按波长的分布

$$r_0(\lambda,T)\mathrm{d}\lambda=\frac{2\pi c}{\lambda^4}KT\mathrm{d}\lambda \tag{6-1-10}$$

式(6-1-9)和式(6-1-10)即著名的瑞利-金斯公式. 由图 6-5 可看出,它只在波长相当长的部分才与实验曲线相符,但在短波段则完全不符合实验结果. 特别当 λ 很小并趋于零时,由瑞利-金斯公式(6-1-10)可知,辐射本领变得很大并趋于无穷,这显然是不对的. 经典理论与实验结果在短波端的这一严重分歧,在物理学史上被称为"紫外灾难".

3) 普朗克公式

1900 年 10 月 19 日,基尔霍夫的学生普朗克,在德国物理学会会议上提出了一个公式

$$r_0(\nu,T)=(2\pi h\nu^3/c^2)/\{\exp[h\nu/(KT)-1]\}$$

这个公式是普朗克利用内插法将适用于短波的维恩公式和适用于长波段的瑞利-金斯公式衔接起来得到的. 在提出这个公式的当天,鲁本斯(H. Rubens)立刻把它与当时测得最精确的实验结果相比较,结果发现两者惊人的相符合. 第二天普朗克得知这一消息后,他认为,即使这个新的辐射公式被证明是绝对精确的,如果仅仅是一个侥幸揣测出来的内插公式,它的价值也只能是有限的. 因此他决心,不惜一切代价,找到一个理论上的解释. 经过两个月的紧张努力,终于得到了关于黑体辐射定律的理论推导. 普朗克理论推导的关键是用能量量子化的假设代替了经典的能量均分定理.

普朗克假设：热辐射的黑体的分子或原子可以看作谐振子，这些谐振子的能量是不能连续变化的，只能取一些分立值，这些分立值又是某一最小能量单元 ε_0 的整数倍，即 $0, \varepsilon_0, 2\varepsilon_0, \cdots, n\varepsilon_0, \cdots$，称为谐振子的能级（$n$ 称为量子数），当谐振子从这些能级中之一过渡到其他能级时就发射或吸收辐射. 频率为 ν 的谐振子的最小能量单元 ε_0 为

$$\varepsilon_0 = h\nu \tag{6-1-11}$$

称为能量子，或简称量子，这里 h 为普朗克常量. 现在公认值为

$$h = (6.6256 \pm 0.0005) \times 10^{-34}\,\mathrm{J \cdot s}$$

上面所述的就是普朗克的能量量子化的假设. 显然，这样的假设是与经典理论相抵触的，因为根据经典理论，振子可能具有的能量不应受任何限制，并且可以连续地减少或增加.

下面我们来看一看，普朗克如何用这一假设得出了正确的黑体辐射公式.

他仍利用了上面提到的瑞利-金斯提出得黑体近似模型——金属腔，将腔内黑体辐射场看成大量电磁驻波振子的集合. 由于已知腔内单位体积单位频段内的电磁驻波振子数目为 $8\pi\nu^2/c^3$，所以只须计算出每个振子的平均能量 $\bar{\varepsilon}(\nu, T)$，即可得到腔内的辐射场的能量密度谱密度为

$$\rho(\nu, T) = \frac{8\pi\nu^2}{c^3}\bar{\varepsilon}(\nu, T) \tag{6-1-12}$$

从而黑体辐射本领为

$$r_0(\nu, T) = \frac{c}{4}\rho(\nu, T) = \frac{2\pi\nu^2}{c^2}\bar{\varepsilon}(\nu, T) \tag{6-1-13}$$

所以只要计算出 $\bar{\varepsilon}(\nu, T)$，就能得到 $r_0(\nu, T)$ 的数学表达式.

按照玻耳兹曼分布定律，在热平衡态下的一个谐振子能量取 ε 的概率正比于 $\mathrm{e}^{-\varepsilon/(KT)}$，又由普朗克能量子假设，振子能量只能取 ε_0 的整数倍，故每个谐振子的平均能量为

$$\bar{\varepsilon}(\nu, T) = \frac{\sum\limits_{n=0}^{\infty} n\varepsilon_0 \mathrm{e}^{-n\varepsilon_0/(KT)}}{\sum\limits_{n=0}^{\infty} \mathrm{e}^{-n\varepsilon_0/(KT)}}$$

$$= -\left[\frac{\partial}{\partial\beta}\ln\left(\sum_{n=0}^{\infty} \mathrm{e}^{-n\varepsilon_0\beta}\right)\right]_{\beta=1/(KT)}$$

利用等比数列的求和公式，有

$$\sum_{n=0}^{\infty} \mathrm{e}^{-n\varepsilon_0\beta} = 1/(1 - \mathrm{e}^{-\beta\varepsilon_0})$$

将此式代入前式，得

$$\bar{\varepsilon}(\nu, T) = -\frac{\partial}{\partial\beta}\ln\left(\frac{1}{1 - \mathrm{e}^{-\beta\varepsilon_0}}\right)$$

$$= \frac{\varepsilon_0 e^{-\varepsilon_0 \beta}}{1 - e^{-\beta \varepsilon_0}}$$

$$= \frac{\varepsilon_0}{e^{\varepsilon_0 \beta} - 1}$$

$$= \frac{h\nu}{e^{h\nu/(KT)} - 1} \tag{6-1-14}$$

将式(6-1-14)代入式(6-1-13),可得:

$$r_0(\nu, T) = \frac{2\pi h\nu^3}{c^2} \frac{1}{e^{h\nu/(KT)} - 1} \tag{6-1-15}$$

这就是**普朗克黑体辐射公式**. 普朗克公式也可写成按波长分布的另一种形式,即

$$r_0(\lambda, T) = 2\pi hc^2 \lambda^{-5} \frac{1}{e^{hc/(\lambda KT)} - 1} \tag{6-1-16}$$

普朗克公式还可用热平衡态下辐射场中的能量密度谱密度来表示,即

$$\rho(\nu, T) = \frac{8\pi h\nu^3}{c^3} \cdot \frac{1}{e^{h\nu/(KT)} - 1} \tag{6-1-17}$$

当辐射波长很短,$KT \ll hc/\lambda$,即 $KT \ll h\nu$ 时,有 $e^{h\nu/(K\lambda T)} = e^{h\nu/(KT)} \gg 1$,略去普朗克公式(6-1-16)公母中的$-1$,可得

$$r_0(\lambda, T) = 2\pi hc^2 \lambda^{-5} e^{-h\nu/(K\lambda T)}$$

令 $2\pi hc^2 = c_1$,$hc/K = c_2$,则上式就是维恩公式(6-1-7). 当辐射波长很长即频率很低(或温度很高),使得 $KT \gg h\nu$ 时,有

$$e^{k\nu/(KT)} - 1 = \left[1 + \frac{h\nu}{KT} + \frac{1}{2}\left(\frac{h\nu}{KT}\right)^2 + \cdots\right] - 1$$

$$\approx \frac{h\nu}{KT} = \frac{hc}{K\lambda T}$$

将上式代入式(6-1-16),普朗克公式简化为

$$r_0(\lambda, T) = 2\pi hc^2 \lambda^{-5} \frac{1}{hc/(K\lambda T)} = 2\pi c\lambda^{-4} KT$$

这就是瑞利-金斯公式.

普朗克提出量子假设并由此推导出普朗克公式后,使困惑过许多物理学家的黑体辐射问题终于得到了圆满的解决.

普朗克的能量量子化假设具有深刻和普遍的意义,它第一次向人们揭示了微观运动规律的基本特征. 在这之前人们都认为由宏观世界过渡到微观世界时,只不过是物理量的数量变化而已,并认为宏观现象所遵从的基本规律可以一成不变地适用于微观世界. 正是普朗克的量子假设第一次冲击了经典物理学的传统观念,从此开始了物理学的新纪元.

值得一提的是,最漂亮的黑体辐射谱是在宇宙空间测到的. 1964 年美国贝尔电话实验室的两位工程师齐亚斯(A. A. Penzias)和威耳逊(R. W. Wilson)在检验

接受人造卫星微波信号的天线的性能时，偶然发现一种来自宇宙深处波长约为7.35cm的微波辐射，这种辐射的特点是各向同性，而且非常稳定，不能用通常的方法排除，扣除了大气和地球辐射的贡献以及天线的电阻损耗后，首次给出这种背景辐射的等效黑体温度约为3.5K，美国物理学家迪克(R. H. Dicke)等人认为这一测量结果具有重大的宇宙学意义，并称之为“宇宙背景辐射”. 因为根据大爆炸宇宙论，宇宙是从超高密度，超高温度的状态下，通过一次不寻常的大爆炸开始的，随后宇宙的物质向各个方向飞驰，体积膨胀，由于整个宇宙是个孤立系，这个膨胀当然是绝热膨胀，根据热力学原理，宇宙的膨胀导致温度下降，理论证明，温度下降与宇宙的尺度成反比，即$T \propto 1/r$(r是宇宙的尺度). 在宇宙的早期，r很小时，辐射温度高达10^{10}K以上，随着宇宙膨胀，温度下降到4000K时，光子开始与其他物质“脱耦”，较重的粒子逐步“凝聚”，开始了星系形成的过程. 而脱耦的光子才渐渐从4000K一直冷却到今天的3K左右. 1989年11月美国发射COBE卫星对宇宙背景辐射作了精密测量，发现其频谱分布严格遵从黑体辐射的普朗克公式，数据拟合给出的宇宙背景温度是

$$T = (2.736 + 0.017)\text{K}$$

这样，3K宇宙背景辐射的发现证实了大爆炸宇宙论的预言. 即由于初始的爆炸，到今日宇宙中应仍残留温度为2.7K的热辐射. 由于背景辐射的发现在宇宙学上具有重要意义，齐亚斯和威耳逊分享了1978年诺贝尔物理奖.

6-2 光电效应

1887年赫兹在进行著名的验证电磁波存在的实验时. 发现，如果接收线路中两个小铅球之一受到紫外线照射时，两小球间很容易有火花跳过，此后，其他科学家进一步研究表明，这种现象是由于光照射在小锌球上，锌球内的电子吸收了光的能量而逸出球表面，成为空中自由移动电荷所造成的. 这种由于光照射使电子逸出金属的现象称为光电效应，所逸出的电子称为光电子.

一、光电效应的实验规律

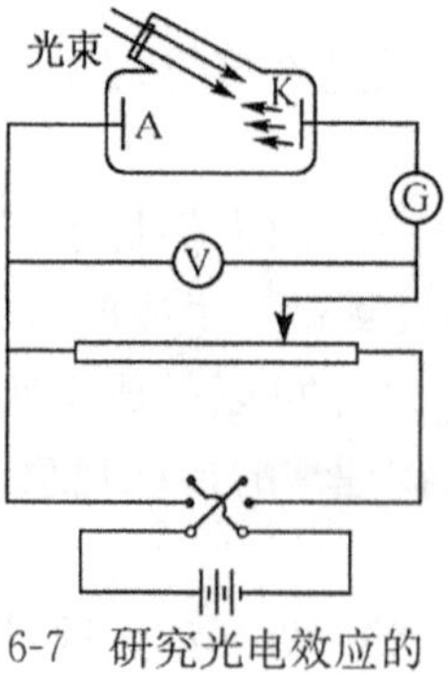

图 6-7 研究光电效应的实验装置

图6-7是研究光电效应的实验装置图. 在高真空玻璃管内装有阳极A和表面涂有金属的阴极K，在两极之间加上电压. 阴极K不受光照时，管中没有电流通过，说明K、A之间绝缘. 当有适当频率的光通过窗口照射到阴极K上时，使得有光电子逸出，在电场力作用下光电子飞向阳极A形成电流，这种电流称为光电流. 电路中有电压表和电流计分别测定两极间的电压和产生的光电流大小. 实验结

果表明，光电效应有以下规律：

(1) 存在饱和电流. 图 6-8 是用不同强度，而频率相同的光照射阴极 K 时，得到的光电流 I 随电压 V 变化的实验曲线(称伏安特性曲线). 由图中可以看出，光电流随电压增大而增大，然而，当加速电压超过某一量值时，光电流达到饱和. 这说明单位时间从阴极逸出的光电子数目 n 是一定的，当光电流达到饱和值 I_m 时，显然有

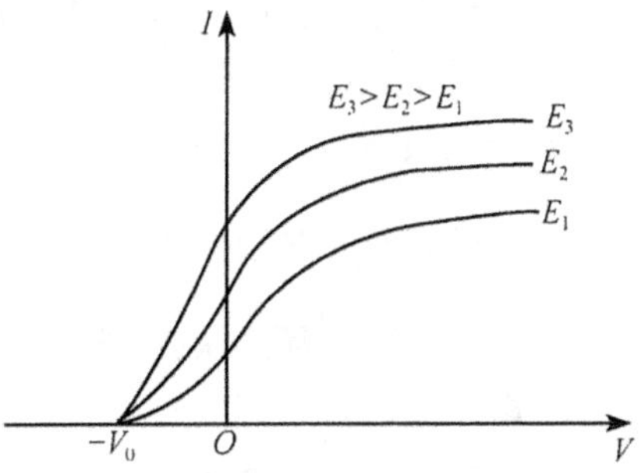

图 6-8　不同光强下的伏安特性曲线

$$I_m = ne \tag{6-2-1}$$

如果增大光的强度，实验表明，在相同的加速电压下，饱和电流也增加，并且与光强成正比. 这说明 n 与光强成正比.

(2) 存在反向截止电压. 由图 6-8 可见，只有当 $V=-V_0$ 时，光电流才降为零. 这个反向电压称为反向截止电压. 这说明光电子逸出金属后仍具有一定的初动能，光电子甚至能克服反向电压飞到阳极，除非反向电压大到一定程度. 所以反向截止电压与光电子初始最大动能显然有如下关系：

$$eV_0 = mv_m^2/2 \tag{6-2-2}$$

值得强调的是，当入射光强改变时，截止电压不变，这意味着光电子的最大初动能与入射光强无关.

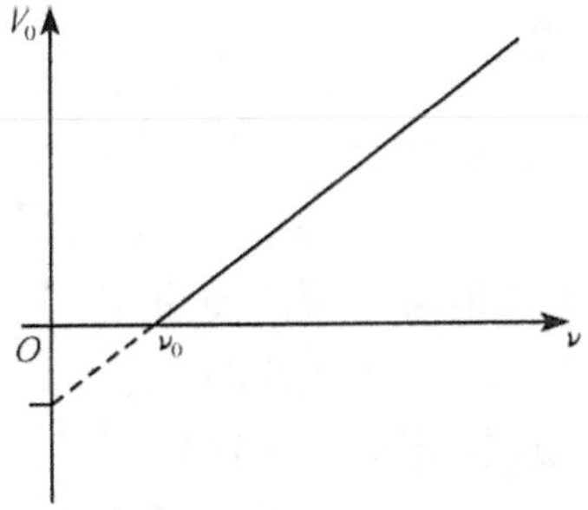

图 6-9　截止电压与入射频率的关系

(3) 存在截止频率(红限). 如果用不同频率的光照射阴极 K，发现截止电压 V_0，随入射光频率 ν 增大而增高，两者成线性关系(图 6-9)，即 $V_0=K(\nu-\nu_0)$. 对于不同的金属材料，具有相同的 K 和不同的 ν_0 值，将上式代入式(6-2-2)可得

$$m{v_m}^2/2 = eK(\nu-\nu_0) \tag{6-2-3}$$

这表明光电子的最大初动能和入射光频率成线性关系. 特别是实验中还发现，当入射光频率低于某临界值 ν_0 时，不论光强多大，也不论照射多久，都不会发生光电效应. 此临界频率称为光电效应的截止频率或频率的红限. 实验结果表明，不同的金属材料具有不同的红限，见表 6-1.

表 6-1　几种金属的红限

金　属	铯	钾	钠	锂	钨	铁	银	铂
截止波长 Å	6520	5500	5400	5000	2700	2620	2610	1961

(4) 弛豫时间极短. 从光照射到阴极 K 上, 到发射出光电子所需要的时间称为光电效应的弛豫时间, 实验表明, 只要频率大于截止频率, 无论光照如何微弱, 几乎在照射到阴极 K 的同时就会产生光电子, 弛豫时间不超过 10^{-9}s.

二、光的经典理论遇到的困难

(1) 光的经典理论认为, 光是一种波动, 光波的能量在空间是连续分布的, 当光照到电子上时, 电子在连续电磁波的驱动下做受迫振动而逐渐吸收能量, 当电子集聚了一定的能量后才能脱离金属的束缚而逸出. 尤其是当入射光很微弱时, 能量积累的时间应相当长. 这与实验结果是完全相违背的, 光电效应的弛豫时间极短是经典物理理论遇到的最大困难.

(2) 光的经典理论认为, 光波能量只与光强和振幅有关, 而与频率无关, 因而光电子的最大初动能不应由入射光的频率来决定. 但实验结果是, 微弱的紫光照出的光电子比强烈的红光照出的光电子的能量大, 不仅如此, 当低于红限频率的光入射时, 无论光强多大, 电子都无法逸出金属. 这些也都与经典理论格格不入.

三、爱因斯坦的光子理论

为了解释光电效应的实验结果, 爱因斯坦(A. Einstein)于 1905 年提出了光子假设, 当光束在和物质相互作用时, 其能流并不像波动理论所想像的那样, 是连续分布的, 而是一份一份的集中在一些叫做光子的粒子上. 对这种粒子仍保持着频率的概念, 光子的能量 E 正比于频率 ν, 即

$$E = h\nu \tag{6-2-4}$$

其中 h 为普朗克常数. 光子只能整个地被吸收或发射. 爱因斯坦的光子假设进一步发展了普朗克的能量子假设. 普朗克在解释黑体辐射时假定, 物质谐振子的能量是量子化的, 光以不连续的方式被发射和吸收, 但仍以波的方式传播, 爱因斯坦把这一假定加以推广, 他认为, 光在传播时, 也是由一份一份不连续的光子组成的能量流.

按照爱因斯坦的光子假设, 光束照在金属上, 金属中的电子吸收一个光子, 则获得 $h\nu$ 的能量, 如果 $h\nu$ 大于电子从金属表面逃逸所需要的逸出功 A, 电子就会逸出金属. 根据能量守恒定律, 光电子的初动能应为

$$mv_{\mathrm{m}}^2/2 = h\nu - A \tag{6-2-5}$$

上式称为爱因斯坦公式. 利用这个公式可以解释光电效应的全部实验结果. 因为入射光强增大表明光子流密度增大, 在单位时间内吸收光子而逸出的电子数目也随之增加, 导致饱和电流增大. 但无论光子流如何密, 每个电子只吸收一个光子, 所以单个电子获得能量 $h\nu$ 与光强无关. 将式(6-2-2)代入式(6-2-5)即解释了为什么截止电压和频率成线性关系. 为使电子能脱离金属, 电子吸收的光子能量应大于脱出功, 即 $h\nu \geqslant A$, 所以截止频率 $\nu_0 = A/h$. 最后, 按照光子理论, 光的能量并非连续地

分布在空间，而是局限于一个个光子上，电子对光子能量的吸收是一种不连续的量子跃迁过程，因此弛豫时间极短，由于爱因斯坦提出光子假设，成功地解释了光电效应的规律，所以荣获 1921 年诺贝尔物理学奖.

顺便指出上述讨论的光电效应，一个电子只吸收单个光子，这种过程称为单光子过程，激光的发现使人们获得高功率的光束，这使得实现多光子过程变为可能. 在多光子过程中，电子可以一次性吸收 N 个光子而逸出金属. 这时爱因斯坦公式则应为

$$Nh\nu = mv_m^2/2 + A \tag{6-2-6}$$

例题　假定波长为 250nm 的入射光，照射到脱出功大小未知的某金属面上，发现该入射光的截止电压为 2.60V，当改用波长为 375nm 的光照射时，截止电压为 0.94V，试利用这些数值求出普朗克常量.

解：根据波长与频率的关系，有

$$\nu_1 = c/\lambda_1 = 3\times10^8/250\times10^{-9} = 1.2\times10^{15}(\text{Hz})$$

$$\nu_2 = c/\lambda_2 = 3\times10^8/375\times10^{-9} = 0.8\times10^{15}(\text{Hz})$$

对比式(6-2-2)和式(6-2-5)，可得

$$eV_0 = h\nu - A$$

由上式不难导出

$$(V_{01} - V_{02})/(\nu_1 - \nu_2) = h/|e|$$

由此可得，

$$h = (V_{01} - V_{02})|e|/(\nu_1 - \nu_2) = 6.64\times10^{-34}\text{J}\cdot\text{s}$$

上述结果与普朗克所求出的数值相同，这也从一个侧面检验了光子假设的正确性.

四、光电效应的实际应用

由于饱和光电流的大小，和入射光的强度成正比. 光强度变化的信号通过光电效应就可以变为电流变化的信号. 所以光电效应有极广泛的应用. 应用光电效应原理可制成真空光电管. 图 6-10 是最简单的真空光电管的示意图. 它是一个抽成真空的玻璃泡，内表面的一半涂有感光层（如银、钾、锌、锑、……），作为阴极 K. 而阳极 A 是金属圆环. 用外电源 B 使两极间有一定电压，当有光照射阴极时，在电阻 R 上流过光电流，R 两端便输出光电流信号，这种光电管的灵敏度很高，可用于记录和测量光强. 或用于电视，有声电影或自动控制等需要将光信号变成电信号的装置中. 在光很微弱时，

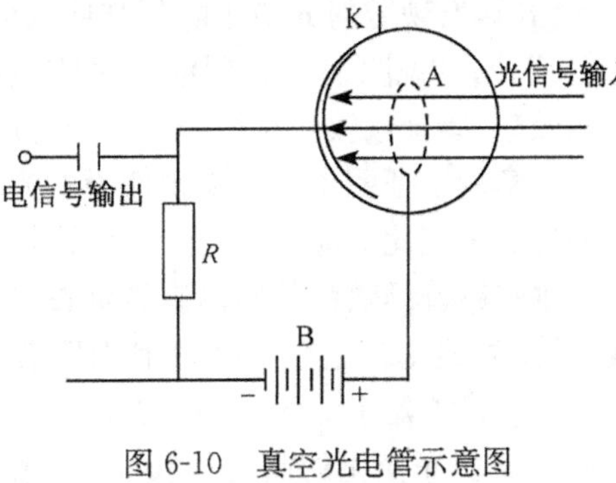

图 6-10　真空光电管示意图

光电管所产生的电流很小不易探测. 常用一种特殊的光电管—光电倍增管. 其结构如图 6-11 所示. 当光照射光电阴极 K 时, 发出光电子, 由于外加电场加速, 这些电子以高速轰击相邻的第一阴极, 这种阴极通常用锑铯合金或银镁合金制成的. 经电子轰击后, 即产生更多的电子, 这些电子再被加速, 轰击第二阴极从而发射更多的电子. 如此继续下去, 有时用到二三十个这样的阴极, 最后在阳极上的电流比最初大几百万倍, 因而可获得高达 1～50A/lm 的灵敏度.

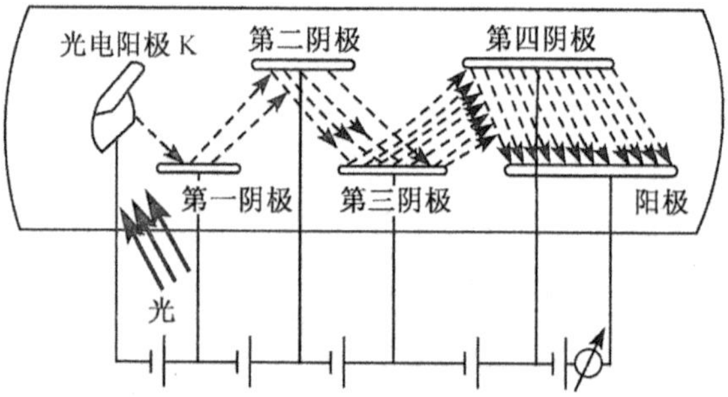

图 6-11　光电倍增管示意图

以上所说的光电效应都发生在金属的表面上, 光电子跑到表面以外的空间形成光电流, 所以又被称为外光电效应, 光也可以深入到物体内部例如晶体或半导体内部, 使内部原子放出电子, 这些电子留在物体内部, 成为导电电子, 使物体导电性增加; 或者由于这种光生载流子的运动所造成的电荷积累, 使得材料两面产生一定的电位差. 这些现象统称为内光电效应. 许多光敏电阻(如硫化镉光敏电阻、硫化铅光敏电阻等)和光电池(硒光电池、硅光电池、硅光电二级管等)就是利用这种内光电效应制成的.

6-3　康普顿效应

1923 年美国物理学家康普顿(A. H. Compton)在研究较轻物质对 X 射线的散射光谱时, 发现散射光谱中除了与原入射线波长 λ_0 相同的成分外, 还包括波长 $\lambda>\lambda_0$ 的成分, 这说明部分 X 射线经过物质散射后波长变长了, 这种散射现象称为康普顿效应. 康普顿效应是继光电效应之后光的量子性的又一个重要例证, 并且它第一次从实验上证明了爱因斯坦假设的光子不但有确定的能量, 还有确定的动量. 康普顿也因发现此效应, 获得 1927 年诺贝尔物理学奖.

观察康普顿效应的实验装置如图 6-12 所示. 由 X 射线管发出一束单色 X 射线, 经光阑 D_1、D_2 后被某种散射物质散射. 散射光的波长和强度可以利用晶体衍射装置和探测器来测量. 图 6-13(a)表示在不同散射角 θ 情况下, 散射 X 射线的强度随其波长而变化的曲线. 图6-13(b)则是在相同的散射角($\theta=90°$)条件下, 对不

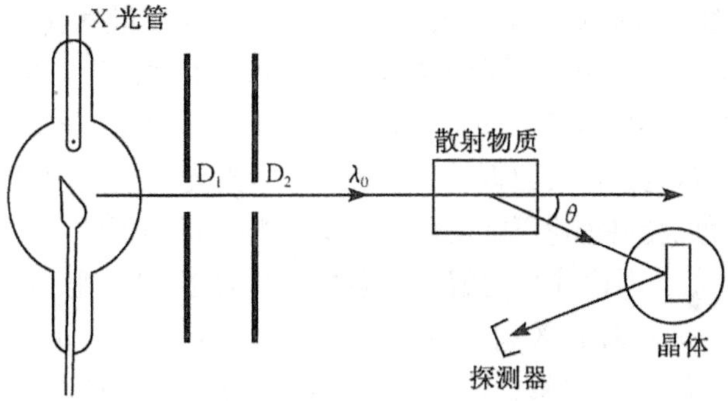

图 6-12　观察康普顿效应的实验装置

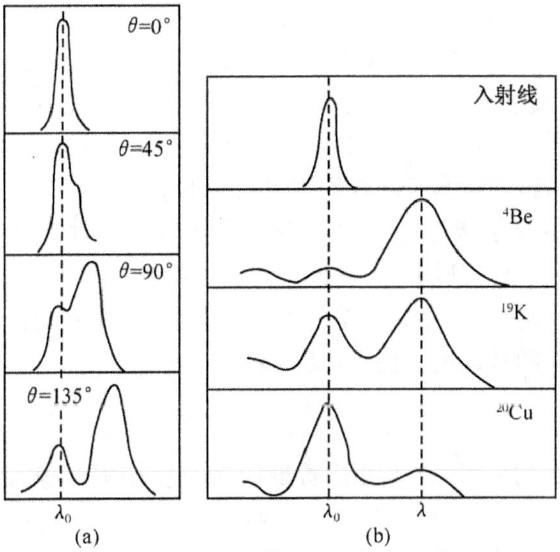

图 6-13　康普顿效应的实验曲线

同散射物质所测量的结果.

将实验结果归纳如下：

(1) 散射光中除了和原波长 λ_0 相同的谱线外,还有波长 $\lambda>\lambda_0$ 的谱线.

(2) 波长的改变量 $\Delta\lambda=\lambda-\lambda_0$ 与原长 λ_0 及散射物体是什么物质无关.而只与散射方向有关.如果我们用 θ 表示原射线方向和散射线方向间的夹角(散射角).则波长的改变量 $\Delta\lambda$ 和 θ 角之间的关系可表示为

$$\Delta\lambda = 2\lambda_c \sin^2\frac{\theta}{2} \tag{6-3-1}$$

式中 $\lambda_c=0.0241\text{Å}$,是由实验测定的常数.

(3) 散射光中波长为 λ_0 的谱线强度随 θ 角的增加而减少,若用不同元素作为散射物质.则又随散射物质原子序数的增加而增加；相反散射光中波长为 λ 的谱线强度随 θ 角增加而增加，并且随散射物质原子序数的增加而减弱.

从经典波动理论来看，散射光是物质中的电子在入射光波电场的作用下，作受迫振动时辐射的次波，电子作受迫振动的频率等于入射光的频率，因此散射波长应等于入射光的波长.可见经典理论不能解释 X 射线经物质散射后波长发生变化的现象.

康普顿利用光子理论成功地解释了散射光中波长的改变.他把 X 射线被散射物质所散射，看成是入射的 X 射线的光子与散射物质中的自由电子作弹性碰撞的结果.它认为光子作为一种微粒，不仅具有能量而且具有动量.由于 X 射线的波长极短，光子的能量和动量要比散射物质中一些电子原来的动能和动量大得多(例如，轻的原子中的外层电子和原子最外层电子受原子核的束缚比较微弱，结合能约为 10～100eV，而波长 $\lambda=0.7\text{Å}$ 的 K_α 线，其能量约为 2×10^4 eV).故后者可忽略不计，即可假定电子在碰撞前是静止的，自由的.光子与自由静止电子碰撞后沿某一方向散射，就构成沿某方向的散射光.碰撞时入射光子把一部分能量交给电子，所以碰撞后的散射光子具有较小的能量，这意味着散射 X 射线的频率比入射 X 射线小，或波长变大，这就解释了康普顿散射的基本事实.

因为 X 射线的光子能量比较大，与散射物质中的自由电子碰撞后，可使电子获得很大的速度，所以在利用光子理论来导出康普顿散射所遵从的规律时，最好采用狭义相对论的一些结论，在这里作些简单的介绍.狭义相对论指出，粒子的运动质量(简称质量)m 随其速度 v 而变，其关系为

$$m = \frac{m_0}{\sqrt{1-v^2/c^2}} \tag{6-3-2}$$

m_0 为 $v=0$ 时粒子的质量，称为静止质量，c 为真空中的光速.因为光子的速度为 c，所以光子的静止质量 m_0 只能为零，否则由式(6-3-2)会得到光子质量无穷大的结论.相对论还表明，粒子质量与能量有着紧密的联系，两者间的关系可用著名的质能关系来表示

$$E = mc^2 \tag{6-3-3}$$

对静止粒子，其能量为 m_0c^2.由式(6-3-3)可知，光子的质量为 $m=E/c^2=h\nu/c^2$.因为光子以速度 c 运动，所以光子的动量为

$$p = mc = \frac{E}{c} = \frac{h\nu}{c} = \frac{h}{\lambda} \tag{6-3-4}$$

ν 为光子的频率.

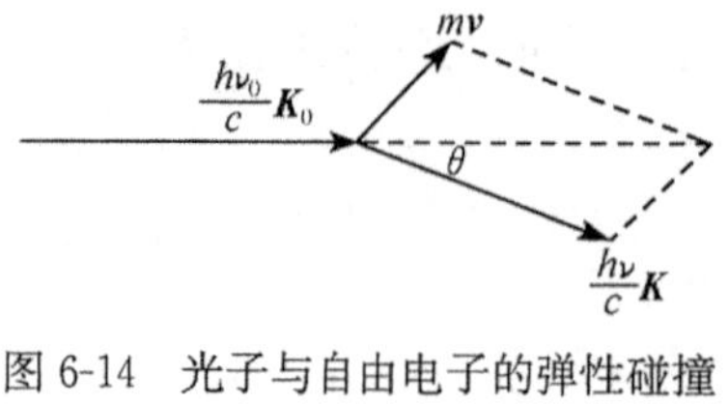

图 6-14　光子与自由电子的弹性碰撞

现在利用以上结论来定量分析入射 X 射线的一个光子与处于静止状态的一个自由电子的弹性碰撞过程(图 6-14).在此过程中能量和动量守恒的方程为

$$h\nu_0 + m_0c^2 = h\nu + mc^2 \tag{6-3-5}$$

$$\frac{h\nu_0}{c}\boldsymbol{K}_0 = \frac{h\nu}{c}\boldsymbol{K} + m\boldsymbol{v} \tag{6-3-6}$$

其中 $\boldsymbol{K}_0$、$\boldsymbol{K}$ 分别表示光子在入射方向和散射方向的单位矢量，ν_0 和 ν 分别是碰撞前后光子的频率，m 为电子运动质量，v_0 为碰撞后电子的反冲速度. 由式(6-3-6)可得

$$(mv)^2 = \left(\frac{h\nu_0}{c}\right)^2 + \left(\frac{h\nu_0}{c}\right)^2 - 2\left(\frac{h}{c}\right)^2 \nu\nu_0\cos\theta$$

或

$$m^2v^2c^2 = (h\nu_0)^2 + (h\nu)^2 - 2h^2\nu\nu_0\cos\theta \tag{6-3-7}$$

将式(6-3-5)移项写成

$$mc^2 = h(\nu_0 - \nu) + m_0c^2$$

把上式平方后减去式(6-3-7)，得

$$m^2c^4\left(1 - \frac{v^2}{c^2}\right) = m_0^2c^4 - 2h^2\nu_0\nu(1-\cos\theta) + 2m_0c^2h(\nu_0 - \nu) \tag{6-3-8}$$

根据关系式 $m = m_0/\sqrt{1-v^2/c^2}$，有 $m^2\left(1-\frac{v^2}{c^2}\right) = m_0^2$，上式可改写为

$$h\nu\nu_0(1-\cos\theta) = m_0c^2(\nu_0 - \nu)$$

将频率 ν 和 ν_0 用相应的波长 λ 和 λ_0 表示，并令 $\Delta\nu = \nu - \nu_0$，$\Delta\lambda = \lambda - \lambda_0$，从上式可以得到

$$\begin{aligned}\Delta\lambda &= \frac{h}{m_0c}(1-\cos\theta) \\ &= \frac{2h}{m_0c}\sin^2\theta/2 = 2\lambda_c\sin^2\theta/2\end{aligned} \tag{6-3-9}$$

因为 h、c 和电子静止质量 m_0 都已知，所以可算出

$$\begin{aligned}\lambda_c &= \frac{h}{m_0c} = \frac{6.63\times10^{-34}}{9.1\times10^{-31}\times3.0\times10^{8}}\,\text{m} \\ &= 0.0243\times10^{-10}\,\text{m} = 0.0243\,\text{Å}\end{aligned}$$

λ_c 是一个具有长度量纲的常数，称为康普顿波长. 由计算结果可以看到它与实验数据准确地相符合.

那么，为什么散射光中存在与入射光波长 λ_0 相同的谱线呢？这是因为在上面的计算中，假定了电子是自由的静止电子. 实际并不尽然，特别是重原子中内层电子被束缚得较紧. 光子与这种电子碰撞时，实际上是在和一个质量很大的原子交换动量和能量，从而光子的散射只改变方向，能量几乎不变. 这就是散射光中总存在原波长 λ_0 这条谱线的缘故. 由于元素中内层电子数目随原子序数的增加而增加，所以波长为 λ_0 的谱线强度也就随之增强，而波长 λ 的谱线则随之减弱.

在以上的讨论中，假定了电子在碰前是静止的，而实际上电子处于各种可能的运动状态，碰前动量并不等于 0. 这导致了散射光中包括各种可能的波长，即散射

光强度按波长的分布实际上是出现两个峰值的连续分布(图 6-13).

康普顿效应不仅证实了光的微粒性,也证实了微观粒子的相互作用在一定条件下也满足能量守恒和动量守恒定律.

6-4 电子对的产生和湮灭

光子与物质的相互作用,有三种重要的方式,即光电效应(光子与束缚电子的相互作用),康普粒散射(光子与自由电子的散射),电子对的产生和湮灭. 实验表明,这些相互作用都显示了光的粒子性,并且都遵守能量与动量守恒.

正电子是电子的反粒子,它们具有相同的质量,等量但性质相反的电荷. 正电子首先由狄拉克在 1928 年从理论上预言,在 1932 年被美国物理学家安德森(C. D. Anderson)在宇宙射线中观测到,安德森因此获得 1936 年诺贝尔物理学奖.

实验观测表明,当一个能量足够高的光子从原子核 A 附近经过时,光子湮灭而产生一对正,负电子,这种现象称为电子对的产生. 按照能量守恒定律,若产生的电子对处于静止状态,则产生该电子对的光子的最小能量应为

$$h\nu_{\min} = 2m_e c^2 \approx 1.02\text{MeV}$$

但由于静止电子对总动量为零,故光子只有在一个原子核附近才能变为正负电子对. 这是因为原子核质量很大,它能带走光子的动量,使动量守恒得到满足,而从光子那里获得的反冲动能很小,以至于光子的能量大部分转移给正负电子对. 这个过程可表示为

$$\gamma + \text{A} \rightarrow \text{A} + e^+ + e^- \tag{6-4-1}$$

如果光子能量足够大,还可以产生其他正、反粒子对,如质子-反质子对等.

正电子在物质中运动. 速度逐渐减慢,最终与电子相遇而发生电子对湮灭过程,转化为光子,最经常发生的是电子对的双光子湮灭. 这种过程的方程为

$$e^+ + e^- \rightarrow 2\gamma \tag{6-4-2}$$

电子对湮灭产生一个光子的过程是不可能发生的,因为在正、负电子对的质心系来看,过程前无动量,而过程后有动量不满足动量守恒,但若同时产生两个同频率的光子,就没有这个问题了,电子对的三光子湮灭过程也可能发生,但概率比双光子湮灭小得多. 电子对的产生和湮灭说明光子和实物粒子可以相互转化,证明了光子也是一种基本粒子.

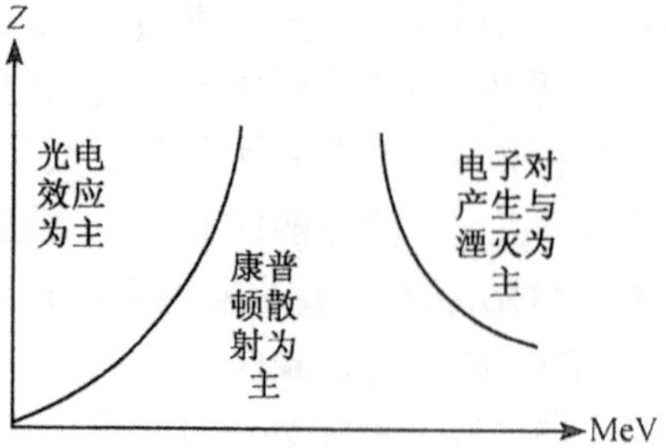

图 6-15

随着光子能量和物质原子序数 Z 的不同,光子与物质相互作用的主要方式也不同. 图 6-15 反映了大致的情况,一般而言,对低

能光子，相互作用主要是光电效应，对中能光子主要是康普粒散射，只有高能光子才能发生电子对的产生.

6-5　光的波-粒二象性

前面各章所讨论的光的干涉、衍射和偏振现象充分显示了光的波动性. 另一方面，为了解释本章以上各节所介绍的热辐射，光电效应、康普顿散射等光学现象又必须认为光是由能量粒子——光子所组成的光子流. 统观全部光学现象，使人们不得不承认光同时具有波动和微粒的双重性质，称为光的波-粒二象性. 波-粒二象性是同一客观物质——光在不同场合下表现出来的两种同样真实的属性. 当光在空间传播时主要表现出其波动性；而当光与物质相互作用时，光的行为又表现出粒子性.

按照爱因斯坦的量子理论，频率为 ν 的光子具有如下的能量 E 和动量 p：

$$\left.\begin{aligned} E &= h\nu \\ p &= \frac{h\nu}{c} = \frac{h}{\lambda} \end{aligned}\right\} \tag{6-5-1}$$

在以上两式中，等号的左边表示微粒的性质，即光子的能量和动量；等号的右边则表示波动的性质，即电磁波的频率 ν 和波长 λ. 这两种性质通过普朗克常数 h 定量地联系起来，爱因斯坦公式(6-5-1)表明，光子同时具有波动-微粒两重性. 所谓“波动性”实指光场满足叠加原理，能产生诸如干涉、衍射这类体现波动特性的现象；而所谓“微粒性”则指光子作为整体行为所呈现的不可分割性. 光子只能作为单个整体被吸收或发射，不存在“半个”或“几分之一”个光子. 交换光子的能量或动量只能以式(6-5-1)给出的单元进行.

波-粒二象性并非光子单独具有的性质. 1923 年德 · 布洛意(L. de Broglie)受到普朗克和爱因斯坦关于光的微粒性理论取得成功的启发，又由于当时建立描述微观粒子运动规律的理论遭到困难，首先提出了微观粒子也具有波-粒二象性的假设. 他提出，所有实物粒子，如电子、质子、中子等，都具有波动性. 与具有一定能量 E 及动量 p 的粒子相联系的波(他称为“物质波”)的频率及波长分别为

$$\left.\begin{aligned} \nu &= E/h \\ \lambda &= h/p \end{aligned}\right\} \tag{6-5-2}$$

式中 h 为普朗克常量. 这种物质波称为德 · 布洛意波，由上式所决定的波长叫做德 · 布洛意波长. 在一定的场合下，微观粒子的这种波动性就会明显地表现出来. 例如让电子束穿过细晶体粉末或薄金属片后正像 X 射线一样也产生衍射现象(图 6-16). 电子显微镜就是利用电

图 6-16　电子波在晶体上的衍射图样

子衍射的原理制成的.

在人们所习惯的经典图像中,波是连续的非局域的且扩展于空间;而粒子是离散的,集中于一点,如何把这两种截然相反的属性赋予同一实体? 初看起来,很难想像.下面我们用单电子干涉实验来回答这个问题.

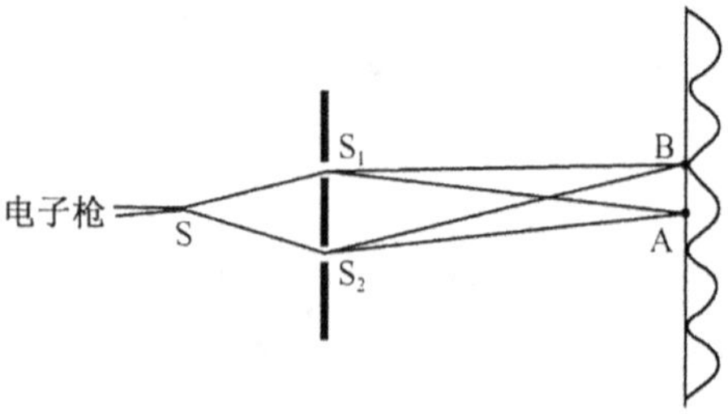

图 6-17 单电子杨氏双缝干涉实验

电子杨氏双缝干涉(见图 6-17)是最典型的实物粒子干涉实验.这里用的不是光源,而是电子枪.电子束从电子枪 S 射出后经过双缝 S_1 和 S_2 打在屏幕上.实验结果如图 6-18 所示.

图中给出的两组照片是梅心立等人于 1976 年发表的.在低电子流密度时(图 6-18(a)只出现几颗亮点,随着电子流密度的增加(图 6-18(c)~(e)),干涉条纹隐约可见,电子流密度很大时(图 6-18(f)),可以看到清晰的干涉条纹.这个实验表明,当少量电子通过仪器落在屏上时,其分布看起来是离散的、毫无规律的,并不形成暗淡的干涉条纹,这显示了电子的"粒子性".但大量电子通过仪器时,则屏上形成清晰的干涉条纹,这又显示了电子的"波动性".

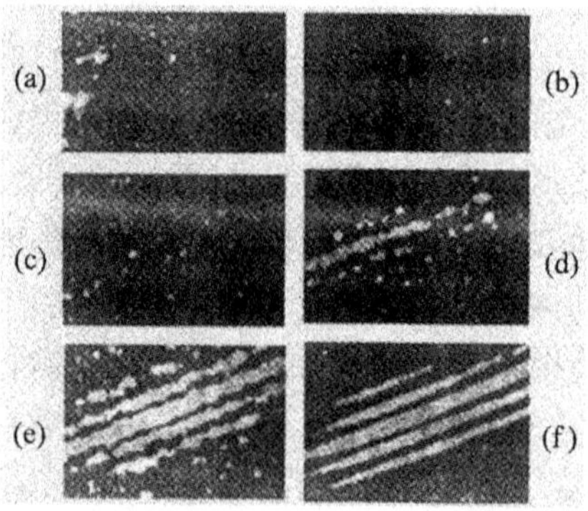

图 6-18 电子的双棱镜干涉图样

那么有人可能会问,双缝干涉条纹的产生(即粒子的波动性的表现)是否由于大量粒子之间相互作用的结果呢? 为了回答这个问题,毕柏曼等人在 1949 年成功地做了单电子衍射实验.他们用极微弱的电子流作电子衍射实验.在实验中,就平均而言,相继发射两个电子的时间间隔比电子穿过仪器所需要的时间大 3×10^4 倍.几乎可以肯定,电子是一个个地通过仪器的,故而这类实验可称之为单电子实验.在单电子衍射实验中长时间以后获得的衍射图样,与比它强 10^7 倍的电子流在短时间内得到的衍射图样完全一样.这表明,衍射图样的产生绝非大量电子相互作用的结果.上述结果应同样适用于双缝干涉.

单电子干涉,衍射实验表明,波动性是每个电子本身固有的属性,电子的干涉(密度的重新分布)是自身的干涉,而不是不同电子间的干涉.或者说波动性和粒子性一样,是每个电子的属性;而不是大量电子在一起时才有的属性.

那么如何来理解单个电子的波动性,如何统一理解微观粒子的波动性与粒子性? 根据上面提到的实验,无论是单电子干涉实验或高电子密度的双缝干涉实验,单个电子出现在屏幕上什么位置完全是无规则的,干涉条纹的形成都是大量电子累积的结果. 因而我们可以说干涉条纹反映了大量电子的统计分布. 因为屏幕(放有感光底板)上某点附近的干涉条纹强度正比于这点附近的感光点子数，即正比于这点附近出现的电子数目. 因而某点的干涉条纹的相对强度越强，也就说明了电子在这点附近出现的概率越大. 按照这样的理解，电子呈现出来的波动性反映了微观粒子运动的一种统计规律性，因此称为概率波. 同时由于电子波的强度正比于其波函数的振幅的平方 A_0^2. 所以我们又称 A_0 为**"概率振幅"**. 概率振幅应当是空间和时间的函数，它的平方与某时刻在空间某点，微观粒子出现的概率成正比.

上述关于波-粒二象性是从单个电子在双缝干涉装置的行为来论述的. 若采用单个光子来替代实验中的电子，则上述的各种实验结果和物理图像也完全相同，因此可以说光是光子的概率波.

量子论的"粒子"与经典粒子有着本质的差异. 在单个光子的干涉实验中，光子从发射器射出，并通过小孔 S_1 和 S_2 到达观测屏上某点. 若是经典粒子，就可以指出这个粒子是从小孔 S_1、S_2 中的哪一个通过的，若是从 S_1 穿过，就不会通过 S_2，反之亦然. 因此在屏上的粒子密度分布函数对经典粒子而言应为

$$P_{S_1S_2} = P_{S_1} + P_{S_2}$$

其中 P_{S_1}，P_{S_2} 分别为只打开小孔 S_1 或小孔 S_2 形成的粒子密度分布函数。但对微观粒子来说，我们无法在不影响干涉实验的情况下确定"粒子"是从哪一个孔通过的。因为，如果我们通过某种实验手段测量到光子是从孔 S_1 通过的，那么基于"粒子"在测量时显示出来的不可分割性，此时另一孔 S_2 出口处，"粒子"已不复存在，如此一来，该实验手段等同于将 S_2 孔关闭，这实际上已干扰了原来的干涉实验，改变了光子原来的运动状态，导致干涉现象消失。近代各种类型的"which way"实验结果都证实，一旦在两个小孔后面安置"探测器"，以便能确定"粒子"通过哪个小孔，那么结果屏上将呈现出 $P_{S_1} + P_{S_2}$ 而绝非双缝干涉的分布函数。同此看来，在干涉实验中，无论单个光子的场合或者强光束场合，只有在不能确定光子通过哪个孔的条件下才会出现干涉现象。故量子理论的创始人之一，费曼认为这种不确定性正是干涉的根源。

在上述实验中，若光子的波长 $\lambda=h/p$ 逐渐缩短，最后达到远小于两个小孔间的距离，此时多次重复单个光子的实验，干涉条纹将消失，在屏上的分布将是单个粒子的概率分布，"光子"的行为类似于经典粒子的行为. 因此，当我们可以认为普朗克常量 h 的作用不大(或者说 h 趋于零)时，光子的量子图像就过渡到经典粒子的图像.

在量子理论中，普朗克常量起着两个基本的作用：一是作为量子不连续性的度量. 在式(6-5-1)中，若 h 趋于零，则意味着在光的发射、吸收等过程中，能量动量的交换可近似地取连续值，量子性的影响可以忽略不计，于是量子物理便自动地过渡到经典物理. 二是将微观粒子的波动性和粒子性统一地综合为一体.

光子具有微观粒子共同的特性即波-粒二象性. 光子的粒子性和波动性是不可

分割的，光同时表现为波和粒子流. 在光与物质相互作用过程（如光的探测）中，光子是作为整体消失或产生的，并呈出表征粒子的基本属性. 光子的波动性的体现是必须用概率幅来描述光子状态和动力学的演化. 这种概率幅体现出波动性最本质的特性即满足叠加原理. 对光子行为的预言只能是概率性的，我们无法预计在单个光子的双缝实验中，光子落在屏上的哪个地方，我们所能获得的最大信息是每个光子出现在屏上某点的概率，换句话说，光子一旦发射出来，它冲击屏上的 x 点的概率就正比于按照经典波动理论计算出来的强度 $I(x)$，即正比于 $|E(x)|^2$，$E(x)$ 为屏上电场的复振幅.

顺便指出，描述微观粒子状态的概率幅并没有经典物理的任何对应物，亦即概率幅没有经典意义上的物理内容. 概率幅的叠加原理与经典波理论中（如光波）的叠加原理有着根本的不同，前者并不是物理量的叠加，而后者则是物理量（如电场的复振幅）的叠加.

如前所述，量子理论诞生于黑体辐射的研究中，但在激光诞生之前，虽然光的量子论成功地解释了光电效应、康普顿散射等现象，但光学领域的主流仍然是光的电磁理论，只有为数不多的现象需要采用光的量子理论来描述，如涉及自发辐射的现象等. 激光诞生之后，尤其是非线性光学的发展，人们发现一类非常有趣的光学现象，这种现象只有在用量子理论来描述光场时才会出现，这些现象纯属于光场的量子特性，称为光场的非经典效应. 理论和实验不断地揭示出越来越多的非经典效应，如光场的压缩态、光子反聚束效应、亚泊松分布等，这些研究促使现代量子光学的诞生和发展，并为光学的研究和应用开辟了新的天地. 有兴趣的读者可以去阅读有关的量子光学书籍.

*6-6 光的多普勒效应

一、用光子理论推导多普勒效应公式

声波的多普勒效应是由声源或观察者相对于传播声波的介质运动所引起. 光波的多普勒效应早已被实验证实，但是真空中并没有传播电磁波的介质，不存在以太. 光的多普勒效应是一种相对论效应，也可以讲是发光原子与所发光子的相互作用满足相对论的能，动量守恒定律所致，下面我们以此为出发点来证明光的多普勒效应.

（1）静止原子的光辐射. 处于激发态的静止原子跃迁到基态时，发射一个光子，由于相互作用系统满足能量与动量守恒，根据狭义相对论应有

$$p - p_0 = 0 \tag{6-6-1}$$

$$M_0c^2 = c(p^2 + M_0'^2c^2)^{1/2} + cp_0 \tag{6-6-2}$$

式中 p,p_0 分别是原子反冲动量和光子动量,M_0,M'_0 分别为原子激发态和基态的静止质量. 在式(6-6-2)两边除以 c,再两边同时平方可得

$$(M_0 c - p_0)^2 = p^2 + M'^2_0 c^2 \tag{6-6-3}$$

将式(6-6-1)代入上式,有

$$2M_0 c p_0 = M_0^2 c^2 - M'^2_0 c^2 \tag{6-6-4}$$

(2) 运动原子光辐射. 如图 6-19 所示,一个动量为 p 的原子,发射一个动量为 p'_0 的光子,由体系的能量与动量守恒可得

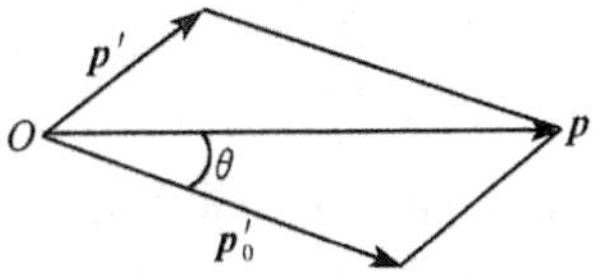

图 6-19

$$\boldsymbol{p} = \boldsymbol{p}' + \boldsymbol{p}'_0 \tag{6-6-5}$$

$$E = E' + cp'_0 \tag{6-6-6}$$

式中 E,E' 分别为原子发射光子前后的能量,$\boldsymbol{p}'$ 为原子发光后动量,由余弦定律式(6-6-5)可写为

$$p'^2 = p^2 + p'^2_0 - 2pp'_0\cos\theta \tag{6-6-7}$$

其中 θ 为 $\boldsymbol{p}$ 与 $\boldsymbol{p}'_0$ 之间的夹角. 再将式(6-6-6)两边同除以 c 后平方,有

$$E'^2/c^2 = E^2/c^2 + p'^2_0 - 2Ep'_0/c \tag{6-6-8}$$

式(6-6-8)减去式(6-6-7)后,可得

$$E'^2/c^2 - p'^2 = E^2/c^2 - p^2 - 2p'_0(E/c - p\cos\theta) \tag{6-6-9}$$

由相对论能动关系 $E^2 = p^2c^2 + M_0^2c^4$ 可将上式改写为

$$2p'_0(E/c - p\cos\theta) = M_0^2c^2 - M'^2_0 c^2 \tag{6-6-10}$$

对比式(6-6-10)与式(6-6-4)得到

$$2p'_0(E/c - p\cos\theta) = 2M_0 c p_0 \tag{6-6-11}$$

或

$$p'_0 = p_0[M_0 c/(E/c - p\cos\theta)] \tag{6-6-12}$$

将 $p=M_0 v/(1-v^2/c^2)^{1/2}$,$E=M_0c^2/(1-v^2/c^2)^{1/2}$,$p'_0=h\nu/c$,$p_0=h\nu_0/c$ 代入式(6-6-12)即得到光的多普勒效应公式

$$\nu = \nu_0(1 - v^2/c^2)^{1/2}/(1 - v\cos\theta/c) \tag{6-6-13}$$

式中 ν,ν_0 分别为光源运动时和静止时的发光频率,v 为原子运动速度. 当 $\theta=0$ 时(光源正对观察者运动),$\nu=\nu_0(1+v/c)/(1-v/c)$频率变大,称为频率紫移;当 $\theta=\pi$ 时(光源背向观察者运动),$\nu=\nu_0(1-v/c)/(1+v/c)$,频率减小,称为频率红移. 当原子运动速度 $v \ll c$ 时,略去 v/c 的二次项后,式(6-6-13)变为

$$\nu = \nu_0/(1 - v\cos\theta/c) \approx \nu_0(1 + v\cos\theta/c) \tag{6-6-14}$$

$$\text{当}\ \theta = 0,\text{时},\nu \approx \nu_0(1 + v/c);\text{当}\ \theta = \pi\ \text{时},\nu \approx \nu_0(1 - v/c) \tag{6-6-15}$$

二、宇宙膨胀

近代宇宙学始于哈勃(E. Hubble)对星系光谱线红移的研究,对各星系的氢光

谱的观察结果分析表明，光谱线发生了红移，说明各星系背离我们而去，并且若定义红移数 $Z=\Delta\nu/\nu_0$，$(\Delta\nu=\nu_0-\nu)$，观察发现，红移数与各星系到地球的距离 r_i 成正比，即

$$Z/r_i = H_0 \tag{6-6-16}$$

其中 H_0 是常数，称为哈勃常数. 这一规律称为哈勃定律.

由多普勒定律可知，当 $v\ll c$ 时，由(6-6-15)式可知，$\Delta\nu/\nu_0\approx v/c$，代入式(6-6-16)可得 $v/r_i=cH_0$，容易证明当地球和各星系同处于一个半径不断胀大的球面上时，正好能满足各星系相对地球的背离速度 v 与其距离 r_i 成反比的条件，这使人们想像宇宙像个正在膨胀的橡皮球，实际上哈勃定律正是后来宇宙爆炸观念的起端.

三、多普勒冷却与光学黏胶

激光冷却技术和原子俘获方法在原子，分子物理学的研究中具有重大的意义，我们知道在室温下原子，分子的热运动十分激烈，如氢分子的热运动速率是1100m/s，即使在3K的低温下，其热运动速率仍有110m/s. 对如此高速运动的粒子的性质是难以精确观察与测量的，更不用说对孤立原子实现操纵和控制. 因此要研究，操控原子，必须首先使它们降速，“冷却”下来. 利用最先进的激光冷却技术和俘获原子的方法已能使一些中性原子，分子的运动速度降的极低，温度降到20nK，捕陷在空间小区域达几十分钟之久，这样就大大推进了原子，分子和光物理基础研究的发展. 同时用激光冷却和光学陷阱做成的原子喷泉，已能使频率基准的准确度达到 $10^{-15}\sim10^{-16}$ 数量级，从而使原子钟的精度提高了两个数量级. 再者温度足够低，密度足够高的“超冷原子气体”可以形成玻色-爱因斯坦凝聚，大量原子处于相同的量子基态. 这是物理学家渴望观测到的重要物理现象. 而激光冷却和原子捕获方法的基本物理机制是多普勒冷却和光学黏胶.

1) 多普勒冷却

如一个原子在激发态与基态之间的本征跃迁频率为 ν_0，当它迎着射过来的激光束，相对激光光源以速率 v 运动时，根据多普勒效应，基态原子将对频率 $\nu=\nu_0/(1+v/c)$ 的光子产生共振吸收(即吸收的概率最大). 原子吸收光子后，跃迁到激发态，同时获得与其运动方向相反的光子动量而减速. 接着它又通过自发辐射回到基态. 然后又会接连不断的再吸收，再辐射. 由于每次自发辐射的光子无特定的方向，因此因自发辐射损失的动量平均为零，而每次吸收的光子运动方向相同(图6-20(a)). 这样，不断吸收与自发辐射的净效果使原子减低了速度，平均每次降低的速度为

$$\Delta v=-h\nu_0/(mc)$$

式中 m 是原子质量. 随着原子速度降低，其多普勒频移也将变小，因此须采用“激

光频率扫描法”及“塞曼移频法”等方法，使激光的频率相应改变，使之持续保持与原子共振. 这种在激光作用下使原子减速的方法称为多普勒冷却.

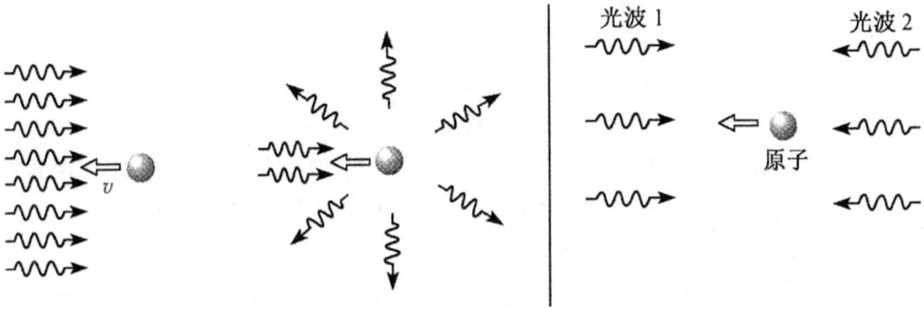

(a)　　　　　　　　(b)

图 6-20　多普勒冷却原理

2）光学黏胶

当一个原子在两束频率相同（ν 均略低于原子的本征迁跃频率 ν_0），而传播方向相反的激光束光场中作一维无规则运动（图 6-20(b)）时，无论原子向哪个方向运动，由于多普勒效应它总是以较大的概率吸收迎面而来的光子而被逐渐减速冷却. 原子受到的力总是运动阻尼力.

1985 年，贝尔实验室朱棣文小组，首先采用三组两两相对传播且相互垂直的六束激光，同时照射从原子束冷却下来的钠离子团（图 6-21）在激光束的交汇区，原子不断地吸收和发射光子，不断受到阻尼力作用慢慢地被冷却下来. 其在交汇区的运动如同在黏稠介质中的无规则运动. 所以朱棣文等把这种状态形象地称为光学黏胶.

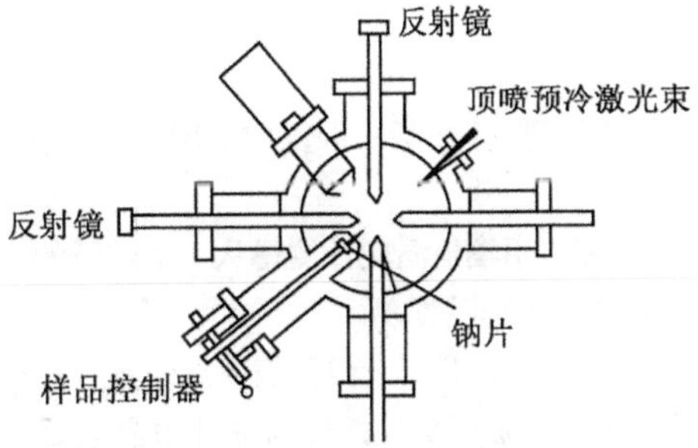

图 6-21　6 束激光同时照射钠原子团

当然，在“光学黏胶”中除了最基本的多普勒冷却过程外，另外还有低于多普勒极限的一些更精细的冷却过程，这些过程使“光学黏胶”成为深度冷却的关键，这里就不作介绍了. 通过“光学黏胶”可将原子温度降到 $40\mu k$ 左右. 另外，1987 年朱棣文和普利查德(Prichard)首次用磁光原子陷阱，即采用三对圆偏振激光束和弱磁场组合成磁光陷阱将原子进一步冷却. 到 90 年代铯原子已能被冷却到 2.8nK.

思　考　题

6-1　一块白底黑花瓷片，如果使它温度升高，在高温下是白底部分还是黑花纹部分明亮？如果把瓷片放入炽热的火炉里，从炉壁小孔观察瓷片，是否还能看到花纹？为什么？

6-2　炼钢工人凭观察炼钢炉内的颜色就可估计炉内的温度，这是根据什么原理？

6-3 猎户 α 和猎户 β 是猎户座中最亮的两颗星，看起来前者是橘红色，后者白中略带蓝色.它们的温度比太阳高还是低?

6-4 如果计算一下不同温度下热辐射中可见光所占的百分比，就会发现在太阳的温度(～6000K)下比例是最高的.此外，太阳光谱中辐射能最大的波长与人眼最灵敏的波长大体相符.你认为这些都是偶然的巧合吗？其中有什么因果关系？

6-5 光电效应实验中有哪些现象用经典理论不能解释？

6-6 为什么入射光是单色的，射出的光电子却有一定的速率分布？光电伏-安特性曲线中，当外电压稍正于截止电压 V_0 时，光电流为什么不垂直地上升到它的饱和值？

6-7 为什么会发生康普顿散射，康普顿散射说明什么问题？

6-8 光电效应和康普顿效应都包含着电子和光子的相互作用，这两个过程有什么不同？

6-9 一束单色光射在半反射镜上之后，一半能流反射到光电池 1 上，另一半能流透射到光电池 2 上.令入射光的频率为 ν，两光电池的截止频率皆为 ν_c，且 $\nu>\nu_c>\nu/2$.每当光电池产生一个光电子时，记录器就会发出"咔嚓"一声.现设想我们利用这一装置做微弱光流实验，即光源如此之弱，同时只有一个光子通过仪器到达光电池.试问：

(1) 到达每个光电池的光子能量是多少($h\nu$ 还是 $h\nu/2$ 或 0)？频率是 ν 还是 $\nu/2$？

(2) 两光电池是否会同时发出"咔嚓"声？实际情况应该怎样？

(3) 如果把图中两光电池都换成全反射镜，以组成一台迈克耳逊干涉仪，仍让光子一个一个地通过仪器，在照相底版上能否记录到干涉条纹？

习 题

6-1 黑体在某一温度时总辐射本领为 6.8W/cm^2，试求这时辐射本领具有最大值之波长 λ_m.

6-2 用辐射温度计测得从一个炉子的小孔射出的热辐射的总辐射本领为 22.8W/cm^2，计算炉子的内部温度.

6-3 如果我们把恒星表面近似看作一个黑体，则通过测量恒星辐射光谱中与辐射本领最大值相应的波长 λ_m，就可以估计恒星表面的温度.若已知太阳的 $\lambda_m=5100$Å，北极星的 $\lambda_m=3500$Å，试求它们的表面温度.

6-4 黑体在加热过程中其最大辐射本领的波长由 0.60μm 变化到 0.40μm，求总辐射本领增加了几倍.

6-5 热核爆炸中火球的瞬时温度达到 10^7K，求：

(1) 辐射最强的波长；

(2) 这种波长的光子能量是多少？

6-6 试从普朗克黑体辐射公式的频率形式，导出它的波长形式

$$r_0(\lambda,T)=\frac{2\pi hc^2}{\lambda^5}\cdot\frac{1}{e^{hc/(KT\lambda)}-1}$$

6-7 在温度 $t=0$℃时，空腔中充满平衡热辐射，试确定空腔中 1cm^3 体积内的光子总数.(提示：$\int_0^\infty\frac{x^2}{e^x-1}dx=2.405.$)

6-8 试分别用焦耳和电子伏特为单位表示下列各种光子的能量：

(1) 无线电短波 $\lambda=10\text{m}$；

(2) 红外光 $\lambda=2.5\mu\text{m}$；

(3) 可见光 $\lambda=5000\text{Å}$；

(4) 紫外光 $\lambda=280\text{nm}$；

(5) X 射线，$\lambda=1\text{Å}$.

6-9　一个频率为 6×10^{14} Hz 的光源，其发射功率为 10W，它一秒钟内发射多少光子？

6-10　当一频率为 ν、单位体积中有 N 个光子的单色平面波以入射角 i 入射到真空中一平面上时，试分下列几种情况给出它施加于此表面的辐射压力的表示式：

(1) 表面是黑体(对光全部吸收)；

(2) 表面按反射率 R 作镜面反射.

6-11　已知从铯表面发射出的光电子的最大动能为 2.0eV，铯的脱出功为 1.9eV，求入射光的波长.

6-12　已知钾的光电效应红限 $\lambda_0=5.5\times10^{-5}\text{cm}$，求：

(1) 钾的脱出功；

(2) 在波长 $\lambda=4.8\times10^{-5}\text{cm}$ 的可见光照射下钾的遏止电压.

6-13　波长为 2000Å 的光照射到铝表面上，铝的脱出功为 4.2eV. 试问：

(1) 铝的截止波长为多少？

(2) 光电子的最大动能为多少？

(3) 光电子的最小动能为多少？

(4) 遏止电压为多大？

(5) 如果入射光强为 2.0W/m^2，阴极面积为 1cm^2，光束垂直照射在阴极上，可能产生的最大饱和电流是多少？

6-14　设在光电效应的实验中，测得某金属的遏止电压 U_0 与入射光波长 λ 有下列对应关系：

U_0/V	λ/Å
1.40	3600
2.00	3000
3.10	2400

试用作图法求：

(1) 普朗克常量 h；

(2) 该金属的脱出功；

(3) 该金属光电效应的红限.

6-15　单位时间内太阳辐射到地球上每单位面积的能量为 1340W/m^2，假设太阳平均辐射波长为 7000Å，求每秒钟打到每平方米上的光子数.

6-16　在理想条件下正常人的眼睛接收到 5500Å 的可见光时，每秒光子数达 100 个时就有光的感觉，问与此相当的功率是多少？

6-17　在康普顿散射中，入射光波长 λ_0 为 0.2Å，若从与入射光束成 90°角的方向去观察散射线，求：

(1) 波长改变量 $\Delta\lambda$；

(2) 波长改变量与原波长的比值.

6-18　波长为 0.03Å 的入射光在石蜡上发生康普顿散射，求当光子的散射角为 $\pi/4$、$\pi/2$ 和 π 时反冲电子所获得的能量.

6-19　若已知光子的初始波长 $\lambda=0.03$Å，而反冲电子的速度是 $0.6c$（c 为真空中光速）. 试确定波长改变量 $\Delta\lambda$ 和散射角.

6-20　能量为 0.41MeV 的 X 射线光子与静止的自由电子碰撞，反冲电子的速度为光速的 60%，求散射光的波长及散射角.

6-21　若有波长为 $\lambda=1.00$Å 的 X 射线束和波长为 $\lambda=1.88\times10^{-2}$Å 的 γ 射线，分别和自由电子碰撞，若从和入射线成 90°角的方向去观察散射辐射，试问每种情况下：

(1) 康普顿波长改变是多少？

(2) 给予反冲电子的动能是多少？

(3) 入射光在碰撞时失去的能量占总能量的百分比是多少？

第七章 激 光

“激光”是“受激辐射光放大”的简称，是 20 世纪 60 年代发展起来的一种新型光源. 自 1960 年第一台红宝石激光器诞生以来，激光物理、激光技术和激光应用等各方面都取得了巨大的进步，并促使傅里叶光学、激光光谱学、非线性光学、量子光学、激光化学、激光生物学等新兴学科分支的发展. 激光的应用范围日益扩大，遍及自然科学和工程技术，乃至社会生活的广阔领域. 本章将简要地介绍激光的工作原理和性质.

7-1 光与物质的相互作用

当物质与光场发生相互作用时，微观粒子可以吸收光子的能量由低能级跃迁到高能级，也可以放出能量从高能级跃迁到低能级. 从高能级跃迁到低能级时，若将放出的能量转变为粒子体系的热运动能而不产生辐射，则此过程称为**无辐射跃迁**. 若以辐射光子的形式释放能量，就称为**辐射跃迁**. 物质与光场的相互作用主要涉及三种过程，即自发辐射、受激辐射和受激吸收. 在实际的粒子系统中，这三种过程是同时存在并互相关联的.

一、自发辐射

如图 7-1，设某种微观粒子能在两个能级 E_2、E_1 之间产生跃迁，处在高能级 E_2 的单个粒子总会自发地向低能级 E_1 跃迁，同时辐射出一个具有一定频率的光子，其频率 ν 由下式决定

$$\nu = \frac{(E_2 - E_1)}{h} \tag{7-1-1}$$

这种过程叫做**自发辐射**. 应注意，这种辐射过程的自发性将导致被发射光子在特性上的随机性. 因为对大量处于高能级的粒子而言，它们各自独立地自发地辐射出频率为 ν 的光子. 但自发辐射发生的时间，光子的初始相位，光子的传播方向和光子的振动方向等都是随机的，亦即不同原子的自发辐射光子之间，或同一原子不同时刻发射的光子之间都没有任何依赖关系，因而是非相干的. 下面将看到，普通光源发出的光主要是由自发辐射产生的.

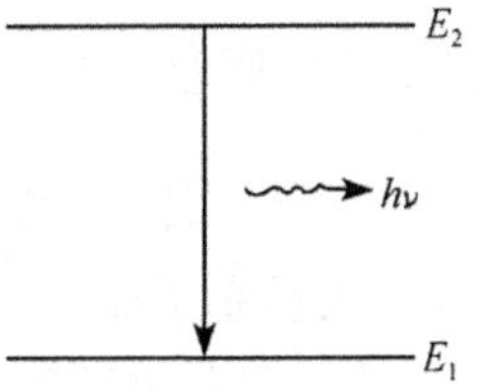

图 7-1 自发辐射

假定一粒子体系处于高能级 E_2 的粒子数密度(单位体

积内处于能级 E_2 的粒子数)为 N_2，单位时间、单位体积中从高能级 E_2 自发跃迁到低能级 E_1 的粒子数为 $\mathrm{d}N_{21}/\mathrm{d}t$. 显然，$N_2$ 越大，$\mathrm{d}N_{21}/\mathrm{d}t$ 就越大，即

$$\frac{\mathrm{d}N_{21}}{\mathrm{d}t}=A_{21}N_2 \tag{7-1-2}$$

式中的比例系数 A_{21} 称为自发辐射系数. 自发辐射系数是反映特定粒子体系能级系统特征的参量，对某两个特定的能级有确定的 A_{21}.

二、受激辐射

当粒子处于高能级 E_2，在未产生自发辐射之前若有一外来光子($h\nu=E_2-E_1$)与其相互作用，在外来光子的激励下粒子从高能级 E_2 跃迁到低能级 E_1，并发射一个频率为 ν 的光子(见图 7-2). 这个光子的所有特性与入射光子完全一样，不仅有相同的频率，还有相同的相位、相同的传播方向以及相同的振动方向. 这样出射的两个光子将无法区分哪一个是入射的，哪一个是由原子发射的. 这种过程称为**受激辐射**. 通过受激辐射将会增加性质全同的光子数，从而产生比入射波更强的光波.

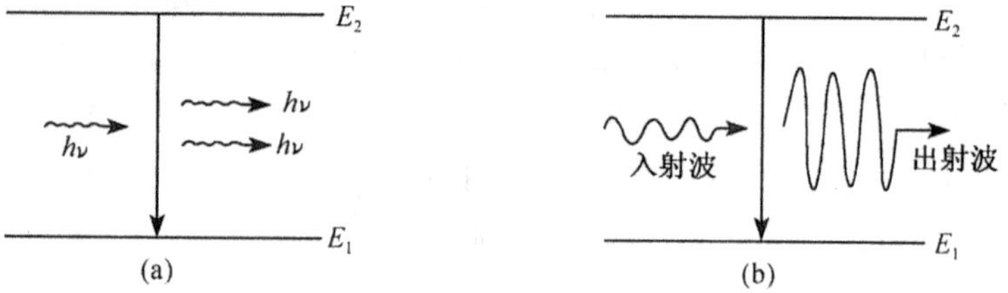

图 7-2　受激辐射

既然受激辐射是由外来光子引起的，可以想像，单位体积中单位时间内产生受激辐射的粒子数不但与 N_2 成正比，还应该与频率满足式(7-1-1)的外来光子数密度，或者说原子周围该频率的单色辐射能量密度 $\rho(\nu)$(在单色辐射场中单位体积内的辐射能量)成正比. 即

$$\frac{\mathrm{d}N'_{21}}{\mathrm{d}t}=B_{21}\rho(\nu)N_2 \tag{7-1-3}$$

式中比例系数 B_{21} 称为受激辐射系数，它也是粒子能级系统的特征参量.

三、受激吸收

当原子处于低能级 E_1 上，有频率为 $\nu=(E_2-E_1)/h$ 的光子入射时，原子就会吸收入射光子而跃迁到高能级 E_2 上. 此时原子内能增加，而入射光减少一个光子. 此过程称为**受激吸收**(或称共振吸收)，如图 7-3 所示.

设处于低能级 E_1 的粒子数密度为 N_1，入射光的单色辐射能量密度为 $\rho(\nu)$，单

位体积中,单位时间内从 E_1 跃迁到 E_2 的粒子数为$\frac{dN_{12}}{dt}$. 与受激辐射类似,显然有

$$\frac{dN_{12}}{dt}=B_{12}\rho(\nu)N_1 \tag{7-1-4}$$

式中的比例系数 B_{12}称为**受激吸收系数**,它也是反映粒子能级系统特征的参量.

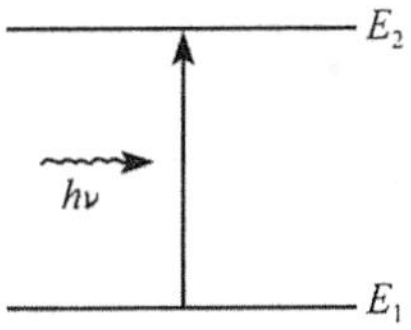

图 7-3　受激吸收

四、爱因斯坦关系

当光与原子体系相互作用时,上述三种过程实际上是同时发生的. 在辐射场和原子体系处于热平衡时,这些过程的共同作用将导致这种热平衡的实现. 因而三种过程具有一定的联系,即三系数 A_{21}、B_{21}、B_{12}应该具有某种关系. 为了推导这一关系,现假定在一温度为 T 的处于热平衡状态的空腔(可看成黑体)内,充有大量的某种微观粒子,该种粒子具有能级 E_1 和 E_2,并能在两者间产生跃迁. 空间内一定同时存在频率为$(E_2-E_1)/h$ 的辐射场. 在热平衡条件下,空腔内部的辐射场应有不随时间而变的稳定分布,即在单位体积内频率为 ν 的光子数应保持不变. 这要求粒子系统吸收的光子数等于发射的光子数,也就是说单位时间内从 E_2 跃迁到 E_1 的粒子数应当等于从 E_1 跃迁到 E_2 的粒子数(此要求称为细致平衡条件). 由细致平衡条件我们可以得到

$$\frac{dN_{21}}{dt}+\frac{dN'_{21}}{dt}=\frac{dN_{12}}{dt}$$

将式(7-1-2)、式(7-1-3)、式(7-1-4)代入上式,可得

$$B_{21}\rho(\nu)N_2+A_{21}N_2=B_{12}\rho(\nu)N_1 \tag{7-1-5}$$

在热平衡态中,$\rho(\nu)$等于标准能谱 $\rho(\nu,T)$. 由式(7-1-5)可解出 $\rho(\nu,T)$,得

$$\rho(\nu,T)=\frac{A_{21}N_2}{B_{12}N_1-B_{21}N_2}=\frac{A_{21}}{B_{12}N_1/N_2-B_{21}} \tag{7-1-6}$$

按正则分布律有 $N_n\propto e^{-E_n/kT}$,为简单起见,假定 E_1 和 E_2 能级是非简并的,因此有

$$\frac{N_1}{N_2}=\exp\left(\frac{E_2-E_1}{kT}\right)=\exp\left(\frac{h\nu}{kT}\right)>1$$

另一方面,按普朗克公式(6-1-17),有

$$\rho(\nu,T)=\frac{8\pi h\nu^3}{c^2}\cdot\frac{1}{e^{h\nu/kT}-1}$$

将上面两式代入式(7-1-6),得

$$\frac{8\pi h\nu^3}{c^3}\cdot\frac{1}{e^{h\nu/(kT)}-1}=\frac{A_{21}}{B_{12}\ e^{h\nu/(kT)}-B_{21}}$$

要上式对任何 $h\nu/(kT)$之值均成立,必须系数分别相等,即

$$\frac{A_{21}}{B_{12}}=\frac{A_{21}}{B_{21}}=\frac{8\pi h\nu^3}{c^3}$$

或

$$\left.\begin{aligned}B_{12}&=B_{21}\\A_{21}&=\frac{8\pi h\nu^3}{c^3}B_{21}\\&=\frac{8\pi h\nu^3}{c^3}B_{12}\end{aligned}\right\}\tag{7-1-7}$$

A_{21}、B_{12}、B_{21}又称为**爱因斯坦系数**，式(7-1-7)称为爱因斯坦关系. 是爱因斯坦于 1917 年提出来的，它为后来激光的发明奠定了理论基础. 应该指出，虽然式(7-1-7)是由热平衡态条件下导出的，由于爱因斯坦系数都是由原子本身的属性决定，与体系中原子按能级的分布状况无关，所以爱因斯坦关系是普遍成立的.

由式(7-1-7)可知，物体热辐射时，受激辐射概率 W_{21} 与自发辐射概率 A_{21} 之比 R 为

$$R=\frac{B_{21}\rho(\nu,T)}{A_{21}}=\frac{1}{\mathrm{e}^{h\nu/(kT)}-1}$$

对 $T=300\mathrm{K}$，$\nu=5\times10^{14}\,\mathrm{Hz}$ 的情况，$R\approx10^{-35}$. 可见，在通常情况下受激辐射的概率是微乎其微的，占压倒优势的是自发辐射. 普通光源的相干性差正是由于绝大部分原子作自发辐射造成的.

7-2 激光的产生条件

在本章一开始讲过，激光就是通过受激辐射来实现光放大的. 一个光子 $h\nu$ 射入一个原子体系以后，引起原子体系的受激辐射，在离开该原子体系时，成了两个或更多个特征完全相同的光子. 这些光子组成了相干光束，就是激光. 但是，光与原子体系相互作用时，总是同时存在着自发辐射、受激辐射和受激吸收三种过程，不可能要求只存在受激辐射过程. 那么，一台激光器究竟如何才能确保受激辐射在三个过程中占主导地位呢？实际上在光与原子相互作用的三种基本过程中，存在着两个基本矛盾，这就是受激辐射和受激吸收的矛盾以及受激辐射和自发辐射的矛盾. 激光的产生就必须具备克服这两个矛盾的条件.

一、粒子数反转——克服受激辐射和受激吸收的矛盾

当一束光入射介质(即一个原子体系)时，受激辐射使入射光放大，受激吸收使入射光减弱. 不难看出，为了使入射光在相互作用过程中越来越强，激光器首先应当是光的放大器. 根据式(7-1-3)、式(7-1-4)，为使单位时间内受激辐射过程比受激吸收来得强，必须要求处于高能级 E_2 上的原子数密度大于处于低能级 E_1 上的原子数密

度，即 $N_2>N_1$. 按照玻尔兹曼正则分布，热平衡时原子体系中总有 $N_1>N_2$，当光与此体系发生相互作用时，由于受激吸收比受激辐射显著，结果将导致入射光的衰减. 因此，产生激光的一个基本条件就是要实现原子体系中的 $N_2>N_1$ 的分布（非热平衡分布），称之为**粒子数反转**. 实现了粒子数反转的介质又叫做激活介质或增益介质，它具有对光信号放大的能力. 用于激光器中的激活介质也称工作介质.

为了产生或维持处于非热平衡状态的激活介质，要求有一个外界能源对原子体系不断提供能量（称为泵浦或抽运），此能源称为泵浦源. 泵浦源以适当的方式作用于原子体系将处于基态的原子选择性地激发到激光的上能级，当泵浦强度足够大，便可在一对激光能级（E_2，E_1）之间实现粒子数反转. 现有的泵浦源有多种多样，如闪光灯、气体放电、化学反应热能、核能等.

有了泵浦源之后，能否实现粒子数反转，还与工作介质的能级结构及其性质有密切关系. 粒子激发到高能级后会很快地跃迁到低能级，它们停留在高能级的平均时间称为粒子在该能级的平均寿命. 由于粒子内部结构的特殊性，各能级的寿命是不同的. 能级的平均寿命一般都很短，是 10^{-8}s 的数量级，但也有一些能级的寿命较长，可达几毫秒甚至 1s，这种寿命特别长的激发态叫亚稳态. 通常的工作介质都是由包含有亚稳态的三能级结构或四能级结构的原子体系组成. 下面我们来看一下，这样的能级结构在泵浦源作用下如何达到粒子数反转.

图 7-4 是典型的光泵三能级激光体系（如红宝石激光器的工作介质）. 产生激光的固体介质具有如图 7-4 所示的能级结构，能级 E_3 是宽能带，它与能级 E_1 构成一个宽吸收带，吸收的频率恰好与闪光灯发射光谱相匹配，因而在闪光灯照射下，介质有效地吸收外界光能，使处于基态的原子跃迁到高能级 E_3 上. 介质的能级结构还具有这样的特点，即处于能级 E_3 的原子能够以极快的速率无辐射地跃迁到能级 E_2，在此过程中原子的部分内能转变为热能，通常采用冷却方法来消除此热能的影响，能级 E_2 是亚稳态，能级的寿命较长，因此，闪光灯泵浦的过程，不断地通过上述方式使原子离开基态而在能级 E_2 上积累起来. 当闪光灯足够强时，在能级 E_2 和基态之间可以实现粒子数反转，即闪光灯的非相干光能转变为原子激发态的内能，在光放大过程中，原子的内能再转变为光场的相干光能量.

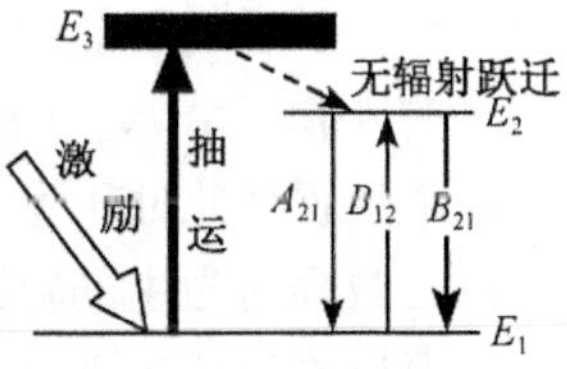

图 7-4　三能级激光系统

三能级体系中产生激光的下能级 E_1 是原子基态，在未泵浦前，介质的所有原子几乎都处在基态上，为了要获得粒子数反转，起码要将一半原子从基态抽运到激光上能级 E_2，相应地要求闪光灯泵浦功率很强，这是三能级体系效率不高的原因. 如图 7-5 所示的四能级体系（He-Ne、CO_2 等激光器中的工作介质即四能级体系）可

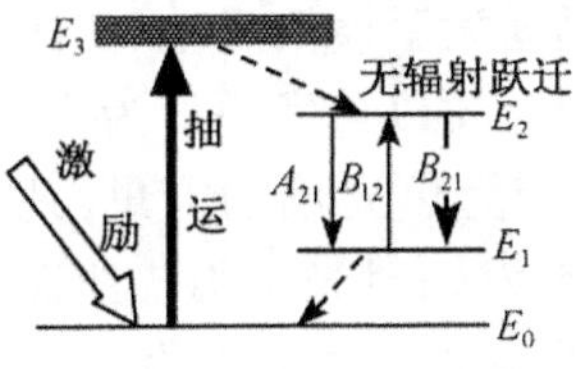

图 7-5　四能级激光系统

以克服这个困难，在这个体系中产生激光的下能级 E_1 并非基态而是激发态. 因而在泵浦前几乎没有原子，只要亚稳态 E_2 上稍有粒子积累，就能容易地实现粒子数反转. E_3 上的粒子向 E_2 转移的越快，E_1 上的粒子向 E_0 过渡得越快，则工作效率就越高. 不论三能级图或四能级图，粒子的整个输运过程必定是一个循环往复的非平衡过程. 请注意，所谓三能级图或四能级图，并非激活介质的实际能级图，它们只是对造成反转分布的整个物理过程所作的抽象概括，实际能级图要复杂得多.

二、光学谐振腔——解决受激辐射和自发辐射的矛盾

受激辐射产生的光子与激励光子无论在相位、偏振方向和传播方向等都完全相同，用量子论的语言来讲即两个光子处于同一量子状态或称是相干光子. 由相同状态的激励光子引起的受激辐射产生的光子群形成相干光场. 而自发辐射产生的光子，则在相位、偏振方向、传播方向等各方面都是毫无规律、随机地变化，这种杂乱无章的光子，量子光学称之为非相干光子或噪声光子. 如果光场是依赖以自发辐射为主的过程产生的，那么此光场便是空间、时间相干性都很差的光场(量子光学中称之为热光场或混沌光场)；如若光场是以受激辐射为主的过程形成的，则此光场为相干光场(激光).

处于上能级 E_2 上的每个原子，既可以通过自发辐射过程，也可以通过受激辐射过程而跃迁到下能级 E_1 上，而所伴随发射的光子既可以是相干的，也可以是非相干的. 因此，由 N_2 个激发态原子所辐射的光场应包含有相干光子和噪声光子. 这两个过程彼此处于竞争状态. 可见，即使介质已实现粒子数反转，也未必就能实现以受激辐射为主的辐射.

根据式(7-1-2)和式(7-1-3)，为要使 N_2 个激发态的原子能以受激辐射为主而产生跃迁，则要求

$$B_{21}\rho(\nu) > A_{21} \tag{7-2-1}$$

亦即要求相干光场的单色辐射能量密度要大于某个最低值(阈值)A_{21}/B_{21}. 在一台激光器中，我们希望加上泵浦源之后就能输出激光. 在产生激光的初始时刻，并不另外输入激励光子. 引起受激辐射的最初的激励光子来自发辐射. 因此粒子数反转的介质开始时是以自发辐射为主，并不能获得激光.

那么，如何才能产生方向性和单色性都很好的激光呢？设想有一粒子数反转的介质，其长度远远大于横向尺寸(如图 7-6 所示). 开始时介质以自发辐射为主，将内部激发能转变为热光场的能量，凡是偏离轴向 l 的自发辐射光子很快地逸出介质，而沿着轴向方向传播的自发辐射光子束会不断地引起受激辐射而得到

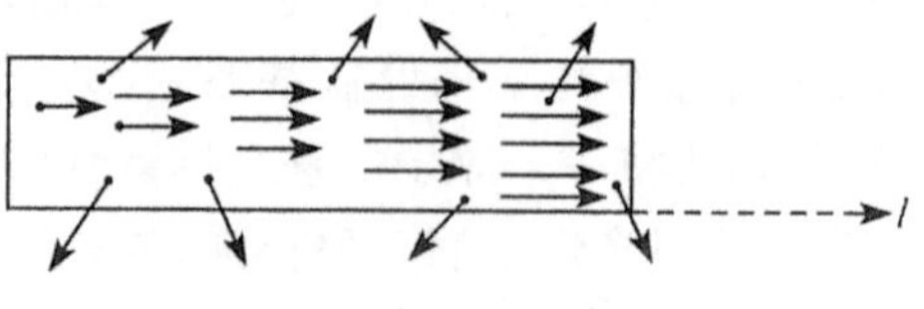

图 7-6　增益介质的阈值长度

加强，使得相应的单色辐射能量密度 $\rho(\nu)$ 不断增大，如果增益介质足够长，有可能使 $\rho(\nu)$ 满足式(7-2-1)，从而获得以受激辐射为主的输出，因此增益介质必然存在某个阈值长度，只有增益介质的长度大于阈值长度，才有可能形成激光.

通常激光器并不需要采用一个很长的工作介质，而是利用光学谐振腔来解决这个问题. 在工作介质的两头放置两块相互平行并与工作介质的轴线垂直的反射镜，这两块反射镜与工作介质一起就构成了所谓的光学谐振腔(图 7-7). 光学谐振腔对激光的形成和光束的特性有着多方面的影响，是激光器中一个十分重要的组成部分. 在理想的情况下，两个反射镜之一的反射率是 100%，而为了让激光输出，另一个是部分反射的，但反射率也要相当高. 一般地说，两反射面既可以是平面，也可以是凹球面，为了简单起见，在这里我们只讨论平面谐振腔的情况.

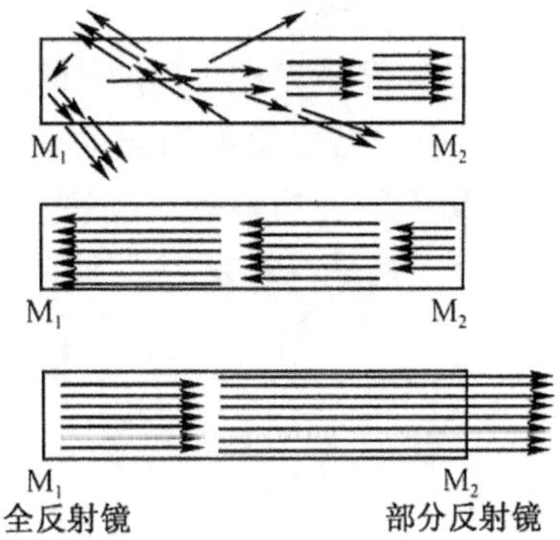

图 7-7　光学谐振腔

由于沿轴向传播的光束可以在两个反射镜之间来回反射，被连锁式地放大，最后形成稳定的强光光束，从部分反射镜 M_2 输出. 这实际上相当于增加了工作介质的有效长度，当有效长度大于介质的阈值长度时就可以获得以受激辐射为主的激光输出. 谐振腔的第二个作用是保证激光的方向性. 凡偏离轴向的那些光线，则或者直接逸出腔外，或者经几次来回，最终也要跑出去，它们不可能形成稳定的光束保持下来. 因而，谐振腔对光束的方向性具有选择性，使受激辐射集中于特定的方向，激光光束具有很高的方向性就来源于此. 当然由于端面的衍射效应，激光束也总有一定的发散角，并非绝对的平行光.

光学谐振腔的上述工作过程十分类似于电子学中的反馈振荡. 在电子技术中，把被放大器放大了的电信号取出一部分反馈到放大器的输入端进行再放大，在相位一致的情况下就可以形成电振荡，称为谐振. 对光学谐振腔来说情况十分相似，只是以光波信号代替了电信号而已. 部分反射镜把被放大了的光波反馈到谐振腔内作再次放大，在腔内就形成了光的振荡. 光学谐振腔的名称因此而得. 光学谐振腔的第三个重要功用是选择激光的频率，关于这点后面再叙述.

7-3　激光的单色性

激光具有很好的单色性，其原因主要有两个方面：其一是由于激活介质的能级特性；其二是由于光学谐振腔对振荡频率的选择作用. 下面我们分别进行阐述.

一、由激活介质辐射决定的线宽

我们知道,任何谱线都有一定的宽度,并不是严格单色的,造成谱线宽度的主要因素有以下几个方面.

1）自然宽度

粒子在激发态 E_2 上停留的时间总是有限的,它们总是很快地跃迁到低能级上去.由于自发辐射引起的跃迁使粒子在激发态 E_2 停留的平均时间称为粒子在该能级上的自然寿命.自然寿命 τ 的大小,等于自发跃迁概率 A_{21} 的倒数.能级寿命 τ 实际上就是持续发射波列的时间,即相干时间(参见 2-5 节)

$$\tau = \frac{L_0}{c} = \frac{\Delta L_{\mathrm{M}}}{c} = \frac{1}{c}\frac{\lambda^2}{\Delta\lambda}$$

而 $\Delta\nu$ 与 $\Delta\lambda$ 的关系是

$$\Delta\nu = \frac{c}{\lambda^2}\Delta\lambda$$

因为这里只看重数量级的分析,式中省去了负号,故

$$\Delta\nu = 1/\tau \tag{7-3-1}$$

利用式(7-3-1)我们可以估计能级寿命 τ 引起的谱线宽度 $\Delta\nu$,这种线宽叫做自然线宽.式(7-3-1)表明,τ 越长,$\Delta\nu$ 越窄.基于亚稳态受激辐射的激光,其自然线宽很窄.亚稳态的寿命典型值大于 10^{-3}s,故 $\Delta\nu$ 在千周的量级,甚至更小.

让我们再从量子论的观点来看看这个问题.原子发射的光场,其频率 $\nu=(E_2-E_1)/h$,其中 E_2 和 E_1 分别为原子上下能级的能量,因此原子辐射场应当是单色光,为什么会有谱线宽度呢?由量子力学测不准关系可知,由于在激发态上的原子有一定的平均寿命,因而原子在激发态上的能量也不是一个确定的值.而是有一定的自然宽度 ΔE.ΔE 和寿命的关系为$\Delta E\tau\approx h/(2\pi)$,此式即能量和时间所应满足的测不准关系.由此可知,能级 E_2 和 E_1 的自然宽度分别为

$$\Delta E_2 = \frac{1}{2\pi}\frac{h}{\tau_2}$$

$$\Delta E_1 = \frac{1}{2\pi}\frac{h}{\tau_1} \tag{7-3-2}$$

因此,$E_2\rightarrow E_1$ 跃迁的谱线也不再是单一频率 $\nu=(E_2-E_1)/h$,而具有谱线宽度

$$\Delta\nu = \frac{1}{2\pi}\left(\frac{1}{\tau_2}+\frac{1}{\tau_1}\right) \tag{7-3-3}$$

其中 τ_2、τ_1 分别为原子上下能级的寿命,当下能级为基态时,$1/\tau_1\rightarrow 0$,$\Delta\nu$ 约为 $\frac{1}{2\pi\tau_2}$.只考虑数量级也可认为 $\Delta\nu$ 约为$\frac{1}{\tau_2}$.

2）碰撞展宽

原子的碰撞分为弹性碰撞和非弹性碰撞.原子之间的非弹性碰撞将加速激发

态上的原子向低能级跃迁，这相当于缩短了能级的寿命，这一过程又称为纵向弛豫过程. 弹性碰撞虽然不改变激发态的寿命，但它能使得原子振子发生无规则的相位突变. 这样就可能使得原子正在发射的一列波列中断分为二列，从而使波列变短，这个过程又称为横向弛豫过程. 这两种弛豫过程都会导致两能级之间辐射谱线的展宽，称为碰撞展宽.

3）多普勒增宽

发光原子处于激烈的热运动状态，原子在发射光子的同时以很大的速度相对于接收者运动，接收者接收到的光子频率就会改变，正如一列鸣叫着的火车快速驶过我们近旁时，听到的笛声频率要发生变化一样，此现象称为多普勒效应. 运动原子的发光频率由于多普勒效应而发生移动. 移动的大小依赖于原子热运动速度的大小，不同速度的原子发出不同中心频率的光波，因此，若光源中原子数目按速度大小呈现某种分布，则所对应的辐射光谱也会出现相应的分布，原子的速度分布范围越大，相应的谱线宽度也越宽. 这种因多普勒效应引起的原子辐射谱线的增宽称为多普勒展宽.

对于通常低气压的气体光源，谱线的实际宽度主要是由多普勒增宽决定的. 图 7-8(a)画出了典型的谱线强度分布曲线. 通常用强度为最大值的一半处的宽度 $\Delta\nu_H$ 来表征谱线的宽度.

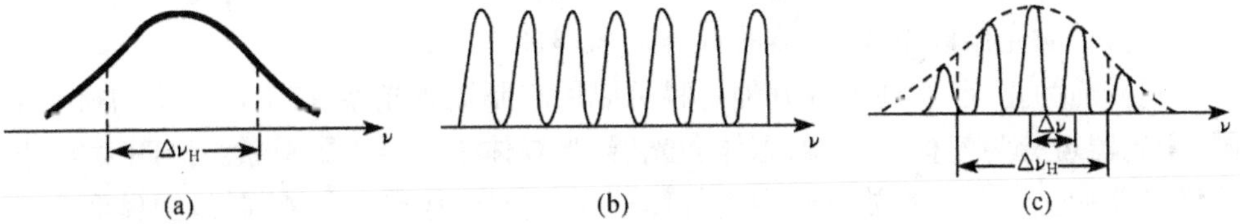

图 7-8　激光谱线的宽度和纵模分布

二、光学谐振腔的选模

谐振腔的一个重要作用就是选频，它只允许某些特殊波长的光波存在. 定性地讲，当激光沿谐振腔的轴线在两反射镜间来回反射时，相当于在谐振腔内产生无数相干光波，这些相干光波的多光束干涉的结果，只有某些特殊波长的光才满足干涉极大条件，而其他波长的光因干涉相消而不可能在谐振腔内存在. 因而谐振腔里的光学过程类似于由两个平面镜构成的 F-P 干涉仪中的多光束干涉的情况. 根据第 2-11 节的公式可知，谐振腔中允许存在的. 满足干涉极大条件的频率为

$$\nu_j = j\,\frac{c}{2Ln},\quad j = 1,2,\cdots \tag{7-3-4}$$

这些频率称为谐振腔的纵模(图 7-8(b))相邻纵模的频率间隔为

$$\Delta\nu = \nu_{j-1} - \nu_j = c/(2Ln) \tag{7-3-5}$$

其中 L 为谐振腔的长度，n 为工作介质的折射率.

谐振腔内实际存在的纵模数要受到谱线宽度的限制，因此输出的激光模如图 7-8(c)所示. 可以看出，在谱线的实际宽度内只包括有限几个纵模. 至于其他频率的纵模，由于原子根本不能发射，当然也不可能存在. 纵模的个数 N 为

$$N=\frac{\Delta\nu_{\mathrm{H}}}{\Delta\nu}=\frac{2Ln}{c}\Delta\nu_{\mathrm{H}} \tag{7-3-6}$$

因而输出模数主要取决于谐振腔的长度. 气体激光器的增益带宽一般不大，输出模数不多. 某些应用要求激光器单纵模输出，为此应调整腔长，适当地减少腔长 L 使得 $\Delta\nu$ 增大，从而确保在增益带宽内只有一个纵模，获得单纵模输出，由于每个纵模的频宽比原子发光的谱线宽度要窄得多，所以激光具有很好的单色性，或者说具有很高的时间相干性. 顺便指出，激光束在垂直其传播方向的平面上也可以有不同的强度分布. 每种分布结构称为激光的**横模**，它取决于光腔的结构(反射镜的形状等)，适当地设计谐振腔，可以获得单个基横模的输出，其光强是以传播方向为轴的高斯分布.

7-4　激光器简介

自从 1960 年梅曼(T. H. Maiman)制成了第一台红宝石激光器，1960 年贾文(A. Javan)等人制成了氦氖激光器，1962 年霍尔(R. N. Hall)等人首先制成了半导体(砷化镓)激光器以来，激光器的种类越来越多.

到目前为止，已发现了数万种材料可以用来制造激光器. 按工作介质的材料不同，激光器可分为气体激光器、固体激光器、半导体激光器和染料激光器四大类. 气体激光器的工作介质是放电管中的气体原子、分子、离子或金属蒸气，固体激光器是以掺入少量稀土元素或其他元素的晶体、玻璃等作为工作介质的，半导体激光器是由半导体做成，染料激光器的工作介质是有机染料的溶液，其优点是输出激光的频率是可调的. 这些不同种类的激光器所发射的波长已达数千种，最长的波长为微波波段边缘的 0.7mm，最短波长为远紫外区的 210Å. 按工作方式的不同. 激光器可分为连续的、脉冲的、调 Q 的和超短脉冲的四类. 连续激光器可发出连续的激光，脉冲式激光器则是发出断续的脉冲式激光，调 Q 激光器是一种发光的脉冲更短也更强的激光器. 锁模激光器发射出来的激光脉冲比调 Q 激光器还要短. 目前的超短脉冲的脉宽已达到飞秒(10^{-15} s)量级. 大功率激光器通常都是脉冲式输出.

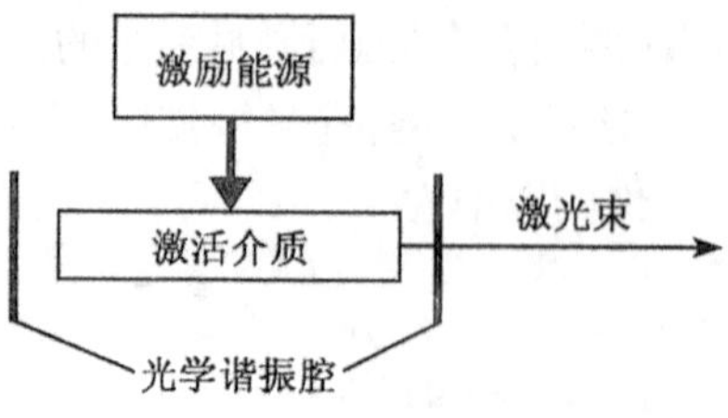

图 7-9　激光器的基本组成部分

任何一台激光器的基本结构包括三个组成部分(见图 7-9)：工作物质、光学谐振腔(两个高度平行的镀银面之间形成的空间)和激励

能源.

下面介绍一些最常见的激光器.

一、固体激光器

红宝石激光器是典型的固体激光器,多数固体激光器的结构和工作原理都相仿.红宝石激光器的工作介质是在人造蓝宝石(Al_2O_3)中掺进少量(约 0.05%)的三氧化二铬(Cr_2O_3)制成的.这样制成的工作介质中,少量的三价铬离子(Cr^{3+})取代了铝离子的位置,而被镶嵌在 Al_2O_3 晶体中.由于铬离子的存在,使得红宝石激光器的工作介质呈现粉红色,故称红宝石晶体.红宝石晶体做成棒状,两个端面磨成精确的平行平面.然后既可以采用在激光棒的两端面上直接镀银膜的方法,也可以采用外部反射镜来构成谐振腔,激励能源是高强度灯(比如氙闪光灯或高压汞放电灯).图 7-10 表示抽运固体激光器的两种具有代表性的布置.在图 7-10(a)中采用的是一个螺旋型氙闪光灯,工作介质就放在闪光灯的内侧,并且将棒的两端镀膜,因而整个激光器非常简单而又紧凑.在图 7-10(b)中示出的是一个更精巧的系统.其中晶体棒安放在一个椭圆柱型反射面的一条焦线上,而闪光灯则安放在反射面的另一条焦线上,氙灯能发出强烈的绿蓝色光,所发出的光,经反射面反射后都集中在晶体棒上,这样可最大限度地利用氙灯发出的能量.

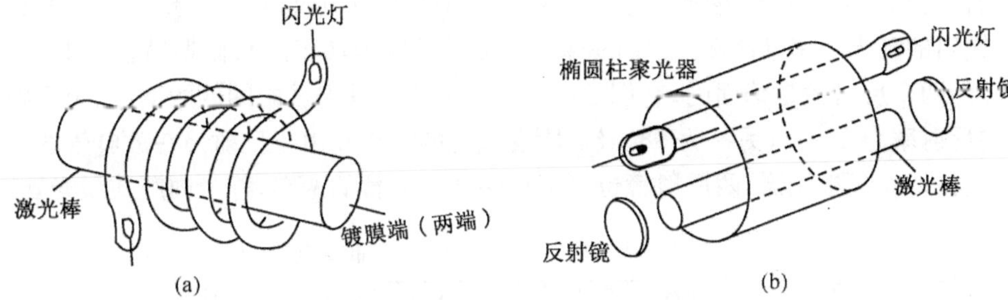

图 7-10 光抽运固体激光器的某些代表性设计图示

红宝石激光器产生的激光是铬离子发射的,Al_2O_3 晶体只作为镶嵌铬离子的基质.为说明激光器的工作原理.图 7-11 画出了 Cr^{+3} 的能级图.$^4A_2$ 是基态,其他能级为激发态,当红宝石受到氙灯强光照射时,铬离子吸收光能从基态激发到$^4F_2$ 和$^4F_1$ 能级.由于$^4F_2$ 和$^4F_1$ 能级很宽,包括了大量的电子态,所以容许很多电子激发到这两个能级上.$^4F_2$ 和$^4F_1$ 的能级寿命很短,激发后的铬离子会立刻通过无辐射跃迁落到能级^2E 上.放出的能量变成热能而使温度升高.能级^2E 是亚稳态,于是在^2E 和$^4A_2$ 间建立起粒子

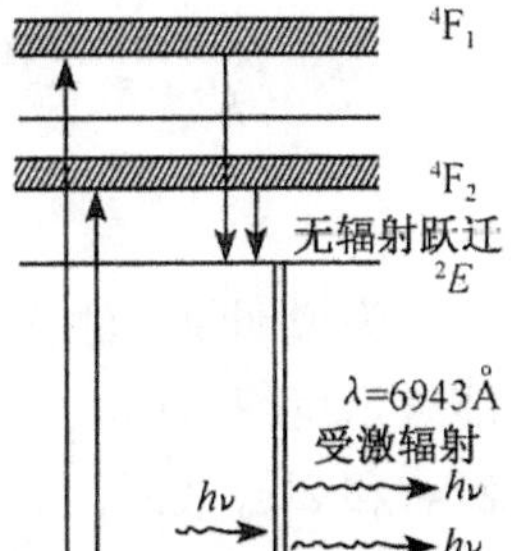

图 7-11 Cr^{3+} 的能级图及激光的产生

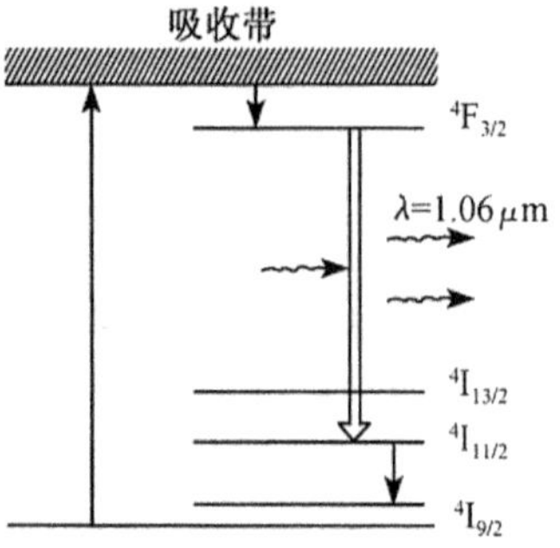

图 7-12 Nd^{3+} 的能级图和受激辐射

数反转，这两能级间的受激辐射形成了激光. 激光波长为 6943Å，是鲜艳的红色. Cr^{3+} 的能级是典型的三能级系统.

掺钕(Nd)的玻璃激光器和掺钕的钇铝石榴石激光器(YAG)是另两种常见的固体激光器. 图 7-12 是钕离子 Nd^{3+} 的能级示意图. 当钕离子吸收了外界能量后，就从基态跃迁到很宽的吸收带，从吸收带又以无辐射的方式跃迁到能级 $^4F_{2/3}$ 上. $^4F_{2/3}$ 能级具有较长的寿命(约 240μs)，它与较低能级 $^4I_{11/2}$ 间形成了粒子数反转，受激辐射产生波长为 1.06μm 的激光，这是人眼看不见的红外线. 由于产生激光的低能级并非基态，所以钕离子的能级属于四能级系统.

二、氦氖激光器

气体激光器中研究得最成熟，实验室中使用最普遍的是氦氖激光器. 氦氖激光器的工作介质是封闭在放电管中的氦与氖的混合气体，其中氦的气压约为 1mmHg，氦氖气体比为 5∶1～10∶1，图 7-13 是氦氖激光器的结构示意图. 放电管是内径为几个毫米的石英管或硬质玻璃管，管的长度从几厘米到 1 米多不等. 管越长，输出的激光功率就越高. 在管的两端安装了经精密加工的布儒斯特窗. 构成谐振腔的两个反射镜是球面的，它们的曲率半径大于两反射镜之间的距离. 一个反射镜的反射率为 100%，另一为 98%(对所发激光的波长). 由于反射镜在放电管的外面，故称外腔式激光器. 两反射镜也可直接装在放电管的两端，称为内腔式激光器.

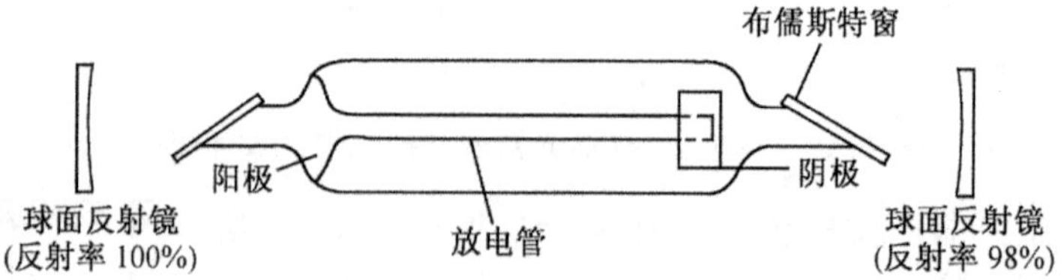

图 7-13 氦氖激光器

为说明氦氖激光器的工作原理，我们在图 7-14 上同时画出氦原子和氖原子的能级示意图. 氦原子的基态能级用能级符号 1^1s_0 表示，它有 2 个亚稳能级，用符号 2^2s_1 和 2^1s_0 表示. 氖原子的能级更为复杂，由能级符号 1S，2S，3S 表示的原子状态各包括四个能级，由 2P，3P 表示的原子状态各包括 10 个能级，分别用 $2p_1$，$2p_2$，…，$2p_{10}$ 和 $3p_1$，$3p_2$，…，$3p_{10}$ 表示，在图中每组只画出三个能级.

当放电管两电极间加上几千伏的高压后，电子受到电场的加速，在飞向阳极的路程中不断与氦原子相碰,从而把能量传递给氦原子.氦原子取得能量后从基态激发到 2^2s_1 和 2^1s_0 能级上,由于这两个能级的寿命较长(其向低能级的跃迁是光学禁戒跃迁),处于这种激发态的氦原子就有很多机会与基态氖原子碰撞.因为氦原子的 2^1s_0 能级与氖的 3S 能级以及 2^2s_1 与 2S 能级十分接近,所以受激氦原子与氖原子碰撞后容易使原来处于基态的氖原子激发到 2S 和 3S 态.这种能量的转移称为**共振转移**,图 7-14 中以虚箭头表示.通过上述过程,使放电管中存在大量处于 2S 和 3S 能级的氖原子,而处于 2P 和 3P 能级的氖原子却很少,于是在 3S 和 3P 之间,2S 与 2P 之间实现了粒子数反转,为产生激光创造了条件.从 3S→3P,3S→2P 和 2S→2P 的跃迁所产生的每一条谱线都可作为激光谱线,但其中以 $3S_2 \rightarrow 3P_4$,$3S_2 \rightarrow 2P_4$ 和 $2S_2 \rightarrow 2P_4$ 三种跃迁所产生的谱线最强,它们的波长依次为 3.39μm,6328Å 和 1.15μm.在实际中只利用其中的一种波长,最常用的波长为 6328Å 的红光.由以上可见,氦氖激光器的激光是由氖原了发出的,氦原子的作用只是传输能量以造成氖原子的粒子数反转.

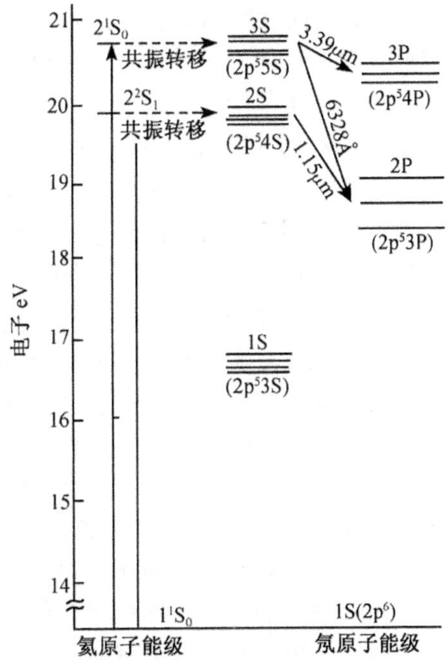

图 7-14　氦和氖的能级图及氦氖激光的产生

氦氖激光器虽然具有可连续工作,结构简单、使用寿命长的优点,但其效率较低.目前达到的输出功率在几毫瓦到 100mW 之间,想要得到更高的功率输出是困难的.

7-5　激光的特性与应用

由前几节所述,激光器的主要功能就是将各种形式的能量通过适当的手段转变为原子的激发能,然后再使这些原子的内能有效地转变为光场少数模式的相干光能,从而使光能在频谱上高度地集中在极窄的频率范围内,在空间传播方向上高度地集中于极小的立体角内.采用适当技术的激光器(比如调 Q 激光器和锁模脉冲激光器)还可以将相干光能量在时间上高度地集中,形成峰值功率甚高的超短脉冲.相干光能在频率、方向和时间上的高度集中体现出激光束的本质特性,这些特性构成激光各种各样应用的物理基础.

与普通光源相比,激光具有一系列无与伦比的特点:

(1) 方向性好,亮度高.激光束的发散角很小,可小到 10^{-3} rad.这意味着激光器所发射出的能量可高度集中于很细的光束中.从单位面积光源表面,在法线方向上单位立体角范围内传输出去的辐射功率称为光源的亮度.激光束有很强的方向性使激光器具有很高的亮度.一台较好的调Q红宝石激光器每平方厘米的输出功率可达 10^9 W,发散度接近 10^{-3} rad,其亮度约为 10^{15} W/(cm^2 · sr),是太阳亮度的几百亿倍!即使是普通的功率为10mW的氦氖激光器,其亮度要比太阳的亮度大几千倍.所以在不戴特殊防护眼镜的情况下直视激光是很危险的.

把中等亮度的激光会聚后,在焦点附近能产生几千度乃至几万度的高温,足以熔化甚至汽化对激光有一定吸收能力的各种金属和非金属材料.因此,目前在工业上已成功地用激光来进行精密焊接、打孔和切割,在医疗手术方面的应用也日益广泛.若会聚高亮度的激光,能在直径为百分之几毫米或千分之几毫米的范围内产生几百万度的高温和几百万个大气压的高压,使激光成为包括核聚变反应在内的许多科学研究的有力工具.如果再用调制技术使其能量在时间上也高度集中起来,我们就可以获得极高的脉冲功率密度.这将如虎添翼,威力更大.

由于激光的方向性好和亮度高,使利用激光进行距离测量的工作无论在精度上和测量范围上都取得了突破.目前利用激光测距仪已测量了地球和月球之间的距离(平均距离为 40×10^4 km),误差不超过1.5m.这是原来的光学测距仪根本达不到的.激光在测距、雷达、通信等许多方面都有广泛的应用.

(2) 单色性好.如7-4节所述,普通原子光谱的每条谱线并不是严格单色的,每条谱线都有自己的宽度 $\Delta\lambda$,这使普通光源的单色性和时间相干性很差,即其相干长度很短.一般原子光谱的相干长度仅几个厘米,单色性最好的 ^{86}Kr 的6057Å谱线的宽度为 $\Delta\lambda=0.0047$Å,其相干长度也只有78cm左右.但氦氖激光器波长为6328Å的谱线宽度可小到 10^{-8}Å,其相干长度可达几十公里.

激光的极好的单色性也为精密测量长度提供了十分有利的光源.人们在这良好的单色性的基础上发展了光的拍频技术.利用光波的拍频技术可测量极其缓慢的速度(每秒移动几个微米)以及缓慢的角速度(每秒转过十分之一度).可以想像,随着激光单色性的进一步提高,更多的无线电技术可推广到光学领域中来.

(3) 空间相干性好.普通光源的光是由彼此独立的发光原子发出的,其空间相干性很差.为得到空间相干性较好的光波,通常采用限制光源宽度的方法,这当然就大大减弱了光波的强度.相反,从激光器端面输出的光束是相干光束,在其传播的波场空间中,波前上的各点是相干的,也就是说,激光光束与普通光源(面光源)相比,具有高度的空间相干性.因而在杨氏双缝干涉实验中,直接用激光源照射双缝就能产生可见度很高的干涉条纹,这对普通光源来说是办不到的.

激光是相干光束这一特点,是由于产生激光的内部机制所决定的.在激光器内有一些统一的光讯号在激活介质中一边传播一边放大,又经过两个高反射率的端面反射而形成稳定的光振荡，因此在激光器内部各发光中心的自发性和独立性被大大抑制，而相互激励相互强化成为主导方面. 这样，从激光器端面输出的就是一束步调一致的光束，在其波前上各点之间有固定的相位关系. 因此，激光光束截面上各部分作为次波源是符合相干条件的.

由于具有高度空间相干性的激光诞生，使得全息术得以迅速发展并很快进入实用阶段；激光光源的使用更使相干光学得到迅速的发展. 在光学信息处理的相干光处理实验中，激光器已成为必不可少的光源.

7-6　非线性光学效应

激光出现之前的光学基本上研究的是弱光束在介质中的传播、干涉、衍射、偏振等现象. 在这些现象中光波满足线性叠加原理. 现在称之为线性光学. 而强光在介质中将引起很多新现象，如谐波的产生、光学参量放大与振荡效应、光的受激散射、光束自聚焦、多光子吸收、光致透明和光子回波等，研究这些现象的学科称为**非线性光学**，在这里波的线性叠加原理不再成立. 因为介质的非线性效应一般是比较弱的，所以只有在激光这样强大的光源出现后，非线性光学研究的大力开展才有可能. 下面对非线性光学效应作简单的介绍.

一、非线性电极化效应

研究表明，在介质中发生的光学现象与光波电磁场对介质产生的极化作用有着极为密切的关系. 在弱光束情形下，介质的极化只与电场强度的一次方成正比，即

$$p = \varepsilon_0 \chi E \tag{7-6-1}$$

介质极化的线性特点，使得弱光波在介质中传播时满足线性波动方程. 不同的光场在介质中相遇彼此并不产生耦合，它们遵从波的独立传播原理. 也就是说，当不同频率的几种单色光同时在介质中传播时，每种单色光的行为特性不受其他频率光场存在的影响，同时也不会产生新的频率的光波.

在 E 很大的情况下，介质的极化强度将随电场非线性地变化. 一般地讲，介质的极化强度可展开成如下的电场强度的级数：

$$P(E) = \varepsilon_0(\chi E + \chi_2 E^2 + \chi_3 E^2 + \cdots) \tag{7-6-2}$$

式中 χ 是线性极化率，χ_2、χ_3 分别是二阶和三阶非线性极化率. 式中的各阶极化率的大小与介质的结构与性质有关，但一般来说，它们的大小随阶数增高而逐次减小，它们的数量级之比为

$$\frac{\chi_2}{\chi} = \cdots = \frac{\chi_3}{\chi_2} = \frac{1}{E_a} \tag{7-6-3}$$

其中 E_a 为原子内部的平均场强，其量级为 10^8 V/cm. 因此，当 $E \ll E_a$ 时，式(7-6-2)中的非线性项 $\varepsilon_0\chi_2E^2$，$\varepsilon_0\chi_3E^3$，…都不重要，介质只表现出线性光学的性质.

当光强的电场强度和 E_a 可比拟时，式(7-6-2)中的非线性项将不可忽视. 与这些非线性项相应，介质将产生许多非线性光学效应. 由第二项产生的非线性光学效应称为二阶非线性过程，依此类推，与第 n 项相应的称为 n 阶非线性过程. 下面我们简单地介绍一下二阶非线性过程.

二、二阶非线性过程

1. 二次谐波的产生

在式(7-6-2)中，二阶非线性项与场强的关系为

$$P^{(2)} = \varepsilon_0\chi_2E^2 \tag{7-6-4}$$

由式(7-6-3)可知，二阶非线性项与线性项的比值

$$\frac{\chi_2E^2}{\chi E} = \frac{E}{E_a}$$

所以当入射光场强 $E \approx E_a$ 时，二阶非线性过程将显露出来.

假设角频率为 ω 的单色光入射到非线性介质上，单色光的场强可以表示为

$$E = E_0\cos(\omega t)$$

把它代入式(7-6-4)，得到

$$P^{(2)} = \varepsilon_0\chi_2E_0^2\cos^2(\omega t) = \frac{\varepsilon_0}{2}\chi_2E_0^2(1+\cos(2\omega t)) \tag{7-6-5}$$

上式右边第一项代表“直流”项，即不随时间变化的极化强度. 由于这一项的存在，在介质的两表面分别出现正的和负的面电荷，形成与 E_0^2 成正比的恒定电压差. 这个效应叫做光整流. 上式右边第二项代表频率等于入射光频率二倍的电偶极矩，它将辐射二次谐波(倍频光). 这个效应叫**倍频效应**.

最初的光学倍频实验是 1960 年费兰肯(P. A. Franken)等人完成的，图 7-15 给出了他们的实验装置. 光源用的是红宝石激光器，$\lambda = 0.694\mu$m，聚焦在石英晶体上产生了微弱的 0.347μm 的二次谐波光束.

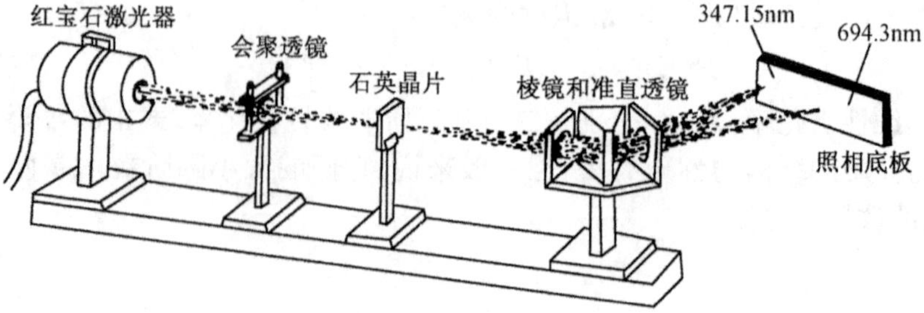

图 7-15 最早的产生二次谐波实验

2. 混频效应

另一类很有意义的非线性光学效应是光学混频效应. 如果有两束频率不同的单色光同时入射到非线性介质上. 入射光的场强可以表示为

$$E = E_{10}\cos(\omega_1 t) + E_{20}\cos(\omega_2 t)$$

式中 E_{10} 和 E_{20} 表示单色光的振幅. 将上式代入式(7-6-4),得到

$$\begin{aligned} P^{(2)} &= \chi_2\varepsilon_0\left[E_{10}^2\cos^2(\omega_1 t) + E_{20}^2\cos^2(\omega_2 t) + 2E_{10}E_{20}\cos(\omega_1 t)\cos(\omega_2 t)\right] \\ &= \frac{\varepsilon_0}{2}\chi_2 E_{10}^2\left[1+\cos(2\omega_1 t)\right] + \frac{\varepsilon_0}{2}\chi_2 E_{20}^2\left[1+\cos(2\omega_2 t)\right] \\ &\quad + \varepsilon_0\chi_2 E_{10}E_{20}\cos\left[(\omega_1+\omega_2)t\right] + \varepsilon_0\chi_2 E_{10}E_{20}\cos\left[(\omega_1-\omega_2)t\right] \end{aligned} \tag{7-6-6}$$

可见除了直流项和倍频项外,还出现了频率为 $\omega_1+\omega_2$ 和 $\omega_1-\omega_2$ 的振荡电偶极矩,它们将辐射出相应频率的光. 这就是说,两个光波在非线性介质中传播时,将和介质产生相互作用从而产生频率为两波之和或之差的光波. 这一效应称为**混频效应**.

在激光技术中,倍频效应和混频效应被用来在激光器波长范围以外的区域产生新的波长. 差频振荡提供一种产生红外辐射的方法,而和频振荡常用来产生可见光和紫外辐射.

频率上转换及参量放大是混频效应的另一种形式. 这时入射的两束光具有不同的强度,其中一束较强的输入光波(频率 ω_1)作为提供能量的源泉称为泵浦光束,另一束是较弱的信号光束(频率为 ω_2). 若二束光在非线性介质中发生非线性的相互作用而产生频率为 $\omega_1+\omega_2$ 的光波,这种过程称为**频率上转换**. 若是一束频率较高的强泵浦光束,与一束频率较低的信号光束同时入射到非线性介质中,由于混频效应,使得低频信号光束得到放大,与此同时还产生第三束相干光束(称空闲光束),该光束的频率正好等于泵浦光束与信号光束之差. 这种过程称为参量放大. 如果进一步将非线性介质置于光学共振腔内,使泵浦光束和其他两束光多次往返通过非线性介质,则当往返一次信号光束和空闲光束的参量放大作用大于各种其他机制(散射、有害吸收,共振腔透过输出)所导致的损耗作用时,可在共振腔内形成持续的往返振荡,并有一部分振荡光透过形成稳定的输出,这就是所谓光学参量振荡效应.

利用参量放大可以对低频弱信号光束(通常在红外)进行放大,从而便于测量. 频率上转换过程可以将低频红外信号转换成更容易探测的可见光信息,使人们更容易接收.

三、二阶非线性过程对能量守恒与动量守恒的要求

我们都已知道,任何一个物理过程都应该满足参与作用的各客体之间的能量

守恒与动量守恒的要求.按照参与作用的光场与光学介质之间是否最终有能量和动量的交换,非线性光学可分为两大类:第一类称为**参量过程**,在这类作用过程中,参与作用的所有光场与光学介质之间最终没有能量、动量的交换(介质能量、动量不改变),因此能量、动量守恒只是表现在作用光波之间;第二类称为**非参量过程**,在这类作用过程中,在作用过程的始和末,光学介质的内部能量和动量均发生变化.因此能量、动量守恒表现在光场与介质组成的总的体系中.二阶非线性过程,所使用的光学介质均为对作用光束不产生任何共振吸收作用的透明晶体.这相当于说介质与作用光场之间不发生任何能量、动量交换,是典型的参量作用过程,因此它必须满足作用光场之间的能量、动量守恒的要求.

利用光的量子化观点,可以对二阶非线性过程的能量守恒条件和动量守恒条件给出最简洁最清晰的描述.例如,二次谐波的产生过程,从量子理论的观点来看,可理解为两个频率为ν的基频光子在光学介质内湮灭和一个频率为ν'的二次谐波光子的同时产生.因此过程的能量守恒要求下式成立:

$$h\nu + h\nu = h\nu' \tag{7-6-7}$$

这就要求二次谐波光子的频率$\nu'=2\nu$,正好是入射基频的两倍.另一方面,设三束光平行传播,由动量守恒要求应有下式成立:

$$\frac{h}{\lambda} + \frac{h}{\lambda} = \frac{h}{\lambda'} \tag{7-6-8}$$

其中λ、λ'分别为基频光子与倍频光子在介质中的波长.若将式(7-6-8)用真空中的波长来表示.则可改写为

$$\frac{h}{\lambda_0}n(\lambda_0) + \frac{h}{\lambda_0}n(\lambda_0) = \frac{h}{\lambda_0/2}n(2\lambda_0)$$

其中λ_0是基频光子在真空中的波长,$n(\lambda_0)$、$n(2\lambda_0)$分别为工作介质对入射基频和倍频光波的折射率.由上式可得

$$n(\lambda_0) = n(2\lambda_0) \tag{7-6-9}$$

式(7-6-9)意味着,为满足倍频过程产生的动量守恒条件,要求工作介质对入射基频和所产生的倍频光波具有相同的折射率.人们一般把它称为能使倍频过程产生的**相位匹配条件**.

完全类似地,从量子观点来看:频率上转换过程可以看成一个强泵浦光子和一个信号光子同时湮灭,同时一个和频光子的产生,能量守恒条件自然满足.由动量守恒可知,它的相位匹配条件是

$$\omega_1 n(\omega_1) + \omega_2 n(\omega_2) = (\omega_1 + \omega_2)n(\omega_1 + \omega_2) \tag{7-6-10}$$

而参量放大过程可理解为一个高频的强泵浦光子湮灭同时产生一个低频信号光子和一个差频光子.这样能量守恒自然满足,即总有

$$h\nu_1 = h\nu_2 + h(\nu_1 - \nu_2)$$

其中 ν_1 为泵浦光子的频率，ν_2 为信号光子频率，$\nu_1-\nu_2$ 为差频光子的频率. 当相位匹配条件

$$\omega_1 n(\omega_1)-\omega_2 n(\omega_2)=(\omega_1-\omega_2)n(\omega_1-\omega_2) \tag{7-6-11}$$

得到满足时，参量放大过程就会发生. 上式中的 $n(\omega_1)$，$n(\omega_2)$，$n(\omega_1-\omega_2)$分别表示频率为 ω_1，ω_2，$(\omega_1-\omega_2)$的光在介质中的折射率.

综上所述，要使二阶非线性过程能有效地发生必须满足下面一些条件：①入射光的场强要强；②光学介质相应的非线性极化率要高些；③满足能量守恒，动量守恒条件(即相位匹配条件).

四、高阶非线性光学过程

上述二阶非线性光学现象是基于三个光波在非线性介质中相互作用. 在三阶极化介质中，四个光波可以相互耦合，产生更加丰富的非线性光学现象. 四波混合、拉曼散射、布里渊散射等均属于这类高阶非线性现象.

在四波混合中，频率分别为 ω_1、ω_2、ω_3 的三个波在三阶非线性介质中耦合而产生频率为 ω_4 的第四个波，譬如，可以获得和频振荡，即 $\omega_4=\omega_1+\omega_2+\omega_3$. 在三个入射波的频率相同的简并场合，将产生三次谐波，即当 $\omega_1=\omega_2=\omega_3=\omega$，有 $\omega_4=3\omega$. 当然，在四波混合的范围内有着许多不同的物理过程，例如有：$\omega_4=\omega_1+\omega_2-\omega_3$，$\omega_4=-\omega_1+\omega_2+\omega_3$ 等等. 在四波混合过程中究竟哪个物理过程会发生，取决相位匹配，实现最佳相位匹配的过程将优先发生. 四波混合与三波混合不同，它可以在任何介质，甚至在液体或气体中发生.

拉曼散射是另一种典型的四波混合过程. 这个现象最早是由印度物理学家拉曼(Raman)发现的，激光的诞生使得受激拉曼散射以及更高阶的拉曼散射成为可能. 拉曼散射过程涉及分子振动能级与光场的耦合，因此在分子光谱学中有广泛的应用. 设分子的某振动激发能级与基态能级的能量差为 $h\omega_{21}$，入射泵浦光的频率为 ω_p，若分子初始时处于基态，那么拉曼散射光的频率 ω_s 为

$$\omega_s=\omega_p-\omega_{21}$$

ω_s 称为 Stokes 散射频率. 若初始时分子处于振动激发态，那则散射光的频率 ω_a 为

$$\omega_a=\omega_p+\omega_{21}$$

ω_a 称为反 Stokes 散射频率.

光学介质由于其组成单元(如原子、分子或离子)的自发热运动，会形成连续弹性力学振动，这种弹性振动将引起介质密度随时间和空间的周期性起伏，相应地在介质内部产生一个自发的声波场. 当光波入射到这种介质时，它将受到这个自发声波场的散射作用，这就是布里渊于 1922 年观察到的、后来称为布里渊散射的现象. 如果导致光散射的声波场不是自发形成的，而是由入射光本身产生的，就会出现受激布里渊散射. 由于电致伸缩效应，强激光(ω_1)的作用，会改变介质的密度分布，导

致声波场(ω_s)的形成,此时受激布里渊散射光场的频率 ω_2 为

$$\omega_2 = \omega_1 - \omega_s$$

五、光学孤子

1834 年,英国科学家 Russell 骑马在郊外旅游时观察到水渠中发生了一种奇妙现象:“由两匹马拉着在水渠中急速行进的船,突然停下来时,在船前激起一个孤立的水波峰,保持原来形状以巨大的速度滚滚向前行进了大约 1～2km.”但 Russell 的生动描述当时并没能引起人们对这个现象进行深入的研究. 1895 年,Kortewey de Vries 从理论上推导出描述这种孤立水波的运动方程(即 KdV 方程). 但这个研究仍未得到人们的足够重视,直到 20 世纪 50 年代科学家才重新认识到在某些非线性过程中有可能产生孤立波,1965 年人们采用数值方法详细地考察了等离子体中的孤立波,并发现它们在碰撞之后不会改变形状,自此孤立波的研究便成为数学家和物理学家感兴趣的重大课题.

孤立子是一种能量不弥散的稳定的准粒子,它具有物质粒子的许多共同特性而且在运动中或相互碰撞中不会受到破坏. 它是在非线性色散介质中形成的.

1973 年人们在理论上证明,光脉冲在光纤介质中遵从非线性薛定谔方程并能形成孤立子,1980 年在实验上观察到光孤子. 人们预言,光孤子将是未来通信最有效的工具,并将导致光通信发生根本变革.

光纤介质的折射率依赖于光的强度,其表示式为

$$n(t) = n_0 + n_2 I(t)$$

式中 $I(t)$为光强度,n_2 是描述非线性特性的物理量,它取决于非线性介质的性质. 光脉冲在这种非线性介质中传播时会改变透射脉冲的相位,此非线性的相位位移是时间的函数,于是会引起光的瞬时频率的变化,对于 $n_2>0$ 的介质,由于光脉冲前沿光强逐渐变大,将使瞬时频率变小;而后沿则相反,使光波瞬时频率变大. 对于 $n_2<0$ 的介质,脉冲的频率移动正好相反. 这种效应称为自相位调制.

在光纤介质中,群速是频率的函数,于是会导致群速色散. 群速随频率单调上升,称为反常色散;而群速随频率下降,则称为正常色散. 不管光纤的群速性质如何,群速色散都会导致光脉冲在光纤中传播时脉冲宽度加大,亦即光脉冲的形状在传播过程中会发生变形.

对于 $n_2>0$ 的反常色散光纤,光脉冲因自相位调制,使前沿的瞬时频率降低,群速变小,后沿的瞬时频率上升,群速增大,这个效应将导致光脉冲变窄. 可见光纤非线性效应对光脉冲的脉宽所产生的影响正好与光纤色散的效果相反. 如果自相位调制导致光脉冲自身的压窄效应恰好与因群速色散所引起的脉冲展宽相平衡,脉冲的形状在传播中就不会改变,这就是光孤子形成的物理机制.

光孤子在光纤中传播过程中不变形,便可用作光通信的信息载体,实现远距离

的传输. 当然光纤实际上是有损耗的，光脉冲因损失能量会改变其形状. 现在已研究出若干有效的光放大机制来抵制光损耗引起的畸变. 人们预言，光纤孤子通信将是下个世纪人类洲际通信的有效工具.

思　考　题

7-1　受激辐射和自发辐射有什么不同？为什么普通光源中自发辐射占绝对优势？

7-2　怎样实现粒子数反转？

7-3　谐振腔的作用是什么？激光的方向性强和单色性好的特点从何而来？

7-4　为什么四能级系统比三能级系统有较低的阈值？有什么好处？

7-5　为何激光具有高度的时间相干性和空间相干性？

习　　题

7-1　设一个两能级系统能级差 $E_2-E_1=0.01\mathrm{eV}$，

(1) 分别求 $T=10^2\mathrm{K}$、$10^5\mathrm{K}$、$10^8\mathrm{K}$ 时粒子数 N_2 与 N_1 之比.

(2) $N_2=N_1$ 的状态相当于多高的温度？

(3) 粒子数反转的状态相当于怎样的温度？

(4) 我们姑且引入“负温度”的概念来描述粒子数反转的状态，你觉得 $T=-10^8\mathrm{K}$ 和 $T=10^8\mathrm{K}$ 两个温度中哪一个更高？

7-2　在氦氖激光器中，从氖的 $3S$ 能级到 $2P$ 能级跃迁时产生 6328Å 的激光. 已知使氖原子激发到 $2P$ 能级需吸收能量 18.8eV，问至少需要多大的抽运能量？假定共振转移中没有能量损失.

7-3　已知氖谱线 6328Å 的宽度 $\Delta\nu_H=1.5\times10^3\mathrm{MHz}$，一氦氖激光器的腔长为 30cm，问输出中包括几个纵模？若用缩短腔长的办法来达到单模输出目的，则腔长不得大于何值？

7-4　设激光束的发散角为 10^{-3} rad，从地球射到月球上时，在月球上形成的光斑直径有多大？已知地球到月球的距离约为 40×10^4 km.